32位ARM微控制器系统设计与实践

—— 基于Luminary Micro LM3S系列Cortex-M3内核

黄智伟 主编

李 军 戴焕昌 张 翼 编著

北京航空航天大学出版社

内 容 简 介

本书分 9 章,系统介绍了 Luminary Micro LM3S 系列 32 位 ARM 微控制器的体系结构、ARM Cortex-M3 内核、Stellaris 驱动库、系统控制单元、存储器、输入/输出设备接口、总线接口、网络接口以及 EasyARM 开发板与外围模块的连接与编程。每章都附有思考题与习题,提供免费电子课件。

本书内容丰富实用、层次清晰、叙述详尽,方便教学与自学,可以作为高等院校电子信息工程、通信工程、自动控制、电气自动化、计算机科学与技术等专业进行 ARM 微控制器系统教学的教材;也可以作为全国大学生电子设计竞赛培训教材;同时,还可以作为工程技术人员进行 ARM 微控制器系统开发与应用的参考书。

图书在版编目(CIP)数据

32 位 ARM 微控制器系统设计与实践:基于 Luminary Micro LM3S 系列 Cortex-M3 内核/黄智伟主编. --北京:北京航空航天大学出版社,2010.3
ISBN 978-7-5124-0030-6

Ⅰ.①3… Ⅱ.①黄… Ⅲ.①微控制器-系统设计
Ⅳ.①TP332.3

中国版本图书馆 CIP 数据核字(2010)第 037286 号

©2010,北京航空航天大学出版社,版权所有。
未经本书出版者书面许可,任何单位和个人不得以任何形式或手段复制本书内容。
侵权必究。

32 位 ARM 微控制器系统设计与实践
——基于 Luminary Micro LM3S 系列 Cortex-M3 内核

黄智伟 主编
李 军 戴焕昌 张 翼 编著
责任编辑 刘 星

*

北京航空航天大学出版社出版发行

北京市海淀区学院路 37 号(100191) 发行部电话:(010)82317024 传真:(010)82328026
http://www.buaapress.com.cn E-mail:bhpress@263.net
邮购部:电话/传真:010-82316936 E-mail:bhcbssd@126.com
北京市媛明印刷厂印装 各地书店经销

*

开本:787×960 1/16 印张:29.25 字数:655 千字
2010 年 3 月第 1 版 2010 年 3 月第 1 次印刷 印数:5 000 册
ISBN 978-7-5124-0030-6 定价:48.00 元

前　言

嵌入式系统目前正在成为高等院校电子信息工程、通信工程、自动控制、电气自动化、计算机科学与技术等本科专业学生必修课程，而嵌入式系统与应用开发涉及软、硬件及操作系统等复杂的知识，因此，选择一个合适的嵌入式微控制器进行教学，建立一个完善的教学体系，尤其是建立面向实际开发应用的教学体系，是一项非常复杂的系统工程。一个完善的嵌入式系统课程教学体系需要基础知识、实验教学、应用开发多层次的教学过程配合。

为满足高等院校有关专业进行嵌入式系统的需要，针对嵌入式系统特点，我们以 Stellaris（群星）LM3S 系列 32 位 ARM 微控制器为核心（LM3S 系列微控制器包含运行在 50 MHz 频率下的 ARM Cortex–M3 MCU 内核、嵌入式 Flash 和 SRAM、集成的掉电复位和上电复位功能、模拟比较器、10 位 ADC、SSI、GPIO、看门狗和通用定时器、UART、I^2C、USB、运动控制 PWM 以及正交编码器输入、100 MHz 以太网控制器、CAN 控制器等，芯片内部固化驱动库）编写了本书。

本书内容丰富实用、层次清晰、叙述详尽，方便教学与自学，目标是用较少的学时使学生掌握嵌入式系统的基础知识，结合实验教学，进入嵌入式系统的领域，为学生进一步地研究、开发和应用嵌入式系统打下一个良好的基础。

本书可以作为高等院校有关专业进行 ARM 微控制器系统教学的教材，也可以作为全国大学生电子设计竞赛培训教材，还可以作为工程技术人员进行 ARM 微控制器系统开发与应用的参考书。

本书共分 9 章。第 1 章介绍了 LM3S 系列 32 位 ARM 微控制器的类型与主要技术特性，以及 LM3S101、LM3S615、LM3S8962 和 LM3S5749 的最小系统设计。第 2 章介绍了 ARM Cortex–M3 处理器内核的体系结构、编程模型、存储器映射、系统异常（中断）、嵌套向量中断控制器（NVIC）、存储器保护单元（MPU），以及 Cortex–M3 跟踪系统、JTAG 接口电路、IAR EWARM 集成开发环境和 LM LINK 调试器。第 3 章介绍了 Stellaris 驱动库的功能、工具链和组织结构，常用的 Stellaris 驱动库 API 函数、引导代码、实用函数、错误处理、Boot Loader，编译代码所需要的软件和工具链，以及 Stellaris 驱动库编程示例。第 4 章介绍了 LM3S 系列微控制器系统控制单元的系统控制寄存器、复位控制、时钟控制、电源管理、片内输出电压（V_{OUT}）调整、系统控制模块的中断、休眠模块的特性、结构与配置以及示例程序，通用

前言

定时器(GPTM)初始化、配置以及示例程序，看门狗定时器(WDT)结构、配置以及示例程序。第 5 章介绍了 LM3S 系列微控制器的内部存储器系统结构、初始化和配置、擦除与编程示例程序，SST25VF016B 的操作软件包，串行 NOR Flash 的编程，模拟 I^2C 软件包，串行 E^2PROM 的编程，以及 SD/MMC 卡读/写模块。第 6 章介绍了通用输入/输出端口(GPIO)、模/数转换器(ADC)、模拟比较器、脉宽调制器(PWM)和正交编码器接口(QEI)的特性与结构、初始化和配置以及示例程序。第 7 章介绍了通用异步收发器(UART)、同步串行接口(SSI)、I^2C 接口和 USB 接口的特性与内部结构、初始化和配置以及示例程序。第 8 章介绍了控制器局域网(CAN)和以太网控制器的特性与内部结构、接口电路与编程。第 9 章介绍了 EasyARM 开发板与液晶显示器模块、触摸屏模块、数/模转换器、DDS 模块、超声波测距模块、无线收发模块和步进电机驱动模块的连接与编程，以及 EasyARM 开发板之间的数据传输。每章都附有思考题与习题，提供免费电子课件。

本书在编写过程中，得到了周立功本人和周立功公司的指导与大力支持，并提供了大量的内部资料；同时也参考了大量的国内外著作和资料，得到了许多专家和学者的大力支持，并听取了多方面的意见和建议。李富英高级工程师对本书进行了审阅；李军、张翼、戴焕昌、金海锋、汤玉平、李林春编写了书中的外围模块程序；南华大学王彦副教授、朱卫华副教授、陈文光副教授、李圣老师，湖南师范大学邓月明老师，南华大学张强、税梦玲、欧科军、李扬宗、刘聪、汤柯夫、樊亮、曾力、潘策荣、赵俊、王永栋、晏子凯、何超、万勤斌、张鹏举、肖凯、简远鸣等人为本书的编写也做了大量的工作，在此一并表示衷心的感谢。

由于我们水平有限，不足之处在所难免，敬请各位读者批评斧正。有兴趣的朋友，可以发送邮件到：fuzhi619@sina.com，与本书作者沟通，也可以发送邮件到：emsbook@gmail.com，与本书策划编辑进行交流。

黄智伟

2010 年 1 月于南华大学

本书配有教学课件。需要用于教学的老师，请与北京航空航天大学出版社联系。联系方式如下：

电话/传真：010-82317027

E-mail：bhkejian@126.com；emsbook@gmail.com

目 录

第1章 32位LM3S系列微控制器

1.1 LM3S系列微控制器简介 … 1
1.2 LM3S系列微控制器最小系统设计 … 4
   1.2.1 LM3S101最小系统 … 4
   1.2.2 LM3S615最小系统 … 6
   1.2.3 LM3S8962最小系统 … 9
   1.2.4 LM3S5749最小系统 … 12
思考题与习题 … 17

第2章 ARM Cortex-M3体系结构

2.1 ARM Cortex-M3处理器内核 … 18
   2.1.1 Cortex-M3内核的主要特点 … 18
   2.1.2 功能描述 … 20
   2.1.3 Cortex-M3与ARM7的性能比较 … 22
2.2 编程模型 … 23
   2.2.1 编程模型 … 23
   2.2.2 特权访问和用户访问 … 24
   2.2.3 寄存器 … 26
   2.2.4 数据类型 … 29
   2.2.5 存储器格式 … 29
   2.2.6 Cortex-M3指令集 … 30
2.3 存储器映射 … 32

目录

- 2.3.1 存储器映射、接口和存储范围 …………………………………… 32
- 2.3.2 位操作 …………………………………… 34
- 2.3.3 ROM 存储器表 …………………………………… 35
- 2.4 系统异常 …………………………………… 36
  - 2.4.1 异常模式 …………………………………… 36
  - 2.4.2 异常类型 …………………………………… 37
  - 2.4.3 异常优先级 …………………………………… 38
  - 2.4.4 异常占先 …………………………………… 40
  - 2.4.5 末尾连锁 …………………………………… 41
  - 2.4.6 异常迟来 …………………………………… 41
  - 2.4.7 异常退出 …………………………………… 42
  - 2.4.8 复 位 …………………………………… 44
  - 2.4.9 其他系统中断 …………………………………… 46
- 2.5 嵌套向量中断控制器 …………………………………… 48
  - 2.5.1 NVIC 的中断与异常控制的结构 …………………………………… 48
  - 2.5.2 NVIC 寄存器映射 …………………………………… 49
  - 2.5.3 外部中断 …………………………………… 50
  - 2.5.4 系统异常 …………………………………… 54
  - 2.5.5 系统定时器 …………………………………… 62
  - 2.5.6 系统故障 …………………………………… 64
- 2.6 存储器保护单元 …………………………………… 66
  - 2.6.1 MPU 概述 …………………………………… 66
  - 2.6.2 MPU 编程器模型 …………………………………… 66
  - 2.6.3 MPU 访问权限 …………………………………… 71
  - 2.6.4 MPU 异常中止 …………………………………… 72
  - 2.6.5 更新 MPU 区域 …………………………………… 72
  - 2.6.6 中断和更新 MPU …………………………………… 74
- 2.7 调试和跟踪 …………………………………… 74
  - 2.7.1 Cortex-M3 跟踪系统 …………………………………… 74
  - 2.7.2 JTAG 接口电路 …………………………………… 76
  - 2.7.3 IAR EWARM 集成开发环境和 LM LINK 调试器 …………………………………… 76
- 2.8 总线矩阵和接口 …………………………………… 77

思考题与习题 …………………………………………………………………………… 77

第 3 章　Stellaris 驱动库

3.1　Stellaris 驱动库简介 ………………………………………………………………… 79
　　3.1.1　驱动程序的功能 ……………………………………………………………… 79
　　3.1.2　驱动程序库支持的工具链 …………………………………………………… 80
　　3.1.3　驱动程序库源代码的组织结构 ……………………………………………… 80
3.2　引导代码 ……………………………………………………………………………… 81
3.3　常用的 Stellaris 驱动库 API 函数 …………………………………………………… 82
3.4　实用函数 ……………………………………………………………………………… 83
3.5　错误处理 ……………………………………………………………………………… 84
3.6　Boot Loader …………………………………………………………………………… 85
3.7　编译代码 ……………………………………………………………………………… 86
　　3.7.1　需要的软件 …………………………………………………………………… 86
　　3.7.2　用 Keil μVision 编译 ………………………………………………………… 87
　　3.7.3　用 IAR Embedded Workbench 编译 ………………………………………… 87
　　3.7.4　从命令行编译 ………………………………………………………………… 87
3.8　工具链 ………………………………………………………………………………… 90
　　3.8.1　编译器 ………………………………………………………………………… 90
　　3.8.2　调试器 ………………………………………………………………………… 92
3.9　Stellaris 驱动库编程示例 …………………………………………………………… 93
　　3.9.1　硬件类型定义 ………………………………………………………………… 93
　　3.9.2　通用输入/输出端口 ………………………………………………………… 95
思考题与习题 …………………………………………………………………………… 100

第 4 章　LM3S 系列微控制器的系统控制单元

4.1　系统控制寄存器 ……………………………………………………………………… 102
　　4.1.1　系统控制寄存器映射 ………………………………………………………… 102
　　4.1.2　器件标识和功能寄存器 ……………………………………………………… 103
4.2　复位控制 ……………………………………………………………………………… 104
　　4.2.1　复位源 ………………………………………………………………………… 104
　　4.2.2　$\overline{RST}$ 引脚复位 ……………………………………………………………… 104

4.2.3　上电复位 …………………………………………………… 105
　　4.2.4　掉电复位 …………………………………………………… 106
　　4.2.5　软件复位 …………………………………………………… 107
　　4.2.6　看门狗定时器复位 ………………………………………… 109
4.3　片内输出电压调整 …………………………………………………… 110
4.4　时钟控制 ……………………………………………………………… 110
　　4.4.1　基础时钟源 ………………………………………………… 110
　　4.4.2　PLL 的频率设置与编程 …………………………………… 112
4.5　电源管理 ……………………………………………………………… 118
　　4.5.1　处理器的 4 种模式 ………………………………………… 118
　　4.5.2　处理器的睡眠机制 ………………………………………… 119
　　4.5.3　与睡眠模式相关的寄存器 ………………………………… 120
　　4.5.4　睡眠模式和深度睡眠模式的设置 ………………………… 120
4.6　系统控制模块的中断 ………………………………………………… 121
4.7　休眠模块 ……………………………………………………………… 122
　　4.7.1　休眠模块的特性与结构 …………………………………… 122
　　4.7.2　休眠模块寄存器映射与访问时序 ………………………… 124
　　4.7.3　休眠模块时钟源 …………………………………………… 124
　　4.7.4　休眠模块电池管理 ………………………………………… 125
　　4.7.5　休眠模块实时时钟 ………………………………………… 125
　　4.7.6　休眠模块电源控制 ………………………………………… 126
　　4.7.7　休眠模块中断和状态 ……………………………………… 126
　　4.7.8　休眠模块非易失性存储器 ………………………………… 127
　　4.7.9　休眠模块的配置 …………………………………………… 127
　　4.7.10　休眠模块的示例程序 ……………………………………… 129
4.8　通用定时器 …………………………………………………………… 130
　　4.8.1　GPTM 工作模式与结构 …………………………………… 130
　　4.8.2　GPTM 寄存器映射 ………………………………………… 131
　　4.8.3　功能描述 …………………………………………………… 132
　　4.8.4　GPTM 复位条件 …………………………………………… 134
　　4.8.5　32 位定时器操作模式 ……………………………………… 135
　　4.8.6　16 位定时器操作模式 ……………………………………… 141

4.8.7　GPTM 初始化和配置 …………………………………………… 144
　　4.8.8　GPTM 示例程序 ………………………………………………… 147
4.9　看门狗定时器 …………………………………………………………… 151
　　4.9.1　WDT 模块结构 ………………………………………………… 151
　　4.9.2　寄存器映射 ……………………………………………………… 152
　　4.9.3　功能描述 ………………………………………………………… 152
　　4.9.4　初始化和配置步骤 ……………………………………………… 155
　　4.9.5　WDT 示例程序 …………………………………………………… 155
思考题与习题 ………………………………………………………………… 158

第 5 章　存储器

5.1　LM3S 系列微控制器内部存储器 ………………………………………… 159
　　5.1.1　存储器系统结构 ………………………………………………… 159
　　5.1.2　寄存器映射 ……………………………………………………… 159
　　5.1.3　SRAM 存储器的功能描述 ……………………………………… 161
　　5.1.4　Flash 存储器的功能描述 ……………………………………… 161
　　5.1.5　Flash 初始化和配置 …………………………………………… 169
　　5.1.6　Flash 擦除与编程示例程序 …………………………………… 170
5.2　串行 NOR Flash ………………………………………………………… 172
　　5.2.1　串行 NOR Flash 简介 …………………………………………… 172
　　5.2.2　串行 NOR Flash SST25VF016B …………………………………… 173
　　5.2.3　SST25VF016B 的操作软件包 ……………………………………… 176
　　5.2.4　串行 NOR Flash 编程 …………………………………………… 177
　　5.2.5　串行 NOR Flash 示例程序 ……………………………………… 189
5.3　串行 E^2PROM ………………………………………………………… 190
　　5.3.1　串行 E^2PROM CAT24C02 ……………………………………… 190
　　5.3.2　模拟 I^2C 软件包 ………………………………………………… 191
　　5.3.3　串行 E^2PROM 示例程序 ………………………………………… 192
5.4　SD/MMC 卡 ……………………………………………………………… 194
　　5.4.1　SD/MMC 卡简介 ………………………………………………… 194
　　5.4.2　SD/MMC 卡接口电路 …………………………………………… 198
　　5.4.3　SD/MMC 卡读/写模块 …………………………………………… 199

目 录

思考题与习题 ··· 199

第 6 章 输入/输出设备接口

6.1 通用输入/输出端口 ··· 201
 6.1.1 GPIO 模块基本特性 ··· 201
 6.1.2 寄存器映射 ·· 201
 6.1.3 数据操作 ··· 203
 6.1.4 中断操作 ··· 204
 6.1.5 模式控制 ··· 206
 6.1.6 确认控制 ··· 207
 6.1.7 引脚配置 ··· 208
 6.1.8 初始化和配置 ··· 211
 6.1.9 GPIO 示例程序 ··· 212

6.2 模/数转换器 ··· 215
 6.2.1 ADC 模块的特性与结构 ··· 215
 6.2.2 ADC 寄存器映射 ·· 216
 6.2.3 采样设置 ··· 217
 6.2.4 模块控制 ··· 221
 6.2.5 硬件采样平均电路 ·· 224
 6.2.6 测试模式 ··· 224
 6.2.7 内部温度传感器 ··· 224
 6.2.8 初始化和配置 ··· 225
 6.2.9 ADC 示例程序 ·· 226

6.3 模拟比较器 ·· 227
 6.3.1 模拟比较器内部结构 ··· 227
 6.3.2 寄存器映射 ·· 228
 6.3.3 比较器配置 ·· 228
 6.3.4 比较器中断 ·· 229
 6.3.5 比较器的工作模式 ·· 230
 6.3.6 内部参考电压编程 ·· 230
 6.3.7 初始化和配置 ··· 231
 6.3.8 模拟比较器的示例程序 ·· 231

6.4 脉宽调制器 ·············· 233
  6.4.1 脉宽调制器内部结构 ·············· 233
  6.4.2 寄存器映射 ·············· 234
  6.4.3 PWM 定时器 ·············· 235
  6.4.4 PWM 比较器 ·············· 236
  6.4.5 PWM 信号发生器 ·············· 238
  6.4.6 死区发生器 ·············· 239
  6.4.7 中断/ADC 触发选择器 ·············· 240
  6.4.8 同步方法 ·············· 241
  6.4.9 故障状态 ·············· 242
  6.4.10 输出控制模块 ·············· 243
  6.4.11 初始化和配置 ·············· 243
  6.4.12 PWM 示例程序 ·············· 245
6.5 正交编码器接口 ·············· 249
  6.5.1 正交编码器接口的特性与内部结构 ·············· 249
  6.5.2 寄存器映射 ·············· 250
  6.5.3 功能描述 ·············· 251
  6.5.4 初始化和配置 ·············· 253
  6.5.5 QEI 示例程序 ·············· 254
思考题与习题 ·············· 255

第 7 章 总线接口

7.1 通用异步收发器 ·············· 257
  7.1.1 UART 特性与内部结构 ·············· 257
  7.1.2 寄存器映射 ·············· 259
  7.1.3 UART 控制 ·············· 259
  7.1.4 波特率的产生 ·············· 261
  7.1.5 数据收发 ·············· 262
  7.1.6 IrDA 串行红外编码器/解码器模块 ·············· 266
  7.1.7 FIFO 操作 ·············· 268
  7.1.8 中 断 ·············· 270
  7.1.9 回环操作 ·············· 273

7.1.10	初始化和配置	273
7.1.11	UART 示例程序	274
7.1.12	RS-232 接口电路	277
7.1.13	RS-485 接口电路与编程	278
7.1.14	IrDA 红外接口电路与编程	282

7.2 同步串行接口 285

7.2.1	同步串行接口特性与内部结构	285
7.2.2	寄存器映射	286
7.2.3	SSI 控制	287
7.2.4	FIFO 操作	290
7.2.5	SSI 中断	291
7.2.6	初始化和配置	293
7.2.7	SSI 示例程序	294

7.3 I^2C 接口 298

7.3.1	I^2C 接口模块内部结构	298
7.3.2	寄存器映射	300
7.3.3	I^2C 总线功能	300
7.3.4	时钟速率	303
7.3.5	中断	304
7.3.6	回环操作	306
7.3.7	I^2C 主机命令序列	306
7.3.8	主机收发形式	309
7.3.9	I^2C 从机命令序列	312
7.3.10	初始化和配置	314
7.3.11	I^2C 示例程序	314

7.4 USB 接口 314

7.4.1	通用串行总线控制器	314
7.4.2	USB 模块内部结构	315
7.4.3	用作 USB 设备	316
7.4.4	用作 USB 主机	321
7.4.5	USB 初始化和配置	324
7.4.6	USB 寄存器映射	325

7.4.7　USB 控制器的 API 函数 …… 329
7.4.8　USB 与 uDMA 控制器 …… 332
思考题与习题 …… 336

第 8 章　网络接口

8.1　控制器局域网 …… 339
　8.1.1　CAN 模块的特性与内部结构 …… 339
　8.1.2　CAN 初始化 …… 341
　8.1.3　CAN 操作 …… 342
　8.1.4　CAN 发送 …… 342
　8.1.5　CAN 接收 …… 344
　8.1.6　中断处理 …… 346
　8.1.7　CAN 位处理 …… 347
　8.1.8　CAN 的寄存器映射 …… 350
　8.1.9　CAN-bus 接口电路与编程 …… 352
8.2　以太网控制器 …… 354
　8.2.1　以太网控制器特性与内部结构 …… 354
　8.2.2　功能描述 …… 355
　8.2.3　初始化和配置 …… 359
　8.2.4　以太网寄存器映射 …… 359
　8.2.5　以太网接口电路与编程 …… 361
思考题与习题 …… 362

第 9 章　EasyARM 开发板与常用外围模块的连接与编程

9.1　EasyARM 开发板与液晶显示器模块的连接与编程 …… 363
　9.1.1　RT12864M 汉字图形点阵液晶显示模块简介 …… 363
　9.1.2　EasyARM 开发板与 RT12864M 的连接 …… 364
　9.1.3　RT12864M 汉字图形点阵液晶显示模块编程示例 …… 365
9.2　EsayARM 开发板与触摸屏模块的连接与编程 …… 371
　9.2.1　触摸屏模块简介 …… 371
　9.2.2　EasyARM 开发板与触摸屏模块的连接 …… 371
　9.2.3　触摸屏模块的编程示例 …… 371

目录

9.3 EsayARM 开发板与数/模转换器的连接与编程 ……………………… 383
   9.3.1 数/模转换器 MAX502 简介 ……………………… 383
   9.3.2 数/模转换器的编程 ……………………… 383
9.4 EasyARM 开发板与 DDS AD9850 模块的连接与编程 ……………………… 386
   9.4.1 DDS AD9850 模块简介 ……………………… 386
   9.4.2 EasyARM 开发板与 DDS AD9850 模块的连接 ……………………… 388
   9.4.3 DDS AD9850 模块的编程示例 ……………………… 388
9.5 EasyARM 开发板与超声波测距模块的连接与编程 ……………………… 393
   9.5.1 URM37V3.2 超声波测距模块简介 ……………………… 393
   9.5.2 EasyARM 开发板与 URM37V3.2 的连接 ……………………… 395
   9.5.3 超声波测距模块的编程示例 ……………………… 395
9.6 EasyARM 开发板与无线收发模块的连接与编程 ……………………… 405
   9.6.1 nRF905 无线收发模块简介 ……………………… 405
   9.6.2 EasyARM 开发板与 nRF905 无线收发模块的连接 ……………………… 407
   9.6.3 无线收发模块的编程示例 ……………………… 408
9.7 EasyARM 开发板与步进电机驱动模块的连接与编程 ……………………… 424
   9.7.1 步进电机驱动模块简介 ……………………… 424
   9.7.2 EasyARM 开发板与步进电机驱动模块的连接 ……………………… 426
   9.7.3 步进电机驱动模块的编程示例 ……………………… 426
9.8 EasyARM 开发板之间的数据传输 ……………………… 436
   9.8.1 EasyARM 开发板之间的接口电路 ……………………… 436
   9.8.2 EasyARM 开发板之间的数据传输编程示例 ……………………… 436
思考题与习题 ……………………… 444

参考文献 ……………………… 454

第1章

32 位 LM3S 系列微控制器

1.1 LM3S 系列微控制器简介

美国 Luminary Micro(流明诺瑞)公司设计、经销、出售基于 ARM Cortex – M3 的 LM3S 系列微控制器(MCU),内部结构方框图如图 1.1 所示。

作为 ARM 的 Cortex – M3 技术的主要合伙人,Luminary Micro 已经向业界推出了首颗基于 Cortex – M3 内核的处理器芯片,用 8/16 位的成本获得了 32 位的性能。Luminary Micro 的 LM3S 系列微控制器包含运行在 50 MHz 频率下的 ARM Cortex – M3 MCU 内核、嵌入式 Flash 和 SRAM、一个低压降的稳压器、集成的掉电复位和上电复位功能、模拟比较器、10 位 ADC、SSI、GPIO、看门狗和通用定时器、UART、I^2C、USB、运动控制 PWM 以及正交编码器 (quadrature encoder)输入、100 MHz 以太网控制器、CAN 控制器等,芯片内部可以固化驱动库。提供的外设直接通向引脚,不需要特性复用,这个丰富的特性集非常适合在楼宇和家庭自动化、工厂自动化和控制、无线电网络、工控电源设备、步进电机、有刷和无刷 DC 电机、AC 感应电动机等领域的应用。

Luminary Micro LM3S 系列微控制器产品为汽车电子、运动控制、过程控制、医疗设备等要求低成本的嵌入式微控制器领域提供了一系列具有 32 位运算能力的高性能芯片。Luminary Micro LM3S 系列微控制器的基本特性如表 1.1 所列。为了提高灵活性和获得低功耗,芯片的所有非 GPIO 功能都可以同时使用。

表 1.1 Luminary Micro LM3S 系列微控制器基本特性

产品系列	描 述
LM3S100 系列	支持最大主频为 20 MHz 的 ARM Cortex – M3 内核,8 KB Flash,2 KB SRAM,SOIC – 28 封装。集成模拟比较器、UART、SSI、通用定时器、I^2C、CCP 等外设

续表 1.1

产品系列	描述
LM3S300 系列	支持最大主频为 25 MHz 的 ARM Cortex - M3 内核，16 KB Flash，4 KB SRAM，LQFP - 48 封装。集成 ADC、带死区 PWM、温度传感器、模拟比较器、UART、SSI、通用定时器、I^{2}C、CCP 等外设
LM3S600 系列	支持最大主频为 50 MHz 的 ARM Cortex - M3 内核，32 KB Flash，8 KB SRAM，LQFP - 48 封装。集成正交编码器、ADC、带死区 PWM、温度传感器、模拟比较器、UART、SSI、通用定时器、I^{2}C、CCP 等外设
LM3S800 系列	支持最大主频为 50 MHz 的 ARM Cortex - M3 内核，64 KB Flash，16 KB SRAM，LQFP - 48 封装。集成正交编码器、ADC、带死区 PWM、温度传感器、模拟比较器、UART、SSI、通用定时器、I^{2}C、CCP 等外设
LM3S1000 系列	支持最大主频为 50 MHz 的 ARM Cortex - M3 内核，64～256 KB Flash，16～64 KB SRAM，LQFP - 100 封装。集成睡眠模块、正交编码器、ADC、带死区 PWM、温度传感器、模拟比较器、UART、SSI、通用定时器、I^{2}C、CCP 等外设
LM3S2000 系列	支持最大主频为 50 MHz 的 ARM Cortex - M3 内核，64～256 KB Flash，8～64 KB SRAM，LQFP - 100 封装。集成 CAN 控制器、睡眠模块、正交编码器、ADC、带死区 PWM、温度传感器、模拟比较器、UART、SSI、通用定时器、I^{2}C、CCP 等外设
LM3S3000 系列	支持最大主频为 50 MHz 的 ARM Cortex - M3 内核，128 KB Flash，32～64 KB SRAM，LQFP - 64/LQFP - 100 封装。集成 USB Host/Device/OTG、睡眠模块、正交编码器、ADC、带死区 PWM、温度传感器、模拟比较器、UART、SSI、通用定时器、I^{2}C、CCP、DMA 控制器等外设。芯片内部固化驱动库
LM3S5000 系列	支持最大主频为 50 MHz 的 ARM Cortex - M3 内核，128 KB Flash，32～64 KB SRAM，LQFP - 64/LQFP - 100 封装。集成 CAN 控制器、USB Host/Device/OTG、睡眠模块、正交编码器、ADC、带死区 PWM、温度传感器、模拟比较器、UART、SSI、通用定时器、I^{2}C、CCP、DMA 控制器等外设。芯片内部固化驱动库
LM3S6000 系列	支持最大主频为 50 MHz 的 ARM Cortex - M3 内核，64～256 KB Flash，16～64 KB SRAM，LQFP - 100 封装。集成 100 MHz 以太网、睡眠模块、正交编码器、ADC、带死区 PWM、温度传感器、模拟比较器、UART、SSI、通用定时器、I^{2}C、CCP 等外设
LM3S8000 系列	支持最大主频为 50 MHz 的 ARM Cortex - M3 内核，64～256 KB Flash，16～64 KB SRAM，LQFP - 100 封装。集成 100 MHz 以太网、CAN 控制器、睡眠模块、正交编码器、ADC、带死区 PWM、温度传感器、模拟比较器、UART、SSI、通用定时器、I^{2}C、CCP 等外设

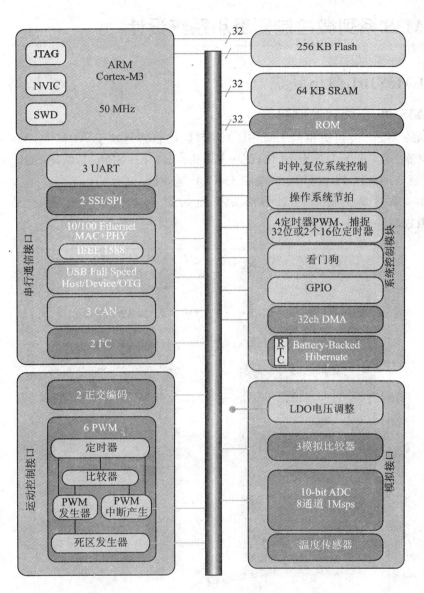

图 1.1 基于 ARM Cortex – M3 的 LM3S 系列微控制器内部结构方框图

1.2 LM3S 系列微控制器最小系统设计

1.2.1 LM3S101 最小系统

1. LM3S100 系列微控制器简介

Luminary Micro 公司提供的 LM3S100 系列微控制器是基于 ARM Cortex-M3 内核的 32 位微控制器，支持最大主频为 20 MHz，8 KB Flash，2 KB SRAM，采用 SOIC-28 封装，集成模拟比较器、UART、SSI、通用定时器、I^2C、CCP 等外设。

LM3S100 系列微控制器内部结构方框图如图 1.2 所示。注意：不是所有特性在 LM3S101 微控制器中都可以使用。

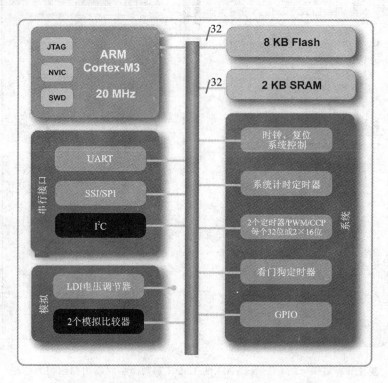

图 1.2 LM3S100 系列微控制器内部结构方框图

2. LM3S101 微控制器的最小系统

LM3S101 微控制器的最小系统电路图如图 1.3 所示。

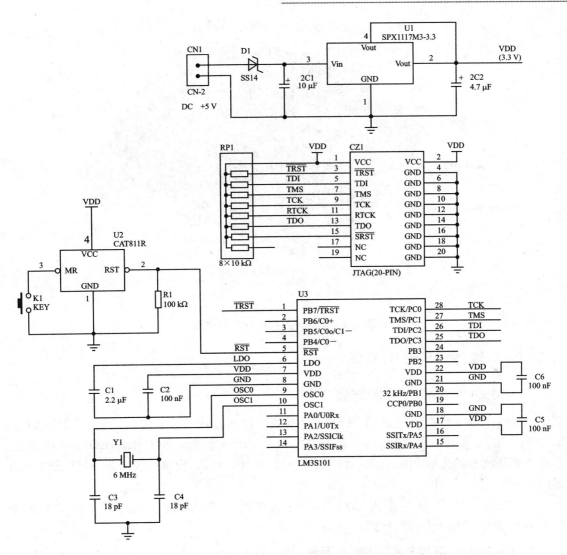

图 1.3　LM3S101 微控制器的最小系统电路图

3. EasyARM101 ARM 开发套件

周立功单片机公司提供的 EasyARM101 ARM 开发套件,可以支持 LM3S101 和 LM3S102 CPU PACK,开发板如图 1.4 所示。

EasyARM101 采用搭积木式模块架构,可选配多种常用模块,可以使电子产品开发、电子大赛、课程设计和毕业设计等提高设计效率。

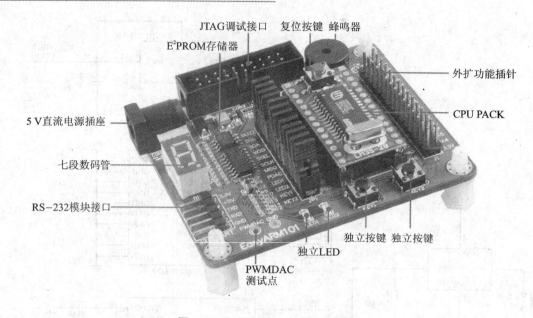

图 1.4　EasyARM101 ARM 开发板

1.2.2　LM3S615 最小系统

1. LM3S600 系列微控制器简介

Luminary Micro 公司提供的 LM3S600 系列微控制器是基于 ARM Cortex - M3 内核的 32 位微控制器，支持最大主频为 50 MHz，32 KB Flash，8 KB SRAM，采用 LQFP - 48 封装。芯片内部集成有正交编码器、ADC、带死区 PWM、温度传感器、模拟比较器、UART、SSI、通用定时器、I^2C、CCP 等外设。

LM3S600 系列微控制器内部结构方框图如图 1.5 所示。注意：不是所有特性在 LM3S615 微控制器中都可以使用。

2. LM3S615 微控制器的最小系统

LM3S615 微控制器的最小系统电路图如图 1.6 所示。

3. EasyARM615 ARM 开发套件

周立功单片机公司提供的 EasyARM615 ARM 开发套件，可以支持 LM3S1xx、LM3S3xx、LM3S6xx 和 LM3S8xx 系列 CPU PACK，支持 μC/OS - Ⅱ 操作系统（提供移植代码），开发板如图 1.7 所示。

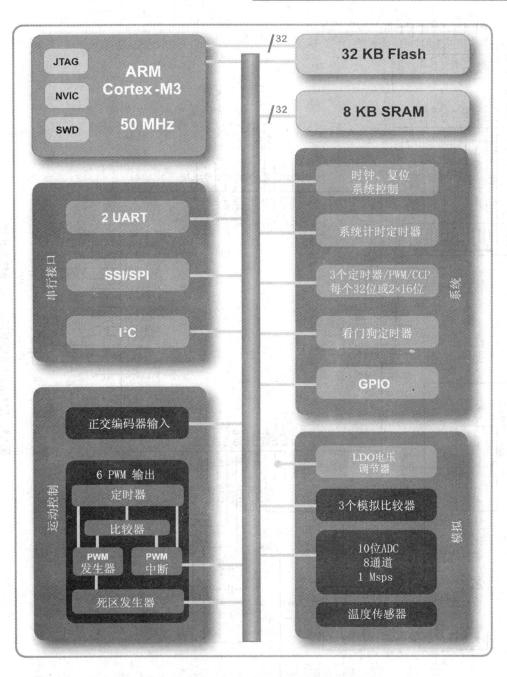

图 1.5 LM3S600 系列微控制器内部结构方框图

第1章 32位 LM3S 系列微控制器

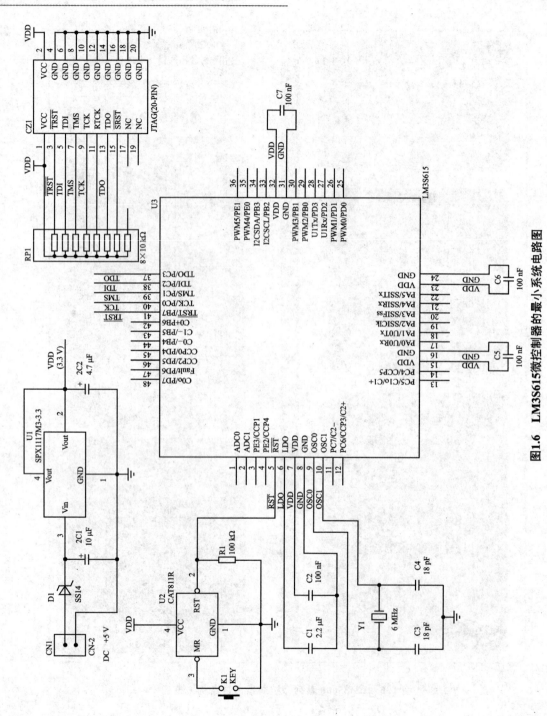

图1.6 LM3S615微控制器的最小系统电路图

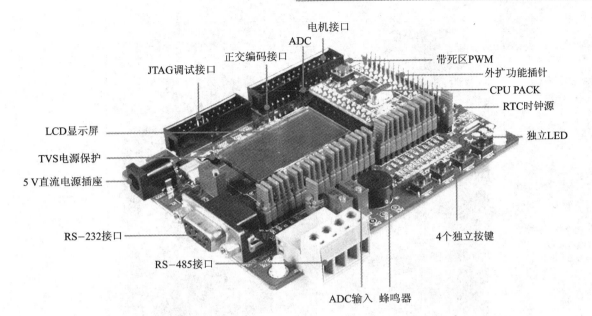

图 1.7 EasyARM615 ARM 开发板

EasyARM615 采用搭积木式模块架构,可选配多种常用模块,可以使电子产品开发、电子大赛、课程设计和毕业设计等提高设计效率。

1.2.3 LM3S8962 最小系统

1. LM3S8000 系列微控制器简介

Luminary Micro 公司提供的 LM3S8000 系列微控制器是基于 ARM Cortex - M3 内核的 32 位微控制器。LM3S8000 系列结合了 Bosch 控制器局域网技术和 10/100M 以太网媒体访问控制(MAC)以及物理(PHY)层。

LM3S8000 系列微控制器内部结构方框图如图 1.8 所示。注意:不是所有特性在 LM3S8962 微控制器中都可以使用。

LM3S8000 系列中的 LM3S8962 微控制器是针对工业应用方案而设计的,包括远程监控、电子贩售机、测试和测量设备、网络设备和交换机、工厂自动化、HVAC 和建筑控制、游戏设备、运动控制、医疗器械以及火警安防。

对于那些对功耗有特别要求的应用方案,LM3S8962 微控制器还具有一个电池备用的休眠模块,从而有效地使 LM3S8962 芯片在未被激活的时候进入低功耗状态。一个上电/掉电序列发生器、连续的时间计数器(RTC)、一对匹配寄存器、一个到系统总线的 APB 接口以及专用的非易失性存储器、休眠模块等功能组件使 LM3S8962 微控制器非常适合用在以电池作为电源的应用中。

第1章　32位 LM3S 系列微控制器

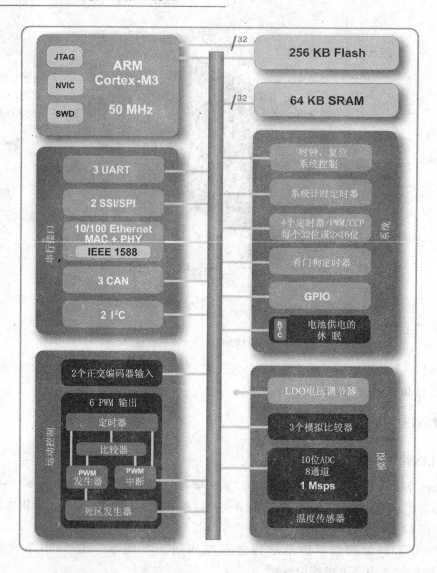

图1.8　LM3S8000系列微控制器内部结构方框图

LM3S8962微控制器使用了兼容ARM的Thumb指令集的Thumb-2指令集来减少存储容量的需求，并以此达到降低成本的目的。LM3S8962微控制器与Stellaris系列的所有成员是代码兼容的，这为用户使用提供了灵活性，能够适应各种精确的需求。

2. LM3S8962微控制器的最小系统

LM3S8962微控制器的最小系统电路图如图1.9所示。

第1章　32位 LM3S 系列微控制器

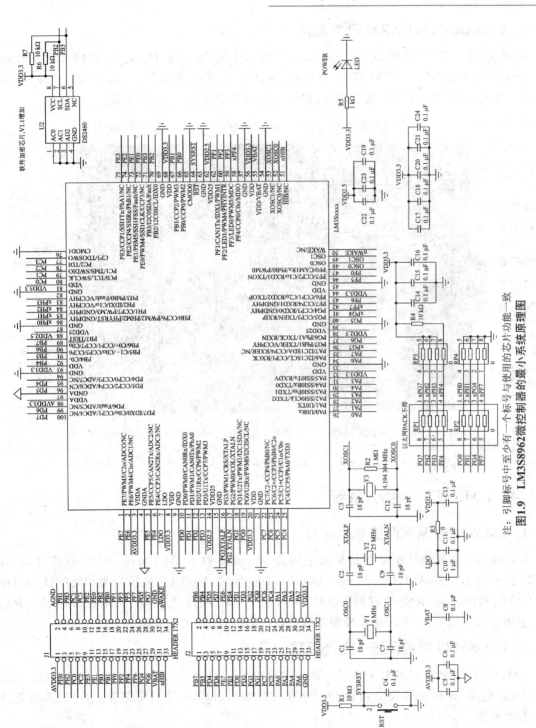

图1.9　LM3S8962微控制器的最小系统原理图

注：引脚标号中至少有一个标号使用的芯片功能一致

3. EasyARM8962 ARM 开发套件

周立功单片机公司提供的 EasyARM8962 ARM 开发套件,可以支持 LM3S1xxx、LM3S2xxx 和 LM3S6xxx 系列 CPU PACK,支持工业网络通信(工业以太网/CAN-Bus/RS485),支持 μC/OS-Ⅱ 操作系统(提供移植代码),开发板如图 1.10 所示。

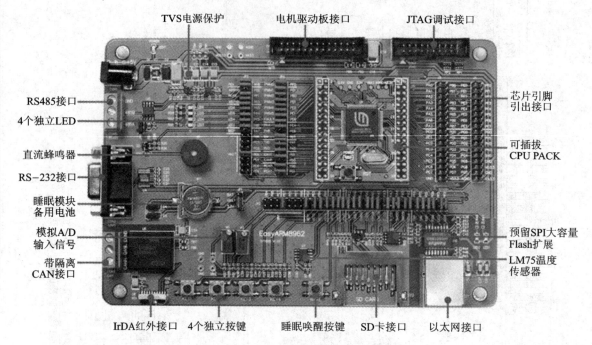

图 1.10　EasyARM8962 开发板

1.2.4　LM3S5749 最小系统

1. LM3S5000 系列微控制器简介

LM3S5000 系列微控制器支持最大主频为 50 MHz 的 ARM Cortex-M3 内核,128 KB Flash,32~64 KB SRAM,LQFP-64/LQFP-100 封装;集成 CAN 控制器、USB Host/Device/OTG、睡眠模块、正交编码器、ADC、带死区 PWM、温度传感器、模拟比较器、UART、SSI、通用定时器、I^2C、CCP、DMA 控制器等外设;芯片内部固化驱动库。

2. LM3S5749 微控制器的最小系统

LM3S5749 微控制器的最小系统电路原理图如图 1.11 所示,图 1.11(a)~图 1.11(f)分别为主 CPU 电路、晶振与复位电路、USB Host 接口电路、JTAG 接口电路、电源电路及电源滤波与指示电路。

第1章 32位LM3S系列微控制器

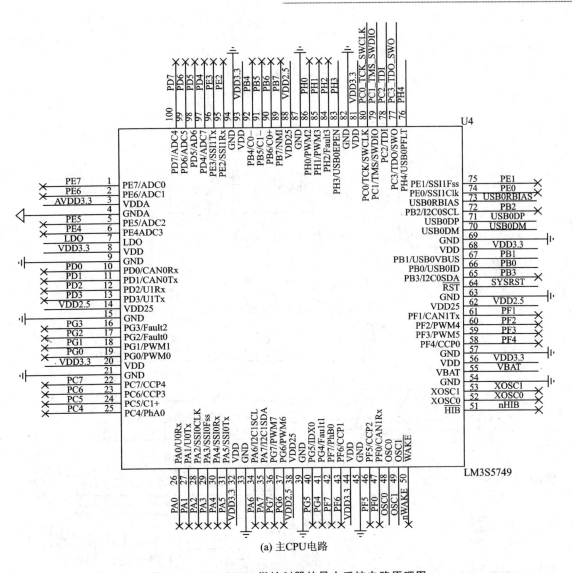

(a) 主CPU电路

图1.11 LM3S5749微控制器的最小系统电路原理图

第 1 章 32 位 LM3S 系列微控制器

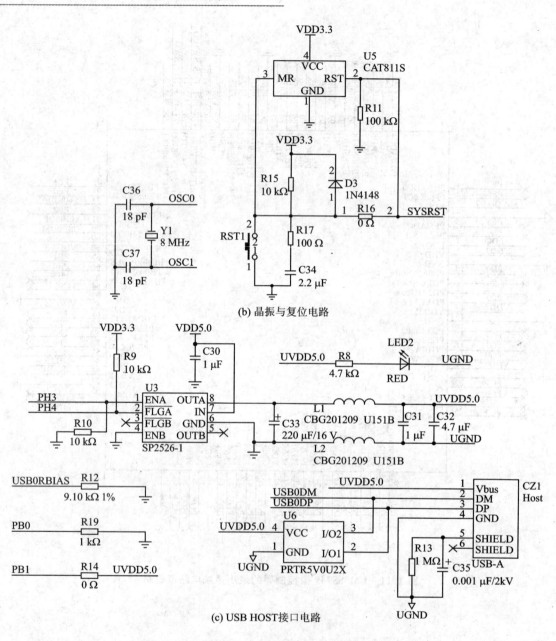

图 1.11 LM3S5749 微控制器的最小系统电路原理图(续)

第1章 32位LM3S系列微控制器

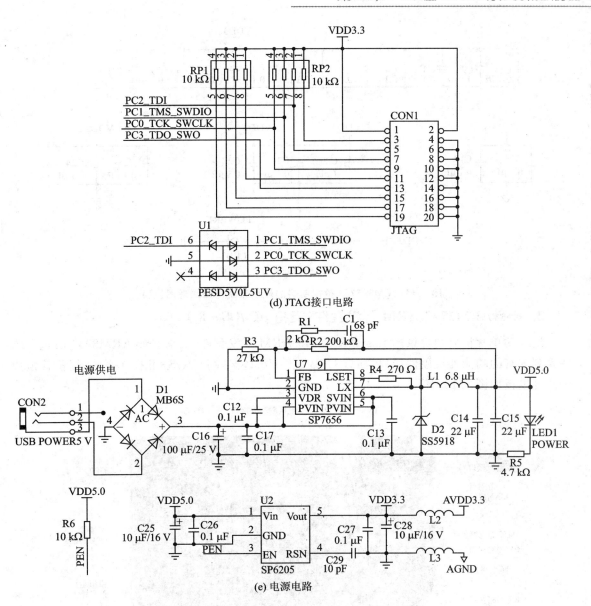

图 1.11 LM3S5749 微控制器的最小系统电路原理图(续)

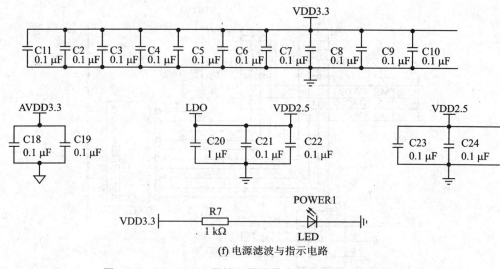

图 1.11　LM3S5749 微控制器的最小系统电路原理图(续)

3. EasyARM5749 ARM 开发套件(支持 μC/OS-Ⅱ)

周立功单片机公司提供的 EasyARM5749 ARM 开发套件,继承 EasyARM8962 所包含的一系列丰富的功能外设硬件接口,拥有 USB 2.0 Host,支持 μC/OS-Ⅱ 操作系统(提供移植代码),开发板如图 1.12 所示。

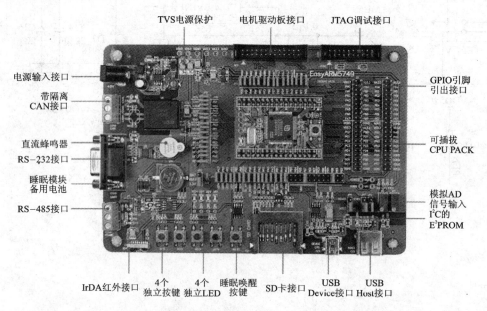

图 1.12　EasyARM5749 ARM 开发板

思考题与习题

1. 登录 http://www.luminarymicro.com，查找 LM3S 系列微控制器相关资料，了解 LM3S 系列微控制器的主要技术特性与发展动态。
2. 试比较 LM3S 系列微控制器与其他微控制器的区别，并列出其优点与不足。
3. 登录 www.zlgmcu.com，查找 LM3S101 数据手册，了解 LM3S101 的主要技术特性、内部结构及封装形式。
4. 参考图 1.3，试设计一个 LM3S101 最小系统，包括电路原理图和 PCB 图。
5. 登录 www.zlgmcu.com，查找 EasyARM101 ARM 开发套件相关资料，了解 EasyARM101 ARM 的主要技术特性、开发工具及应用。
6. 登录 www.zlgmcu.com，查找 LM3S615 数据手册，了解 LM3S615 的主要技术特性、内部结构及封装形式。
7. 参考图 1.6，试设计一个 LM3S615 最小系统，包括电路原理图和 PCB 图。
8. 登录 www.zlgmcu.com，查找 EasyARM615 ARM 开发套件相关资料，了解 EasyARM615 ARM 的主要技术特性、开发工具及应用。
9. 登录 www.zlgmcu.com，查找 LM3S8692 数据手册，了解 LM3S8692 的主要技术特性、内部结构及封装形式。
10. 参考图 1.9，试设计一个 LM3S8692 最小系统，包括电路原理图和 PCB 图。
11. 登录 www.zlgmcu.com，查找 EasyARM8962 ARM 开发套件相关资料，了解 EasyARM8962 ARM 的主要技术特性、开发工具与应用。
12. 登录 www.zlgmcu.com，查找 LM3S5749 数据手册，了解 LM3S5749 的主要技术特性、内部结构及封装形式。
13. 参考图 1.11，试设计一个 LM3S5749 最小系统，包括电路原理图和 PCB 图。
14. 登录 www.zlgmcu.com，查找 EasyARM5749 ARM 开发套件相关资料，了解 EasyARM5749 ARM 的主要技术特性、开发工具及应用。

第2章 ARM Cortex – M3 体系结构

2.1　ARM Cortex – M3 处理器内核

2.1.1　Cortex – M3 内核的主要特点

Cortex – M3 内核是 ARM 公司于 2006 年推出的一款高性能处理器内核,它具有以下特点。

1. 功耗低

① 运行时功耗为 0.19 mW/MHz,而 ARM7 为 0.28 mW/MHz。

② 内置休眠模式和睡眠模式,可以实现在极低的功耗下运行。

2. 内核的门数少,具有优异的性价比

① 该处理器内核是 ARM 所有设计的内核中最小的一个,其核心门数只有 33k,在包含了必要的外设之后的门数也只有 60k。这使它的封装更为小型,成本更为低廉。

② Luminary Micro 公司推出的 LM3S101 芯片仅卖 1 美元。

3. 中断延迟短

① 中断发生时内核自动保存和恢复处理器状态,可以实现低延迟进入和退出中断服务程序(ISR)。

② 中断延迟为 12 个时钟周期,末尾连锁中断延迟仅 6 个时钟周期,而 ARM7 中断延迟为 24～42 个时钟周期,因此 Cortex – M3 内核具有优越的中断响应能力。

4. 调试成本低

① 当内核正在运行、被中止、或处于复位状态时,能对系统中包括 Cortex – M3 内核寄存器组在内的所有存储器和寄存器进行调试访问。

② 支持串行线(SW – DP)、JTAG(JTAG – DP)调试访问或两种调试都支持。

③ Flash 修补和断点单元(FPB),实现断点和代码修补。

④ 数据观察点和触发单元(DWT)，实现观察点、触发资源和系统分析(system profiling)。
⑤ 仪表跟踪宏单元(ITM)，支持对 printf 类型的调试。
⑥ 跟踪端口的接口单元(TPIU)，用来连接跟踪端口分析仪。
⑦ 可选的嵌入式跟踪宏单元(ETM)，实现指令跟踪。

5. 具有嵌套向量中断控制器(NVIC)

NVIC 与处理器内核紧密结合实现低延迟的中断处理。
① 外部中断可配置为 1~240 个。
② 优先级位数可配置为 1~8 位，最大可支持 128 级中断嵌套。
③ 中断优先级可动态地重新配置。
④ 优先级分组：分为占先中断等级和非占先中断等级。
⑤ 支持末尾连锁(tail-chaining)和迟来(late arrival)中断。这样，在两个中断之间没有多余的状态保存和状态恢复指令的情况下，可以实现背对背的中断(back-to-back interrupt)处理。
⑥ 处理器状态在进入中断时自动保存，中断退出时自动恢复，不需要多余的指令。

6. 处理器采用 ARMv7-M 架构

① Thumb-2 ISA 子集，包含所有基本的 16 位和 32 位 Thumb-2 指令，用于多媒体；SIMD、E(D)SP 和 ARM 系统访问的模块除外。
② 只有 SP 是分组的，内部寄存器比 ARM7 简单。
③ 支持硬件除法指令：SDIV 和 UDIV(Thumb-2 指令)。
④ 拥有两种工作模式：处理模式(handler mode)和线程模式(thread mode)。
⑤ 拥有两种工作状态：Thumb 状态和调试状态。
⑥ 可中断-可继续(interruptible-continued)的 LDM/STM 和 PUSH/POP，实现低中断延迟。
⑦ 自动保存和恢复处理器状态，可以实现低延迟地进入和退出中断服务程序(ISR)。
⑧ 支持 ARMv6 架构 BE8/LE。
⑨ 支持 ARMv6 非对齐访问。

7. 具有可裁剪的存储器保护单元(MPU)

MPU 用于对存储器进行保护：
① 有 8 个存储器区。
② 子区禁止功能(SRD)，实现对存储器区的有效使用。
③ 可使能背景区，执行默认的存储器映射属性。

8. 总线接口

① AHBLite ICode、DCode 和系统总线接口。

② APB专用外设总线(PPB)接口。
③ bit-band支持,bit-band的原子写和读访问。
④ 写缓冲区,用于缓冲写数据。

Cortex-M3处理器结构框图如图2.1所示。

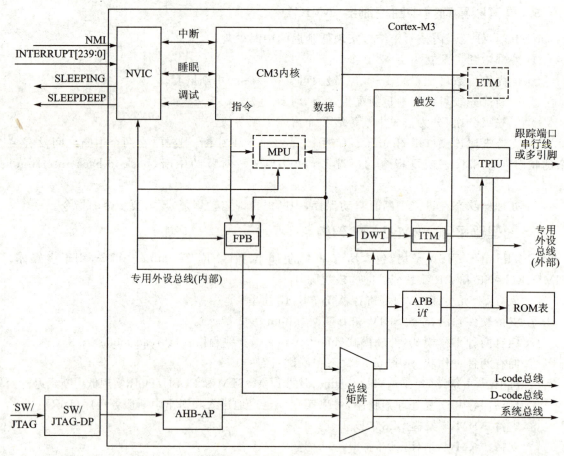

注:ETM和MPU是可选的,系统实现中可以不具有这两个组件。

图2.1 Cortex-M3处理器结构方框图

2.1.2 功能描述

1. 处理器内核

Cortex-M3处理器内核采用ARMv7-M架构,其主要特性如下:
① Thumb-2指令集架构(ISA)的子集,包含所有基本的16位和32位Thumb-2指令。
② 哈佛处理器架构,在加载/存储数据的同时能够执行指令取指。

③ 带分支预测的三级流水线。
④ 32位单周期乘法。
⑤ 硬件除法：
- Thumb 状态和调试状态。
- 处理模式和线程模式。
- ISR 的低延迟进入和退出。
- 可中断-可继续(interruptible-continued)的 LDM/STM 和 PUSH/POP。
- 支持 ARMv6 类型 BE8/LE。
- 支持 ARMv6 非对齐访问。

⑥ 寄存器：Cortex-M3 处理器包含 13 个通用的 32 位寄存器、链接寄存器(LR)、程序计数器(PC)、程序状态寄存器(xPSR)和两个分组的 SP 寄存器。

⑦ 存储器接口：Cortex-M3 处理器内部采用哈佛结构，在数据加载/存储的同时能够执行取指令。

2. NVIC(嵌套向量中断控制器)

NVIC 与处理器内核是紧密耦合的，这样可实现低延迟的异常处理。

3. 总线矩阵

总线矩阵用来将处理器和调试接口与外部总线相连。

4. FPB

FPB 单元实现硬件断点以及从代码空间到系统空间的修补访问，FPB 有 8 个比较器。

5. DWT

数据观察点和跟踪、调试功能部件。

6. ITM

ITM 是一个应用导向(application driven)的跟踪源，支持对应用事件的跟踪和 printf 类型的调试。

7. MPU

如果希望向处理器提供存储器保护，则可以使用可选的 MPU；MPU 对访问允许和存储器属性进行检验。它包含 8 个区和一个可选的执行默认存储器映射访问属性的背景区。

8. ETM

ETM 支持指令跟踪的低成本跟踪宏单元。

9. TPIU

TPIU 用作来自 ITM 和 ETM(如果存在)的 Cortex-M3 内核跟踪数据与片外跟踪端口分析仪之间的桥接。

10. SW/JTAG-DP

Cortex-M3 处理器可配置为具有 SW-DP 或 JTAG-DP 调试端口的接口,或两者都有。这两个调试端口提供对系统中包括处理器寄存器在内的所有寄存器和存储器的调试访问。

2.1.3 Cortex-M3 与 ARM7 的性能比较

表 2.1 为 Cortex-M3 与 ARM7 的性能比较,不难发现 Cortex-M3 具有更优良的性能。

表 2.1 Cortex-M3 与 ARM7 的性能比较

名称	ARM7TDMI	Cortex-M3
架构	ARMv4T(冯·诺依曼)	ARMv7-M(哈佛)
ISA 支持	Thumb/ARM	Thumb/Thumb-2
流水线	3级	3级+分支预测
中断	FIQ/IRQ	240 个物理中断
中断延时	24~42 个时钟周期	12 个时钟周期(末尾连锁仅 6 个)
休眠保护	无	内置
存储器保护	无	8 段存储器保护单元
硬件除法	无	2~12 个时钟周期
运行速度	0.95 DMIPS/MHz	1.25 DMIPS/MHz
功耗	0.28 mW/MHz	0.19 mW/MHz
面积	0.62 mm^2(仅内核)	0.86 mm^2(内核+外设)

Cortex-M3 内核采用哈佛结构,即内部的指令总线和数据总线是相互独立分开的,指令和数据可以从存储器中同时读取,对多个操作可以并行执行,加快了应用程序执行速度。与 ARM7TDMI 相比,每兆赫比 Thumb 指令的效率提高 70%,比 ARM 指令提高 35%。

由于 Thumb-2 指令是 Thumb 指令的扩展,16 位和 32 位指令共存于同一模式下,复杂性大幅下降,代码密度和性能均得到提高。研究发现 Thumb-2 指令的代码密度不仅高于 ARM 指令,而且高于 Thumb 指令。

Cortex-M3 内核具有位操作能力,在汽车电子的应用中表现出色,在 DFT 等 DSP 运算法则的应用中也非常有用。

Cortex-M3 带分支预测的 3 级流水线。Cortex-M3 处理器使用 3 级流水线来增加指令流的速度，这样可使几个操作同时进行，并使处理和存储系统之间的操作更加流畅、连续，能提供 1.25 MIPS/MHz 的指令执行速度。

3 级流水线的指令执行分为 3 个阶段：
① 取指　从存储器装载一条指令；
② 译码　识别将要执行的指令，分支预测在此阶段完成；
③ 执行　处理指令并将结果写回寄存器。

ARM7 虽带 3 级流水线，但由于没有分支预测功能，当遇到跳转指令时，指令只有到执行阶段才知道需要跳转，跳转时需要清空流水线，然后重新加载流水线，对处理器的运行效率造成一定的影响。而 Cortex-M3 内核由于具有分支预测功能，当遇到跳转指令时，在译码阶段就被识别，并且自动加载跳转目的地址的指令，流水线不会被清空，指令的执行效率得到提高。

2.2　编程模型

2.2.1　编程模型

Cortex-M3 处理器采用 ARMv7-M 架构。它包括所有的 16 位 Thumb 指令集和基本的 32 位 Thumb-2 指令集架构。Cortex-M3 处理器不支持 ARM 指令。

Thumb 指令集是 ARM 指令集的子集，重新被编码为 16 位。它支持较高的代码密度以及 16 位或小于 16 位的存储器数据总线系统。

Thumb-2 在 Thumb 指令集架构(ISA)上进行了大量的改进，它与 Thumb 相比，代码密度更高，并且通过使用 16/32 位指令，提供更高的性能。

1. 工作模式

Cortex-M3 处理器支持两种工作模式：线程模式和处理模式。
① 在复位时处理器进入线程模式，异常返回时也会进入该模式。特权和用户(非特权)代码能够在线程模式下运行。
② 处理模式只能在出现异常时才能进入，在处理模式中，所有代码都是特权访问的。

2. 工作状态

Cortex-M3 处理器有两种工作状态：
① Thumb 状态。这是 16 位和 32 位半字对齐的 Thumb 和 Thumb-2 指令的正常执行状态。
② 调试状态。处理器停机调试时进入该状态。

2.2.2 特权访问和用户访问

1. 工作模式与访问权限的关系

代码可以是特权执行或非特权(用户)执行:特权执行可以访问所有资源,非特权执行时对有些资源的访问是受到限制或不允许访问;非特权执行禁止部分指令的使用,例如设置 FAULTMASK 和 PRIMASK 的 CPS 指令,以及系统控制空间(SCS)的大部分寄存器的访问。

工作模式与访问权限的关系如图 2.2 所示,处理模式始终是特权访问,线程模式可以是特权或非特权访问,处理器在复位之后为线程模式特权访问,并在整个程序运行过程中都是特权访问的。

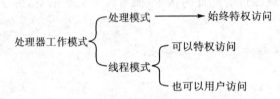

图 2.2 工作模式与访问权限的关系

2. 特权访问和用户访问之间的相互转换

在处理模式下,通过 MSR 指令置位 CONTROL 寄存器的位 0,使得内核在退出处理模式进入线程模式时切换到用户访问;在线程模式特权访问下,通过 MSR 指令置位 CONTROL 寄存器的位 0,即可由特权访问进入用户访问。由特权模式切换到用户模式具体操作程序如下所示:

```
MOV     R0, #0x00
MSR     CONTROL, R0
```

当线程模式从特权访问变为用户访问后,本身不能回到特权访问。只有处理操作能够改变线程模式的访问特权。处理模式始终是特权访问的。

在处理模式下,通过 MSR 指令置位 CONTROL 寄存器的位 0,退出处理模式进入线程模式时切换到特权访问。由用户模式切换到特权模式具体操作程序如下所示:

```
MRS     R0,CONTROL
ORR     R0,R0,#0x01
MSR     CONTROL,R0
```

特权访问和用户访问之间的相互转换关系如图 2.3 所示。

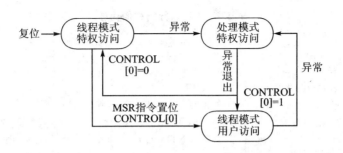

图 2.3　特权访问与用户访问相互转换关系

3. 主堆栈和进程堆栈

工作模式与堆栈关系如图 2.4 所示，所有异常都使用主堆栈，线程模式可使用主堆栈（MSP），也可使用线程堆栈（PSP）。

异常与堆栈切换的关系如图 2.5 所示。

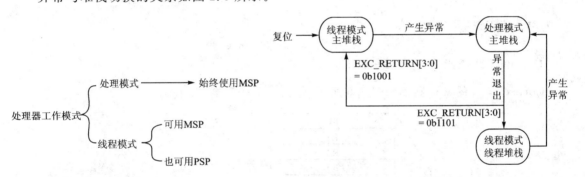

图 2.4　工作模式与堆栈关系图　　　　图 2.5　异常与堆栈切换的关系

复位后，所有代码都使用主堆栈。

异常处理程序（例如 SVC）在其退出异常、进入线程模式时，可使用 EXC_RETURN 值来选择线程模式使用的堆栈。

堆栈指针 R13（又称 SP）是分组寄存器，在 SP_main 和 SP_process 之间切换。在任何时候，进程堆栈和主堆栈中只有一个是可见的，由 R13 指示。

除了使用从处理模式退出时的 EXC_RETURN 的值外，在线程模式中，使用 MSR 指令对 CONTROL 寄存器的位 1 执行写操作也可以从主堆栈切换到进程堆栈。

4. 3 种执行模式的比较

Cortex-M3 处理器在任意时候只能处于 3 种执行模式中的一种，它们分别是：特权处理模式、特权线程模式以及非特权线程模式。3 种执行模式的比较如表 2.2 所列。

第 2 章 ARM Cortex - M3 体系结构

表 2.2　3 种执行模式的比较

执行模式	进入方式	堆栈 SP	用　途
特权线程模式	① 复位 ② 在特权处理模式下使用 MSR 指令清零 CONTROL[0]	使用 SP_main： ① 复位后默认 ② 在退出特权处理模式前，修改返回值 EXC_RETURN[3:0]为 0b1001 ③ 清零 CONTROL[1]	线程模式（特权或非特权）+SP_process 多用于操作系统的任务状态
非特权线程模式	在特权线程模式或特权处理模式下使用 MSR 指令置位 CONTROL[0]	使用 SP_process： ① 在退出特权处理模式前，修改返回值 EXC_RETURN[3:0]为 0b1101 ② 置位 CONTROL[1]	
特权处理模式	出现异常	只能使用 SP_main	特权处理模式+SP_main 在前后台和操作系统中用于中断状态

2.2.3　寄存器

1. Cortex - M3 的寄存器集

Cortex - M3 的寄存器集如图 2.6 所示，包括以下寄存器(32 位)。

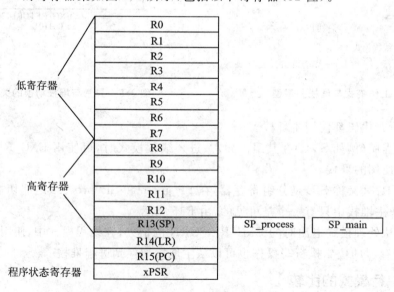

图 2.6　Cortex - M3 的寄存器集

① 13 个通用寄存器：R0～R12；

② 分组的堆栈指针，别名为 SP_process 和 SP_main；
③ 链接寄存器 R14；
④ 程序计数器 R15；
⑤ 1 个程序状态寄存器 xPSR。

2. 通用寄存器

通用寄存器 R0～R12 在结构上没有定义特殊的用法。大多数指定通用寄存器的指令都能够访问 R0～R12。寄存器 R13、R14、R15 具有特殊功能。

(1) 低寄存器 R0～R7

寄存器 R0～R7 可以被指定通用寄存器的所有指令访问。

(2) 高寄存器 R8～R12

寄存器 R8～R12 可以被指定通用寄存器的所有 32 位指令访问。寄存器 R8～R12 不能被 16 位指令访问。

(3) 堆栈指针寄存器 R13

寄存器 R13 用作堆栈指针（SP）。SP 忽略了写入位[1：0]的值，因此它自动与字即 4 字节边界对齐。

处理模式始终使用 SP_main，而线程模式可配置为 SP_main 或 SP_process。

(4) 链接寄存器 R14

寄存器 R14 作为链接寄存器（LR）。在执行分支（branch）和链接（BL）指令或带有交换的分支和链接指令（BLX）时，PC 的返回地址自动保存进 LR；在函数调用时用于保存子程序的返回地址；LR 也用于异常返回，但是在这里保存的不是返回地址；其他任何时候都可以将 R14 看作一个通用寄存器。

(5) 程序计数器寄存器 R15

寄存器 R15 为程序计数器（PC）。该寄存器的位 0 始终为 0，因此，指令始终与字或半字边界对齐。PC 总是指向正在取指的指令。

3. 特殊功能寄存器

(1) 特殊功能寄存器集

Cortex-M3 的特殊功能寄存器如表 2.3 所列，包括有 14 个寄存器。

表 2.3 特殊功能寄存器表

寄存器名称	功　能	编　号
APSR	应用状态寄存器，包含条件代码标志	0
IAPSR	APSR 和 IPSR 的组合	1
EAPSR	APSR 和 EPSR 的组合	2

续表 2.3

寄存器名称	功　能	编　号
xPSR	APSR、EPSR 和 IPSR 的组合。系统级的处理器状态可分为 3 类，因此有 APSR、IPSR 和 EPSR 3 个程序状态寄存器。对程序状态寄存器的访问使用 MRS 和 MSR 指令，在访问时可以把它们作为单独的寄存器，也可以访问 3 个寄存器中任意 2 个的组合（IAPSR、EAPSR、IEPSR），或 3 个的组合（xPSR）。在进入异常时，Cortex-M3 处理器将 3 个寄存器的组合 xPSR 保存在堆栈内	3
IPSR	中断状态寄存器，包含当前激活的异常的 ISR 编号	5
EPSR	执行状态寄存器。执行状态寄存器 EPSR 包含两个重叠的区域： ① 可中断-可继续指令区（ICI）。用于被打断的多寄存器加载和存储指令，如 LDM、STM。ICI 区用来保存从产生中断的点继续执行多寄存器加载和存储操作时所需的信息 ② If-Then 状态区（IT）。它是 If-Then 指令的执行状态位。另外，执行状态寄存器 EPSR 还包含一个 T 位标志位（Thumb 状态位） 注：ICI 区和 IT 区是重叠的，因此，If-Then 模块内的多寄存器加载或存储操作不具有可中断-可继续功能	6
IEPSR	IPSR 和 EPSR 的组合	7
MSP	主堆栈指针	8
PSP	进程堆栈指针	9
PRIMASK	中断屏蔽寄存器。中断屏蔽寄存器相当于中断总开关，当 PRIMASK 为 1 时，内核不响应所有中断；当 PRIMASK 为 0 时，所有中断能正常响应，这个特殊功能寄存器中只有最低位有效。 打开总中断的程序代码如下所示： 　　MOV　R0,＃00 　　MSR　PRIMASK, R0 关闭总中断的程序代码如下所示： 　　MOV　R0,＃01 　　MSR　PRIMASK, R0	16
BASEPRI	可屏蔽等于和低于某个优先级的中断	17
BASEPRI_MAX	BASEPRI 允许设置的最大值	18
FAULTMASK	错误屏蔽寄存器	19
CONTROL	控制寄存器。CONTROL 寄存器由两个状态位组成： ① CONTROL[0]，当前访问模式标志位：为 0 时，当前为特权访问；为 1 时，当前为用户访问 ② CONTROL[1]，当前堆栈指针标志位：为 0 时，当前使用 MSP；为 1 时，当前使用 PSP	20

注：有关特殊功能寄存器的更详细描述请参考"Cortex-M3 Revision：r0p0 Technical Reference Manual. http://www.arm.com"。

(2) 特殊功能寄存器的访问指令

对特殊功能寄存器的访问只能使用 MRS 和 MSR 指令。MRS 从特殊功能寄存器读出数据，并存入通用寄存器。MSR 将通用寄存器的数据写入特殊功能寄存器。

MRS 指令结构如图 2.7 所示，由指令助记符、条件执行码、指令宽度位、目标寄存器和操作寄存器 5 部分组成。目的寄存器为通用寄存器(R0~R15)，操作寄存器为特殊功能寄存器，具体对象为表中的特殊功能寄存器。MSR 指令与此类似。

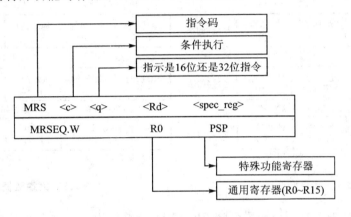

图 2.7　MRS 指令结构

2.2.4　数据类型

Cortex-M3 处理器支持以下数据类型：

① 32 位字；

② 16 位半字；

③ 8 位字节。

注意：存储器系统应该支持所有的数据类型，尤其是要求在不破坏一个字中相邻字节的情况下支持小于 1 个字(subword)的写操作。

2.2.5　存储器格式

Cortex-M3 处理器将存储器看作从 0 开始向上编号的字节的线性集合。例如：字节 0~3 存放第 1 个被保存的字；字节 4~7 存放第 2 个被保存的字。

Cortex-M3 处理器能够以小端格式或大端格式访问存储器中的数据字，而访问代码时始终使用小端格式。

注意：小端格式是 ARM 处理器默认的存储器格式。

在小端格式中，一个字中最低地址的字节为该字的最低有效字节，最高地址的字节为最高有效字节。存储器系统地址 0 的字节与数据线 7~0 相连。

在大端格式中,一个字中最低地址的字节为该字的最高有效字节,而最高地址的字节为最低有效字节。存储器系统地址 0 的字节与数据线 31～24 相连。

小端格式和大端格式的区别如图 2.8 和图 2.9 所示。

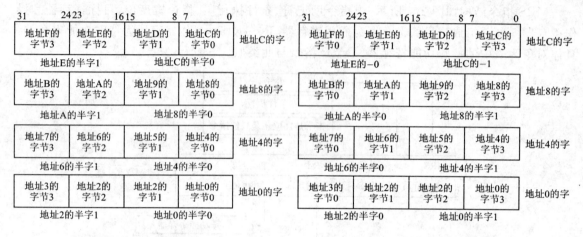

图 2.8 小端数据格式　　　　　　　　图 2.9 大端数据格式

Cortex-M3 处理器有一个配置引脚 BIGEND,能够使用它来选择小端格式或大端格式。该引脚在复位时被采样,结束复位后存储器格式不能修改。Stellaris LM3S 系列微控制器使用小端格式。

注意:对系统控制空间(SCS)的访问始终采用小端格式;在非复位的状态下试图改变存储器格式的操作将被忽略;PPB(Private Peripheral Bus)空间只能为小端格式,BIGEND 的设置无效。

2.2.6　Cortex-M3 指令集

1. Cortex-M3 处理器不支持的 ARM 指令

除表 2.4 中列出的指令外,Cortex-M3 处理器支持所有的 ARMv6 Thumb 指令。

表 2.4　Cortex-M3 不支持的 Thumb 指令

指　　令	执行时产生的动作
BLX(1) 带链接和交换的分支指令	BLX(1)一直出错
SETEND 设置存储器格式	SETEND 一直出错。使用配置引脚选择 Cortex-M3 的存储器格式

2. Cortex-M3 处理器支持的 ARM 指令

Cortex-M3 处理器支持表 2.5 中列出的 Thumb-2 指令。

表 2.5 Cortex-M3 支持的 Thumb-2 指令

指令类型	大小	指 令
数据操作	16	ADC,ADD,AND,ASR,BIC,CMN,CMP,CPY,EOR,LSL,LSR,MOV,MUL,MVN,NEG,ORR,ROR,SBC,SUB,TST,REV,REVII,REVSH,SXTB,SXTH,UXTB,UXTH
分支	16	B<cond>,B,BL,BX,BLX。注:不支持带立即数的 BLX 指令
单寄存器加载-存储	16	LDR,LDRB,LDRH,LDRSB,LDRSH,STR,STRB,STRH,T 变量
多寄存器加载-存储	16	LDMIA,POP,PUSH,STMIA
异常产生	16	BKPT,如果调试使能,程序停止,进入调试状态;如果调试禁止,则出错。SVC,出现 SVC 故障则调用 SVCall 处理程序
带立即数的数据操作	32	ADC{C},ADD{S},CMN,RSB{S},SBC{S},SUB{S},CMP,AND{S},TST,BIC{S},EOR{S},TEQ,ORR{S},MOV{S},ORE{S},MVN{S}
带大立即数的数据操作	32	MOVW,MOVT,ADDW,SUBW。MOVW 和 MOVT 带有 16 位立即数,这意味着它们能代替来自存储器的 literal 加载。ADDW 和 SUBW 带有 12 位立即数,这意味着它们能代替多个来自存储器的 literal 加载
位域操作	32	BFI,BFC,UBFX,SBFX。这些指令都是按位来操作的,使能对位的位置和大小的控制。除了许多比较和一些 AND/OR 赋值表达式之外,它们还都支持 C/C++ 位区(在 structs 中)
带 3 个寄存器的数据操作	32	ADC{S},ADD{S},CMN,RSB{S},SBC{S},SUB{S},CMP,AND{S},TST,BIC{S},EOR{S},TEQ,ORR{S},MOV{S},ORN{S},MVN{S}。不支持 PKxxx 指令
移位操作	32	ASR{S},LSL{S},LSR{S},ROR{S}
杂项	32	REV,REVH,REVSH,RBIT,CLZ,SXTB,SXTH,UXTB,UXTH。扩展指令与对应的 v6 16 位指令相同
表格分支	32	TBB 和 TBH 表格分支,用于 switch/case。这些指令都是带移位的 LDR 操作,然后进行分支
乘法	32	MUL,MLA,MLS
64 位结果的乘法	32	UMULL,SMULL,UMLAL,SMLAL
加载-存储寻址	32	支持以下格式:PC+/-imm12,Rbase+imm12,Rbase+/-imm8,以及包括移位的调整寄存器。在特权模式下使用的 T 变量

续表 2.5

指令类型	大小	指令
单寄存器加载-存储	32	LDR,LDRB,LDRSB,LDRH,LDRSH,STR,STRB,STRH,T 变量。PLD 作为暗示,在没有高速缓存时当作 NOP 指令
多寄存器加载-存储	32	STM,LDM,LDRD,STRD,LDC,STC
专用的加载-存储 exclusive load-store	32	LDREX,STREX,LDREXB,LDREXH,STREXB,STREXH,CLREX。如果没有局部监控程序时,将出现故障,这是 IMP DEF。这里不包括 DREXD 和 STREXD
分支	32	B,BL,B<cond>。状态一直改变,因此无 BLX(1)。无 BXJ
系统	32	用 MSR(2) 和 MRS(2) 代替 MSR/MRS,但 MSR(2) 和 MRS(2) 还有其他更多的功能。可以用它们来访问其他堆栈和状态寄存器。不支持 CPSIE/CPSID 的 32 位格式。无 RFE 或 SRS
系统	16	CPSIE 和 CPSID,是 MSR(2) 指令的快速版本,使用标准的 Thumb-2 编码,但只允许使用"i"和"f",不允许使用"a"
扩展 32	32	NOP(所有格式),协处理器(LDC,MCR,MCR2,MCRR,MRC,MRRC,STC),以及 YIELD(相当于 NOP)。注:无 MRS(1)、MSR(1) 或 SUBS(PC 返回链接)
组合分支	16	CBZ 和 CBNZ(如果寄存器为 0 或非 0,则进行比较并分支)
扩展	16	IT 和 NOP。包括 YIELD
除法	32	SDIV 和 UDIV。带符号和不带符号数的 32/32 除法,商也为 32 位,没有余数。可通过减法操作来实现,该操作允许提前退出
睡眠	16,32	WFI,WFE 和 SEV,相当于 NOP 指令,用来控制睡眠行为
排序(barrier)	32	ISB,DSB 和 DMB,该类排序指令用来确保在下一条指令执行之前某些动作已经发生
饱和(Saturation)	32	SSAT 和 USAT,用来对寄存器进行饱和操作。该类指令执行以下操作:使用移位操作将值规格化,测试来自所选位单元(Q 值)的溢出情况。如果溢出,则置位 xPSR 的 Q 位,在检测到溢出时使该值达到饱和。饱和值请参考针对所选大小的最大的无符号数或最大/最小的带符号数

注:所有的协处理器指令都产生无 CP 故障。

2.3 存储器映射

2.3.1 存储器映射、接口和存储范围

Cortex-M3 处理器有固定的存储器的映射,如图 2.10 所示。被不同的存储器映射区域寻址的处理器接口如表 2.6 所列。处理器存储区的有效范围如表 2.7 所列。

表 2.6 被不同的存储器映射区域寻址的处理器接口

存储器映射	接口
代码	指令取指在 ICode 总线上执行,数据访问在 DCode 总线上执行
SRAM	指令取指和数据访问都在系统总线上执行
SRAM_bitband	别名区域,数据访问是别名。指令访问不是别名
外设	指令取指和数据访问都在系统总线上执行
外设_bitband	别名区域,数据访问是别名。指令访问不是别名
外部 RAM	指令取指和数据访问都在系统总线上执行
外部设备	指令取指和数据访问都在系统总线上执行
专用外设总线	对 ITM、NVIC、FPB、DWT、MPU 的访问,在处理器内部专用外设总线上执行。对 TPIU、ETM 和 PPB 存储器映射的系统区域的访问,在外部专用外设总线上执行。该存储区为从不执行(XN),因此指令取指是禁止的。它也不能通过 MPU(如果有)修改
系统	厂商系统外设的系统部分。该存储区为从不执行(XN),因此指令取指是禁止的。它也不能通过 MPU(如果有)修改

表 2.7 处理器存储区的有效范围

名称	区域	设备类型	XN	高速缓存
代码	0x00000000~0x1FFFFFFF	常规	—	WT
SRAM	0x20000000~0x3FFFFFFF	常规	—	WBWA
SRAM_bitband	0x22000000~0x23FFFFFF	内部		
外设	0x40000000~0x5FFFFFFF	设备	XN	—
外设_bitband	0x42000000~0x43FFFFFF	内部	XN	
外部 RAM	0x60000000~0x7FFFFFFF	常规	—	WBWA
外部 RAM	0x80000000~0x9FFFFFFF	常规	—	WT
外部设备	0xA0000000~0xBFFFFFFF	设备	XN	共用
外部设备	0xC0000000~0xDFFFFFFF	设备	XN	
专用外设总线	0xE0000000~0xE00FFFFF	SO	XN	
系统	0xE0100000~0xFFFFFFFF	设备	XN	

注:位于 0xE0100000~0xFFFFFFFF 的专用外设总线和系统空间一直是 XN。它不能被存储器保护单元(MPU)使用。

第 2 章 ARM Cortex-M3 体系结构

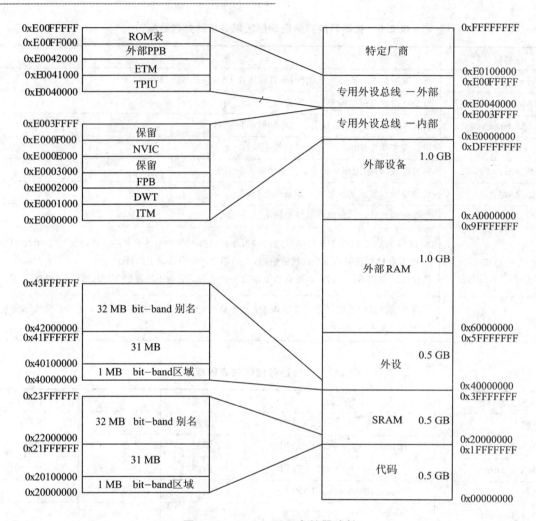

图 2.10 Cortex-M3 存储器映射

2.3.2 位操作

处理器存储器映射包括两个位操作(bit-banding)区域,它们分别为 SRAM 和外设存储区域中的最低的 1 MB。这些位操作区域将存储器别名区的一个字映射为操作区的一个位,也就是两个 32 MB 的别名区被映射为两个 1 MB 的位操作区。

如图 2.11 所示,对 32 MB SRAM 别名区的访问映射为对 1 MB SRAM bit-band 区的访问。对 32 MB 外设别名区的访问映射为对 1 MB 外设 bit-band 区的访问。

向别名区写入一个字与在 bit-band 区的目标位执行读-修改-写操作具有相同的作用。写入别名区的字的位 0 决定了写入 bit-band 区的目标位的值。将位 0 为 1 的值写入别名区表示向 bit-band 位写入 1,将位 0 为 0 的值写入别名区表示向 bit-band 位写入 0。别名字的位[31:1]在 bit-band 位上不起作用。写入 0x01 与写入 0xFF 的效果相同。写入 0x00 与写入 0x0E 的效果相同。

注意:采用大端格式时,对 bit-band 别名区的访问必须以字节方式,否则访问值不可预知。

bit-band 区能够使用常规的读和写以及写入该区操作进行直接访问。

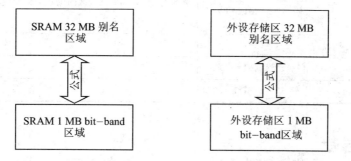

图 2.11 别名区和 bit-band 区的对应关系

映射公式显示如何将别名区中的字与 bit-band 区中的对应位或目标位关联。映射公式如下:

$$bit\_word\_offset = (byte\_offset \times 32) + (bit\_number \times 4) \quad (2.1)$$

$$bit\_word\_addr = bit\_band\_base + bit\_word\_offset \quad (2.2)$$

式中:bit_word_offset 为 bit-band 区中字偏移量,byte_offset 为 bit-band 区中字节的偏移量,bit_number 为所需要映射的位编号,bit_word_addr 为别名区中映射目标的字地址,bit_band_base 为别名区的基址。

2.3.3 ROM 存储器表

Cortex-M3 的 ROM 存储器表如表 2.8 所列,ROM 存储器的基地址为 0xE00FF000。

表 2.8 Cortex-M3 的 ROM 存储器表

偏移量	值	名称	描述
0x000	0xFFF0F003	NVIC	指向地址为 0xE000E000 的 NVIC
0x004	0xFFF02003	DWT	指向地址为 0xE001000 数据观察点和跟踪模块
0x008	0xFFF03003	FPB	指向地址为 0xE0002000 Flash 修补和断点模块
0x00C	0xFFF01003	ITM	指向地址为 0xE0000000 的仪表跟踪模块
0x010	0xFFF41002 或 003	TPIU	指向 TPIU。如果有 TPIU,则值的位 0 设为 1
0x014	0xFFF41002 或 003	ETM	指向 ETM。如果有 ETM,则值的位 0 设为 1。ETM 地址为 0xE0041000

续表 2.8

偏移量	值	名称	描述
0x018	0	End	屏蔽 ROM 表的末端。如果添加了 CoreSight 组件,则它们从这个位置开始添加,末端屏蔽被移到附加组件之后的下一个位置
0xFCC	0x1	MEMTYPE	如果为1,MEMTYPE 区的位 0 定义为"系统存储器访问";如果为 0,则只调试
0xFD0/4/8/C	0x0	PID4/5/6/7	—
0xFE0/4/8/C	0x0	PID0/1/2/3	—
0xFF0/4/8/C	0x0D	CID0/1/2/3	—

2.4 系统异常

2.4.1 异常模式

只要正常的程序被暂时中止,处理器就进入异常模式。异常包括复位、系统故障、系统异常、外设中断等事件。

ARM Cortex-M3 处理器的所有异常都可以通过 NVIC(嵌套向量中断控制器)进行控制,通过 NVIC 可以设置各个异常的优先等级并对异常进行处理。所有异常都是在处理器模式(Handler Mode)中处理的。

在出现异常时,处理器的状态(包括部分寄存器)将被自动存储到堆栈中,并在中断服务程序(ISR)结束时自动从堆栈中恢复。在保存状态的同时从向量表中读取异常处理入口地址,提高了进入中断的效率。Cortex-M3 处理器还支持末尾连锁(tail-chaining),使得处理器无需保存和恢复状态便可执行两个连续的背对背(back-to-back)中断。

ARM Cortex-M3 处理器的以下特性实现了低延迟的异常处理:

- 自动的状态保存和恢复。处理器在进入 ISR 之前将状态寄存器和部分寄存器自动压栈,退出 ISR 之后它们自动出栈,不需要多余的指令。
- 自动读取代码存储器或 SRAM 中包含 ISR 地址的向量表入口。该操作与状态保存同时执行。
- 支持末尾连锁。在末尾连锁中,处理器在两个 ISR 之间不需要对寄存器进行出栈和压栈操作的情况下处理背对背中断。
- 中断优先级可动态重新设置。
- Cortex-M3 与 NVIC 之间采用紧耦合(closely-coupled)接口,通过该接口可以及早地对中断和高优先级的迟来中断进行处理。
- 中断数目可配置为1～240。
- 中断优先级的数目可配置为1～8位（1～256级。Stellaris LM3S系列单片机只支持8级）。处理模式和线程模式具有独立的堆栈和特权等级。
- 使用C/C++标准的调用规范：ARM架构的过程调用标准（PCSAA）执行ISR控制传输。
- 优先级屏蔽支持临界区（关中断，使程序不被高优先级异常中断）。

2.4.2 异常类型

Cortex-M3处理器中存在多种异常类型，如系统复位、NMI（不可屏蔽中断）、硬件故障、存储器管理、总线故障、使用故障、SVCall（软件中断）、调试监控和IRQ中断等。IRQ中断也分为Cortex-M3内自带的PendSV（系统服务请求）、SysTick（系统节拍定时器）和与芯片外设相关的外部中断。

异常通常又分为同步异常和异步异常。硬件故障、存储器管理、使用故障、调试监控和精确的总线故障等都是同步异常，同步异常可以同步报告引起故障的指令。不精确的总线故障、复位、NMI和IRQ中断都为异步异常，异步异常不能保证与引起该故障的指令相关的方式报告。

表2.9列出了所有的异常。将外部中断以外的异常称为系统异常，系统异常与外部中断通过不同的寄存器组进行控制，如使能中断、清除中断和禁止中断等。

如图2.12所示，除了复位、NMI和硬件故障异常外，其他中断的优先级都可以通过寄存器配置。以上对异常进行配置的寄存器都在NVIC（嵌套向量中断控制器）中。不可以通过NVIC将可配置异常优先级划分为占先优先级（pre-emption priorities）和次要优先级（subpriorities）两组，详见2.5.3小节。系统异常是Cortex-M3中内核支持的基本异常，与具体的芯片无关；而外部中断则是与具体芯片相关，如LM3S101就有GPIOA等14个中断。

用户可设置的最高优先级为0号优先级，是仅次于复位、NMI以及硬件故障的第4优先级。

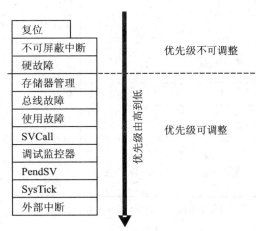

图2.12 异常优先级调整

注意：0号优先级也是所有可调整优先级的默认优先级。如果将两个或更多的中断指定为相同的优先级（例如优先级全为0），那么它们的硬件优先级（位置编号越高优先级越低）就决定了处理器激活这些中断的顺序。例如，如果 PendSV 和 SysTick 的优先级都为 0，那么 PendSV 的优先级更高。

表 2.9 异常类型

异常类型	位置	优先级[1]	描述
—	0		复位时载入向量表的第 1 项作为栈顶地址
复位	1	−3（最高）	在上电和热复位时调用。在执行第 1 条指令时，优先级将降为最低（也就是所谓的激活（中断）的基础级别）。这是异步的
NMI	2	−2	不可停止，也不会被复位之外的任何异常抢占。这是异步的。NMI 仅可由软件通过 NVIC 中断控制状态寄存器来产生
硬故障	3	−1	当故障由于优先级或者是可配置的故障处理程序被禁止的原因而无法激活时，所有类型的故障都会以硬故障的方式激活。这是同步的
存储器管理	4	可调整	MPU 不匹配，包括访问冲突（access violation）和不匹配。这是同步的。这种异常的优先级可被改变
总线故障	5	可调整	预取指故障、存储器访问故障和其他地址/存储器相关的故障。当为精确的总线故障时是同步的，为不精确的总线故障时是异步的。你可以使能或禁止这种故障
使用故障	6	可调整	使用故障，例如执行未定义的指令或试图进行非法的状态转变。这是同步的
—	7~10		保留
SVCall	11	可调整	使用 SVC 指令的系统服务调用。这是同步的
调试监控器	12	可调整	调试监控器（当没有暂停（Halt）时）。这是同步的，但仅在使能时有效。如果它的优先级比当前激活的处理程序的优先级更低，那么调试监控器不能激活
—	13		保留
PendSV	14	可调整	系统服务的可触发（pendable）请求。这是异步的且仅通过软件触发
SysTick	15	可调整	系统节拍定时器已启动（fired）。这是异步的
外部中断	≥16	可调整	中断在 ARM Cortex-M3 内核之外发出且通过 NVIC 返回（区分优先级）。这些都是异步的

[1] 0 是所有可调整优先级的默认优先级。

表 2.9 其实也是一张完整向量表。当异常产生后，处理器根据中断号从向量表中取出异常处理函数入口（指针）。

2.4.3 异常优先级

Cortex-M3 的异常机制非常灵活，异常可以通过占先、末尾连锁和迟来等处理来降低中断的延迟。ARM7TDMI-S 中断响应需要 24~42 个时钟周期，而 Cortex-M3 只需要 12 个时钟周期。

在处理器的异常模型中,优先级决定了处理器何时以及怎样处理异常。用户可以指定中断的优先级和将优先级分组(分为占先优先级和次优先级)。

1. 优先级

NVIC 支持由软件指定的可配置的优先级(称为软件优先级)。通过对中断优先级寄存器的 8 位 PRI_N 区执行写操作,将中断的优先级指定为 0~255。硬件优先级随着中断号的增加而降低。0 优先级最高,255 优先级最低。指定软件优先级后,硬件优先级无效。例如:如果将 INTISR[0]指定为优先级 1,INTISR[31]指定为优先级 0,则 INTISR[31]的优先级比 INTISR[0]高。

注意:软件优先级的设置对复位、NMI 和硬故障无效。它们的优先级始终比外部中断要高。

如果两个或更多的中断指定了相同的优先级,则由它们的硬件优先级来决定处理器对它们进行处理时的顺序。例如:如果 INTISR[0]和 INTISR[1]优先级都为 1,则 INTISR[0]的优先级比 INTISR[1]要高。

外部中断的优先级可以通过"中断优先级寄存器"进行配置,而系统异常的优先级可以通过"系统处理器优先级寄存器"配置。

2. 优先级分组

为了对具有大量中断的系统加强优先级控制,NVIC 支持优先级分组机制。可以使用"应用中断和复位控制寄存器"中的 PRIGROUP 区来将每个 PRI_N 中的值分为占先优先级区和次优先级区。我们将占先优先级称为组优先级。

如图 2.13 所示,以 Stellaris LM3S 系列微控制器为例,PRIGROUP 将 PRI_N 的高 3 位设置为占先区,支持 8 个占先优先级;低 5 位为次优先区,每个优先级可以挂接 32 个 PRI_N 异常。

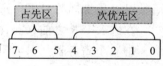

图 2.13 占先优先级与次优先级

如果有多个激活异常共用相同的组优先级,则需使用次优先级区来决定同组中的异常的优先级,这就是同组内的次优先级。组优先级和次优先级的结合就是通常所说的优先级。如果两个激活异常具有相同的优先级,则激活异常的编号越低优先级越高。这与优先级机制是一致的。

如果一个中断想抢占另一个正在处理的中断,则它的占先优先级必须比正在处理的中断的占先优先级要高。

由于不同优先级异常激活,使得异常处理出现以下 4 种处理方式:占先、末尾连锁、迟来和退出。接下来将对以上异常处理方式进行介绍。

2.4.4 异常占先

占先是异常处理的基本模式。如图 2.14 所示,在线程(正常)模式运行的程序被异常时事中断时,就会进行异常的占先;在异常中处理时,如果有比当前更高优先级的异常产生时,高优先级的异常也会占先当有异常的处理。这就是占先的两种模式:线程→异常;异常→更高优先级异常。

当处理器调用异常时,它自动将下面的 8 个寄存器按以下顺序压栈:R0、R1、R2、R3、R12、LR、PC(R15)、xPSR。

在完成压栈之后,SP 减小 8 个字。图 2.15 显示了异常抢占当前的程序流程之后堆栈中的内容和压栈时的顺序。

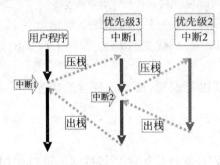
图 2.14 异常占先示意图

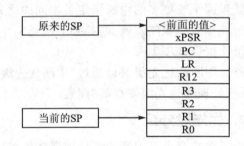
图 2.15 抢占之后堆栈中的内容

从 ISR 返回之后,处理器自动将 8 个寄存器出栈。根据 LR 中的数据执行中断返回,ISR 函数可以是常规的 C/C++ 函数,不需要使用特定关键词。

在进入 ISR 之前,Cortex – M3 处理器采取的步骤如下:

① 8 个寄存器压栈:不可重启。在所选的堆栈上将 R0、R1、R2、R3、R12、LR、PC(R15)、xPSR 压栈;在使用末尾连锁时,该步省略。

② 读向量表:可重启,迟来异常能够引起重启操作。读存储器中的向量表,地址为向量表基址+(异常号 4)。ICode 总线上的读操作能够与 DCode 总线上的寄存器压栈操作同时执行。

③ 从向量表中读 SP:不可重启。只能在复位时,将 SP 更新为向量表中第 1 个字的值。选择堆栈时,压栈和出栈之外的其他异常不能修改 SP。

④ 更新 PC:不可重启。利用向量表读出的位置更新 PC。直到第一条指令开始执行时,才能处理迟来异常。

⑤ 加载流水线:可重启,占先从向量表中读出的新位置重新加载流水线。从向量表指向的位置加载指令。它与寄存器压栈操作同时执行。

⑥ 更新 LR:不可重启。LR 设置为 EXC_RETURN,以便从异常中退出,见 2.4.7 小节。

从中断有效到 ISR 执行第 1 条指令，这中间有 12 个周期的延迟，即从产生异常到开始执行异常程序仅需要 12 个时钟周期。如果在一个异常正在处理时，出现了更高优先级异常激活时，就会出现异常占先。异常占先处理过程中将重复图 2.15 中的压栈和取向量操作。

如果在一个异常正进行压栈操作时，出现了更高优先级异常激活时，就会出现异常迟来。关于异常迟来见 2.4.6 小节。

2.4.5　末尾连锁

末尾连锁是处理器用来加速中断响应的一种机制。在结束 ISR 时，如果存在一个激活的中断，其优先级高于正在返回的 ISR 或线程，那么就会跳过出栈操作，转而将控制权让给新的 ISR。

如图 2.16 所示，末尾连锁能够在两个中断之间没有多余的状态保存和恢复指令的情况下实现异常背对背处理。在退出 ISR 并进入另一个中断时，处理器省略了 8 个寄存器的出栈和压栈操作，因为它对堆栈的内容没有影响。

如果在一个异常处理完成前，产生一个比当前异常优先级低的异常，则处理器执行末尾连锁。如果激活中断的优先级比被压栈（等待处理）的异常的最高优先级都高，则省略压栈和出栈操作，处理器立即取出激活中断的向量。在退出前一个 ISR 之后 6 个周期，开始执行被末尾连锁的 ISR，即从上一个 ISR 返回到执行新的 ISR，这中间有 6 个周期的延迟。

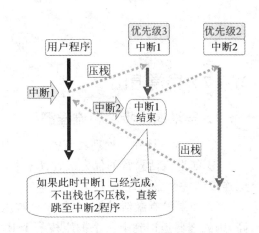

图 2.16　末尾连锁示意图

2.4.6　异常迟来

迟来是处理器用来加速占先的一种机制。如果在保存前一个占先的状态时出现一个优先级更高的中断，则处理器转去处理优先级更高的中断，开始该中断的取向量操作。状态保存不会受到迟来的影响，因为被保存的状态对于两个中断都是一样的，状态保存继续执行不会被打断。处理器对迟来中断进行管理，直到 ISR 的第一条指令进入处理器流水线的执行阶段。返回时，采用常规的末尾连锁技术。

如图 2.17 所示，如果前一个 ISR 还没有进入执行阶段，并且迟来中断的优先级比前一个中断的优先级要高，则迟来中断能够抢占前一个中断。

响应迟来中断时需执行新的取向量地址和 ISR 预取操作。迟来中断不保存状态，因为状态保存已经被最初的中断执行过了，所以不需要重复执行。

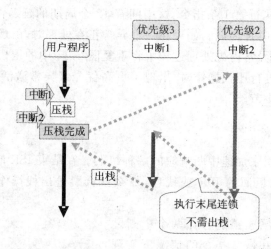

图 2.17 迟来示意图

2.4.7 异常退出

1. 异常退出步骤和流程图

在从异常返回时,处理器将执行下列操作之一:

① 如果激活异常的优先级比所有被压栈(等待处理)的异常的优先级都高,则处理器会末尾连锁到一个激活异常。

② 如果没有激活异常,或者如果被压栈的异常的最高优先级比激活异常的最高优先级要高,则处理器返回到上一个被压栈的 ISR。

③ 如果没有激活中断或被压栈的异常,则处理器返回线程模式。

异常退出步骤如下:

① 8 个寄存器出栈:如果没有被抢占,则将 PC、xPSR、R0、R1、R2、R3、R12、LR 从所选的堆栈中出栈(堆栈由 EXC_RETURN 选择),并调整 SP。

② 加载当前激活的中断号:加载来自被压栈的 IPSR 的位[8:0]中的当前激活的中断号。处理器用它来跟踪返回到哪个异常以及返回时清除激活位。当位[8:0]为 0 时,处理器返回线程模式。注:由于优先级可动态改变,NVIC 使用中断号代替中断优先级来决定当前的 ISR 是哪一个。

③ 选择 SP:如果返回到异常,SP 为 SP_main;如果返回到线程模式,则 SP 为 SP_main 或 SP_process。

如果在出栈过程中出现一个优先级更高的中断,则处理器放弃出栈操作,堆栈指针退回去,并将该异常看作末尾连锁的情况来响应。

异常退出流程如图 2.18 所示。

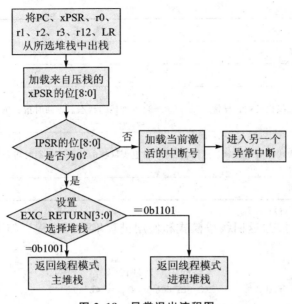

图 2.18 异常退出流程图

2. 处理器从 ISR 中返回

处理器从 ISR 中返回时可以确定处理器的运行模式(处理模式或线程模式)及使用的堆栈(主堆栈或线程堆栈)。当使用下面的其中一条指令将 LR 的值装入 PC 时,执行异常返回:

- POP 包括加载 PC 的 LDM 操作;
- LDR 操作,将 PC 作为目标寄存器;
- BX 操作,可使用任意寄存器。

当以上述方式返回时,写入 PC 的值被截取,作为 EXC_RETURN 的值。EXC_RETURN[3∶0]用来提供返回信息,其定义如表 2.10 所列。

如果 EXC_RETURN[3∶0]的值为该表中的保留值,则将导致一个称作使用故障的末尾连锁异常。

如果在线程模式中,从向量表或通过任何其他的指令将 EXC_RETURN 的值加载到 PC 时,该值看作一个地址,而不是特殊的值。由于这个地址范围被定义为具有永不执行(XN)许可,所以将导致存储器管理故障异常。

表 2.10 异常返回的行为

EXC_RETURN[3∶0]	描 述
0bxxx0	保留
0b0001	返回处理模式。异常返回,获得来自主堆栈的状态。在返回时指令执行使用主堆栈

续表 2.10

EXC_RETURN[3:0]	描述
0b0011	保留
0b01x1	保留
0b1001	返回线程模式。异常返回,获得来自主堆栈的状态。返回时指令执行使用主堆栈
0b1101	返回线程模式。异常返回,获得来自进程堆栈的状态。返回时指令执行使用进程堆栈
0b1x11	保留

在处理模式(异常处理)返回线程模式和使用进程堆栈操作程序如下:

```
OSPendSV
    ...                        // 省略的中断处理代码
    MOV    LR,#0xfffffffd      // EXC_RETURN[3:0] = 4b'1101
    BX     LR
```

2.4.8 复 位

复位是优先级最高的异常。复位异常产生时 NVIC 与内核同时复位,NVIC 并对内核从复位状态释放的行为进行控制。复位动作如表 2.11 所列。

表 2.11 复位动作

动作	描述
NVIC 复位,内核保持在复位状态	NVIC 对它的大部分寄存器进行清零。处理器位于线程模式,优先级为特权模式,堆栈设置为主堆栈
NVIC 将内核从复位状态释放	NVIC 将内核从复位状态释放
内核设置堆栈	内核从向量表偏移 0 中读取堆栈的栈项,并设置 SP_main(主堆栈指针)
内核设置 PC 和 LR	内核从向量表偏移中读取最初的 PC。LR 设置为 0xFFFFFFFF
运行复位程序	除了 NMI 和硬故障异常外,NVIC 的中断都被禁止了

1. 向量表

向量表是异常产生时获取异常处理函数入口的一块连续内存,每一个异常都在向量表固定的偏移地址(偏移地址都是以字对齐),通过该偏移地址可以获取异常处理函数的入口指针。复位处理函数的地址为:向量表地址+4。

向量表中的第1个字为指向堆栈栈顶的指针,复位时内核读取该地址的数据设置 SP_main(主堆栈)。

向量表的基地址可以通过 NVIC 中的向量偏移寄存器(0xE000ED08)来设置,复位时向量表基地址默认为0。

向量表中至少需要有4个值:栈顶地址、复位程序的位置、NMI ISR 的位置和硬故障 ISR 的位置。

当中断使能时,不管向量表的位置在哪里,它都指向所有使能屏蔽的异常;并且如果使用 SVC 指令,还需要指定 SVCall ISR 的位置。

2. 复位启动时的动作

复位启动时的动作如表 2.12 所列。

表 2.12 复位启动时的动作

动 作	描 述
初始化变量	必须设置所有的全局/静态变量。包括将 BSS(已初始化的变量)清零,并将变量的初值从 ROM 中复制到 RAM 中
[设置堆栈]	如果使用多个堆栈,另一个分组的 SP 必须进行初始化。当前的 SP 也可以从主堆栈变为进程堆栈
初始化所有的运行时间	可选择调用 C/C++ 运行时间的注册码,以允许使用堆(heap)、浮点运算或其他功能。这通常可通过_main 调用 C/C++ 库来完成
[初始化所有外设]	在中断使能之前设置外设。可以调用它来设置应用中使用的外设
[切换 ISR 向量表]	可选择将代码区,@0 中的向量表转换到 SRAM 中。这样做只是为了优化性能或允许动态改变
[设置可配置的故障]	使能可配置的故障并设置它们的优先级
设置中断	设置优先级和屏蔽
使能中断	使能中断。使能 NVIC 中的中断处理。如果中断多于 32 个,也不希望在中断刚使能时产生中断,则需要多个设置使能寄存器。通过 CPS 或 MSR,能够使用 PRIMASK 在准备就绪之前屏蔽中断
[改变优先级]	[改变优先级]。如果有必要,线程模式的特权访问可变为用户访问。该操作通常通过调用 SVCall 处理程序来实现
循环(loop)	如果使能退出时进入睡眠功能(sleep-on-exit),则在产生第1个中断/异常之后,控制不会返回。如果 sleep-on-exit 可选择使能/禁止,则 loop 能够处理清除操作和执行的任务。如果不使用 sleep-on-exit,则 loop 能够做想做的事并且能够使用 WFI(现在睡眠)

注:"[ ]"为可选的内容,一个复位启动时可以忽略的操作。

2.4.9 其他系统中断

除了复位系统异常外还有不可屏蔽中断、硬件故障、存储器管理、使用故障 SVCall(调用系统服务)、调试监控、PendSV(系统服务请求)和 SysTick(系统节拍定时器)异常,这些都是 Cortex-M3 内核必须支持的异常,不同公司生产的 Cortex-M3 内核处理器都会支持这些异常。

1. 不可屏蔽中断

不能被复位之外的任何异常停止或占先的异常叫做不可屏蔽中断。在向量表中偏移地址为 8。其通过 NVIC 中的"中断控制状态寄存器(0xE000ED04)"的 NMIPENDSET 位(第 31 位)软件触发,触发不可屏蔽中断程序如下所示:

```
#define NVIC_INT_CTRL         0xE000ED04         //中断控制状态寄存器
#define NVIC_NMIPENDSET       0x80000000
HWREG(NVIC_INT_CTRL) = NVIC_NMIPENDSET;
```

2. 硬故障

由于优先级的原因或可配置的故障处理被禁止而导致不能将故障异常激活的所有类型硬故障。只有复位和 NMI 能够抢占固定优先级的硬故障。硬故障能够抢占除复位、NMI 或其他硬件故障之外的所有异常。在特定条件下,存储器管理、使用故障、SVCall 和调试监控异常都可以上升到硬故障。

当产生硬故障时,可以通过读取 NVIC 的"硬件故障状态寄存器(0xE000ED2C)"了解硬故障产生的原因。

3. 存储器管理

MPU 不匹配,包括违反访问规范及不匹配。即使 MPU 被禁止或不存在,也可以用它来支持默认的存储器映射的 XN 区域。如果优先级大于或等于当前异常,将上升到硬故障。

当产生存储器管理故障时,可以通过读取 NVIC 的"存储器管理故障状态寄存器(0xE000ED28)"了解故障产生的原因。

4. 总线故障

预取指令故障,存储器访问的故障。如果优先级大于或等于当前异常,将上升为硬件故障。当产生该故障时,可以通过读取 NVIC 的"使用故障状态寄存器(0xE000ED29)"了解故障产生的原因。

5. 使用故障

EPSR 和指令的非法组合、非法的 PC 装载、非法的处理器状态、指令译码错误、试图使用协处理器指令和非法不对齐访问等都会产生使用故障。如果优先级大于或等于当前异常,将上升为硬件故障。

当产生该故障时,可以通过读取 NVIC 的"使用故障状态寄存器(0xE000ED2B)"了解故障产生的原因。

6. SVCall(调用系统服务)

使用 SVC 指令调用系统服务,也就是软件中断。常用于操作系统的任务调度。如果优先级小于或等于当前异常,将上升为硬故障。该异常只能通过 SVC 汇编指令触发异常,SVCall 软件中断程序如下所示:

```
void SVCall(void)                    // 在 C 文件中嵌入汇编
{
    asm("SVC 0");                    // 触发软件异常(汇编指令)
}

int main(void)                       // 主函数
{
    SVCall( );                       // 调用触发软件中断函数
    while(1);
}

void SVCall_Handler(void)            // 需要在向量表上添加该函数
{                                    // 设置断点观察中断进入
}
```

7. 调试监控

当产生该故障时,可以通过读取 NVIC 的"调试监控故障状态寄存器(0xE000ED30)"了解故障产生的原因。

8. PendSV(系统服务请求)

该异常与 SVCall 异常的作用很相似,通常用于操作系统的任务调度。不同的是该异常的触发通过写寄存器实现,执行的速度不如 SVC 快,并且是异步的,所以在优先级小于或等于当前异常也不会引起硬故障。PendSV 中断实例程序如下所示:

```
#define NVIC_INT_CTRL    0xE000ED04                        // 中断控制状态寄存器
#define NVIC_PENDSVSET   0x10000000                        // 触发 PendSV 异常
#define HWREG(x)         (*((volatile unsigned long *)(x)))
int main(void)                                              // 主函数
{
```

```
    HWREG(NVIC_INT_CTRL) = NVIC_PENDSVSET;         // 调用触发 PendSV 中断函数
    while(1);
}
void PendSVCall_Handler(void)                      // 需要在向量表上添加该函数
{                                                  // 设置断点观察中断进入
}
```

2.5 嵌套向量中断控制器

2.5.1 NVIC 的中断与异常控制的结构

嵌套向量中断控制器(NVIC)：
- 便于进行低延迟的异常和中断处理；
- 控制电源管理；
- 执行系统控制寄存器。

NVIC 支持 240 个优先级可动态配置的中断，每个中断的优先级有 256 个可供选择。低延迟的中断处理可以通过紧耦合的 NVIC 和处理器内核接口来实现,让新进的中断可以得到有效的处理。NVIC 通过时刻关注压栈(嵌套)中断来实现中断的末尾连锁(tail-chaining)。

用户只能在特权模式下完全访问 NVIC,但是如果使能了配置控制寄存器,就可以在用户模式下激活中断。其他用户模式的访问会导致总线故障。

除非特别说明,否则所有的 NVIC 寄存器都可采用字节、半字和字方式进行访问。

不管处理器存储字节的顺序如何,所有 NVIC 寄存器和系统调试寄存器都是采用小端(little endian)字节排列顺序,即低位字节存储在低地址。

NVIC 中断与异常控制的结构图如图 2.19 所示。

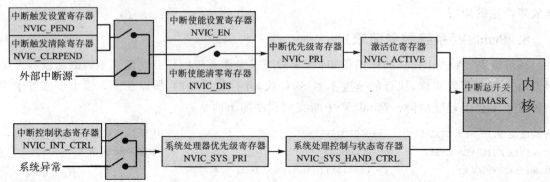

图 2.19 NVIC 中断与异常控制结构图

2.5.2 NVIC 寄存器映射

表 2.13 列出了 NVIC 寄存器。NVIC 空间还用来实现系统控制寄存器。NVIC 空间分成以下部分：

- 0xE000E000～0xE000E00F，中断类型寄存器。
- 0xE000E010～0xE000E0FF，系统定时器。
- 0xE000E100～0xE000ECFF，NVIC。
- 0xE000ED00～0xE000ED8F，系统控制模块，包括：CPUID；系统控制、配置和状态；故障报告。
- 0xE000EF00～0xE000EF0F，软件触发异常寄存器。
- 0xE000EFD0～0xE000EFFF，ID 空间。

表 2.13 NVIC 寄存器

名 称	类 型	地 址	复位值
中断控制类型寄存器[1]	只读	0xE000E004	a
系统时钟节拍(SysTick)控制与状态寄存器	读/写	0xE000E010	0x00000000
系统时钟节拍(SysTick)重装值寄存器	读/写	0xE000E014	不可预测
系统时钟节拍(SysTick)当前值寄存器	读/写清除	0xE000E018	不可预测
系统时钟节拍(SysTick)校准值寄存器[2]	只读	0xE000E01C	STCALIB
Irq0～239 使能设置寄存器	读/写	0xE000E100～11C	0x00000000
Irq0～239 使能清除寄存器	读/写	0xE000E180～19C	0x00000000
Irq0～239 挂起设置寄存器	读/写	0xE000E200～21C	0x00000000
Irq0～239 挂起清除寄存器	读/写	0xE000E280～29C	0x00000000
Irq0～239 激活位寄存器	只读	0xE000E300～31C	0x00000000
Irq0～239 优先级寄存器	读/写	0xE000E400～4F0	0x00000000
CPUID 基址寄存器	只读	0xE000ED00	0x410FC230
中断控制状态寄存器	读/写或只读	0xE000ED04	0x00000000
向量表偏移寄存器	读/写	0xE000ED08	0x00000000
应用中断/复位控制寄存器	读/写	0xE000ED0C	0x00000000
系统控制寄存器	读/写	0xE000ED10	0x00000000
配置控制寄存器	读/写	0xE000ED14	0x00000000
系统处理器 4～15 优先级寄存器	读/写	0xE000ED18～20	0x00000000

续表 2.13

名　　称	类　型	地　　址	复位值
系统处理器控制与状态寄存器	读/写	0xE000ED24	0x00000000
可配置故障状态寄存器	读/写	0xE000ED28	0x00000000
硬故障状态寄存器	读/写	0xE000ED2C	0x00000000
调试故障状态寄存器	读/写	0xE000ED30	0x00000000
存储器管理地址寄存器	读/写	0xE000ED34	不可预测
总线故障地址寄存器	读/写	0xE000ED38	不可预测
PFR0/1：处理器功能寄存器 0/1	只读	0xE000ED40/44	0x00000000
DFR0：调试功能寄存器 0	只读	0xE000ED48	0x00000000
AFR0：辅助功能寄存器 0	只读	0xE000ED4C	0x00000000
MMFR0/1/2/3：存储器模型功能寄存器 0/1/2/3	只读	0xE000ED50/4/8/C	0x00000000
ISAR0/1/2/3：ISA 功能寄存器 0/1/2/3	只读	0xE000ED60/4/8/C	0x01141110
ISAR4：ISA 功能寄存器 4	只读	0xE000ED70	0x01310102
软件触发中断寄存器	只写	0xE000EF00	—
外设识别寄存器（PERIPHID4/5/6/7）[3]	只读	0xE000EFD0/4/8/C	0x04
外设识别寄存器位 7：0(PERIPHID0)[3]	只读	0xE000EFE0	0x00
外设识别寄存器位 15：8(PERIPHID1)[3]	只读	0xE000EFE4	0xB0
外设识别寄存器位 23：16(PERIPHID2)[3]	只读	0xE000EFE8	0x0B
外设识别寄存器位 31：24(PERIPHID3)[3]	只读	0xE000EFEC	0x00
元件识别寄存器位 7：0(PCELLID0)[3]	只读	0xE000EFF0	0x0D
元件识别寄存器位 15：8(PCELLID1)[3]	只读	0xE000EFF4	0xE0
元件识别寄存器位 23：16(PCELLID2)[3]	只读	0xE000EFF8	0x05
元件识别寄存器位 31：24(PCELLID3)[3]	只读	0xE000EFFC	0xB1

［1］复位值取决于被定义的中断数目；

［2］Stellaris 系列处理器不支持系统时钟节拍校准值寄存器；

［3］这些寄存器不常用，用户也可以忽略。

2.5.3　外部中断

外部中断控制用于对外部中断进行使能设置、使能清除、触发设置、触发清除、激活和优先级的配置。外部中断指的是除系统异常之外的异常，它包括 I/O 口的中断和各个外设产生的中断，也即中断号大于和等于 16 的异常。外部中断的 0 号中断对应于 NVIC 的 16 号中断

(GPIOA 中断),依此类推。

1. 中断使能设置寄存器

中断使能设置寄存器(NVIC_EN0～NVIC_EN7,0xE000E100～0xE000E11C)用于:使能中断;决定当前使能的是哪个中断。

该寄存器的一个位对应一个中断,这 8 个寄存器可以用于控制 256 个外部中断的使能与禁止。中断使能设置位:1=使能中断;0=禁止中断。即向其中的对应位写入 1/0 可以使能/禁止相应的中断。中断使能设置寄存器 0 的位 0 对应外部中断 0 号(GPIOA 中断),位 1 对应外部中断 1 号(GPIOB 中断),依此类推。

当激活(pending)中断的使能位置位时,处理器会根据其优先级将其激活。使能位清零时,虽然其中断信号有效,可以将中断挂起,但不管其优先级如何,该中断都不能被激活。因此被禁止的中断可以当作一个被锁存的 GPIO 位,用户无需调用中断就可以直接对它进行读取和清零操作。

通过写 1 到中断使能清除寄存器的相应位可以清零中断使能设置寄存器的位。

注意:清零一个中断使能设置寄存器的位并不会影响当前运行的中断,它只是阻止激活新的中断。

例如:一个使能外部中断 2 操作的程序如下所示:

```
#define NVIC_EN0        0xE000E100        // IRQ 0～31 中断使能设置寄存器
HWREG(NVIC_EN0) = 1 << 2;                 // 使能外部 2 号中断,即 GPIOC 中断
```

2. 中断使能清除寄存器

中断使能清除寄存器(NVIC_DIS0～NVIC_DIS7,0xE000E180～0xE000E19C)用于:禁止中断;决定当前被禁止的中断。

该寄存器的一个位对应一个中断(这 8 个寄存器可以用于控制 256 个中断)。置位中断使能清除寄存器的位可以禁止相应的中断。中断使能清除位:1=禁止中断;0=使能中断。

例如:禁止外部中断操作的程序如下所示:

```
#define NVIC_DIS0       0xE000E180        // IRQ 0～31 中断使能清除寄存器
HWREG(NVIC_DIS0) = 1 << 2;                // 禁止外部 2 号中断即 GPIOC 中断
```

3. 中断触发设置寄存器

中断触发设置寄存器(NVIC_PEND0～NVIC_PEND7,0xE000E200～0xE000E21C)用于:将中断强制激活;决定当前被激活的中断。

该寄存器的一个位对应一个中断(这 8 个寄存器可以用于控制 256 个中断)。置位中断触发设置寄存器的位可以触发相应的中断,该中断完成后此位自动清零。中断触发设置位:1=触发相应的中断;0=不触发相应的中断。

通过写1到中断触发清除寄存器的相应位可以清零中断触发设置寄存器的位。清零中断触发设置寄存器的位不会将中断挂起。

注意：写中断触发设置寄存器操作对已经激活或已经被禁止的中断没有影响。

4. 中断触发清除寄存器

中断触发清除寄存器（NVIC_CLRPEND0～NVIC_CLRPEND7，0xE000E280～0xE000E29C)用于：清除触发中断；决定当前正在挂起哪个中断。

该寄存器的一个位对应一个中断（这8个寄存器可以用于控制256个中断）。置位中断触发清除寄存器的位可以让相应的激活中断变为不激活状态。中断触发清除位：1＝清除触发的中断；0＝不清除触发中断。

注意：写中断触发清除寄存器操作对那些已经激活的中断没有影响，除非这些中断也正处于挂起状态。

5. 激活位寄存器

通过读取激活位寄存器（NVIC_ACTIVER0～NVIC_ACTIVER7，0xE000E300～0xE000E31C)来判断激活哪个中断。寄存器的一个位标志对应一个中断（共256个中断）。中断激活标志：1＝中断被激活或者被抢占和压栈；0＝中断不被激活或中断未被压栈。

6. 中断优先级寄存器

使用中断优先级寄存器(NVIC_PRI0～NVIC_PRI7,0xE000E400～0xE000E41C)将0～255个优先级分别分配给各个中断。0代表最高优先级，255则代表最低优先级。

优先级寄存器首先存放最高位(MSB)，即当优先级值为4位时，存放在字节的位[7:4]中；优先级值为3位时，存放在字节的位[7:5]中。这也意味着某个应用即使不知道可能含有多少个优先级也可以正常工作。

中断优先级寄存器0～31的位分配如表2.14所列，从0xE000E400开始的地址里，每一个字节对应一个外部中断。例如：0xE000E400对应外部中断GPIOA，这个字节可以设置GPIOA的中断优先级；0xE000E401对应外部中断GPIOB，这个字节可以设置GPIOB的中断优先级；依此类推。PRI_n的低位可以为优先级分组指定子优先级。

表2.14 中断优先级寄存器0～31的位分配

地址	31～24	23～16	15～8	7～0
0xE000E400	PRI_3　GPIOD	PRI_2　GPIOC	PRI_1　GPIOB	PRI_0　GPIOA
0xE000E404	PRI_7　SSI	PRI_6　UART1	PRI_5　UART0	PRI_4　GPIOE
0xE000E408	PRI_11　PWM1	PRI_10　PWM0	PRI_9　PWM_Fault	PRI_8　I^2C
0xE000E40C	PRI_15　ADC1	PRI_14　ADC0	PRI_13　QEI	PRI_12　PWM2
0xE000E410	PRI_19　T0A	PRI_18　Watchdog	PRI_17　ADC3	PRI_16　ADC2

续表 2.14

地址	31～24	23～16	15～8	7～0
0xE000E414	PRI_23 T2A	PRI_22 T1B	PRI_21 T1A	PRI_20 T0B
0xE000E418	PRI_27 Analog_comparator2	PRI_26 Analog_comparator1	PRI_25 Analog_comparator0	PRI_24 T2B
0xE000E41C	PRI_31 GPIOG	PRI_30 GPIOF	PRI_29 Flash_Control	PRI_28 System_Control

各外部异常的优先级默认为 0,需要调整外部某个中断的优先级可以向相应的外部中断优先级寄存器写入优先级数值;而且通常只有高位有效,这些位与具体的芯片相关,如 Stellaris 系列微控制器就只有高 3 位(位[7:5])有效。关于异常优先级详见 2.4.3 小节。

例如:设置一个 Stellaris 微控制器外部中断优先级:外部 2 号中断＞外部 12 号中断＞外部 7 号中断＞外部 4 号中断,并且 4 号中断的优先级为最低,如下程序所示:

```
#define HWREGB(x)      (*((volatile unsigned char *)(x)))    //字节访问宏
#define PRI_2          0xE000E402                            //2 号中断优级设置寄存器
#define PRI_4          0xE000E404                            //4 号中断优级设置寄存器
#define PRI_7          0xE000E407                            //7 号中断优级设置寄存器
#define PRI_12         0xE000E40C                            //12 号中断优级设置寄存器

HWREGB(PRI_4)   = 7<<5;      //最低优先级
HWREGB(PRI_7)   = 6<<5;      //优先级比 4 号中断高
HWREGB(PRI_12)  = 5<<5;      //优先级比 7 号中断高
HWREGB(PRI_2)   = 4<<5;      //优先级比 12 号中断高
```

7. 软件触发中断寄存器(NVIC_SW_TRIG,0xE000EF00)

使用软件触发中断寄存器来触发一个外部中断(中断号为 16 及以上的中断),该寄存器只能触发外部中断,不可以触发系统异常。它与中断触发设置寄存器有着同样的功能。

软件触发中断寄存器的位分配如下:

位[31:9]:保留;

位[8:0]:INTID,中断 ID 域。写值到 INTID 域和在中断触发设置寄存器里设置相应的中断位将中断手动触发所达到的效果相同。

例如:Stellaris 系列单片机的 GPIOB 的中断号为 17,通过写软件触发中断寄存器触发 GPIOB 产生中断,如下程序所示:

```
#define HWREG(x)           (*((volatile unsigned long *)(x)))    //内存地址访问宏
#define NVIC_SW_TRIG       0xE000EF00                            //软件触发中断寄存器
```

```
#define INT_GPIOB          17                                    // GPIO Port B
HWREG(0xE000E104) = 1;                                           // 使能外部1号中断
HWREG(NVIC_SW_TRIG) = INT_GPIOB - 16;                            // 软件触发中断
```

8. 中断控制类型寄存器（NVIC_INT_TYPE,0xE000E004）

通过该寄存器查询 NVIC 支持的中断线数目。复位状态取决于在 Cortex-M3 实现中定义的中断数目。

中断控制器类型寄存器的位分配如下：

位[31:5]：保留；

位[4:0]：INTLINESNUM,中断线总数：b00000~b00111 对应中断(0~31)~(224~255)。

注意：① 32 条一组；② Cortex-M3 处理器仅支持 1~240 个外部中断。

2.5.4 系统异常

1. 中断控制状态寄存器（NVIC_INT_CTRL,0xE000ED04）

中断控制状态寄存器用于：

- 设置一个激活(pending)NMI；
- 设置或清除一个激活 SVC；
- 设置或清除一个激活 SysTick；
- 查找激活异常；
- 查找最高优先级激活异常的向量号；
- 查找激活异常的向量号。

表 2.15 列出了中断控制状态寄存器的各个位。

表 2.15 中断控制状态寄存器的位分配

域	名称	类型	定义
31	NMIPENDSET	读/写	设置激活(pending)NMI 位： 1= 设置激活 NMI；0= 不设置激活 NMI。 NMIPENDSET 挂起并激活一个 NMI。因为 NMI 是优先级最高的中断，所以只要它符合上述值就可以生效
30:29	—	—	保留
28	PENDSVSET	读/写	设置激活 pendSV 位： 1= 设置激活 pendSV；0= 不设置激活 pendSV
27	PENDSVCLR	只写	清除激活 pendSV 位： 1= 清除激活 pendSV；0= 不清除激活 pendSV

续表 2.15

域	名 称	类 型	定 义
26	PENDSTSET	读/写	设置激活 SysTick 位： 1= 设置激活 SysTick；0= 不设置激活 SysTick
25	PENDSTCLR	只写	清除激活 SysTick 位： 1= 清除激活 SysTick；0= 不清除激活 SysTick
23	ISRPREEMPT	只读	必须仅在调试时使用。它表示激活中断将在下一个运行周期有效。如果 C_MASKINTS 在"调试停止控制与状态寄存器"中清零，则开始中断处理
22	ISRPENDING	只读	中断激活标志。NMI 和故障(Faults)除外： 1= 中断激活；0= 中断不激活
21：12	VECTPENDING	只读	激活 ISR 的号码域。VECTPENDING 包含最高优先级的激活 ISR 的中断号
10	—	—	保留
11	RETTOBASE	只读	如果没有其他异常处于激活状态，那么当"从异常返回"返回至激活的基本级(base level)时，该位为 1。如果处于线程状态，或处于基本级(Base)包含超过 1 个激活级别的处理状态(in a Handler more than one level of activation from Base)，或处于未标志为激活(返回故障)的处理状态时，该位为 0
9：0	VECTACIVE	只读	激活 ISR 的号码域。VECTACTIVE 包含当前正在运行的 ISR 的中断号，包括 NMI 和硬故障(Hard Fault)。共用的处理器可以使用 VECTACTIVE 来判断自己被哪个中断调用。可以用 VECTACTIVE 域减去 16 来指向中断使能清除/设置寄存器、中断激活清除/设置寄存器和中断优先级寄存器。INTISR[0]向量号为 16。复位会将 VECTACTIVE 域清除

通常使用该寄存器触发不可屏蔽中断(NMI)和 pendSV 中断，也可以软件触发 SysTick 中断。在多任务操作系统(如 μC/OS-Ⅱ)可以使用 pendSV 产生异常，进行上下文切换处理。pendSV 实现上下文件切换程序如下所示：

```
#define NVIC_INT_CTRL        0xE000ED04         // 中断控制状态寄存器
void  OSCtxSw  (void)
{
        HWREG(NVIC_INT_CTRL) = 1 << 28;
}
```

2. 系统处理器优先级寄存器

通过 3 个处理器优先级寄存器（0xE000ED18，0xE000ED1C，0xE000ED20）设置以下系统异常的优先级：

- 存储器管理。
- 总线故障。
- 使用故障。
- 调试监控。
- SVC。
- SysTick。
- PendSV。

系统处理器是一种特殊的异常处理器，它可以将自己的优先级设置成任意级别。大多数系统处理器都可以打开屏蔽（使能）或关闭屏蔽（禁止）异常。当系统异常关闭时，故障总是被当作硬故障。

系统处理器优先级寄存器的位分配如表 2.16 所列。

表 2.16 系统处理器优先级寄存器的位分配

地 址	31~24	23~16	15~8	7~0
0xE000ED18	PRI_7 保留	PRI_6 使用故障	PRI_5 总线故障	PRI_4 存储器管理
0xE000ED1C	PRI_11 SVCall	PRI_10 保留	PRI_9 保留	PRI_8 保留
0xE000ED20	PRI_15 SysTick	PRI_14 PendSV	PRI_13 保留	PRI_12 调试监控

表 2.17 列出了系统处理器优先级寄存器的各个位。

表 2.17 系统处理器优先级寄存器的位描述

域	名 称	定 义
31:24	PRI_N3	系统处理器 7,11 和 15 的优先级。分别对应于：保留，SVCall 和 SysTick
23:16	PRI_N2	系统处理器 6,10 和 14 的优先级。分别对应于：使用故障，保留和 PendSV
15:8	PRI_N1	系统处理器 5,9 和 3 的优先级。分别对应于：总线故障，保留和保留
7:0	PRI_N	系统处理器 4,8 和 12 的优先级。分别对应于：存储器管理，保留和调试监控

例如：设置 SysTick 的中断优先级为 1、PendSV 的中断优先级为 2、SVCall 的中断优先级为 4，程序如下所示：

```
#define HWREGB(x)    (*((volatile unsigned char *)(x)))    // 以字节方式访问内存
#define PRI_11       0xE000ED1F
```

```
#define PRI_14        0xE000ED22
#define PRI_15        0xE000ED23
HWREGB(PRI_15) = 1;                    // 设置 SysTick 优先级为 1
HWREGB(PRI_14) = 2;                    // 设置 PendSV 优先级为 2
HWREGB(PRI_11) = 4;                    // 设置 SVCall 优先级为 4
```

3. 系统处理器控制与状态寄存器

系统处理器控制与状态寄存器(NVIC_SYS_HAND_CRL,0xE000ED24)用于：
- 使能或禁止系统处理器；
- 决定总线故障、存储器管理故障以及 SVC 的挂起(pending)状态；
- 决定系统处理器的激活状态。

如果在故障处理器被禁止时发生故障条件,那么故障将升级为硬故障。
表 2.18 列出了系统处理器控制寄存器的各个位。

表 2.18　系统处理器控制与状态寄存器的位分配

域	名　称	定　义
31:19;12;9;6:4;2	—	保留
18	USGFAULTENA	设为 0 时禁止,设为 1 时使能
17	BUSFAULTENA	设为 0 时禁止,设为 1 时使能
16	MEMFAULTENA	设为 0 时禁止,设为 1 时使能
15	SVCALLPENDED	如果在开始调用 SVCall 时被一个更高优先级的中断取代而导致 SVCall 被挂起,那么为 1
14	BUSFAULTPENDED	如果在开始调用 BusFault 时被一个更高优先级的中断取代而导致 BusFault 被挂起,那么为 1
13	MEMFAULTPENDED	如果在开始调用 MemManage 时被一个更高优先级的中断取代而导致 MemManage 被挂起,那么为 1
11	SYSTICKACT	如果 SysTick 已激活,那么为 1
10	PENDSVACT	如果 PendSV 已激活,那么为 1
8	MONITORACT	如果监控器已激活,那么为 1
7	SVCALLACT	如果 SVCall 已激活,那么为 1
3	USGFAULTACT	如果 UsageFault 已激活,那么为 1
1	BUSFAULTACT	如果 BusFault 已激活,那么为 1
0	MEMFAULTACT	如果 MemManage 已激活,那么为 1

激活位表示如果任意系统处理器被激活,则会立即运行或者由于占先而被压栈。这可以用于调试和应用处理器中。挂起位仅在以后不会再发生的故障,出现更高优先级的迟来中断而被延迟的情况下才置位。

4. 向量表偏移寄存器

向量表偏移寄存器(NVIC_VTABLE,0xE000ED08)用来决定:
- 向量表是位于 RAM 还是程序存储器中;
- 向量表的偏移量。

向量表偏移寄存器的位分配如下:
位[31:30];[6:0]:保留。
位[29]:TBLBASE,向量表基址位于 Code(0)或 RAM(1)处。
位[28:7]:TBLOFF,向量表的基址偏移域。包括向量表的基址与 SRAM 或 CODE 空间的底部的偏移量。

向量表偏移寄存器将向量表定位在 CODE 或 SRAM 中。默认情况下复位时为 0(CODE 空间)。定位时,偏移量必须根据表中异常的数目来对齐,即最小的对齐是 32 字对齐,可供 16 个外部中断使用。但当 N 个中断大于 16 个外部中断时,向量表对齐必须调整为:

$$\text{向量表对齐} = [(N+16)/32]_{\text{凑整}} \times 32 \quad (\text{单位:字})$$

例如,如果需要 21 个中断,而由于表的大小是 37(加上 16 个系统异常)个字,向量表对齐值为:$[(21+16)/32]_{\text{凑整}} \times 32 = 64$ 字,所以其可设置的向量表地址为:TBLOFF×64 (TBLOFF≥0)。

需要动态修改中断服务函数或在系统升级程序中都需要重新映射向量表,如上述例子使用外部 21 个中断,并且 0x20000000～0x20000020 用于特殊用途,则需要将向量表定位在 0x20000100 处,设置如下程序所示:

```
#include "config.h"
#include <absacc.h>
#define NVIC_EN0         0xE000E100      // IRQ 0～31 设置使能
#define NVIC_SW_TRIG     0xE000EF00      // 软件触发中断寄存器
#define NVIC_VTABLE      0xE000ED08      // 向量表偏移寄存器
__no_init uint32 VectorsTable[21+16]  @ 0x20000100;// 指定向量表内存地址(@为 IAR 的关键字)
void IRQ20_HandlerRAM(void)                    // 设定在 RAM 向量表中断处理函数
{
                                               // 在该函数中设置断点观察
}
int main(void)
{
    uint8 i;
```

```
    for(i = 0;i<(20 + 16);i + +)                  // 拷贝向量表
    {
        VectorsTable[i] = *(uint32 *)(i * 4);     // 默认向量表地址 0x00000000
    }
    HWREG(NVIC_EN0) = 1<<20;                      // 使能 20 号外部中断
    HWREG(NVIC_SW_TRIG) = 20;                     // 软件触发 20 号外部中断
    HWREG(NVIC_VTABLE) = (1<<29)|(2<<7);          // 重新设置向量表基址
    VectorsTable[16 + 20] = (uint32)IRQ20_HandlerRAM;// 在新向量表中设置 20 号外部中断处理函数
    HWREG(NVIC_SW_TRIG) = 20;                     // 软件触发 20 号外部中断
    while(1);
}
void IRQ20_HandlerCode(void)                      // 默认向量表(Code 空间)中断处理函数
{
                                                  // 在该函数中设置断点观察
}
```

程序中通过软件触发 20 号外部中断,检验中断向量表的正确性。注意:如果向量表地址不对齐将出错。

5. 应用中断与复位控制寄存器

应用中断与复位控制寄存器(NVIC_APINT,0xE000ED0C)用于:
- 决定数据的字节顺序;
- 清除所有有效的状态信息,以便进行调试或从硬故障中恢复;
- 执行系统复位;
- 改变优先级分组位置(二进制小数点)。

表 2.19 列出了应用中断与复位控制寄存器的各个位。

表 2.19 应用中断与复位控制寄存器的位分配

域	名 称	定 义
31:16	VECTKEY	注册码(register key)。对寄存器进行写操作时要求在 VECTKEY 域中写入 0x5FA。否则写入值被忽略。
31:16	VECTKEYSTAT	读取时为 0xFA05
15	ENDIANESS	数据的字节顺序位:1= 大端(高位在前);0= 小端(低位在前) ENDIANESS 在复位期间从 BIGEND 输入端采样。只有复位外才能修改 ENDIANESS
14:11;7:3	—	保留

续表 2.19

域	名称	定义
10:8	PRIGROUP	中断优先级分组域： PRIGROUP 从子优先级中拆分强占式优先级 0　　7.1 表示 7 位抢占式优先级，1 位子优先级 1　　6.2 表示 6 位抢占式优先级，2 位子优先级 2　　5.3 表示 5 位抢占式优先级，3 位子优先级 3　　4.4 表示 4 位抢占式优先级，4 位子优先级 4　　3.5 表示 3 位抢占式优先级，5 位子优先级 5　　2.6 表示 2 位抢占式优先级，6 位子优先级 6　　1.7 表示 1 位抢占式优先级，7 位子优先级 7　　0.8 表示 0 位抢占式优先级，8 位子优先级 PRIGROUP 域是一个二进制小数点定位指示器，用于为共用同一抢占级别的异常创建优先级。它将中断优先级的 PRI_n 域分成抢占式优先级和子优先级。二进制小数点是一个偏左值，即 PRIGROUP 值代表一个从 LSB 左边开始的小数值。这是 7:0 的位 0。 最低的值不能为 0，这取决于为优先级分配的位数以及设备的选择
2	SYSRESETREQ	让信号在外部系统有效，表示请求复位。试图强制对调试元件之外的所有大型元件进行大的系统复位。该位置位并不会阻止"停止调试(Halting Debug)"运行
1	VECTCLRACTIVE	清除有效向量位：1＝ 清除活动 NMI、故障和中断的所有状态信息；0＝ 不清除。重新初始化堆栈是应用程序的职责。VECTCLRACTIVE 位供调试过程返回至已知状态使用，它会自己清零。 此操作不会清除 IPSR。因此如果应用程序使用了 IPSR，那么 IPSR 必须只能使用在激活基本级(base level)或活动位能够置位的系统处理器内
0	VECTRESET	系统复位位。将系统复位，调试元件除外：1＝ 复位系统；0＝ 不复位系统。VECTRESET 位自己清零。复位会导致 VECTRESET 位清零。对于调试，仅在内核停止运行时才对这个位进行写操作

由于 Stellaris 系列处理器的中断优先级寄存器就只有高 3 位(位[7:5])有效，所以只有高 3 位用来设置系统的中断优先级(组优先级与次优先级)，改变组优先级与次优先级的位数可以设置应用中断与复位控制寄存器的位[10:8]。

例如：设置占先式优先级(组优先级)为 2 位次优先级为 1 位，则对该寄存器执行如下程序所示的写操作，这时中断优先级寄存器的位[7:6]用来设置组优先级，位 5 用来设置次优先级。

```
#define NVIC_APINT              0xE000ED0C           // 应用中断与复位控制寄存器
#define HWREG(x)                (*((volatile unsigned long *)(x)))
HWREG(0xE000ED0C) = (6<<8)|(0x5fa<<16);
```

6. 配置控制寄存器

配置控制寄存器(NVIC_CFG_CTRL,0xE000ED14)用于：

- 让 NMI、硬故障和 FAULTMASK 忽略总线故障；
- 捕获除 0 和不对齐访问；
- 让用户可以访问软件触发异常寄存器；
- 控制线程模式(thread mode)的进入。

表 2.20 列出了配置控制寄存器的各个位。

表 2.20 配置控制寄存器的位分配

域	名 称	定 义
8	BFHFNMIGN	使能时,使得以优先级 -1 和 -2(硬故障、NMI 和 FAULTMASK 升级处理器)运行的处理器忽略装载和存储指令引起的数据总线故障。禁止时,这些总线故障会引起锁存。在使用该使能位时要特别小心。忽略所有数据总线故障——必须仅在处理器和其数据处于完全安全的存储器时使用。一般将它用于探测系统设备和桥接器以检测并纠正控制信道问题
4	DIV_0_TRP	除 0 陷阱。在试图进行除 0 操作时,会导致故障或停止。相关的"使用故障状态寄存器"位是 DIVBYZERO,见"使用故障状态寄存器"
3	UNALIGN_TRP	不对齐访问陷阱。在出现任何不对齐的半字或全字访问时会导致故障或停止。不对齐的多寄存器装载-存储总是出错。相关的"使用故障状态寄存器"位是 UNA-LIGNED,见"使用故障状态寄存器"
1	USERSETMPEND	如果写成 1,那么用户代码可以写软件触发中断寄存器以触发(挂起)一个主异常,该异常是和主堆栈指针相联系的
0	NONEBASETHRDENA	为 0 时,默认从上次异常返回时只能进入线程模式。为 1 时,通过受控的返回值可以从处理器模式的任意级别进入线程模式

7. 系统控制寄存器

将系统控制寄存器(NVIC_SYS_CTRL,0xE000ED10)用于电源管理功能：

- 当 Cortex-M3 处理器可以进入低功耗状态时发信号给系统；
- 对处理器进入和退出低功耗状态的方式进行控制。

表 2.21 列出了系统控制寄存器的各个位。

表 2.21 系统控制寄存器的位分配

域	名 称	定 义
31:5;0	—	保留
4	SEVONPEND	使能时,在中断从没有挂起到挂起时 SEVONPEND 可以唤醒 WFE;否则 WFE 只能通过事件信号、外部和产生的 SEV 指令来唤醒。事件输入 RXEV,即使在不等待事件时也会被记录,同样也会影响下一个 WFE
2	SLEEPDEEP	深度睡眠位: 1= 向系统指示可以停止 Cortex-M3 时钟。置位该位会使得 SLEEPDEEP 端口在可以停止处理器时变为有效; 0= 不适合将系统时钟关闭
1	SLEEPONEXIT	当从处理器模式返回到线程模式时,开始"退出时睡眠": 1= 退出 ISR 时开始睡眠;0= 返回到线程模式时不睡眠。 使得中断驱动应用程序可以避免返回到空的主应用程序中

8. CPU ID 基址寄存器

读取 CPU ID 基址寄存器(NVIC_CPUID,0xE000ED00)的值来决定:Cortex-M3 内核的 ID 号;Cortex-M3 内核的版本号;内核的详细执行情况。

读取该寄存器可识别内核的版本信息。

2.5.5 系统定时器

系统定时器(SysTick)是一个系统时钟节拍计数器,可以将它当作一般定时器使用。SysTick 常用于操作系统里(如:μC/OS-Ⅱ、FreeRTOS 等)。使用 SysTick 作为操作系统时钟节拍定时器,使得操作系统的移植代码在不同厂家的 ARM Cortex-M3 内核芯片都可以运行。

1. SysTick 控制与状态寄存器

使用系统时钟节拍(SysTick)控制与状态寄存器(NVIC_ST_CTRL,0xE000E010)来使能 SysTick 功能。

表 2.22 列出了 SysTick 控制与状态寄存器的各个位。

表 2.22　SysTick 控制与状态寄存器的位描述

域	名　称	定　义
16	COUNTFLAG	从上次读取定时器开始，如果定时器计数到 0，则返回 1。读取时清零
2	CLKSOURCE	0=外部参考时钟；1=内核时钟。 如果没有提供参考时钟，那么该位保持为 1，并且因此赋予和内核时钟一样多的时间。内核时钟比参考时钟至少要快 2.5 倍，否则计数值将不可预测
1	TICKINT	1：向下计数至 0 会触发 SysTick 中断； 0：向下计数至 0 不会导致 SysTick 中断。软件可以使用 COUNTFLAG 来判断是否计数到 0
0	ENABLE	1：计数器工作在连拍模式(multi-shot)，即计数器装载重装值后接着开始往下计数，计数到 0 时将 COUNTFLAG 设为 1，此时根据 TICKINT 的值可以选择是否挂起 SysTick 处理器。接着又再次装载重装值，并重新开始计数； 0：禁止计数器

2. SysTick 重装值寄存器

在计数器到达 0 时，使用 SysTick 重装值寄存器(NVIC_ST_RELOAD,0xE000E014)来指定载入"当前值寄存器"的初始值。初始值可以是 1~0x00FFFFFF 之间的任何值。初始值也可以为 0，但因为从 1 计数到 0 时会将 SysTick 中断和 COUNTFLAG 激活，所以没有什么用处。

作为一个连拍式(multi-shot)定时器，它每 N+1 个时钟脉冲就触发一次，周而复始，此处 N 为 1~0x00FFFFFF 之间的任意值。因此，如果每 100 个时钟脉冲就请求一次时钟中断(tick interrupt)，那么必须向 RELOAD 载入 99。

如果每次时钟中断后都写入一个新值，那么可以看作是单拍(single shot)模式，因而必须写入实际的倒计数值。例如，如果在 400 个时钟脉冲后想请求一次时钟中断(tick)，那么必须向 RELOAD 写入 400。

SysTick 重装值寄存器的位分配如下：

位[23：0]：RELOAD，当计数器到达 0 时装载"当前值寄存器"的值。

3. SysTick 当前值寄存器

使用 SysTick 当前值寄存器(NVIC_ST_CURRENT,0xE000E018)来查找寄存器中的当前值。SysTick 当前值寄存器的位分配如下：

位[23：0]：CURRENT，访问寄存器时的当前值。由于没有提供读-修改-写保护，所以在修改时要特别小心。该寄存器是写-清除，向该寄存器写入任意值都可以将其清除变为 0。清零该寄存器还会导致"SysTick 控制与状态寄存器"的 COUNTFLAG 位清零。

4. SysTick 校准值寄存器

使用 SysTick 校准值寄存器(NVIC_ST_CAL,0xE000E01C)通过乘法和除法运算可以将寄存器调节成任意所需的时钟速率。

注意：Stellaris LM3S 系列微控制器不支持该寄存器。

5. SysTick 应用实例

例如：在 μC/OS-Ⅱ 操作系统中每 50 ms 产生一次定时器中断，使用 SysTick 定时器操作程序如下所示：

```
#define OS_TICKS_PER_SEC        20
#define NVIC_ST_RELOAD          0xE000E014          // 重装值寄存器
#define NVIC_ST_CTRL            0xE000E010          // 控制与状态寄存器
unsigned int cnts;
cnts = (CPU_INT32U)SysCtlClockGet() / OS_TICKS_PER_SEC;   // ①
HWREG(NVIC_ST_RELOAD) = cnts - 1;                         // ②
HWREG(NVIC_ST_CTRL)   =   (1<<2) |                        // 使用与内核一样的时钟
                          (1<<1) |                        // 使能中断
                          1;                              // 运行 SysTick
```

注意：① SysCtlClockGet 函数获取系统时钟，可以使用该函数返回 20 MHz 系统时钟节拍，OS_TICKS_PER_SEC 为操作系统系统节拍，cnts 为 SysTick 定时器产生中断的时钟个数。② 写重装寄存器，写入的值必需小于 0x1000000(16 777 216)。

另外如果需要设置 SysTick 定时器的异常优先级可以通过对"系统处理优先级寄存器"设置实现。

2.5.6 系统故障

1. 可配置故障状态寄存器

使用 3 个配置故障状态寄存器来获取有关局部错误的信息。这些寄存器包括：
- 存储器管理故障状态寄存器(0xE000ED28)；
- 总线故障状态寄存器(0xE000ED29)；
- 使用故障状态寄存器(0xE000ED2A)。

这些寄存器中的标志表示引起本地故障的原因。如果发生一个以上的故障，那么可以置位多个标志。这些寄存器可以读/写-清除，即它们可以被正常地读，但是向任意位写 1 会将该位清除。

2. 存储器管理故障状态寄存器

存储器管理故障状态寄存器(0xE000ED28)中的标志位表示引起存储器访问故障的原因。

3. 总线故障状态寄存器

总线故障状态寄存器(0xE000ED29)的标志表示引起总线访问故障的原因。

4. 使用故障状态寄存器

使用故障状态寄存器(0xE000ED2B)的标志表示下列错误：
- EPSR 和指令的非法组合。
- 非法的 PC 装载。
- 非法的处理器状态。
- 指令译码错误。
- 试图使用协处理器指令。
- 非法的不对齐访问。

5. 硬故障状态寄存器

使用硬故障状态寄存器(HFSR,0xE000ED2C)来获取激活硬故障处理器的事件的相关信息。HFSR 是一个写-清除寄存器，即向该位写 1 可以将其清除。

6. 调试故障状态寄存器

调试故障状态寄存器(0xE000ED30)用于监控：
- 外部调试请求；
- 向量捕获；
- 数据观察点匹配；
- BKPT 指令执行；
- 中止请求。

当产生多个故障条件时，可以在调试故障状态寄存器中设置多个标志。该寄存器是读/写清除，即可以正常地对它进行读操作。向该位写 1 可以将其清除。

7. 存储器管理故障地址寄存器

使用存储器管理故障地址寄存器(0xE000ED34)来读取引起存储器管理故障的单元地址。

8. 总线故障地址寄存器

使用总线故障地址寄存器(0xE000ED38)来读取产生总线故障的单元地址。

有关故障状态寄存器的详细内容请参考"ARM Limited. Cortex - M3 Technical Reference Manual. http://www.arm.com"。

2.6 存储器保护单元

2.6.1 MPU 概述

存储器保护单元(MPU)是用来保护存储器的一个元件。处理器支持标准的 ARMv7"受保护的存储器系统结构(PMSA)"模型。MPU 为以下操作提供完整的支持：
- 保护区域。
- 重叠保护区区域。
- 访问权限。
- 将存储器属性输出到系统。

MPU 不匹配和许可违犯调用优先级可设定的 MemManage 故障处理器。

MPU 可以用于：强制执行特权原则；分离程序；强制执行访问原则。

2.6.2 MPU 编程器模型

MPU 包含有 11 个寄存器，用来完成存储器保护操作，分别介绍如下。

1. MPU 类型寄存器

使用 MPU 类型寄存器(0xE000ED90)查看 MPU 支持的区域数。读取位[15：8]的内容以判断是否存在 MPU。表 2.23 描述了 MPU 类型寄存器的各个位。

表 2.23 MPU 类型寄存器的位分配

域	名 称	描 述
31：24	—	保留
23：16	IREGION	因为处理器内核只使用统一的 MPU，所以 IREGION 总是包含 0x00
15：8	DREGION	支持的 MPU 区域数。如果实现包含一个表明有 8 个 MPU 区的 MPU，那么 DREGION 包含 0x08，否则包含 0x00
7：0	—	保留
0	SEPARATE	因为处理器内核只使用统一的 MPU，所以 SEPARATE 总是为 0

2. MPU 控制寄存器

MPU 控制寄存器(0xE000ED94)用于：
- 使能 MPU；
- 使能缺省的存储器映射(背景区域)；

- 在处于硬故障、NMI 和 FAULTMASK 升级处理器时使能 MPU。

在使能 MPU 时，为了运行 MPU，除非 PRIVDEFENA 位置位，否则必须至少使能一个存储器映射区。如果 PRIVDEFENA 位置位而没有区域被使能，那么只能运行特权代码。

MPU 禁止时，使用默认的地址映射，相当于没有 MPU。

MPU 使能时，只有系统分区和向量表装载总是可访问，其他区必须根据区域以及 PRIVDEFENA 是否使能才能决定其是否可访问。

除非 HFNMIENA 置位，否则 MPU 在异常优先级为 1 或 2 时不能被使能。这些优先级仅在处于硬故障、NMI 或当 FAULTMASK 使能时才存在。当 HFNMIENA 位和这两个优先级一起工作时，它用于使能 MPU。

表 2.24 描述了 MPU 控制寄存器的各个位。

表 2.24 MPU 控制寄存器的位分配

域	名 称	定 义
31:3	—	保留
2	PRIVDEFENA	当使能 MPU 时，该位使能供特权访问使用的默认存储器映射，将其作为背景区域。背景区域在任意可设置区前都表现得像区号为 1。设置的任意区域与这个默认的映射重叠，并将其替换。如果位为 0，那么默认的存储器映射被禁止，且区域错误不会覆盖存储器。 当使能 MPU 和 PRIVDEFENA 时，默认的存储器映射如第 4 章"存储器映射"所述。这适用于存储器类型、XN、高速缓存和可共享原则，但也仅适用于特权模式（读取和数据访问）；除非已经为其代码和数据建立了区域，否则用户模式代码会弄错。 禁止 MPU 时，默认的映射对特权模式和用户模式的代码都起作用。不管该使能位是否置位，SN 和 SO 原则总是适用于系统分区。如果 MPU 被禁止，那么就忽略该位。复位将 PRIVDEFENA 位清零
1	HFNMIENA	在处于硬故障、NMI 和 FAULTMASK 升级处理器时，该位使能 MPU。如果 HFNMIENA=1 且 ENABLE=1，那么在处于这些处理器时 MPU 被使能。如果 HFNMIENA=0，那么在处于这些处理器时 MPU 被禁止，但不管 ENABLE 的值如何，只要 HFNMIENA=1 且 ENABLE=0，那么行为将变得不可预测。 复位将 HFNMIENA 位清零
0	ENABLE	MPU 使能位：1，使能 MPU；0，禁止 MPU。复位将 ENABLE 位清零

3. MPU 区号寄存器

MPU 区号寄存器(0xE000ED98)用于选择进行访问的保护区；然后写 MPU 区域基址寄存器或 MPU 属性与大小寄存器以对保护区的特性进行配置。MPU 区号寄存器的位分配如下：

位[31:8]:保留;

位[7:0]:REGION,区域选择域。在使用"区域属性与大小寄存器"和"区域基址寄存器"时选择进行操作的域。首先必须写REGION;但在对地址VALID+REGION域进行写操作时除外,它覆盖了REGION。

4. MPU 区域基址寄存器

MPU 区域基址寄存器(0xE000ED9C)用于写区域的基址。区域基址寄存器还含有REGION域,如果VALID置位,你可以将它用于覆盖MPU区号寄存器中的REGION域。

区域基址寄存器为区域设置基址,按照大小对齐。一个 64 KB 大小的区域必须按 64 KB 的倍数对齐,例如:0x00010000、0x00020000 等。

REGION 读回的结果总是当前 MPU 的区号。VALID 总是当作 0 读回。将 VALID 和 REGION 分别设成 VALID=1 和 REGION=n 时,区号将变为 n。这是写 MPU 区号寄存器一个最快捷的方法。

如果不是按字访问,那么寄存器将不可预测。

表 2.25 描述了 MPU 区域基址寄存器的各个位。

表 2.25 MPU 区域基址寄存器的位分配

域	名 称	定 义
31:N	ADDR	区域基址域。N 的值取决于区域的大小,因此基址是按照大小的偶数倍来对齐的。由 MPU 区域属性与大小寄存器的 SZENABLE 域指定的 2 的乘幂决定了使用的基址位数
4	VALID	MPU 区号有效位:1= MPU 区号寄存器被位[3:0](REGION 值)覆写;0= MPU 区号寄存器保持不变并被解释
3:0	REGION	MPU 区域覆盖域

5. MPU 区域属性与大小寄存器

MPU 区域属性与大小寄存器(0xE000ED9C)用于控制 MPU 的访问权限。寄存器由两个局部寄存器组成,每个都是半字大小。可以使用单独的长度对这些寄存器进行访问,也可以使用字操作同时对它们进行访问。

子区域禁止位在区域大小为 32 字节、64 字节和 128 字节时是不可预测的。

表 2.26 描述了 MPU 区域属性与大小寄存器的各个位。要了解更多信息,请参考 2.6.3 小节"MPU 访问权限"。

表 2.26 MPU 区域属性与大小寄存器的位分配

域	名 称	定 义
31:29	—	保留
28	XN	指令访问禁止位;1=禁止取指;0=使能取指
27	—	保留
26:24	AP	数据访问许可域,见表 2.27
23:22	—	保留
21:19	TEX	类型扩展域
18	S	可共享位;1=可共享;0=不可共享
17	C	可高速缓存的位;1=可高速缓存;0=不可高速缓存
16	B	可缓冲的位;1=可缓冲;0=不可缓冲
15:8	SRD	子区域禁止域。SRD 位置位以禁止相应的子区域。区域被分成 8 个同等大小的子区域。不支持 128 字节及更小的子区域。要了解更多信息,请参考"子区域"
7:6	—	保留
5:1	REGION SIZE	MPU 保护区大小域,见表 2.28
0	SZENABLE	区域使能位

要了解更多有关访问权限的信息,请参考 2.6.3 小节"MPU 访问权限"。

表 2.27 数据访问许可域

值	特权许可	用户许可	值	特权许可	用户许可
b000	不可访问	不可访问	b100	保留	保留
b001	读/写	不可访问	b101	只读	不可访问
b010	读/写	只读	b110	只读	只读
b011	读/写	读/写	b111	只读	只读

表 2.28 MPU 保护区域大小域

区域	大小	区域	大小	区域	大小	区域	大小
b00000	保留	b01000	512 B	b10000	128 KB	b11000	32 MB
b00001	保留	b01001	1 KB	b10001	256 KB	b11001	64 MB
b00010	保留	b01010	2 KB	b10010	512 KB	b11010	128 MB
b00011	保留	b01011	4 KB	b10011	1 MB	b11011	256 MB

续表 2.28

区域	大小	区域	大小	区域	大小	区域	大小
b00100	32 B	b01100	8 KB	b10100	2 MB	b11100	512 MB
b00101	64 B	b01101	16 KB	b10101	4 MB	b11101	1 GB
b00110	128 B	b01110	32 KB	b10110	8 MB	b11110	2 GB
b00111	256 B	b01111	64 KB	b10111	16 MB	b11111	4 GB

6. 使用重叠寄存器访问 MPU

用户可以使用寄存器地址重叠来优化 MPU 寄存器的装载速度。有 3 组 NVIC 重叠寄存器。

别名(alias)使用相同的方式访问寄存器,并且可以让"顺序写(STM)"在 1~4 个区之间更新。这在不需要禁止/修改/使能时使用。

此外,因为必须写区号,所以不可以使用这些别名(alias)来读取区域的内容。

以下便是用来更新 4 个区的代码序列的一个实例:

```
; R1 = 4 region pairs from process control block (8 words)
MOV     R0, #NVIC_BASE
ADD     R0, #MPU_REG_CTRL
LDM     R1, [R2-R9]        ;为 4 个区装载区域信息
STM     R0, [R2-R9]        ;立即对 4 个区进行全部更新
```

注意:可以正常使用该序列的 C/C++ 编译器的 memcpy() 函数,但必须对编译器是否使用字传输进行校验。

7. 子区域

使用区域属性与大小寄存器的 8 个子区域禁止(SRD)位将区域分成 8 个基于区域大小且大小相同的单元,这样可以选择禁止一些 1/8 的子区域。最低位影响第 1 个 1/8 子区域,最高位影响最后的 1/8 子区域。被禁止的子区域可以让范围匹配的任何其他区域重叠来替代。如果没有其他区域将该禁止的子区域重叠,那么使用默认的行为,不匹配——故障。子区域不能和 3 个小长度(32、64 和 128)的区域共用。如果使用了这些子区域,结果将不可预测。

8. SRD 使用实例

基址相同的两个区域相互重叠。一个区域为 64 KB,另外一个区域为 512 KB。512 KB 区域的底部 64 KB 是禁止的,因此可以采用 64 KB 的属性,这可以通过将 512 KB 区域的 SRD 设置成 b11111110 来实现。

2.6.3 MPU 访问权限

MPU 的访问权限由访问权限位 TEX 设置（区域访问控制寄存器，见 2.6.2 小节中"MPU 区域属性与大小寄存器"的 TEX、C、B、AP 和 XN 位），控制对相应存储区的访问。如果未经许可就对存储区进行访问，将引发许可故障。

表 2.29 描述了 AP 编码。表 2.30 描述了 TEX、C 和 B 编码。表 2.31 描述了存储器属性编码的高速缓存政策。表 2.32 描述了 XN 编码。

表 2.29 AP 编码

AP[2:0]	特权许可	用户许可	描述
000	不可访问	不可访问	所有的访问都会产生许可故障
001	读/写	不可访问	只可进行特权访问
010	读/写	只读	在用户模式进行写操作时会产生许可故障
011	读/写	读/写	完全访问
100	不可预测	不可预测	保留
101	只读	不可访问	只能进行特权读操作
110	只读	只读	只能进行特权/用户读操作
111	只读	只读	只能进行特权/用户读操作

表 2.30 TEX,C,B 编码

TEX	C	B	描述	存储器类型	区域的共享性
b000	0	0	非常有序	非常有序	可共享
b000	0	1	共享器件	器件	可共享
b000	1	0	外部和内部直写，无写分配	正常	S
b000	1	1	外部和内部写回，无写分配	正常	S
b001	0	0	外部和内部不可高速缓存	正常	S
b001	0	1	保留	保留	保留
b001	1	0	已定义的执行		
b001	1	1	外部和内部写回，写和读分配	正常	S
b010	1	X	不共享器件	器件	不能共享
b010	0	1	保留	保留	保留
b010	1	X	保留	保留	保留
b1BB	A	A	高速缓存 BB=外部政策。AA=内部政策	正常	S

注："S"是 MPU 区域属性与大小寄存器的 S bit[2]。

表 2.31　存储器属性编码的高速缓存政策

存储器属性编码(AA 和 BB)	高速缓存政策
00	非高速缓存
01	写回、写和读分配
10	写通过，无写分配
11	写回、无写分配

表 2.32　XN 编码

XN	描述
0	使能所有取指
1	没有使能取指

2.6.4　MPU 异常中止

要了解有关"MPU 异常中止"的信息，请参考 2.5.6 小节"存储器管理故障地址寄存器"。

2.6.5　更新 MPU 区域

有 3 个包含存储器映射字的寄存器，用于编程 MPU 区域。这些都是局部寄存器，可以被编程和单独访问，即可以移植现存的 ARMv6、ARMv7 和 CP15 代码。使用 LDRx 和 STRx 操作替代 MRC 和 MCR。

1. 使用 CP15 等效代码更新 MPU 区域

使用 CP15 等效代码更新 MPU 区域，使用 CP15 等效代码如下：

```
; R1 = region number
; R2 = size/enable
; R3 = attributes
; R4 = address
MOV    R0,#NVIC_BASE
ADD    R0,#MPU_REG_CTRL
STR    R1,[R0,#0]          ;区号
STR    R4,[R0,#4]          ;地址
STRH   R2,[R0,#8]          ;大小与使能
STRH   R3,[R0,#10]         ;属性
```

注意： 如果中断在这期间可以抢占，那么它会受 MPU 区域的影响，即必须禁止、写然后再使能该区域。这对于上下文转换器通常没太大用处，但是如果需要在其他地方进行更新，这就很有必要了。

```
; R1 = region number
; R2 = size/enable
; R3 = attributes
; R4 = address
MOV    R0,#NVIC_BASE
```

```
ADD     R0,#MPU_REG_CTRL
STR     R1,[R0,#0]              ;区号
BIC     R2,R2,#1                ;禁止
STRH    R2,[R0,#8]              ;大小与使能
STR     R4,[R0,#4]              ;地址
STRH    R3,[R0,#10]             ;属性
ORR     R2,#1                   ;使能
STRH    R2,[R0,#8]              ;大小与使能
```

DMB/DSB 不是必需的,因为专用的外设总线是非常有序的存储区。但是,在发生 MPU 效应前 DSB 却是必需的,如上下文转换器的末端。

如果使用分支或调用进入用于对 MPU 区域进行编程的代码,那么 ISB 就是必需的。如果使用一个从异常返回或通过异常来进入代码,那就不需要 ISB 了。

2. 使用 2 个或 3 个字来更新 MPU 区域

可以使用 2 个或 3 个字来直接编程,这取决于分离信息所采取的方式:

```
; R1 = region number
; R2 = address
; R3 = size, attributes in one
MOV     R0,#NVIC_BASE
ADD     R0,#MPU_REG_CTRL
STR     R1,[R0,#0]              ;区号
STR     R2,[R0,#4]              ;地址
STR     R3,[R0,#8]              ;大小,属性
```

可以使用 STM 来优化:

```
; R1 = region number
; R2 = address
; R3 = size, attributes in one
MOV     R0,#NVIC_BASE
ADD     R0,#MPU_REG_CTRL
STM     R0,{R1-R3}              ;区号,地址,大小和属性
```

这可以通过预打包信息的 2 个字来完成,即基址寄存器除含有区域有效位之外,还包含区号。这在静态打包数据时非常有用,例如在引导列表或 PCB 中:

```
; R1 = address and region number in one
; R2 = size and attributes in one
MOV     R0,#NVIC_BASE
ADD     R0,#MPU_REG_CTRL
```

```
STR     R1,[R0,#4]                      ;地址和区号
STR     R2,[R0,#8]                      ;大小和属性
```

可以使用一个 STM 来优化：

```
; R1 = address and region number in one
; R2 = size and attributes in one
MOV     R0,#NVIC_BASE
ADD     R0,#MPU_REG_CTRL
STM     R0,{R1 - R2}                    ;地址,区号和大小
```

2.6.6 中断和更新 MPU

MPU 可以包含关键的数据。这是因为在更新时得花费 1 个以上的总线处理时间，通常是 2 个字；结果就不是"线程安全"了，即中断可以将两个字分离，使得区域包含不连续的信息。此时要注意两个问题：

① 会产生中断，通常会更新 MPU。这不仅是读-修改-写的问题，它还会对"保证中断程序不会修改相同区域"的情形造成影响。这是因为编程取决于正写入寄存器的区号，所以它知道要更新哪个区。因而这种情形下每个更新程序周围都必须禁止中断。

② 会产生中断，该中断将使用正在更新的区域或者将受到影响，因为只有基址或大小域被更新。如果新的大小域发生了改变，但是基址没有变，那么基址＋new_size 可能会在一个被另外区域正常处理的区域内重叠。

但是对于标准的 OS 上下文转换代码，将会改变用户区域，因为这些区域会被预设成用户特权和用户区地址，所以没有风险，也就是说即使是中断也不会引起副作用。因此不需要禁止/使能代码，也不需要禁止中断。

最普通的方法是只从两个位置对 MPU 进行编程：引导代码和上下文转换器。如果是唯一的 2 个位置，且上下文转换器仅更新用户区，那么因为上下文转换器已经是一个关键区域且引导代码在禁止中断时运行，所以不需要禁止。

2.7 调试和跟踪

2.7.1 Cortex - M3 跟踪系统

对 Cortex - M3 处理器系统的调试访问是通过调试访问端口（Debug Access Port）来实现的。该端口可以作为串行线调试端口（SW - DP）（构成一个两脚（时钟和数据）接口）或串行线 JTAG 调试端口（SWJ - DP）（使能 JTAG 或 SW 协议）使用。SWJ - DP 在上电复位时默认为 JTAG 模式，并且可以通过外部调试硬件所提供的控制序列进行协议的切换。Cortex - M3 跟

踪系统如图 2.20 所示。

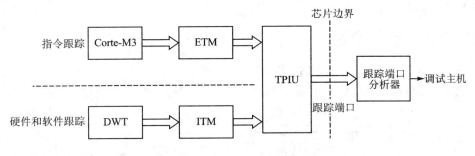

图 2.20　Cortex-M3 跟踪系统

调试操作可以通过断点、观察点、出错条件或外部调试请求等各种事件进行触发。当调试事件发生时，Cortex-M3 处理器可以进入挂起模式或者调试监控模式。在挂起模式期间，处理器将完全停止程序的执行；挂起模式支持单步操作；中断可以暂停，也可以在单步运行期间进行调用，如果对其屏蔽，外部中断将在逐步运行期间被忽略。在调试监控模式中，处理器通过执行异常处理程序来完成各种调试任务，同时允许享有更高优先权的异常发生；该模式同样支持单步操作。

Flash 块和断点(FPB)单元执行 6 个程序断点和两个常量数据取指断点，或者执行块操作指令或位于代码存储空间和系统存储空间之间的常量数据。该单元包含 6 个指令比较器，用于匹配代码空间的指令取指。通过向处理器返回一个断点指令，每个比较器都可以把代码重新映射到系统空间的某个区域或执行一个硬件断点。这个单元还包含两个常量比较器，用于匹配从代码空间加载的常量以及将代码重新映射到系统空间的某一个区域。

数据观察点和跟踪(DWT)单元包含 4 个比较器，每一个比较器都可以配置为硬件观察点。当比较器配置为观察点使用时，它既可以比较数据地址，也可以比较编程计数器。DWT 比较器还可以配置用来触发 PC 采样事件和数据地址采样事件，以及通过配置使嵌入式跟踪宏单元(ETM)发出指令跟踪流中的触发数据包。

ETM 是设计用于单独支持指令跟踪的可选部件，其作用是确保在对区域的影响最小的情况下实现程序执行的重建。ETM 使指令的跟踪具有高性能和实时性，数据通过压缩处理器内核的跟踪信息进行传输可以使带宽的需求最小化。

Cortex-M3 处理器采用带 DWT 和 ITM(测量跟踪宏单元)的数据跟踪技术。DWT 提供指令执行统计并产生观察点事件来调用调试或触发指定系统事件上的 ETM。ITM 是由应用程序驱动的跟踪资源，支持跟踪 OS 和应用程序事件的 printf 类型调试。它接受 DWT 的硬件跟踪数据包以及处理器内核的软件跟踪激励，并使用时间戳来发送诊断系统信息。跟踪端口接口单元(Trace Port Interface Unit-TPIU)接收 ETM 和 ITM 的跟踪信息，然后将其合并、格式化并通过串行线浏览器(Serial Wire Viewer-SWV)发送到外部跟踪分析器单元。通过单引脚导出数据流,SWV 支持简单和具有成本效率的系统事件压型。曼切斯特编码和 UART 都是 SWV 支持的格式。

2.7.2 JTAG 接口电路

EasyARMxxxx 系列开发套件的 JTAG 接口电路采用 ARM 公司提出的标准 20 脚 JTAG 仿真调试接口,JTAG 信号的定义及与 LM3S 系列微控制器的连接图如图 2.21 所示。

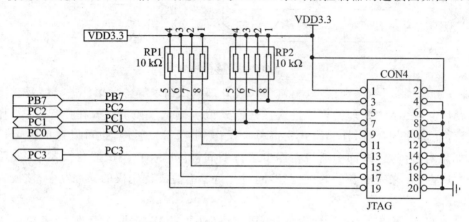

图 2.21 JTAG 接口电路

2.7.3 IAR EWARM 集成开发环境和 LM LINK 调试器

IAR Embedded Workbench for ARM(下面简称 IAR EWARM)是一种增强型一体化嵌入式集成开发环境,完全集成了开发嵌入式系统所需要的文件编辑、项目管理、编译、链接和调试工具。IAR 公司独具特色的 C-SPY 调试器,可以结合 J-Link 或 LM LINK 硬件仿真器,实现用户系统的实时在线仿真调试。IAR EWARM 支持 C/C++和汇编语言开发,比较其他的 ARM 开发环境,IAR EWARM 具有入门容易、使用方便和代码紧凑等特点。为了方便用户学习评估,IAR 提供 32 KB 代码限制的免费试用版。用户可以到 IAR 公司的网站 http://www.iar.com/ewarm 下载。

LM LINK 是由广州致远电子有限公司开发的低成本高性能 USB JTAG 调试器,如图 2.22 所示,它专门用于对 Luminary 系列单片机程序的调试与下载。该调试器结合 IAR EWARM 集成开发环境可支持所有 LM3S 系列 MCU 的程序的下载与调试。

LM LINK 采用 USB 接口与计算机连接,打破传统的用并口和串口下载程序的方式,无论是台式计算机还是笔记本计算机都应用自如。透明外壳封装、设计小巧、晶莹剔透、外形比手机还小、价格低廉、性价比极高、调试下载更快、稳定性高、使用更加方便。

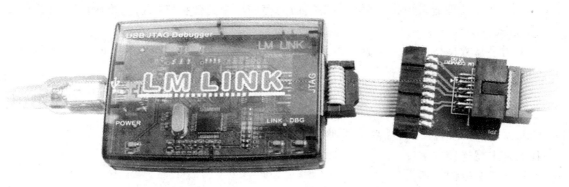

图 2.22　LM LINK(USB2.0 JTAG)调试器

2.8　总线矩阵和接口

Cortex-M3 处理器总线矩阵把处理器和调试接口连接到外部总线,也就是把基于 32 位 AMBA AHB-Lite 的 ICode、DCode 和系统接口连接到基于 32 位 AMBA APB 的专用外设总线(Private Peripheral Bus-PPB)。总线矩阵也采用非对齐数据访问方式以及 bit-banding 技术。

32 位 ICode 接口用于获取代码空间中的指令,只有 CM3Core 可以对其访问。所有取指的宽度都是一个字,每个字里面的指令数目取决于所执行代码的类型及其在存储器中的对齐方式。32 位 DCode 接口用于访问代码存储空间中的数据,CM3Core 和 DAP 都可以对其访问。32 位系统接口分别获取和访问系统存储空间中的指令和数据,与 DCode 相似,可以被 CM3Core 和 DAP 访问。PPB 可以访问 Cortex-M3 处理器系统外部的部件。

思考题与习题

1. 登录 http://www.arm.com,查找资料"Cortex-M3 Revision:r0p0 Technical Reference Manual。
2. 简述 Cortex-M3 内核的主要技术特性与结构。
3. 试比较 Cortex-M3 与 ARM7 的性能,并简述其特点。
4. Cortex-M3 处理器采用哪种指令集架构?是否支持 ARM 指令?
5. 简述 Cortex-M3 处理器的工作模式与访问权限的关系。
6. 如何实现特权访问和用户访问之间的相互转换?
7. Cortex-M3 的寄存器集包括有哪些寄存器?
8. 试说明 Cortex-M3 的通用寄存器与特殊功能寄存器的区别。

第 2 章　ARM Cortex – M3 体系结构

9. Cortex – M3 处理器采用哪种存储器格式访问存储器中的数据字？访问代码时使用哪种存储器格式？
10. 试说明小端数据格式与大端数据格式的不同点。
11. Cortex – M3 处理器支持的 Thumb – 2 指令有哪些？
12. 试画出 Cortex – M3 存储器映射图。
13. 试说明 Cortex – M3 处理器存储器位操作区域的特点。
14. Cortex – M3 处理器中有哪些异常类型？优先级如何配置？
15. 什么是末尾连锁？
16. 如何从异常返回和退出？
17. 复位将对处理器的状态产生哪些影响？
18. 试分析图 2.19 的 NVIC 中断与异常控制结构图，说明嵌套向量中断控制器（NVIC）的功能。
19. 试编程实现外部中断使能控制与优先级设置。
20. 简述系统定时器（SysTick）功能以及各寄存器设置。
21. 简述存储器保护单元（MPU）功能以及各寄存器设置。
22. 试根据图 2.20 所示的 Cortex – M3 跟踪系统方框图说明 Cortex – M3 跟踪系统的功能。
23. 查找 JTAG 相关资料，了解 JTAG 接口的特点与功能。
24. 登录 www.zlgmcu.com，查找 IAR EWARM 集成开发环境和 LM LINK 调试器相关资料。

第 3 章 Stellaris 驱动库

3.1 Stellaris 驱动库简介

3.1.1 驱动程序的功能

Stellaris 驱动程序库是一系列用来访问 Stellaris 系列的 ARM Cortex - M3 微处理器(支持 LM3S 系列微控制器)上的外设的驱动程序。尽管从纯粹的操作系统的理解上它们不是驱动程序(即,它们没有公共的接口,未连接到一个整体的设备驱动程序结构),但这些驱动程序确实提供了一种机制,使器件的外设使用起来很容易。

驱动程序的功能和组织结构由下列设计目标决定:
- 驱动程序全部用 C 编写,实在不可能用 C 语言编写的除外。
- 驱动程序演示了如何在常用的操作模式下使用外设。
- 驱动程序很容易理解。
- 从内存和处理器使用的角度,驱动程序都很高效。
- 驱动程序尽可能自我完善(self-contained)。
- 只要可能,可以在编译中处理的计算都在编译过程中完成,不占用运行时间。
- 它们可以用多个工具链来构建。

这些设计目标会得到一些以下的结果:
- 站在代码大小和/或执行速度的角度,驱动程序不必要达到它们所能实现的最高效率。虽然执行外设操作的最高效率的代码都用汇编编写,然后进行裁剪来满足应用的特殊要求,但过度优化驱动程序的大小会使它们变得更难理解。
- 驱动程序不支持硬件的全部功能。尽管现有的代码可以作为一个参考,在它们的基础上增加对附加功能的支持,但是一些外设提供的复杂功能是库中的驱动程序不能使用的。

- API 有一种方法可以移走所有的错误检查代码。由于错误代码通常只在初始程序开发的过程中使用，所以可以把它移走来改善代码大小和速度。

对于许多应用来说，驱动程序可以直接使用。但是，在某些情况下，为了满足应用的功能、内存或处理要求，必须增加驱动程序的功能或改写驱动程序。如果这样，现有的驱动程序就只能用作如何操作外设的一个参考。

3.1.2 驱动程序库支持的工具链

Stellaris 驱动程序库支持以下工具链：
- KeilTMRealView 微处理器开发工具；
- Stellaris EABI 的 CodeSourcery Sourcery G++；
- IAR Embedded Workbench。

3.1.3 驱动程序库源代码的组织结构

下面简单描述了驱动程序库源代码的组织结构。

EULA.txt：包括这个软件包的使用在内的最终用户许可协议的完整文本。

Makefile：编译驱动程序库的规则。

asmdefs.h：汇编语言源文件使用的一组宏。

dk-lm3sxxx/：这个目录包含运行在 DK-LM3Sxxx Stellaris 开发板上的示例应用的源代码。

dk-lm3sxxx.eww：IAR Embedded Workbench 构建的运行在 DK-LM3Sxxx Stellaris 开发板上的驱动程序库和示例应用的工作区文件。

ev-lm3s811/：这个目录包含运行在 EV-LM3S811 Stellaris 评估板上的示例应用的源代码。

ev-lm3s811.eww：IAR Embedded Workbench 构建的运行在 EV-LM3S811 Stellaris 评估板上的驱动程序库和示例应用的工作区文件。

ewarm/：这个目录包含 IAR Embedded Workbench 工具链特有的源文件。

gcc/：这个目录包含 GNU 工具链特有的源文件。

hw_*.h：头文件，每个外设含有一个，描述了每个外设的所有寄存器以及寄存器中的位字段。驱动程序使用这些头文件来直接访问一个外设，应用代码也可以使用这些头文件，从而将驱动程序库 API 忽略。

makedefs makefile：使用的一组定义。

rvmdk/：这个目录包含 Keil RealView 微控制器开发工具特有的源文件。

src/：这个目录包含驱动程序的源代码。

utils/：这个目录包含一组实用程序函数，供示范应用使用。

3.2 引导代码

引导代码包含设置向量表和获取系统复位后运行的应用代码所需的最小代码集。

引导代码有多个版本，每个支持的工具链对应一个（一些工具链特有的结构被用来寻找代码、数据和 bss 区驻留在内存中的位置）。启动代码包含在＜toolchain＞/startup.c 中。

伴随启动代码的是相应的链接器脚本，链接器脚本用来链接一个应用，以便向量表、代码区、数据区初始化程序（initializer）和数据区放置在内存中的合适位置。这个脚本包含在＜toolchain＞/standalone.ld 中（IAR Embedded Workbench 对应的是 standalone.xcl）。

引导代码及其对应的链接器脚本采用基于 Flash 的系统的典型内存分布。Flash 的第 1 部分用来存放代码和只读数据（这被称为"代码"区），紧跟其后的是用于非零初始化数据的初始化程序（如果有的话）。SRAM 的第 1 部分用来存放非零初始化的数据（这被称为"数据"区），后面跟着的是零初始化的数据（称为"bss"区）。

Cortex-M3 微处理器的向量表包含 4 个必需项：初始堆栈指针、复位处理程序地址、NMI 处理程序地址和硬故障（hard fault）处理程序地址。复位时，处理器将装载初始堆栈指针，然后开始执行复位处理程序。由于 NMI 或硬故障可以随时出现，所以初始堆栈指针是必不可少的。处理器会自动将 8 个项压入堆栈，因此要求堆栈能够接受这两个中断。

g_pfnVectors 数组包含一个完整的向量表。它包含所有处理程序和初始堆栈末端的地址。工具链特有的结构给链接器提供一个提示（hint），用来确保这个数组位于 0x00000000，这是向量表默认的地址。

NmisR 函数包含 NMI 处理程序。它只是简单地进入一个死循环，在 NMI 出现时有效地终止应用。因此，应用状态被保存下来以供调试器检查。如果需要，应用可以通过中断驱动程序提供它自己的 NMI 处理程序。

FaultISR 函数包含硬故障处理程序。它也是进入一个死循环，可以被应用取代。

ResetISR 函数包含复位处理程序。它将初始化程序从 Flash 的代码区末尾复制到 SRAM 的数据区，向 bss 区填充零，然后跳转到应用提供的入口点。当这个函数被调用时，为了使 C 代码能够正确地运行，这些是要求必须完成的最少的事情。应用要求的任何更复杂的操作必须由应用自己提供。

应用必须提供一个称为 entry 的入口点，entry 不使用任何参数，也从不返回。这个函数将在内存初始化完成之后被 ResetISR 调用。如果 entry 确实返回了，那么 ResetISR 也会返回，这样会造成出现硬故障。

每个示范应用都有自己的引导代码副本，所需的中断处理程序放置在适当的位置。这就允许为每个范例定制中断处理程序，并允许中断处理程序驻留在 Flash 中。

3.3　常用的 Stellaris 驱动库 API 函数

常用 Stellaris 驱动库 API 函数如表 3.1 所列。

表 3.1　常用 Stellaris 驱动库 API 函数

源程序	头文件	功　能
src/comp.c	src/comp.h	比较器 API 函数,用来配置比较器、读取比较器的输出以及处理比较器的中断处理程序
src/adc.c	src/adc.h	模数转换器(ADC)API 函数,用来配置采样序列发生器(sample sequencer)、读取捕获数据、注册一个采样序列中断处理程序以及处理中断屏蔽/清除
src/flash.c	src/flash.h	Flash API 函数,用来处理片内 Flash。这些函数可以编程和擦除 Flash、配置 Flash 保护以及处理 Flash 中断
src/gpio.c	src/gpio.h	GPIO API 函数,用来执行配置 GPIO 引脚、处理中断和访问引脚值等功能
src/hibernate.c	src/hibernate.h	冬眠 API 函数,用来控制 Stellaris LM3S 微控制器的冬眠模块
src/i2c.c	src/i2c.h	I^2C API 函数,用来初始化 Stellaris LM3S 的 I^2C 主机和从机模块、发送和接收数据、获取状态以及管理 I^2C 模块的中断
src/interrupt.c	src/interrupt.h	中断控制器 API 函数,用来处理嵌套向量中断控制器(NVIC)的使能和禁能中断、注册中断处理程序和设置中断的优先级
src/mpu.c	src/mpu.h	MPU API 函数,用来配置 MPU。分别执行以下功能:MPU 使能控制、MPU 特定存储区管理以及中断处理
	src/pin_map.h	外设引脚映射 API 函数有 11 个,可用来完成外设引脚的配置
src/pwm.c	src/pwm.h	脉宽调制器(PWM)API 函数,用来配置 PWM 的操作,如设置周期、产生左齐和中心对齐的脉冲、修改脉宽、控制中断、触发和输出特性
src/qei.c	src/qei.h	正交编码器 API 函数,用来处理带索引的正交编码器(QEI)的配置、读取位置和速度捕获、注册一个 QEI 中断处理程序和处理 QEI 中断屏蔽/清除
src/ssi.c	src/ssi.h	同步串行接口(SSI)API 函数,用来处理器件与外围设备的串行通信,函数分别执行以下功能:处理配置和状态、处理数据和管理中断
src/sysctl.c	src/sysctl.h	SysCtl API 函数,可分成 8 组,分别完成以下功能:提供器件信息、处理器件时钟、提供外设控制、处理 SysCtl 中断、处理 LDO、处理睡眠模式、处理复位源、处理掉电复位和处理时钟验证定时器
src/systick.c	src/systick.h	SysTick API 函数,用来配置和使能 SysTick 以及 SysTick 中断处理

续表 3.1

源程序	头文件	功　能
src/timer.c	src/timer.h	定时器 API 函数，用来配置和控制定时器、修改定时器/计数器的值以及管理定时器的中断处理
src/uart.c	src/uart.h	通用异步收发器(UART)API 函数，用来配置和控制 UART 模块、发送和接收数据以及管理 UART 模块的中断
src/watchdog.c	src/watchdog.h	看门狗定时器 API 函数，用来处理看门狗定时器中断，处理看门狗定时器的状态和配置
src/udma.c	src/udma.h	uDMA API 函数，用来使能和配置 uDMA 控制器，完成 DMA 传输
src/can.c	src/can.h	控制器局域网(CAN)API 函数，用来配置 CAN 控制器、配置报文对象和管理 CAN 中断
src/ethernet.c	src/ethernet.h	以太网 API 函数，用来配置和控制 MAC，访问固定在 PHY 上寄存器，发送和接收网络数据包，以及配置和控制中断

注意：各函数的更详细描述请参考"Stellaris Peripheral Driver Library USER'S GUIDE. http://www.luminarymicro.com"。

3.4 实用函数

实用函数是一个零散函数的集合，集合中的函数并不是针对某一种特定的 Stellaris 外设或板。这些函数提供了一些机制，用来与调试器进行通信。

每个 API 函数指定了包含它的源文件和提供了应用使用的函数原型的头文件。如：

- int DiagClose (int iHandle)：关闭一个主机文件系统文件。
- char * DiagCommandString (char * pcBuf, unsigned long ulLen)：获取调试器的命令行参数。
- void DiagExit (int iRet)：终止应用。
- long DiagFlen (int iHandle)：获取一个主机文件系统文件的长度。
- int DiagOpen (const char * pcName, int iMode)：打开一个主机文件系统文件。
- int DiagOpenStdio (void)：打开 stdio 函数(stdin 和 stdout)的句柄。
- void DiagPrintf (int iHandle, const char * pcString,...)：一个简单的诊断 printf 函数，支持%c、%d、%s、%u、%x 和%X。
- int DiagRead (int iHandle, char * pcBuf, unsigned long ulLen, int iMode)：从一个主机文件系统文件读取数据。

- int DiagWrite (int iHandle, const char * pcBuf, unsigned long ulLen, int iMode)：
向一个主机文件系统文件写入数据。

3.5 错误处理

在驱动库中,用一种非传统的方法来处理无效参数和错误条件。通常,函数检查自己的参数,确保它们有效(如果需要;某些参数可能是无条件有效的,例如,用作 32 位定时器装载值的一个 32 位值)。如果一个无效参数被提供,则函数会返回一个错误代码,然后调用者必须检查每次函数调用的返回代码来确保调用成功。

这会导致在每个函数中有大量的参数检查代码,在每个调用的地方有大量的返回代码检查代码。对于一个自我完备(self-contained)的应用,一旦应用被调试,这些额外的代码就变成了不需要的负担。有一种方法可以将这些代码删除,使得最终的代码规模更小,从而使应用运行得更快。

在驱动库中,大多数函数不返回错误(FlashProgram()、FlashErase()、FlashProtectSet()和 FlashProtectSave()例外)。通过调用 ASSERT 宏(在 src/debug.h 中提供)来执行参数检查,这个宏有着一个断言宏的常规定义;它接受一个"必须"为 True 的表达式;可以通过使这个宏变成空来从代码中删除参数检查。

在 src/debug.h 中提供了 ASSERT 宏的两个定义:一个是 ASSERT 宏为空(通常情况下都使用这个定义);一个是 ASSERT 宏被用来判断表达式(当库在调试中编译时使用这个定义)。调试版本将在表达式不为真时调用_error_函数,传递文件名称和 ASSERT 宏调用的行编号。_error_函数的函数原型在 src/debug.h 中,必须由应用来提供,因为是由应用来负责处理错误条件的。

通过在_error_函数中设置一个断点,调试器就能在应用出现错误时立刻停止运行(用其他的错误检查方法来处理可能会非常困难)。当调试器停止时,_error_函数的参数和堆栈的回溯(backtrace)会精确地指出发现错误的函数、发现的问题和它被调用的地方。

[例程 3.1]

```
void
SSIConfig(unsigned long ulBase, unsigned long ulProtocol, unsigned long ulMode, unsigned long ul-
BitRate, unsigned long ulDataWidth)
{
    //检查参数
    ASSERT(ulBase = = SSI_BASE);
    ASSERT((ulProtocol = = SSI_FRF_MOTO_MODE_0) ||
           (ulProtocol = = SSI_FRF_MOTO_MODE_1) ||
           (ulProtocol = = SSI_FRF_MOTO_MODE_2) ||
           (ulProtocol = = SSI_FRF_MOTO_MODE_3) ||
           (ulProtocol = = SSI_FRF_TI) ||
           (ulProtocol = = SSI_FRF_NMW));
```

```
        ASSERT((ulMode = = SSI_MODE_MASTER) ||
               (ulMode = = SSI_MODE_SLAVE) ||
               (ulMode = = SSI_MODE_SLAVE_OD));
        ASSERT((ulDataWidth > = 4) && (ulDataWidth < = 16));
               }
```

[例程 3.2]

```
void
UARTParityModeSet(unsigned long ulBase, unsigned long ulParity)
{
    //检查参数
    ASSERT((ulBase = = UART0_BASE) || (ulBase = = UART1_BASE) ||
           (ulBase = = UART2_BASE));
    ASSERT((ulParity = = UART_CONFIG_PAR_NONE) ||
           (ulParity = = UART_CONFIG_PAR_EVEN) ||
           (ulParity = = UART_CONFIG_PAR_ODD) ||
           (ulParity = = UART_CONFIG_PAR_ONE) ||
           (ulParity = = UART_CONFIG_PAR_ZERO));
           }
```

每个参数分别被检查,因此,失败 ASSERT 的行编号会指示出无效的参数。调试器能够显示参数的值(来自堆栈回溯(backtrace))和参数错误函数的调用者,这就能以较少的代码代价快速地识别出问题。

3.6 Boot Loader

Boot Loader 是一个小型的可以被编程的代码,可以在 Stellaris 微控制器采用 Flash 启动时应用。Boot Loader 可以更新微控制器 UART0、SSI0、I²C0 或者以太网通道的代码。Boot Loader 是可以通过修改源代码而定制的,并可以提供完整的源代码。更多的内容和 LM Flash 编程器可以登录 www.luminarymicro.com 查询和下载。

Boot Loader 的 API 函数完成通道配置、更新、数据的发送和接收,各函数如下:
① void AckPacket (void):发送应答信息包。
② char BOOTPThread (void):处理 BOOTP 程序。
● unsigned long CheckForceUpdate (void):校验(如果需要更新或者存在请求)。
● unsigned long CheckSum (const unsigned char _pucData, unsigned long ulSize):计算一个 8 位的校验和。
● void ConfigureDevice (void):配置微控制器。
● void ConfigureEnet (void):配置以太网控制器。

- void DecryptData（unsigned char _pucBuffer, unsigned long ulSize）：完成下载数据的解密。
- void GPIOIntHandler（void）：处理 UART Rx GPIO 中断。
- void I2CFlush（void）：等待通过 I^2C 通道的数据已经被传输。
- void I2CReceive（unsigned char _pucData, unsigned long ulSize）：接收 I^2C 通道上数据。
- void I2CSend（const unsigned char _pucData, unsigned long ulSize）：在 I^2C 通道上发送数据。
- void NakPacket（void）：发送一个非应答信息包。
- int ReceivePacket（unsigned char _pucData, unsigned long _pulSize）：接收一个数据信息包。
- int SendPacket（unsigned char _pucData, unsigned long ulSize）：发送一个数据信息包。
- void SSIFlush（void）：等待通过 SSI 通道的所有数据已经被传输。
- void SSIReceive（unsigned char _pucData, unsigned long ulSize）：在从机模式接收来自 SSI 通道数据。
- void SSISend（const unsigned char _pucData, unsigned long ulSize）：在从机模式通过 SSI 通道发送数据。
- void SysTickIntHandler（void）：处理 SysTick 中断。
- int UARTAutoBaud（unsigned long _pulRatio）：完成 UART 通道波特率自动设置。
- void UARTFlush（void）：等待通过 UART 通道所有数据已经被传输。
- void UARTReceive（unsigned char _pucData, unsigned long ulSize）：接收在 UART 通道上的数据。
- void UARTSend（const unsigned char _pucData, unsigned long ulSize）：发送在 UART 通道上的数据。
- void UpdateBOOTP（void）：通过 BOOTP 启动更新程序。
- void Updater（void）：完成所选择通道的更新。

3.7　编译代码

3.7.1　需要的软件

为了编译驱动库的代码，需要以下软件。

① 下面其中一个工具链：

- Keil RealView 微控制器开发工具；
- ARM EABI 的 CodeSourcery 的 Sourcery G++；
- IAR Embedded Workbench。
- 如果从命令行编译，则需要某种形式 Windows Unix 环境。

② 根据所选工具链提供的指令安装编译器和调试器（Luminary Micro 也提供了描述如何安装每个工具链的快速入门指南）；也将编译器添加到搜索路径，以便它能够被执行。

当所需的软件安装好后，必须用你所选的归档工具（例如 WinZip 或 Windows XP 内置的实用软件）将驱动库源文件从 ZIP 文件中提取出来。对于剩余的指令，假设源文件被提取到 c:/DriverLib。

3.7.2 用 Keil μVision 编译

驱动库和每个示范应用都有一个 μVision 工程（带有 .Uv2 文件扩展名），可以在 μVision 中编译。只需要简单地将工程文件装载到 μVision，再点击 "Build target" 或 "Rebuild all target files" 按键即可。注意：驱动库（c:/Driver-Lib/src/driverlib.Uv2）工程必须在示范应用编译之前编译。

有关 μVision 的使用详情请见 "RealView 快速入门（www.zlgmcu.com）"。

3.7.3 用 IAR Embedded Workbench 编译

驱动库和每个示范应用都有一个 Emebedded Workbench 工程（带有 .ewp 文件扩展名），可以在 Embedded Workbench 中编译。另外，有一个包含了所有工程的工作区文件（主目录中的 driverlib.eww）和一个可以立刻编译所有工程的批编译。注意：驱动库工程必须在示范应用编译之前编译。

有关 Embedded Workbench 使用的详情请见 "IAR KickStart 快速入门（www.zlgmcu.com）"。

3.7.4 从命令行编译

为了从命令行编译，需要某种形式的 Windows Unix 环境。推荐的解决方案是 SourceForge 的 Unix 实用程序（http://unxutils.sourceforge.net）；也可以选择 Cygwin（http://www.cygwin.com）和 MinGW（http://www.mingw.org）。Unix 实用程序和 Cygwin 已经通过测试，可以和这个库一起工作；尽管 MinGW 未经测试，但它应该也可以和库一起工作。

有关安装和建立 Unix 实用程序的详情请见 "GNU 快速入门（www.zlgmcu.com）"。

makefile 不能和 Windows 中通常可用的 make 实用程序（例如，RealView 提供的一个 make 实用程序）一起工作；在搜索路径中 "Unix" 版本的 make 必须在任何其他版本的 make 之前出现。当然，如果在 Linux 上使用 CodeSourcery 的编译器，那么存在的 Posix shell 环境就不仅只适合编译代码了。

SourceForge 的 Unix 实用程序在一个必须解压的 ZIP 文件中;对于剩余的指令,假设 Unix 实用程序被提取到 c:/。

搜索路径必须手动更新来包含 c:/bin 目录和 c:/usr/local/wbin 目录,c:/usr/local/wbin 目录更适合放在搜索路径的开始处(以便 c:/usr/local/wbin 的 make 在其他版本的 make 之前被使用)。

剩余的指令假设 c:/bin/sh 的 shell 正在 Windows XP 提供的命令行解释器(command shell)之前被使用;如果未使用这个 shell,就必须修改命令来兼容 Windows XP shell。

两个快速测试将决定搜索路径是否设置正确。首先,输入:

```
make - version
```

应当返回报告某些版本的 GNU Make 的调用;否则,正在寻找的就是错误的 make 实用程序,需要修改搜索路径。接下来,输入:

```
type sh
```

应该指定 Unix 实用程序的 sh.exe 被提取的路径;否则,make 实用程序将无法找到 shell(意味着编译将失败),需要修改搜索路径。

如果使用 Keil RealView 微控制器开发工具,下面的指令将验证能找到编译器(这就意味着所有其他的工具链也能被找到):

```
type armcc
```

如果使用 ARM EABI 的 CodeSourcery 的 Sourcery G++,下面的指令将验证能找到编译器:

```
type arm - stellaris - eabi - gcc
```

如果使用 IAR Embedded Workbench,下面的指令将验证能找到编译器:

```
type iccarm
type xlink
```

只要任何一个上面的检查失败,编译就将有可能也失败。在每种情况下搜索路径都需要更新,以便 shell 能查找到正在讨论的工具的位置。

现在,就可以编译库和示范应用了,输入以下指令:

```
cd c:/DriverLib
make
```

将显示简短的消息来指示正在执行的编译步骤,下面提取出来的的信息就是一个例子:

...

```
CC timer.c
CC uart.c
CC watchdog.c
AR gcc/libdriver.a
...
```

上述内容指明正在编译 timer.c、uart.c 和 watchdog.c，然后创建一个称为 gcc/libdriver.a 的库。像这样显示简短消息可以很容易发现编译过程中遇到的警告和错误。

有几个控制编译过程的变量，它们可以作为环境变量出现，或者，也能在命令行上将它们传递给 make。这些变量是：

- COMPILER，指定用来编译源代码的工具链。目前，它可以是 ewarm、gcc 或 rvmdk；如果并未特别指定，默认值是 gcc。
- DEBUGGER，指定用来运行可执行体的调试器。这会影响使用的 Diag...() 函数的版本。目前，DEBUGGER 可以是 cspy、gdb 或 uvision；如果并未特别指定，它的默认值由 COMPILER 的值来决定（ewarm 对应 cspy、gcc 对应 gdb、rvmdk 对应 uvision）。
- DEBUG，指定应当包含在编译的目标文件中的调试信息。这就允许调试器执行源级调试，可以增加额外的代码来辅助开发和调试过程（例如基于 ASSERT 的错误校验）。这个变量的值不重要；如果变量存在，就包含调试信息；如果变量未指定，就不包含调试信息。
- VERBOSE，指定应当显示实际的编译器调用，取代简短的编译步骤。这个变量的值不重要；如果变量存在，verbose 模式将被使能；如果变量未指定，verbose 模式被不使能。

因此，例如要使用 rvmdk 来编译（调试使能），输入：

```
make COMPILER = rvmdk DEBUG = 1
```

或者，也可以输入下面的内容：

```
export COMPILER = rvmdk
export DEBUG = 1
make
```

后者的优点是编译只需要调用 make，更不容易因为每次忘记将变量添加到命令行而导致不希望的结果（即，用不同的定义编译混合和匹配目标而导致的结果）。

使用下面的指令来删除所有编译的项目：

```
make clean
```

注意：这个操作仍然取决于 COMPILER 环境变量；它只能删除与使用中的工具链相关的对象（即，它可以用来清除 rvmdk 对象而不影响 gcc 对象）。

3.8 工具链

3.8.1 编译器

库与支持的工具链的相互作用有两个方面：编译器如何对库进行编译和库如何与调试器相互作用。通过用这种方法将两方面分开，可能用一个工具链编译代码，而用另一个工具链的调试器来调试代码；或者，与调试器相互作用的机制可以使用一个 UART 来代替，消除了（对于大多数器件）对调试器（不仅对于调试而言）的需求。

不同的工具链之间有 4 个方面需要特别处理：编译器如何被调用；编译器特定的结构；汇编器特定的结构；如何链接代码。

这个讨论只适用从命令行编译的情况；编译一个工程文件使用的是所讨论的 GUI 的通用机制。

1. 调用编译器

makedefs 文件包含一系列编译 C 源文件、编译汇编源文件、创建对象库和链接应用的规则。这些规则使用传统变量来调用工具，例如 CC、CFLAGS 等。这些变量的默认值根据正在使用的工具链来给定，建议包含可执行体名的变量保持原样，只扩充包含标志的变量（例如 CFLAGS）。

所有规则都将目标放置到一个工具链特定的目录中。例如，用 RealView 微控制器开发工具编译一个 C 源文件将把目标文件放置到 rvmdk 目录；链接的应用和/或对象库也可以进入相同的目录。这样，多个工具链的对象可以同时在源树（source tree）中存在，混合在一起。

规则还可以使用自动产生的依赖。大多数现代的编译器都支持-MD 或使编译器在编译时写出一个依赖文件（dependency file）的类似选项。这样，当文件第 1 次被编译时自动产生依赖，只要文件被重新编译（在任何依赖被更改时出现，这可能会导致新的依赖），依赖就再次产生。因此，依赖总是被更新。与目标文件类似，依赖文件被放置到工具链目录下，依赖文件的文件扩展名是.d。

链接规则有几个特殊变量，允许为每个应用特别调用链接器。在所有的变量中都是应用的基本名；例如，如果目标是 foobar.axf，那么特殊变量就是..._foobar。变量是：

SCATTERtools_target	这是用来链接应用的工具链特定的链接器脚本的名称。通常它是../${COMPILER}/standalone.ld。
ENTRY_target	这是应用的入口点。通常它是 ResetISR。
LDFLAGStools_target	它包含工具链特定的链接器标志，该标志是这个应用特有的。其中的 tools 被标志应用到的工具链替换；因此，例如，要将附加的链接器标志提供给 RealView 链接器，就使用 LDFLAGSrvmdk_target。

由于这些规则，makefile 变成了要编译的目标的一个简单列表（应用或库，或者两者兼而有之），目标文件包含目标和一系列目标特定的变量（在应用中）。

对于驱动库本身（包含在 src 目录中），存在一些特殊的规则，将每个全局符号（是一个变量或一个函数）放置到它自己独立的目标文件中（当编译器不直接支持这个功能时）。这个处理通过把每个全局符号放置到一个♯if defined(GROUP_foo)/♯endif 中,对内自动执行,其中,foo 被成为目标文件名称的每个源文件特有的标号集代替(例如,bar.c 中的 GROUP_foo 变成<toolchain>/bar_foo_.o)。通过转到这些长度来编译库,可能会将使用驱动程序的影响降至最小;例如,在一个仅为输出的模式下使用 UART(只有 UARTConfigSet()和 UART-CharPut() API 被使用),读数据、获取配置等所有 API 都不链接到应用(如果所有的全局符号构建到一个目标文件中,它们会链接到应用)。

2. 编译器结构

有时需要在 C 源文件中使用编译器特定的结构。当出现这样的需要时,可以使用下面两个选项:

- 为每个工具链提供独立版本的源文件。这已经用引导代码处理了;除了用来标识放置在 Flash 起始处的向量表的结构和创建"code"、"data"和"bss"区时链接器创建的符号的名称外,从一个工具链到另一个工具链的源文件都基本相同。
- 在每个工具链特有的结构周围使用♯ifdef/♯endif。

当提供独立的文件时,文件的路径名在它的某处应该包含 ${COMPILER}的值,作为一个路径名或文件名的一部分。这样,Makefile 内的依赖可以利用 ${COMPILER}的值来使正确版本的文件被使用。在提供的例子中,这可以在引导代码中看到;为支持的每个工具链提供了独立的版本。在 Makefile 中通过 ${COMPILER}为引导代码文件名找到正确版本的引导代码。

当使用♯ifdef/♯endif 时,${COMPILER}的值再次开始起作用。每个源文件通过传递给编译器的-D${COMPILER}来编译,因此 ${COMPILER}变量的值可以用在♯ifdef 中来包含编译器特定的代码。这并不是首选的方法,因为非常容易出错;如果 ${COMPILER}的值被用来包含一个函数内的一小段代码(例如),操作起来太容易了,以致于忘记了是何时移植到另一个工具链中的,这样会导致这一小段代码不会出现在新的工具链产生的目标中。在第一种方法中,文件不存在,会出现一个编译错误。

3. 汇编器结构

asmdefs.h 中的宏隐藏了不同工具链汇编器之间的语法和指令差异。通过使用这些宏,汇编文件没有♯ifdef toolchain 结构,这使得它们更容易理解和维护。下面提供的宏用来编写汇编器无关的源文件:

ALIGN	它用来将下一项放置到存储器的一个 4 字节对准的边界。
BSS	这用来指示跟随的项应该被放置到可执行体的"bss"区。这些项有保留的存储空间,但不在可执行体中提供初始化程序(initializer),而是根据引导代码来零填充存储空间。
DATA	这用来指示跟随的项应该被放置到可执行体的"data"区。这些项 SRAM 中有保留的存储空间,初始化程序放置在 Flash 中,初始化程序由引导代码从 SRAM 复制到 Flash 中。
END	这用来指示已经到达汇编源文件的末尾。
EXPORT	这用来指示一个标号应当可供当前源文件之外的目标文件使用。
IMPORT	这用来指示在这个源文件中引用另一个目标文件的标号。

LABEL	这提供了当前位置的一个符号名称。标号可以用作一个跳转目标或用来装载/存储数据。注意:标号不能在当前的源文件之外被访问,除非用_EXPORT_导出。
STR	这用来声明一串数据(即一个以零终止的字节序列)。
TEXT	这用来指示跟随的项应该被放置到可执行体的"text"区。这必须在所有代码之前使用,以便能准确定位。
_THUMB_LABEL_	这用来指示下个符号(必须紧跟其后)是一个 Thumb 标号。所有标号都必须标注为 Thumb 标号,否则,它们将不能作为跳转目标正确工作。
WORD	这用来声明一个字的数据(32 位)。

asmdefs.h 必须在汇编语言源文件的开头被包含,因为它包括一些公共的设置伪操作,需要这些操作来将汇编器进入正确的模式,操作失败会导致汇编器无法正确工作。

4. 链接应用

当链接应用时,每个全局实体需要被放置到存储器的合适空间以便应用正确工作。某些内容必须放置在特殊的地方(例如默认的向量表,它必须位于 0x00000000);其他内容必须放置在正确的存储器空间(所有的代码需要放置在 Flash 中,所有的读/写数据放置在 SRAM 中)。

链接器脚本被用来执行这个任务。链接器脚本不能在工具链之间移植,因此为每个工具链提供了独立的版本,它们位于<toolchain>/standalone.ld 文件中(在 IAR Embedded Workbench 的情况下它们在 standalone.xcl 文件中)。这些链接器脚本非常简单,它们把全部代码放置在 Flash 中("code"区),所有的读/写放置到 SRAM 中("data"区和"bss"区),"data"区初始化程序放置到"code"区末尾的 Flash 中,只读向量表放置到 Flash 的起始处,中断驱动(如果使用)的读/写向量表放置到 SRAM 的起始处。<toolchain>/startup.c 内的引导代码取决于存储器的布局;如果存储器的布局改变了,文件可能也需要改变(或替换)。

3.8.2 调试器

通常,调试器有方法使运行在目标上的代码与调试器相互作用:读/写主机文件、在调试器控制台打印消息等。这些方法已经抽象成一系列函数,应用可以调用它们,不用理会正在使用的调试器。它们都是 Diag... 函数。

调试器接口代码位于称为 utils/${DEBUGGER}.S 的文件中(或.c 的文件中(如果用 C 语言实现))。makefile 的规则在 ${DEBUGGER}.O 上指定一个依赖,因此,通过改变 ${DEBUGGER} 的值来改变调试器接口代码。这就允许来自一个工具链的编译器和来自另一个工具链的调试器共同使用(当然在假设它们都支持相同的可执行文件格式的前提下);${COMPILER} 指定用来编译代码的工具,${DEBUGGER} 指定使用的调试器接口。

可以用这个接口做几件有趣的事:

- 可以创建一个串行版本,在该版本中不支持文件,但支持标准输入/输出(stdio)。所有的标准输入输出(stdio)操作都可以通过 UART 执行。
- 可以创建一个串行存储器版本。接着应用可以通过调试器使用主机文件来开发(在这里文件内容更容易检查),然后,在合适的时候切换为使用一个串行存储器版本。

- 可以创建一个 stub 版本,在该版本中每个函数都是一个 NOP(空操作)。这会消除所有调试器与应用的交互。
- 可以创建一个调试版本,在该版本中它通常充当 NOP 的作用,但是如果通过一个特殊标志被开启,它将会启动输出 stdio(标准输入/输出)到一个定义好的地方(例如一个未使用的 UART)。这就允许跟踪功能被留在生成代码中;它通常不做任何事(不给用户任何提示它正在做什么/它正在如何处理),但是现场支持人员可以将其使能来帮助确定当前故障出现的原因。

3.9 Stellaris 驱动库编程示例

3.9.1 硬件类型定义

1. HWREG()、HWREGH()和 HWREGB()

对 LM3S 系列微控制器片内外设硬件寄存器的访问,可以采用 Luminary Micro 公司发布的《Stellaris 驱动库》头文件"hw_types.h"里定义的 3 个宏函数:HWREG()、HWREGH()和 HWREGB(),详见表 3.2 的描述。

这 3 个宏函数用来访问 LM3S 系列微控制器的硬件寄存器。它们在定义的时候因为被声明为 volatile 属性,所以这种访问不会被编译器优化掉,即:每次读取时都返回硬件寄存器的当前值,每次写入时都会把最新的数值写入硬件寄存器。

表 3.2 宏函数 HWREG()、HWREGH()和 HWREGB()

功 能	HWREG(x):以全字(32 位)方式访问硬件寄存器 x HWREGH(x):以半字(16 位)方式访问硬件寄存器 x HWREGB(x):以字节(8 位)方式访问硬件寄存器 x
原 型	#define HWREG(x) (*((volatile unsigned long *)(x))) #define HWREGH(x) (*((volatile unsigned short *)(x))) #define HWREGB(x) (*((volatile unsigned char *)(x)))
参 数	x:硬件寄存器的地址
返 回	读操作:返回硬件寄存器的当前值。 写操作:无

利用宏函数访问硬件寄存器的具体例子如下所示:

```
#include "hw_types.h"
#define SYSCTL_BASE 0x400FE000       // 定义系统控制模块的基址
#define RCGC2    (SYSCTL_BASE + 0x108)  // 时钟门控寄存器 2,其位 1 控制 GPIOB
```

第 3 章　Stellaris 驱动库

```
void timeDelay (unsigned long ulVal)
{
    do {
    } while ( - - ulVal！ = 0 )；
}
int main (void)
{
    timeDelay(500000L)；              // 开机延迟
    HWREG(RCGC2) | = 0x00000002；     // 选通 GPIOB 的时钟,即使能 GPIOB
    for (;;) {
    }
}
```

2. HWREGBITW( )、HWREGBITH( )和 HWREGBITB( )

LM3S 系列微控制器采用的是 ARM 公司设计先进的 Cortex - M3 内核。该内核采用了一项被称为"bit - banding"的新技术,可以显著改善对片内 SRAM 以及片内外设的位操作性能。在头文件"hw_types.h"里定义有 3 个宏函数:HWREGBITW( )、HWREGBITH( )和 HWREGBITB( ),为"bit - banding"位操作提供了方便,专门用来访问 LM3S 系列微控制器硬件寄存器当中的某个位,详见表 3.3 的描述。

注意:在 LM3S 系列中,每个 GPIO 模块数据寄存器 GPIODATA 的访问方式比较特殊,不能采用"bit - banding"方式。

表 3.3　宏函数 HWREGBITW( )、HWREGBITH( )、HWREGBITB( )

功　能	HWREGBITW(x,b):以"bit - banding"方式访问全字寄存器 x 当中的第 b 位 HWREGBITH(x,b):以"bit - banding"方式访问半字寄存器 x 当中的第 b 位 HWREGBITB(x,b):以"bit - banding"方式访问字节寄存器 x 当中的第 b 位
原　型	#define HWREGBITW(x,b) \\ 　　　　HWREG ((((unsigned long)(x) & 0xF0000000) | 0x02000000 | \\ 　　　　(((unsigned long)(x) & 0x000FFFFF) << 5) | ((b) << 2)) #define HWREGBITH(x,b) \\ 　　　　HWREGH((((unsigned long)(x) & 0xF0000000) | 0x02000000 | \\ 　　　　(((unsigned long)(x) & 0x000FFFFF) << 5) | ((b) << 2)) #define HWREGBITB(x,b) \\ 　　　　HWREGB((((unsigned long)(x) & 0xF0000000) | 0x02000000 | \\ 　　　　(((unsigned long)(x) & 0x000FFFFF) << 5) | ((b) << 2))
参　数	x:bit - band 区地址,取值 0x20000000～0x200FFFFF 或 0x40000000～0x400FFFFF b:位地址,在 3 个宏函数中取值范围分别是 0～31、0～15、0～7
返　回	读操作:返回硬件寄存器 x 第 b 位的值(0 或 1)。 写操作:无

利用宏函数访问硬件寄存器当中某个位的程序示例如下所示:

```c
#include "hw_types.h"
#define SYSCTL_BASE 0x400FE000        // 定义系统控制模块的基址
#define RCGC2      (SYSCTL_BASE + 0x108)  // 时钟门控寄存器2,其位1控制GPIOB
void timeDelay (unsigned long ulVal)
{
    do {
    } while ( - -ulVal ! = 0 );
}
int main (void)
{
    timeDelay(500000L);               // 开机延迟
    HWREGBITW(RCGC2, 1) = 1;          // 选通GPIOB的时钟,即使能GPIOB
    for (;;) {
    }
}
```

3.9.2 通用输入/输出端口

1. 使能GPIO模块

LM3S系列微控制器所有片内外设只有在RCGCn寄存器相应的控制位置位后才可以工作,否则被禁止。暂时不用的片内外设被禁止后可以降低功耗。

LM3S系列微控制器不同型号的芯片GPIO模块数量也不相同,但都要求在使用之前使能。使能的方法是调用头文件"sysctl.h"里的函数SysCtlPeripheralEnable()。例如,要使能GPIOB模块的操作为:

```c
SysCtlPeripheralEnable(SYSCTL_PERIPH_GPIOB);
```

2. GPIO引脚配置

对于LM3S系列微控制器,如果要访问其GPIO引脚,则必须先进行正确的配置。

(1) GPIODirModeSet()

LM3S系列微控制器的GPIO引脚有两大类用法,作为I/O或非I/O功能。作为I/O时,可以配置成输入或输出。设置为非I/O功能后,引脚状态由该功能模块的硬件逻辑来决定。调用函数GPIODirModeSet()可以将指定的GPIO引脚设置成输入或输出,或者由硬件控制,详见表3.4的描述。

第3章 Stellaris驱动库

表 3.4 函数 GPIODirModeSet( )

功能	设置所选GPIO端口指定引脚的方向和模式
原型	void GPIODirModeSet(unsigned long ulPort, unsigned char ucPins, unsigned long ulPinIO)
参数	ulPort：所选GPIO端口的基址。应当取下列值之一： GPIO_PORTA_BASE　　// GPIOA 的基址（0x40004000） GPIO_PORTB_BASE　　// GPIOB 的基址（0x40005000） GPIO_PORTC_BASE　　// GPIOC 的基址（0x40006000） GPIO_PORTD_BASE　　// GPIOD 的基址（0x40007000） GPIO_PORTE_BASE　　// GPIOE 的基址（0x40024000） GPIO_PORTF_BASE　　// GPIOF 的基址（0x40025000） GPIO_PORTG_BASE　　// GPIOG 的基址（0x40026000） GPIO_PORTH_BASE　　// GPIOH 的基址（0x40027000） ucPins：指定引脚的位组合表示。应当取下列值之间的任意"或运算"组合： GPIO_PIN_0　　// GPIO 引脚 0 的位表示（0x01） GPIO_PIN_1　　// GPIO 引脚 1 的位表示（0x02） GPIO_PIN_2　　// GPIO 引脚 2 的位表示（0x04） GPIO_PIN_3　　// GPIO 引脚 3 的位表示（0x08） GPIO_PIN_4　　// GPIO 引脚 4 的位表示（0x10） GPIO_PIN_5　　// GPIO 引脚 5 的位表示（0x20） GPIO_PIN_6　　// GPIO 引脚 6 的位表示（0x40） GPIO_PIN_7　　// GPIO 引脚 7 的位表示（0x80） ulPinIO：引脚的方向或模式。应当取下列值之一： GPIO_DIR_MODE_IN　　// 输入方向 GPIO_DIR_MODE_OUT　　// 输出方向 GPIO_DIR_MODE_HW　　// 硬件控制
返回	无

(2) GPIOPadConfigSet( )

LM3S系列的GPIO可以工作在多种模式下，对用户来说非常灵活，能够满足不同场合的需求。GPIO引脚输出强度可以选择2 mA、4 mA、8 mA或者带转换速率（slew rate）控制的8 mA驱动。驱动强度越大表明带负载能力越强，但功耗也越高。对绝大多数应用场合选择2 mA驱动即可满足要求。GPIO引脚类型可以配置成输入、推挽和开漏三大类，每一类当中还有上拉、下拉的区别。对于配置用作输入端口的引脚，端口可按照要求设置，但是对输入唯一真正有影响的是上拉或下拉终端的配置。

在头文件"gpio.h"里的函数GPIOPadConfigSet( )可以提供上述功能的配置，详见表3.5的描述。

关于转换速率的解释，对输出信号采取适当舒缓的转换速率控制对抑制信号在传输线上的反射和电磁干扰非常有效。按照LM3S系列《数据手册》里给出的数据，在8 mA驱动下，

GPIO 输出上升和下降时间额定值都为 6 ns；而在使能 8 mA 转换速率控制以后，上升和下降时间额定值增加到 10 ns 和 11 ns，有了明显的延缓。8 mA 驱动在使能转换速率控制后，并不影响其静态驱动能力，仍然是 8 mA。

表 3.5　函数 GPIOPadConfigSet( )

功能	设置所选 GPIO 端口指定引脚的驱动强度和类型
原型	void GPIOPadConfigSet(unsigned long ulPort, unsigned char ucPins, unsigned long ulStrength, unsigned long ulPadType)
参数	ulPort：所选 GPIO 端口的基址。 ucPins：指定引脚的位组合表示。 ulStrength：指定输出驱动强度。应当取下列值之一： 　GPIO_STRENGTH_2MA　　　　// 2 mA 驱动强度 　GPIO_STRENGTH_4MA　　　　// 4 mA 驱动强度 　GPIO_STRENGTH_8MA　　　　// 8 mA 驱动强度 　GPIO_STRENGTH_8MA_SC　　// 带转换速率(Slew Rate)控制的 8 mA 驱动 ulPadType：指定引脚类型。应当取下列值之一： 　GPIO_PIN_TYPE_STD　　　　// 推挽 　GPIO_PIN_TYPE_STD_WPU　// 带弱上拉的推挽 　GPIO_PIN_TYPE_STD_WPD　// 带弱下拉的推挽 　GPIO_PIN_TYPE_OD　　　　　// 开漏 　GPIO_PIN_TYPE_OD_WPU　　// 带弱上拉的开漏 　GPIO_PIN_TYPE_OD_WPD　　// 带弱下拉的开漏 　GPIO_PIN_TYPE_ANALOG　　// 模拟比较器
返回	无

(3) GPIOPinTypeGPIOOutput( )

该函数实际上是通过调用函数 GPIODirModeSet( ) 和 GPIOPadConfigSet( ) 实现的，将指定引脚设置为 2 mA 驱动强度的推挽输出模式，详见表 3.6 的描述。

表 3.6　函数 GPIOPinTypeGPIOOutput( )

功能	设置所选 GPIO 端口指定的引脚为输出模式
原型	void GPIOPinTypeGPIOOutput(unsigned long ulPort, unsigned char ucPins)
参数	ulPort：所选 GPIO 端口的基址　　ucPins：指定引脚的位组合表示
返回	无

(4) GPIOPinTypeGPIOInput()

该函数实际上是通过调用函数 GPIODirModeSet() 和 GPIOPadConfigSet() 实现的,将指定引脚设置为输入模式,详见表 3.7 的描述。

表 3.7 函数 GPIOPinTypeGPIOInput()

功 能	设置所选 GPIO 端口指定的引脚为输入模式
原 型	void GPIOPinTypeGPIOInput(unsigned long ulPort, unsigned char ucPins);
参 数	ulPort:所选 GPIO 端口的基址 ucPins:指定引脚的位组合表示
返 回	无

3. GPIO 引脚读/写操作

对 GPIO 引脚的读/写操作是通过函数 GPIOPinWrite() 和 GPIOPinRead() 实现的,这是两个非常重要而且很常用的库函数。

(1) GPIOPinWrite()

调用该函数时,如果引脚已经被配置为输出状态,则 GPIO 引脚状态立即更新;如果引脚配置为输入状态,则该函数的执行不会有任何效果,详见表 3.8 的描述。

表 3.8 函数 GPIOPinWrite()

功 能	向所选 GPIO 端口的指定引脚写入一个值,以更新引脚状态
原 型	void GPIOPinWrite(unsigned long ulPort, unsigned char ucPins, unsigned char ucVal)
参 数	ulPort:所选 GPIO 端口的基址 ucPins:指定引脚的位组合表示 ucVal:写入指定引脚的值 ucPins 指定的引脚对应的 ucVal 当中的位如果是 1,则置位相应的引脚,如果是 0,则清零相应的引脚
返 回	无

利用函数 GPIOPinWrite() 写 GPIO 引脚的具体例子如下所示:

```
#include "hw_types.h"
#include "hw_memmap.h"
#include "hw_sysctl.h"
#include "hw_gpio.h"
#include "src/sysctl.h"
#include "src/gpio.h"
#define    PB0 GPIO_PIN_0
#define    PB1 GPIO_PIN_1
void timeDelay (unsigned long ulVal)
```

```
{
    do {
    } while ( - -ulVal ! = 0 );
}
int main (void)
{
    timeDelay(500000L);                                              // 开机延迟
    SysCtlPeripheralEnable(SYSCTL_PERIPH_GPIOB);                      // 使能 GPIOB 模块
    GPIOPinTypeGPIOOutput(GPIO_PORTB_BASE, (PB0 | PB1));              // 设置 PB0 和 PB1 为输出模式
    for  (;;) {
        GPIOPinWrite(GPIO_PORTB_BASE, (PB0 | PB1), 0x01);             // 置位 PB0,清零 PB1
        timeDelay(200000L);
        GPIOPinWrite(GPIO_PORTB_BASE, (PB0 | PB1), 0x02);             // 清零 PB0,置位 PB1
        timeDelay(200000L);
    }
}
```

(2) GPIOPinRead()

读取所选 GPIO 端口指定引脚的值,输入和输出引脚的值都能返回,详见表 3.9 的描述。注意:参数 ucPins 未指定的引脚读回的值是 0。

表 3.9 函数 GPIOPinRead()

功 能	读取所选 GPIO 端口指定引脚的值
原 型	long GPIOPinRead(unsigned long ulPort, unsigned char ucPins)
参 数	ulPort:所选 GPIO 端口的基址 ucPins:指定引脚的位组合表示
返 回	返回 1 个位组合的字节。它提供了由 ucPins 指定引脚的状态,对应的位值表示 GPIO 引脚的高低状态。ucPins 未指定的引脚位值是 0。返回值已强制转换为 long 型,因此位[31:8]应该忽略

利用函数 GPIOPinRead()读 GPIO 引脚状态的具体例子如下所示:

```
#include "hw_types.h"
#include "hw_memmap.h"
#include "hw_sysctl.h"
#include "hw_gpio.h"
#include "src/sysctl.h"
#include "src/gpio.h"
#define PB0 GPIO_PIN_0
#define PB1 GPIO_PIN_1

void timeDelay (unsigned long ulVal)
```

```
{
    do {
    } while ( - -ulVal ! = 0 );
}
int main (void)
{
    unsigned char ucVal;
    timeDelay(500000L);                                      // 开机延迟
    SysCtlPeripheralEnable(SYSCTL_PERIPH_GPIOB);             // 使能 GPIOB 模块
    GPIOPinTypeGPIOInput(GPIO_PORTB_BASE, PB0);              // 设置 PB0 为输入模式
    GPIOPinTypeGPIOOutput(GPIO_PORTB_BASE, PB1);             // 设置 PB1 为输出模式
    for  (;;) {
        ucVal = GPIOPinRead(GPIO_PORTB_BASE, PB0);           // 读取 PB0 的状态
        GPIOPinWrite(GPIO_PORTB_BASE,PB1,(ucVal<<1));        // PB0 的状态写入 PB1
        timeDelay(300);
    }
}
```

思考题与习题

1. 登录 http://www.luminarymicro.com，查找"Stellaris Peripheral Driver Library USER'S GUIDE"资料。
2. 简述 Stellaris 驱动程序库的特点。
3. 简述比较器 API 函数功能，了解包含在 src/comp.c 中的驱动程序结构与功能，以及 src/comp.h 中包含的 API 定义。
4. 简述模数转换器(ADC) API 函数功能，了解包含在 src/adc.c 中的驱动程序结构与功能，以及 src/adc.h 中包含的 API 定义。
5. 简述 Flash API 函数功能，了解 src/flash.h 中包含的 API 定义，以及包含在 src/flash.c 中的驱动程序结构与功能。
6. 简述 GPIO API 函数功能，了解 src/gpio.h 中包含的 API 定义，以及包含在 src/gpio.c 中的驱动程序结构与功能。
7. 简述冬眠 API 函数功能，了解 src/hibernate.h 中包含的 API 定义，以及包含在 src/hibernate.c 中的驱动程序结构与功能。
8. 简述 I^2C API 函数功能，了解 src/i2c.h 中包含的 API 定义，以及包含在 src/i2c.c 中的驱动程序结构与功能。

9. 简述中断控制器 API 函数功能,了解 src/interrupt.h 中包含的 API 定义,以及包含在 src/interrupt.c 中的驱动程序结构与功能。
10. 简述 MPU API 函数功能,了解 src/mpu.h 中包含的 API 定义,以及包含在 src/mpu.c 中的驱动程序结构与功能。
11. 简述外设引脚映射 API 函数功能,了解 src/pin_map.h 中包含的 API 定义。
12. 简述脉宽调制器(PWM)API 函数功能,了解 src/pwm.h 中包含的 API 定义,以及包含在 src/pwm.c 中的驱动程序结构与功能。
13. 简述正交编码器 API 函数功能,了解 src/qei.h 中包含的 API 定义,以及包含在 src/qei.c 中的驱动程序结构与功能。
14. 简述同步串行接口(SSI)API 函数功能,了解 src/ssi.h 中包含的 API 定义,以及包含在 src/ssi.c 中的驱动程序结构与功能。
15. 简述 SysCtl API 函数功能,了解 src/sysctl.h 中包含的 API 定义,以及包含在 src/sysctl.c 中的驱动程序结构与功能。
16. 简述 SysTick API 函数功能,了解 src/systick.h 中包含的 API 定义,以及包含在 src/systick.c 中的驱动程序结构与功能。
17. 简述定时器 API 函数功能,了解 src/timer.h 中包含的 API 定义,以及包含在 src/timer.c 中的驱动程序结构与功能。
18. 简述通用异步收发器(UART)API 函数功能,了解 src/uart.h 中包含的 API 定义,以及包含在 src/uart.c 中的驱动程序结构与功能。
19. 简述看门狗定时器 API 函数功能,了解 src/watchdog.h 中包含的 API 定义包,以及包含在 src/watchdog.c 中的驱动程序结构与功能。
20. 简述 uDMA API 函数功能,了解 src/udma.h 中包含的 API 定义,以及包含在 src/udma.c 中的驱动程序结构与功能。
21. 简述控制器局域网(CAN)API 函数功能,了解 src/can.h 中包含的 API 定义,以及包含在 src/can.c 中的驱动程序结构与功能。
22. 简述以太网 API 函数功能,了解 src/ethernet.h 中包含的 API 定义,以及包含在 src/ethernet.c 中的驱动程序结构与功能。
23. 简述 Boot Loader 的功能,登录 www.luminarymicro.com 查询和下载 Boot Loader 的源代码,并进行分析。
24. 分析 Stellaris 驱动库编程示例程序,简述利用 Stellaris 驱动库编程的基本方法。

第 4 章 LM3S 系列微控制器的系统控制单元

4.1 系统控制寄存器

4.1.1 系统控制寄存器映射

表 4.1 列出了系统控制部分的寄存器,按功能分组。其中,各个寄存器的偏移量相对于系统控制的基址 0x400FE000,并且在寄存器地址上采用十六进制递增的方式列出。

表 4.1 系统控制寄存器映射

偏移量	名称	复位	类型	描述
器件标识和功能				
0x000/4	DID0/1	—	RO	器件标识 0/1
0x008	DC0	0x00FF007F	RO	器件功能 0
0x010	DC1	0x031133FF	RO	器件功能 1
0x014	DC2	0x070F5337	RO	器件功能 2
0x018	DC3	0x3F0FB7FF	RO	器件功能 3
0x01C	DC4	0x00000007	RO	器件功能 4
局部控制				
0x030	PBORCTL	0x00007FFD	R/W	掉电复位控制
0x034	LDOPCTL	0x00000000	R/W	LDO 功率控制
0x040/4/8	SRCR0/1/2	0x00000000	R/W	软件复位控制 0/1/2
0x050	RIS	0x00000000	RO	原始中断状态
0x054	IMC	0x00000000	R/W	中断屏蔽控制
0x058	MISC	0x00000000	R/W1C	屏蔽中断状态并清零
0x05C	RESC	—	R/W	复位原因

续表 4.1

偏移量	名称	复位	类型	描述
0x060	RCC	0x07AE3AD1	R/W	运行-模式时钟配置
0x064	PLLCFG	—	RO	XTAL 到 PLL 转换
0x070	RCC2	0x07802800	R/W	运行-模式时钟配置 2
系统控制				
0x100/4/8	RCGC0	0x00000040/00/00	R/W	运行-模式时钟的门控控制 0/1/2
0x110/4/8	SCGC0	0x00000040/00/00	R/W	睡眠-模式时钟的门控控制 0/1/2
0x120/4/8	DCGC0/1/2	0x00000040/00/00	R/W	深度-睡眠-模式时钟的门控控制 0/1/2
0x144	DSLPCLKCFG	0x78000000	R/W	深度-睡眠时钟配置

4.1.2 器件标识和功能寄存器

LM3S 系列单片机有 7 个只读寄存器来提供有关微控制器的信息,包括版本、器件型号、SRAM 大小、Flash 大小和其他特性。这些寄存器包括:DID0、DID1 以及 DC0～DC4。

① 器件标识 0 寄存器(DID0),偏移量:0x000。该寄存器用来识别器件的版本。

② 器件标识 1 寄存器(DID1),偏移量:0x004。该寄存器用来识别器件的系列、元件型号、温度范围和封装类型。封装有 SOIC、LQFP、BGA 封装等形式。商业温度范围:0～70 ℃,工业温度范围:-40～85 ℃。

③ 器件功能 0 寄存器(DC0),偏移量:0x008。该寄存器根据元件来预先定义并能用来验证其特性。片内 SRAM 的大小为 2～64 KB。Flash 的大小为 8～256 KB。

④ 器件功能 1 寄存器(DC1),偏移地址:0x010。该寄存器根据元件来预先定义并能用来验证其特性。它也可以用来屏蔽以下寄存器的写操作:运行-模式时钟门控控制 0 寄存器(RCGC0)、睡眠-模式时钟门控控制 0 寄存器(SCGC0)以及深度-睡眠-模式时钟门控控制 0 寄存器(DCGC0)。

⑤ 器件功能 2 寄存器(DC2),偏移地址:0x014。该寄存器根据元件来预先定义并能用来验证其特性。它也可以用来屏蔽以下寄存器的写操作:运行-模式时钟门控控制 1 寄存器(RCGC1)、睡眠-模式时钟门控控制 1 寄存器(SCGC1)、深度-睡眠-模式时钟门控控制 1 寄存器(DCGC1)。

⑥ 器件功能 3 寄存器(DC3),偏移地址:0x018。该寄存器根据元件来预先定义并能用来验证其特性。

⑦ 器件功能 4 寄存器(DC4),偏移地址:0x01C。该寄存器根据元件来预先定义并能用来验证其特性。它也可以用来屏蔽以下寄存器的写操作:运行-模式时钟门控控制 2 寄存器(RCGC2)、睡眠-模式时钟门控控制 2 寄存器(SCGC2)以及深度-睡眠-模式时钟门控控制 2

寄存器(DCGC2)。

有关器件标识和功能寄存器的更详细的内容请参考"Luminary Micro，Inc. LM3S8962 Microcontroller DATA SHEET，http：//www.luminarymicro.com"。

4.2 复位控制

4.2.1 复位源

1. LM3S 系列微控制器复位源

LM3S 系列微控制器有 5 个复位源：外部复位输入引脚($\overline{\text{RST}}$)有效；上电复位(POR)；内部掉电复位(BOR)；软件复位；看门狗定时器复位。

2. 复位原因寄存器(RESC)，偏移量：0x05C

复位之后，复位原因寄存器(RESC)中的对应位置位。该寄存器中的位具有"粘着特性"，除外部复位外，在通过多个复位序列之后仍能保持其状态。外部复位之后，RESC 寄存器中的其他所有位清零。

复位原因寄存器(RESC)表明了复位事件的原因。复位值由复位原因来决定。如果是外部复位(EXT 置位)，则其他所有复位位清零。但如果是由其他原因引起的，那些位将一直保持，可以通过软件来查看所有复位原因，如表 4.2 所列。

表 4.2 复位原因寄存器

位	名称	类型	复位	描述
31:6	保留	RO	0	保留位返回不确定的值，并且不应该改变
5	LDO	R/W	—	该位为 1 时，复位事件是由 LDO 功率不可调整引起的
4	SW	R/W	—	该位为 1 时，复位事件是由软件复位引起的
3	WDT	R/W	—	该位为 1 时，复位事件是由看门狗复位引起的
2	BOR	R/W	—	该位为 1 时，复位事件是由掉电复位引起的
1	POR	R/W	—	该位为 1 时，复位事件是由上电复位引起的
0	EXT	R/W	—	该位为 1 时，复位事件是由外部复位($\overline{\text{RST}}$)引起的

注意：主振荡器供外部复位和上电复位使用，内部振荡器供内部复位和时钟验证电路等内部处理使用。

4.2.2 $\overline{\text{RST}}$引脚复位

外部复位引脚($\overline{\text{RST}}$)可将微控制器复位。该复位信号使内核及所有外设复位，JTAG TAP 控制器除外。

外部复位时序如下：

- 外部复位引脚($\overline{\text{RST}}$)有效(输出低电平),然后失效(输出高电平)。
- 在RST失效之后,必须给晶体主振荡器一定的时间以允许它稳定下来,控制器内部有一个主振荡器计数器对这段时间(15～30 ms)进行计数。在此期间,控制器其余部分的内部复位保持有效。
- 内部复位释放,微控制器加载初始堆栈指针、初始程序计数器,并取出由程序计数器指定的第1条指令,然后开始执行。

外部复位时序图如图4.1所示,r7为硬件复位($\overline{\text{RST}}$引脚)之后内部复位的超时,时间为15～30 ms。

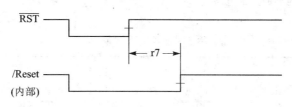

图 4.1 外部复位时序图

4.2.3 上电复位

上电复位(POR)电路检测电源电压是否上升,并在检测到电压上升到阈值(V_{TH})时,产生片内复位脉冲。为使用片内电路,$\overline{\text{RST}}$输入需连接一个上拉电阻(1～10 kΩ)。

在片内上电复位脉冲结束时,器件必须在指定的工作参数范围内操作。指定的工作参数包括电源电压、频率、温度等。如果在POR结束时没有满足工作条件,则微控制器不能正确工作。此时,必须使用外部电路将复位时间延长。外部电路如图4.2所示,与$\overline{\text{RST}}$输入相连。

R1和C1定义了上电延迟时间。R2缓解$\overline{\text{RST}}$输入的任何泄漏。C1在电源关掉时通过二极管快速放电。为了保证正确工作,器件的3.3 V电源必须在它经过2.0 V的10 ms之内到达3.0 V。

上电复位时序如下:
- 控制器等待后来的外部复位($\overline{\text{RST}}$)或内部POR变为无效。
- 在复位无效之后,必须允许晶体主振荡器稳定下来,控制器内部有一个主振荡器计数器对稳定所需时间(15～30 ms)进行计数。在这段时间内,控制器其余部分的内部复位保持有效。
- 内部复位释放,控制器加载初始堆栈指针、初始程序计数器,并取出由程序计数器指定的第1条指令,然后开始执行。

内部POR只在控制器最初上电时有效,上电复位时序如图4.3所示,复位时间参数r1、r3和r5见表4.3。

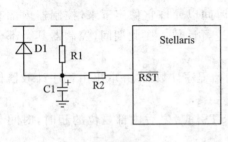

图 4.2 延长复位时间的外部电路

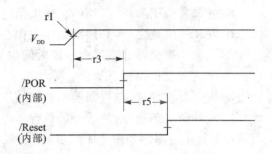

图 4.3 上电复位时序图

表 4.3 复位时间参数

参数编号	参 数	参数名称	最小值	额定值	最大值	单 位
r1	V_{TH}	复位阈值(threshold)电压	—	2.0	—	V
r3	TPOR	上电复位超时	—	10	—	ms
r5	TIRPOR	上电复位(POR)之后内部复位的超时	15	—	30	ms

4.2.4 掉电复位

当输入电压下降导致内部掉电检测器有效时,能将控制器复位。该复位特性最初是禁止的,可通过软件使能。

系统提供的掉电检测电路在 V_{DD} 低于 V_{BTH} 时触发。该电路是为了防止逻辑电路和外设在低于 V_{DD} 电压或非 LDO 电压下工作时产生不正确操作。如果检测到掉电条件,系统可产生控制器中断或系统复位。BOR 电路有一个数字滤波器,防止与噪音相关的检测。掉电复位特性可选择使能。

掉电复位等效于外部 RST 输入的一次有效,复位在恢复到合适的 V_{DD} 电平之前一直保持有效。在复位中断处理程序中可以检查 RESC 寄存器来确定掉电条件是否是复位的原因,这就允许软件确定需要恢复何种操作。

掉电复位利用掉电复位控制寄存器(PBORCTL)进行控制。PBORCTL 寄存器用来控制初始上电复位之后的复位条件。

(1) 掉电复位控制寄存器(PBORCTL),偏移量:0x030

该寄存器用来控制初始上电复位之后的复位条件,位分配如下所示:

位[31:2,0]:保留,保留位返回不确定的值,并且不应该改变。

位 1:BORIOR、R/W、BOR 中断或复位。该位控制如何将 BOR 事件发送给控制器。如果该位为 1 则发出复位信号,否则发出中断。

(2) 掉电复位时序

掉电复位时序如下：
- 当 V_{DD} 低于 V_{BTH} 时，设置内部 BOR 条件。
- 如果 PBORCTL 寄存器的 BORWT 位置位，一段时间之后重新采样 BOR 条件（时间由 BORTIM 指定）来确定原来的条件是否是由噪音引起的。如果第 2 次不满足 BOR 条件，则不产生任何动作。
- 如果 BOR 条件存在，则内部复位有效。
- 内部复位释放，控制器加载初始堆栈指针、初始程序计数器，并取出由程序计数器指定的第 1 条指令，然后开始执行。
- 内部 $\overline{BOR}$ 信号在 500 μs 之后释放，以防止在软件有机会调查最初掉电的原因之前另一个 BOR 条件置位。

内部掉电复位时序如图 4.4 所示，复位时间参数 r2、r4 和 r6 见表 4.4。

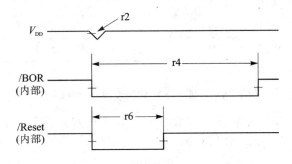

图 4.4 掉电复位时序图

表 4.4 复位时间参数

参数编号	参 数	参数名称	最小值	额定值	最大值	单 位
r2	V_{BTH}	掉电(brown-out)阈值电压	2.85	2.9	2.95	V
r4	TBOR	掉电(brown-out)超时	—	500	—	μs
r6	TIRBOR	掉电复位(BOR)之后内部复位的超时	2.5	—	20	μs

4.2.5 软件复位

每个外设都能通过软件来复位。LM3S 系列单片机有 3 个寄存器（SRCR0、SRCR1 和 SRCR3）用来控制软件复位功能。如果寄存器中与外设对应的位置位，则对应外设复位。复位寄存器的编码与外设和片内功能的时钟门控的编码是一致的，向某位写入 1，相应单元复位。

第 4 章 LM3S 系列微控制器的系统控制单元

1. 软件复位控制 0 寄存器(SRCR0),偏移量:0x040

写入该寄存器的值被器件功能 1 寄存器(DC1)中的位屏蔽,软件复位控制 0 寄存器如表 4.5 所列。

表 4.5 软件复位控制 0 寄存器

位	名 称	类 型	复 位	描 述
31:26,23:21,19:17,15:7,5:4,2:0	保留	RO	0	保留位返回不确定的值,并且不应该改变
25	CAN1	R/W	0	CAN1 复位控制。CAN 功能单元 1 的复位控制
24	CAN0	R/W	0	CAN0 复位控制。CAN 功能单元 0 的复位控制
20	PWM	R/W	0	PWM 单元的复位控制
16	SARADC0	R/W	0	SAR ADC 模块 0 的复位控制
6	HIB	R/W	0	HIB 复位控制。睡眠模块的复位控制
3	WDT	R/W	0	看门狗单元的复位控制

2. 软件复位控制 1 寄存器(SRCR1),偏移量:0x044

写入该寄存器的值被器件功能 2 寄存器(DC2)中的位屏蔽,软件复位控制 1 寄存器如表 4.6 所列,其中 n=2,1,0;m=3,2,1,0;a=1,0。

表 4.6 软件复位控制 1 寄存器

位	名 称	类 型	复 位	描 述
31:27,23:20,15,13,11:10,7:6,3	保留	RO	0	保留位返回不确定的值,并且不应该改变
26,25,24	COMPn	R/W	0	模拟比较器 n 的复位控制
19,18,17,16	GPTMm	R/W	0	通用定时器模块 m 的复位控制
14,12	I2Ca	R/W	0	I2Ca 单元的复位控制
9,8	QEIa	R/W	0	QEI 模块 a 的复位控制
5,4	SSIa	R/W	0	SSI 单元 a 的复位控制
2,1,0	UARTn	R/W	0	UARTn 模块的复位控制

3. 软件复位控制 2 寄存器(SRCR2),偏移量:0x048

写入该寄存器的值被器件功能 4 寄存器(DC4)中的位屏蔽,软件复位控制 2 寄存器位分配如下所示。

位[31:8]:保留。保留位返回不确定的值,并且不应该改变。

位7,6,5,4,3,2,1,0:PORTH,G,F,E,D,C,B,A;R/W;GPIO 端口 H,G,F,E,D,C,B,A 的复位控制(位 7 对应 GPIO 端口 H,位 6 对应 GPIO 端口 G,如此类推)。

4. 软件启动的复位时序

整个系统也能通过软件来复位。将 Cortex-M3 应用中断和复位控制寄存器中的 SYSRESETREQ 位置位,可将包括内核在内的整个系统复位。软件启动的复位时序如下:

- 通过对 ARM Cortex-M3 应用中断和复位控制寄存器中的 SYSRESETREQ 位执行写操作,可启动软件复位。
- 内部复位有效。
- 内部复位释放,控制器加载初始堆栈指针、初始程序计数器,并取出由程序计数器指定的第 1 条指令,然后开始执行。

软件启动的系统复位的时序如图 4.5 所示,其中 r8 为软件初始化系统复位之后内部复位的超时,时间为 2.5~20 μs。

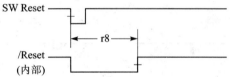

图 4.5 软件复位时序图

4.2.6 看门狗定时器复位

看门狗定时器模块的功能是防止系统挂起(hang)。看门狗定时器可配置为在其第 1 次超时(time out)时向控制器产生中断,第 2 次超时时产生复位信号。

在第 1 次溢出事件之后,将看门狗定时器装载(WDTLOAD)寄存器的值重装入 32 位计数器,定时器从该值继续递减计数。如果在第 1 次超时中断清零之前定时器再次递减到零,并且复位信号已使能,则看门狗定时器将其复位信号发送到系统。看门狗定时器复位时序如下:

- 看门狗定时器第 2 次超时,不需要对其服务。
- 内部复位有效。
- 内部复位释放,控制器加载初始堆栈指针、初始程序计数器,并取出由程序计数器指定的第 1 条指令,然后开始执行。

看门狗复位时序如图 4.6 所示,其中 r9 为看门狗复位之后内部复位的超时,时间为 2.5~20 μs。

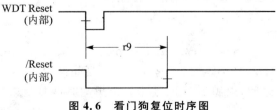

图 4.6 看门狗复位时序图

4.3 片内输出电压调整

LDO 稳压器允许对片内输出电压(V_{OUT})进行调整,输出电压可以在 2.25~2.75 V 范围内进行调节,增量为 50 mV。调整操作通过 LDO 功率控制(LDOPCTL)寄存器的 VADJ 区域实现。

LDO 功率控制寄存器(LDOPCTL),偏移量:0x034。该寄存器的 VADJ 区域用来调整片内输出电压 V_{OUT},如表 4.7 和表 4.8 所列。

表 4.7 LDO 功率控制寄存器

位	名 称	类 型	复 位	描 述
31:6	保留	RO	0	保留位返回不确定的值,并且不应该改变
5:0	VADJ	R/W	0x0	该区域指定了应用于 LDO 输入 SEL_VOUT[5:0]的值。VADJ 的设置值如表 4.8 所列

表 4.8 VADJ 与 V_{OUT} 的关系

VADJ 值	V_{OUT}/V	VADJ 值	V_{OUT}/V	VADJ 值	V_{OUT}/V
0x1B	2.75	0x1F	2.55	0x03	2.35
0x1C	2.70	0x00	2.50	0x04	2.30
0x1D	2.65	0x01	2.45	0x05	2.25
0x1E	2.60	0x02	2.40	0x06~0x3F	保留

4.4 时钟控制

4.4.1 基础时钟源

LM3S 系列微控制器有 4 个基础时钟源供使用。

1. 主振荡器

主振荡器由外部晶振或单端时钟源来驱动。由晶振直接做为系统时钟时,主振荡器源频率为 1~25 MHz 和 50 MHz(与具体的芯片有关)。但当晶振用作 PLL 源时,它的频率必须在 3.579 545~8.192 MHz 之间,以满足 PLL 要求。由单端时钟源驱动时,频率范围为从 DC 到器件的指定速率。

2. 内部振荡器

内部振荡器(IOSC)是片内时钟源。它不需要使用任何外部元件。内部振荡器的频率是 12(1±30%) MHz。在不依赖精确时钟源的应用时,可以使用这个时钟源来降低系统成本。内部振荡器是器件在 POR 过程中和 POR 之后使用的时钟源。如果需要主振荡器,软件必须在复位后使能主振荡器,并在改变时钟基准前使主振荡器稳定下来。

3. 内部 30 kHz 的振荡器

内部 30 kHz 振荡器与内部振荡器类似,它提供 30(1±30%) kHz 的工作频率。它主要用在深度睡眠的节电模式中。这个节电模式从减少的内部切换中获益,它还允许主振荡器掉电。

4. 外部实时振荡器

外部实时振荡器提供一个低频率、精确的时钟基准。它的目的是给系统提供一个实时时钟源。实时振荡器是休眠模块的一部分,它也提供了一个精确的深度睡眠或休眠模式节电源。

内部系统时钟可由上述 4 个参考源中的任意一个来驱动,如果输入到 PLL 的时钟源满足其动态特性要求,则也可由内部 PLL 来驱动。系统分频器(SYSDIV)用以对 PLL 输出的时钟、外部晶振和内部振荡器提供的时钟进行分频(8~32 分频)。

运行模式时钟配置(RCC)和运行模式时钟配置 2 寄存器(RCC2)提供了系统时钟的控制。RCC2 寄存器用来扩充域,提供了 RCC 寄存器包含之外的其他编码。使用时,RCC2 寄存器中域的值被 RCC 寄存器相应域逻辑使用。特别地,RCC2 提供了更多分类的时钟配置选项。

系统时钟结构如图 4.7 所示,系统时钟的默认配置是使用内部振荡器,即主频 12 MHz。

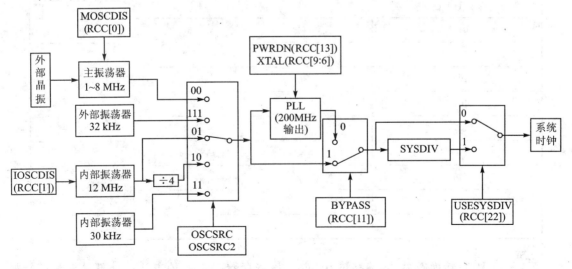

图 4.7 系统时钟结构图

4.4.2 PLL 的频率设置与编程

1. 外部晶振与内部 PLL 匹配

PLL 上电复位过程中默认是禁止的,如果需要,PLL 可以通过软件将其使能。软件配置 PLL 输入参考时钟源,指定输出分频值来设置系统时钟频率,并使能 PLL 驱动输出。

用户不对 PLL 频率直接进行控制,但要求使用的外部晶振要与内部 PLL 匹配,内部 PLL 与晶振匹配关系如表 4.9 所列,该表针对所选的晶体产生最适合的 PLL 参数。尽管频率在 ±1% 内,但并不是所有的晶体都能使 PLL 工作在精确的 400 MHz。PLL 锁定结果保存在 XTAL - PLL 转换寄存器(PLLCFG)中。

表 4.9 默认的晶体区域值和 PLL 设置

晶体编号(XTAL 二进制值)	不使用 PLL 的晶振频率/MHz	使用 PPL 的晶振频率/MHz
0000	1.000	保留
0001	1.843 2	保留
0010	2.000	保留
0011	2.457 6	保留
0100	3.579 545	
0101	3.686 4	
0110	4	
0111	4.096	
1000	4.915 2	
1001	5	
1010	5.12	
1011	6(复位值)	
1100	6.144	
1101	7.372 8	
1110	8	
1111	8.192	

XTAL - PLL 转换寄存器,偏移量 0x064。该寄存器提供一种方法将外部晶振频率转换为适当的 PLL 设置。它在复位序列过程中初始化并且任何时候当运行-模式时钟配置(RCC)

寄存器的 XTAL 变化时,更新该寄存器的值。

PLL 的频率用 PLLCFG 域的值计算得到,如下所示:
$$PLLFreq = OSCFreq \times F/(R+1)。$$
XTAL-PLL 转换寄存器如表 4.10 所列。

表 4.10 XTAL-PLL 转换寄存器

位	名 称	类 型	复位	描 述
31:16	保留	RO	0	保留位返回不确定的值,并且不应该改变
15:14	OD	RO	—	该区域指定了供 PLL 的 OD 输入使用的值
13:5	F	RO	—	该区域指定了供 PLL 的 F 输入使用的值
4:0	R	RO	—	该区域指定了供 PLL 的 R 输入使用的值

2. PLL 的操作模式

PLL 有两种操作模式:正常和掉电。

正常模式:PLL 将输入时钟参考倍频并驱动输出。

掉电模式:大部分 PLL 内部电路被禁止,PLL 不驱动输出。

使用 RCC 寄存器的 PWRDN 位可以对 PLL 模式进行设置:PWRDN=1 为掉电模式;PWRDN=0 为正常模式。

3. PLL 操作

如果 PLL 配置发生变化,PLL 输出在一段时间(PLL T_{READY}=0.5 ms)内将不稳定,在此期间,PLL 不可用作时钟参考。

PLL 可通过下面的其中一种方法改变:

- 更改为 RCC 寄存器中的 XTAL 值——写入相同值不会引起 PLL 重新锁定(relock)操作。
- 将 PLL 模式从掉电改为正常。

T_{READY} 的值由计数器来测量。计数器的时钟由主振荡器提供。考虑到主振荡器的范围,递减计数器的初值设置为 0x1200(即外部振荡器时钟为 8.192 MHz 时,大约为 600 μs)。此时将提供硬件确保 PLL 不用作系统时钟,直到上述其中一个变化之后 PLL 满足 T_{READY} 条件。用户需确保在 RCC 寄存器转换为使用 PLL 之前,必须有稳定的时钟源(与主振荡器一样)。

4. PLL 的设置

对于 PLL 的设置主要是设置 RCC 寄存器和 RCC2 寄存器。

(1) 运行-模式时钟配置寄存器(RCC),偏移量 0x060

该寄存器定义为提供时钟源控制和频率,如表 4.11 所列。

表 4.11 运行-模式时钟配置寄存器

位	名称	类型	复位	描述
31：28,21,16：14,12,10,3：2	保留	RO	0	保留位返回不确定的值，并且不应该改变
27	ACG	R/W	0	自动时钟门控。该位规定在控制器进入睡眠或深度睡眠模式时，系统是否分别使用睡眠模式时钟门控控制(SCGCn)寄存器和深度睡眠模式时钟门控控制(DCGCn)寄存器。如果该位置位，则当控制器处于睡眠模式时使用SCGCn或DCGCn寄存器来控制分配给外设的时钟；否则，当控制器进入睡眠模式时使用运行模式时钟门控控制(RCGCn)寄存器。RCGCn寄存器始终用来控制运行模式下的时钟。这样，可以在控制器处于睡眠模式并且不需要使用外设时降低外设的功耗
26：23	SYSDIV	R/W	0xF	系统时钟分频值。这几位用来指定使用哪个分频值从PLL输出上产生系统时钟。PLL VCO的频率是400 MHz，见表4.12。当读运行模式时钟配置(RCC)寄存器时，如果请求的分频值更小并且正在使用PLL，则SYSDIV的值是MINSYSDIV。这个更小的值允许分频非PLL时钟源
22	USESYSDIV	R/W	0	该位为1表示使用系统时钟分频器作为系统时钟的源。当选择PLL作为时钟源时，将强制使用系统时钟分频器
20	USEPWMDIV	R/W	0	将PWM时钟分频器用作PWM时钟源
19：17	PWMDIV	R/W	0x7	PWM单元时钟分频值。该字段确定用来确定系统时钟预分频系数(000~111，即对应/2~/64)，分频后的结果被用作PWM模块的基准时钟。该时钟只能进行$2n$分频，其上升沿是同步的，并且不存在PCLK/HCLK移相
13	PWRDN	R/W	1	PLL掉电。该位与PLL的PWRDN输入相关联。复位值为1时，PLL为掉电模式

续表 4.11

位	名称	类型	复位	描述
11	BYPASS	R/W	1	PLL 旁路。 选择是从 PLL 输出还是 OSC 时钟源中获得系统时钟。如果该位置位,则从 OSC 时钟源获得系统时钟,否则选择被系统分频器分频后的 PLL 输出作为系统时钟。 注意:为了能正确工作,ADC 模块的时钟必须由 PLL 或直接由 14~18 MHz 的时钟源提供。尽管 ADC 工作频率范围为 14~18 MHz,但为了维持 1M 次/秒的采样速率,ADC 必须被提供一个 16 MHz 的时钟源
9:6	XTAL	R/W	0xB	该区域指定了与主振荡器相关的晶体的值,编码见表 4.9
与振荡器相关的位				
5:4	OSCSRC	R/W	0x01	从 OSC 的 4 个输入源中选择。 00:主振荡器(默认);01:内部振荡器(默认); 10:内部振荡器/4(如果用作 PLL 的输入,则这是必须的); 11:保留
1	IOSCDIS	R/W	0	内部振荡器禁止位。 0:内部振荡器被使能;1:内部振荡器被禁止

表 4.12 系统时钟分频值(位[26:23])

二进制值	分频值(BYPASS=1)	频率(BYPASS=0)/MHz	二进制值	分频值(BYPASS=1)	频率(BYPASS=0)/MHz
0000~0010	保留	保留	1001	/20	20
0011	/8	50	1010	/22	18.18
0100	/10	40	1011	/24	16.67
0101	/12	33.33	1100	/26	15.38
0110	/14	28.57	1101	/28	14.29
0111	/16	25	1110	/30	13.33
1000	/18	22.22	1111	/32	12.5(默认)

(2) 运行-模式时钟配置 2 寄存器(RCC2),偏移量 0x070

当 USERCC2 位被置位时,这个寄存器可以取代 RCC 类似的寄存器域。这就允许 RCC2

被用来扩展功能,同时也提供了一个向后兼容先前器件的方法。RCC2 寄存器中的域和它们在 RCC 寄存器中占用相同的位置,LSB 对齐。SYSDIV2 域更宽,因此可能附加有更大的分频值,这样就可以获得更低的系统时钟频率,进一步降低深度睡眠的功耗,如表 4.13 所列。

表 4.13　运行-模式时钟配置 2 寄存器

位	名称	类型	复位	描述
31	USERCC2	R/W	0	使用 RCC2,该位置位是替换 RCC 寄存器中的域
30:29, 22:14, 12, 10:7, 3:0	保留	RO	0	保留位返回不确定的值,并且不应该改变
28:23	SYSDIV2	R/W	0x0F	系统时钟分频值。指定使用哪个分频值来从 PLL 输出产生系统时钟。PLL VCO 的频率是 400 MHz。 这个域比 RCC 寄存器的 SYSDIV 域更宽,可以提供更多的分频值。这就允许系统时钟在深度睡眠模式中能在低很多的频率下运行。例如,RCC 寄存器的 SYSDIV 域的编码为 111 时提供的分频值是 16,而 RCC2 寄存器的 SYSDIV2 域的编码为 111111 时提供的分频值是 64
13	PWRDN2	R/W	1	掉电 PLL。该位置位时旁路时钟源的 PLL
11	BYPASS2	R/W	1	旁路 PLL。该位置位时旁路时钟源的 PLL
6:4	OSCSRC2	R/W	0	系统时钟源 MOSC　　　0　　主振荡器; IOSC　　　　1　　内部振荡器; IOSC/4　　　2　　内部振荡器/4; 30 kHz　　　3　　30 kHz 的内部振荡器; 32 kHz　　　7　　32 kHz 的外部振荡器

5. PLL 的设置流程

PLL 的配置可通过直接对 RCC/RCC2 寄存器执行写操作来实现。如果 RCC2 寄存器正在使用,则 USERCC2 位必须置位,适当的 RCC2 位域被使用,RCC 中的位域将不起作用。成功改变基于 PLL 的系统时钟所需的步骤如下:

① 通过将 RCC 寄存器的 BYPASS 位置位以及将 USESYS 位清零,使 PLL 和系统时钟分频器旁路。该操作将系统配置为选择"原始的(raw)"时钟源(使用主振荡器或内部振荡器),并在系统时钟切换为 PLL 之前允许新的 PLL 配置生效。

② 选择晶振的值(XTAL)和振荡源(OSCSRC),并将 RCC/RCC2 中的 PWRDN 位清零。XTAL 值的设置操作将自动获得所选晶体的有效的 PLL 配置数据,PWRDN 位的清零操作将给 PLL 供电并使能其输出。

③ 在 RCC/RCC2 中选择所需的系统分频器(SYSDIV)并置位 RCC 的 USESYSDIV 位。SYSDIV 区域决定了微控制器的系统频率。

④ 通过查询原始中断状态(RIS)寄存器的 PLLLRIS 位来等待 PLL 锁定。如果 PLL 没有锁定，则配置无效。

⑤ 通过将 RCC 的 BYPASS 位清零使能 PLL 输出连接到系统时钟。

注意：如果在 PLL 锁定之前将 BYPASS 位清零，器件可能变为不能使用。

6. PLL 设置示例程序

假设使用外部晶振为 6 MHz，通过使用 PLL，将系统时钟配置为 20 MHz，PLL 的振荡频率是 400 MHz，PLL 设置示例程序如下所示：

```c
#define PINS GPIO_PIN_6
#define HWREG(x)          (*((volatile unsigned long *)(x)))
#define SYSCTL_RIS        0x400fe050
#define SYSCTL_RCC        0x400fe060
#define SYSCTL_MISC       0x400fe058
#define SYSCTL_PLLCFG     0x400fe064
#define SYSCTL_DC1        0x400fe010
#define SYSCTL_SRCR2      (*((volatile unsigned long *)(0x400fe048)))
#define SYSDIV_4          0x03
#define SYSDIV_10         0x09                /* PLL 时钟 20 分频，系统时钟 20 MHz */
#define XTAL              0x0B                /* 使用 6 MHz 晶体振 */
#define OSCSRC            00                  /* 使用主(外部)振荡器 */
void PLLSet(void)
{
    unsigned long ulRCC, ulDelay;
    ulRCC = HWREG(SYSCTL_RCC);                /* 读取当前 RCC 寄存器的值 */
    ulRCC |= 1 << 11;                         /* 旁路 PLL */
    ulRCC &= ~(1 << 22);                      /* 不使用系统分频器 */
    HWREG(SYSCTL_RCC) = ulRCC;                /* 写 RCC 寄存器 */
    ulRCC = HWREG(SYSCTL_RCC);
    ulRCC &= ~(3<<4);                         /* 选择主振荡器作时钟 */
    ulRCC &= ~(0xf<<6);                       /* 设置晶振频率 */
    ulRCC |= (XTAL<<6);
    ulRCC &= ~(0xf<<23);                      /* 设置分频系数 */
    ulRCC |= (SYSDIV_10 <<23);
    ulRCC &= ~(1<<13);                        /* PLL 上电 */
    ulRCC &= ~(1<<12);                        /* PLL 使能输出 */
    HWREG(SYSCTL_RCC) = ulRCC;                /* 写 RCC 寄存器 */
```

```
        for(ulDelay = 32768; ulDelay > 0; ulDelay--)  /* XTAL 值不更新 PLL 值不会再次锁定 */
        {                                              /* 也即不会产生 PLL 锁定标记 */
            if((HWREG(SYSCTL_RIS)&(1<<6)))             /* 等待 PLL 锁定 */
            {
                HWREG(SYSCTL_MISC) = 1<<6;             /* 清 PLL 锁定位 */
                break;
            }
        }
        HWREG(SYSCTL_RCC) |= 1 << 22;                  /* 使用系统分频器 */
        HWREG(SYSCTL_RCC) &= ~(1<<11);                 /* PLL 输出到系统时钟 */
}
```

4.5 电源管理

为实现节电功能,当控制器在运行、睡眠和深度睡眠模式时,分别使用 RCGCn、SCGCn 和 DCGCn 寄存器来控制系统中各个外设或模块的时钟门控逻辑。DC1、DC2 和 DC4 寄存器作为 RCGCn、SCGCn 和 DCGCn 寄存器的写屏蔽。

4.5.1 处理器的 4 种模式

运行模式中控制器积极执行代码。睡眠模式中器件的时钟不变,但控制器不再执行代码(并且也不再需要时钟)。在深度睡眠模式中,器件的时钟可以改变(由运行模式的时钟配置决定),并且控制器不再执行代码(也不需要时钟)。中断可使器件从其中一种睡眠模式返回到运行模式,睡眠模式可从代码中通过请求来进入。休眠模式中休眠模块可以对处理器进行断电,只有休眠模块由电池供电,因此可以实现最大范围地降低功耗。

1. 运行模式

运行模式下,处理器和所有当前被 RCGCn 寄存器使能的外设均可以正常运行。系统时钟可以由包括 PLL 在内的所有可用时钟源提供。

2. 睡眠模式

睡眠模式下,Cortex-M3 处理器内核和存储器子系统都不使用时钟。外设仅在相应的时钟门控在 SCGCn 寄存器中使能且 Auto Clock Gating(见 4.4.2 小节中 RCC 寄存器)使能时,或者在相应的时钟门控在 RCGCn 寄存器中使能且 Auto Clock Gating 被禁止时,才使用时钟。睡眠模式下,系统时钟源和频率均与运行模式下相同。

3. 深度睡眠模式

深度睡眠模式下,Cortex-M3 处理器内核和存储器子系统都不使用时钟。外设仅在相应的时钟门控在 DCGCn 寄存器中使能且 Auto Clock Gating 使能时,或者在相应的时钟门控在 RCGCn 寄存器中使能且 Auto Clock Gating 被禁止时,才使用时钟。在睡眠模式下,系统时钟源默认为主振荡器。但如果 DSLPCLKCFG 寄存器中的 IOSC 位被置位,那么系统时钟源也可以是内部振荡器。在使用 DSLPCLKCFG 寄存器时,如有必要,可以让内部振荡器上电,同时让主振荡器开始断电。如果 PLL 在执行 WFI 指令时工作,硬件将会让主振荡器断电,并将激活的 RCC/RCC2 寄存器中的 SYSDIV 字段分别变为/16 或/64。当发生深度睡眠退出事件时,在使能深度睡眠期间被停止的时钟前,硬件先将系统时钟的时钟源和频率变回到开始进入深度睡眠模式时的值。

4. 休眠模式

这种模式下,器件主要功能部件的电源关断,只有休眠模块的电路有效。需要一个外部唤醒事件或 RTC 事件来使器件回到运行模式。Cortex-M3 处理器和休眠模块之外的外设看见一个正常的"上电"序列,处理器启动运行代码。通过检查休眠模块寄存器可以确定是否已经从休眠模式重新启动。

4.5.2 处理器的睡眠机制

1. Contex-M3 处理器的 3 种睡眠机制

Contex-M3 处理器有 3 种睡眠机制:立即睡眠、退出后睡眠和深度睡眠。

立即睡眠:处理器可通过等待中断(WFI)和等待事件(WFE)指令来请求进入立即睡眠模式。WFI 和 WFE 指令使处理器进入低功耗模式,挂起其他异常,等待一个异常来唤醒。

退出后睡眠:如果系统控制寄存器的 SLEEPONEXIT 位置位,当处理器退出最低优先级的中断服务程序进入用户程序时,处理器进入低功耗模式,内核处于低功耗模式直到下一个异常发生。一般来说,使用这种模式的用户程序是一个空循环或空线程。

深度睡眠:如果系统控制寄存器的 SLEEPDEEP 位置位,当处理器进入立即睡眠或退出后睡眠模式时,系统进入深度睡眠模式。

2. 进入睡眠模式方式

(1) 处理器通过 WFI 指令请求进入睡眠模式

WFI(Wait For Interrupt),顾名思义,该指令等待中断异常发生。程序运行该指令后,程序挂起,不再往下执行,直到发生中断异常唤醒 CPU。

注意:当在中断程序执行该指令时,更高优先级的中断才能唤醒。例如:中断 A 的优先级为 5,当在中断 A 中运行 WFI 指令时,只有优先级高于 A 的中断程序(如优先级 4,数字越小优先级越高)才能唤醒 CPU。

(2) 处理器通过 WFE 指令请求进入睡眠模式

WFE(Wait For Event),顾名思义,该指令等待事件唤醒。该方式用于双核或多核的处理器，不适合一般的单 CPU 系统。

（3）处理器通过置位 SLEEPONEXIT 进入睡眠模式

该方式一般只是调试时用，这种模式的用户程序一般是一个空循环后空线程，因此用户正常使用时不推荐此模式。

4.5.3　与睡眠模式相关的寄存器

与睡眠模式相关的寄存器有：

- 运行-模式 0、睡眠-模式 0 及深度-睡眠模式 0 寄存器（RCGC0、SCGC0 与 DCGC0），偏移量为 0x100、0x110 及 0x120。
- 运行-模式 1、睡眠-模式 1 及深度-睡眠模式 1 寄存器（RCGC1、SCGC1 与 DCGC1），偏移量为 0x104、0x114 及 0x124。
- 运行-模式 2、睡眠-模式 2 及深度-睡眠模式 2 寄存器（RCGC2、SCGC2 与 DCGC2），偏移量为 0x108、0x118 及 0x128。
- 深度睡眠时钟配置寄存器（DSLPCLKCFG），偏移量为 0x144。这个寄存器为深度睡眠模式的硬件控制提供了配置信息。
- 系统控制寄存器（NVICSC），地址为 0xE000ED10。系统控制寄存器用于电源管理功能，它是嵌套向量中断控制器的一部分。当 Cortex - M3 处理器可以进入低功耗状态时发信号给系统。对处理器进入和退出低功耗状态的方式进行控制。

RCGC、SCGC 与 DCGC 分别是运行操作、睡眠操作与深度睡眠操作的时钟配置寄存器。将运行-模式时钟配置寄存器（RCC）的 ACG 位置位时，系统使用睡眠模式。

这几个寄存器用来控制时钟选通逻辑。每个位控制一个给定接口、功能或单元的时钟使能，详细内容请参考"Luminary Micro, Inc. LM3S8962 Microcontroller DATA SHEET. http://www.luminarymicro.com"。如果置位，则对应的单元接收时钟并运行；否则，对应的单元不使用时钟并禁止（节能）。如果功能单元不使用时钟，那么在对该单元进行读或写操作时都将返回总线故障。除非特别说明，否则这些位的复位状态都为 0（不使用时钟），即所有功能单元都禁止。应用所需的端口需通过软件来使能。

4.5.4　睡眠模式和深度睡眠模式的设置

处理通过调用 WFI 指令即可进入睡眠模式，但要进入深度睡眠实现最低的功耗需要正确配置。

1. 睡眠模式的设置步骤

① 自动时钟门控位 ACG 置为 0，这样睡眠模式和深度睡眠模式的外设时钟可以单独控制。

② 配置寄存器 SCGC0、SCGC1 和 SCGC2，设置睡眠模式下允许的外设时钟。一般只给唤醒 CPU 的外设使能时钟，因为允许的外设时钟越少，功耗越低。

③ 如果想让处理区进入睡眠模式，调用 WFI 指令即可。睡眠后，发生异常中断即可唤醒处理器。

2. 深度睡眠模式设置步骤

① 自动时钟门控位 ACG 置为 0，这样睡眠模式和深度睡眠模式的外设时钟可以单独控制。

② 配置寄存器 DCGC0、DCGC1 和 DCGC2，设置深度睡眠模式下允许的外设时钟。一般只给唤醒 CPU 的外设使能时钟，因为允许的外设时钟越少，功耗越低。

③ 使能深度睡眠位 SLEEPDEEP，使处理器休眠时进入深度睡眠模式。

④ 使能深度睡眠时钟配置寄存器 DSLPCLKCFG 的 IOSC 位，使处理器在深度睡眠期间将内部振荡器强制为时钟源。

⑤ 在完成上述配置后，如果想让处理区进入深度睡眠模式，调用 WFI 指令即可。睡眠后，发生异常中断即可唤醒处理器。

4.6 系统控制模块的中断

系统控制模块的相关中断寄存器主要是用来指示系统控制模块部分的中断以及中断的屏蔽情况。

1. 原始中断状态寄存器(RIS)，偏移量 0x050

原始中断状态寄存器(RIS)用来指示系统产生的中断源，如表 4.14 所列。

表 4.14 原始中断状态寄存器

位	名称	类型	复位	描述
31:7,5:2,0	保留	RO	0	保留位返回不确定的值，并且不应该改变
6	PLLLRIS	RO	0	PLL 锁定的原始中断状态。该位在 PLL TREADY 定时器有效时置位
1	BORRIS	RO	0	掉电复位的原始中断状态。 该位为所有掉电条件的原始中断状态。如果该位置位，则检测到掉电条件。如果 IMC 寄存器中的 BORIM 位置位以及 PBORCTL 寄存器中的 BORIOR 位清零，则中断被报告

2. 中断屏蔽控制寄存器(IMC)，偏移量 0x054

系统使用该寄存器来控制中断的屏蔽，如表 4.15 所列。

第 4 章 LM3S 系列微控制器的系统控制单元

表 4.15 中断屏蔽寄存器

位	名 称	类 型	复 位	描 述
31:7,5:0,0	保留	RO	0	保留位返回不确定的值,并且不应该改变
6	PLLLIM	R/W	0	PLL 锁定的中断屏蔽。该位设定检测 PLL 锁定是否引起控制器中断。如果该位置位,则在 RIS 的 PLLLRIS 位置位时将产生中断,否则不产生中断
1	BORIM	R/W	0	掉电复位的中断屏蔽。该位规定掉电条件是否引起控制器中断。如果该位置位,则在 BORRIS 置位时将产生中断,否则不产生中断

3. 屏蔽后的中断状态和清零寄存器(MISC),偏移量 0x058

系统使用该寄存器来控制 RIS 与 IMC 相与的结果,以便向控制器产生中断,寄存器的所有位都是 R/W1C,这个动作也将 RIS 寄存器的对应的原始中断标志位清零,如表 4.16 所列。

表 4.16 屏蔽后的中断状态和清零寄存器

位	名 称	类 型	复 位	描 述
31:7,5:2,0	保留	RO	0	保留位返回不确定的值,并且不应该改变
6	PLLLMIS	R/W1C	0	PLL 锁定屏蔽后的中断状态。 PLL 的 TREADY 定时器有效时该位置位。向该位写 1 可将中断清零
1	BORMIS	R/W1C	0	掉电复位屏蔽后的中断状态。 该位为任何掉电条件屏蔽后的中断状态。如果该位置位,则检测到掉电条件。如果 IMC 寄存器的 BORIM 位置位,并且 PBORCTL 寄存器的 BORIOR 位清零,则中断被报告。向该位写 1 可将中断清零

4.7 休眠模块

4.7.1 休眠模块的特性与结构

休眠模块管理微控制器其他功能模块电源的解除和恢复,提供一种降低功耗的方法。休眠模块用一个使能信号(HIB)来控制处理器的电源,使能信号通知外部稳压器停止运行。休眠模块本身由一个独立的电源(例如电池或辅助电源)来供电。它还有一个单独的时钟源,用来维持实时时钟(RTC)。一旦进入休眠,模块就通知外部稳压器返回到外部引脚(WAKE)有效或内部 RTC 达到某个特定值时的电压。休眠模块也可以检测到电池电压何时过低,也可以选择在电池电压过低时阻止进入休眠。

当处理器和外设空闲时,电源可以完全切断,只维持休眠模块的供电。电源可以因为一个外部信号的触发而恢复,也可以利用内置实时时钟(RTC)产生中断并在某个时刻被恢复。休眠模块可以单独由电池或一个辅助电源供电。

休眠模块具有以下特性：
- 到个别外部稳压器的电源切换逻辑；
- 用作外部信号唤醒的专门引脚；
- 低电池电压检测、信号和中断产生；
- 32 位实时计数器(RTC)；
- 2 个 32 位的 RTC 匹配寄存器,用作定时唤醒和中断产生；
- 时钟源来自一个 32.768 kHz 的外部振荡器或一个 4.194 304 MHz 的晶体；
- RTC 预分频器调整,对时钟速率进行良好地调节；
- 64 个 32 位字的非易失性存储器；
- 可编程的 RTC 匹配、外部唤醒和低电池电压事件的中断。

休眠模块的功能框图如图 4.8 所示,它详细地描述了休眠模块的内部结构。

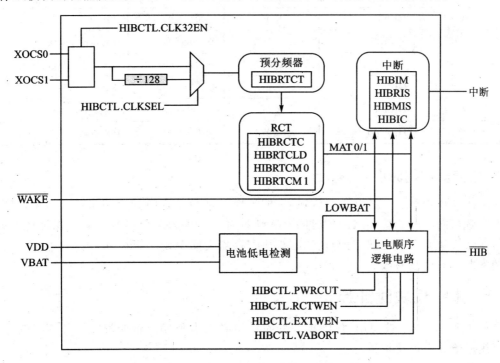

图 4.8　休眠模块的功能框图

4.7.2 休眠模块寄存器映射与访问时序

1. 寄存器映射表

休眠模块的寄存器如表 4.17 所列,所有寄存器的地址都是相对基址 0x400FC000 而言的。

注意:HIBRTCC、HIBRTCM0、HIBRTCM1、HIBRTCLD、HIBRTCT 和 HIBDATA 是 VBAPI 电压域和 32 kHz 时钟域上的内部 BAPI 模块寄存器。

表 4.17 休眠模块寄存器映射表

偏移量	名称	类型	复位值	描述
0x000	HIBRTCC	RO	0x00000000	休眠 RTC 计数器
0x004	HIBRTCM0	R/W	0xFFFFFFFF	休眠 RTC 匹配 0
0x008	HIBRTCM1	R/W	0xFFFFFFFF	休眠 RTC 匹配 1
0x00C	HIBRTCLD	R/W	0xFFFFFFFF	休眠 RTC 装载
0x010	HIBCTL	R/W	0x00000000	休眠控制
0x014	HIBIM	R/W	0x00000000	休眠中断屏蔽
0x018	HIBRIS	RO	0x00000000	休眠原始中断状态
0x01C	HIBMIS	RO	0x00000000	休眠中断屏蔽后的中断
0x020	HIBIC	W/1C	0x00000000	休眠中断清零
0x024	HIBRTCT	R/W	0x00000000	休眠 RTC 调整
0x030~0x12C	HIBDATA	R/W	0x00000000	休眠数据

2. 寄存器访问时序

由于休眠模块有一个独立的时钟域,它的工作时钟与系统时钟不同步,所以,某些寄存器被写入时必须间隔一个访问之间的时间差。延时时间至少为 92 μs,软件必须保证此时间,在连续写休眠模块寄存器之间、写与读休眠模块寄存器之间要延时至少 92 μs,对于连续读休眠模块的寄存器时序没有限制。

4.7.3 休眠模块时钟源

即使 RTC 特性不被使用,休眠模块的时钟也必须由外部时钟源提供。外部振荡器或时钟可以用来给休眠模块提供时钟。

使用晶体时,一个 4.194 304 MHz 的晶体被连接到 XOSC0 和 XOSC1 引脚之间。这个时钟信号在内部进行 128 分频来产生 32.768 kHz 的时钟基准。

为了使用一个更精确的时钟源,可以将一个 32.768 kHz 的振荡器连接到 XOSC0 引脚。时钟源通过置位 HIBCTL 寄存器的 CLK32EN 位来使能。

时钟源的类型可以这样选择:将 CLKSEL 位设置为 0 来选择一个 4.194 304 MHz 的时钟源;将 CLKSEL 位设置为 1 来选择一个 32.768 kHz 的时钟源。如果 CLKSEL 位被设为 0,则输入时钟被 128 分频来产生一个 32.768 kHz 的时钟源。如果晶体被用作时钟源,那么在置位 CLK32EN 位之后和执行任何其他休眠模块寄存器的访问之前,软件都必须留出一个至少 20 ms 的延时,延时保证了晶体的上电和稳定。如果振荡器被用作时钟源,则不需要延时。

休眠控制寄存器(HIBCTL),偏移量:0x010,用来控制休眠模块的大部分功能设置,详细的内容请参考"Luminary Micro, Inc. LM3S8962 Microcontroller DATA SHEET. http://www.luminarymicro.com"。

4.7.4 休眠模块电池管理

休眠模块可以由电池或辅助电源单独供电。模块可以监测电池的电压并检测到电压何时变得过低。当电池电压过低时产生中断。模块也可以配置成在电池电压过低时不进入休眠模式。

休眠模块也可以通过置位 HIBCTL 寄存器的 LOWBATEN 位配置成对低电池电压条件进行检测。在这种配置中,电池电压过低时 HIBRIS 寄存器的 LOWBAT 位将被置位。如果 VABORT 位也置位,那么在检测到低电池电压时模块就被阻止进入休眠模式。模块也可以配置成在低电池电压条件出现时产生中断。

4.7.5 休眠模块实时时钟

休眠模块包含一个 32 位的计数器(休眠 RTC 计数寄存器 HIBRTCC,偏移量:0x000),该计数器利用合适的时钟源和配置,每秒递增一次。32.768 kHz 的时钟信号被馈送到一个预分频器寄存器,该寄存器对 32.768 kHz 的时钟周期进行递减计数来获得每秒一次的 RTC 时钟速率。通过使用预分频器调整寄存器,可以调节速率来对时钟源的不精确进行补偿。这个寄存器有一个指定值 0x7FFF(32 767),每 64 s 只有 1 s 使用这个寄存器,以此分频输入时钟。这就允许软件通过调节预分频调整寄存器,使寄存器从 0x7FFF 开始向上增加或向下递减来对时钟速率进行良好的校准。为了降低 RTC 的速率,预分频器调整应当从 0x7FFF 向上调节;而为了加快 RTC 的速率,预分频器调整应当从 0x7FFF 向下调节。

休眠模块包含 2 个 32 位的匹配寄存器(休眠 RTC 匹配 0 寄存器 HIBRTCM0,偏移量:0x004;休眠 RTC 匹配 1 寄存器 HIBRTCM1,偏移量:0x008),它们的值被用来与 RTC 计数器的值进行比较。匹配寄存器可以用来将处理器从休眠模式唤醒,或者在处理器不处于休眠模式时用来向处理器产生中断。必须利用 HIBCTL 寄存器的 RTCEN 位使能 RTC。RTC 的值可以随时通过写 HIBRTCLD(休眠 RTC 装载寄存器;偏移量:0x00C)来设置。预分频器调整可以通过读和写 HIBRTCT（休眠 RTC 调整寄存器，偏移量：0x024）来调节。预分频器每隔 64 s 使用这个寄存器一次来对时钟速率进行调节。两个匹配寄存器可以通过写 HIBRTCM0 和 HIBRTCM1 寄存器来设置。通过使用中断寄存器，RTC 可以配置成产生中断。

各寄存器的详细内容请参考"Luminary Micro，Inc. LM3S8962 Microcontroller DATA SHEET. http://www.luminarymicro.com"。

4.7.6 休眠模块电源控制

休眠模块可通过 $\overline{\text{HIB}}$ 引脚的使用来控制处理器的电源，$\overline{\text{HIB}}$ 引脚与给微控制器提供3.3 V 或 2.5 V 电压的外部稳压器的使能信号相连。当休眠模块使得 $\overline{\text{HIB}}$ 信号有效时，外部稳压器停止工作，不再给微控制器供电。休眠模块保持由 V_{BAT} 电源的供电，它可以是一个电池或一个辅助电源。微控制器通过置位 HIBCTL 寄存器的 HIBREQ 位来启动休眠模式。

在启动休眠模式之前，必须将唤醒条件配置成外部 $\overline{\text{WAKE}}$ 引脚或 RTC 匹配。通过置位 HIBCTL 寄存器的 PINWEN 位，休眠模块配置成由外部 $\overline{\text{WAKE}}$ 引脚唤醒。休眠模块通过置位 RTCWEN 位配置成由 RTC 匹配唤醒，这两个位中的其中一个位或全部两个位可以在进入休眠之前被置位。当休眠模式唤醒时，微控制器将"看到"一个正常的上电复位。通过检查原始中断状态寄存器和查找非易失性存储器中的状态数据，微控制器可以检测到上电是由于休眠的唤醒造成的。

4.7.7 休眠模块中断和状态

当出现以下条件时，休眠模块可以产生中断：
- WAKE 引脚有效；
- RTC 匹配；
- 检测到低电池电压。

所有的中断相或后发送到中断控制器，因此在休眠模块只能在给定的时间向控制器产生一个中断请求。软件中断处理程序可以通过读 HIBMIS 寄存器服务几个中断事件。软件也可以通过读 HIBRIS 寄存器（该寄存器显示了所有触发的事件）来随时获得休眠模块的状态。上电时可以利用这个寄存器来判断唤醒条件是否正在激活，这是向软件指示休眠唤醒的出现。可以产生中断的事件通过置位 HIBIM 寄存器中相应的位来配置。激活的中断可以通过写 HIBIC 寄存器中相应的位来清除。

与休眠模块中断有关的寄存器如下：
- 休眠原始中断状态寄存器（HIBRIS，偏移量：0x018）：这个寄存器是休眠模块中断源的原始中断状态。
- 休眠中断屏蔽寄存器（HIBIM，偏移量：0x014）：这个寄存器是休眠模块中断屏蔽寄存器，可以对相应的位清零来屏蔽一个中断。

- 休眠中断屏蔽后的状态寄存器（HIBMIS，偏移量：0x01C）：这个寄存器是休眠模块中断屏蔽后的中断状态，它是 HIBRIS 和 HIBIM 相或的结果。
- 休眠中断清零寄存器（HIBIC，偏移量：0x020）：这个寄存器是休眠模块中断源的中断写 1 清除寄存器，向其中写入 1 清除相应的中断标志位。

各寄存器的详细内容请参考"Luminary Micro，Inc. LM3S8962 Microcontroller DATA SHEET, http://www.luminarymicro.com"。

4.7.8 休眠模块非易失性存储器

休眠模块包含 64 个 32 位字的存储器，其内容在休眠过程中保持不变。在休眠过程中这个存储器由电池或辅助电源供电。处理器软件可以在休眠之前将状态信息保存到存储器中，然后在唤醒时将状态恢复。非易失性存储器可以通过 HIBDATA 寄存器来访问。

休眠数据寄存器（HIBDATA，偏移量：0x030～0x12C）：这个地址空间用作一个 64×32 位的存储器（256 字节）。为了保存任何非易失性状态数据，该地址空间可以由系统处理器来装载，这部分空间在电源切断过程中不会断电。

4.7.9 休眠模块的配置

休眠模块可以配置成几种不同组合。下面各小节给出了不同情况下推荐的编程序列。下面的例子中，假设使用的是 32.768 kHz 的振荡器，因此，HIBCTL 寄存器的位 2（CLKSEL）总是显示被设置为 1。

如果改为使用 4.194 304 MHz 的晶体，那么 CLKSEL 位保持清零。由于休眠模块运行在 32 kHz 的频率下，与系统其他部分不同步，所以，在写某些寄存器之后，软件必须留有一个完成写 HIB 非易失性寄存器的时间（至少 92 μs）延时。

1. 初始化

即使 RTC 将不被使用，时钟源也必须先使能。如果使用的是 4.194 304 MHz 的晶体，则执行以下步骤：

① 向偏移量为 0x10 的 HIBCTL 寄存器写入 0x40 来使能晶体和选择 128 分频的输入通路。

② 在执行休眠模块相关的任何其他操作之前，等待一段至少 20 ms 的时间，以便晶体上电和稳定。

如果使用的是 32.678 kHz 的振荡器，则执行以下步骤：

① 向偏移量为 0x10 的 HIBCTL 寄存器写入 0x44 来使能振荡器输入。

② 不需要延时。

以上操作只需要在整个系统第 1 次初始化时执行。如果处理器由于一个休眠唤醒而被加电,那么休眠模块就已经上电,这时就无需执行以上步骤。软件可以通过检查 HIBCTL 寄存器的 CLK32EN 位检测到休眠模块和时钟已经被供电。

2. RTC 匹配功能(未休眠)

需要执行以下步骤来使用休眠模块的 RTC 匹配功能:
① 向偏移量为 0x004 或 0x008 的一个 HIBRTCMn 寄存器写入要求的 RTC 匹配值。
② 将要求的 RTC 装载值写入偏移量为 0x00C 的 HIBRTCLD 寄存器。
③ 将偏移量为 0x014 的 HIBIM 寄存器中的 RTCALT0 和 RTCALT1 位(位[1:0])置位。
④ 向偏移量为 0x010 的 HIBCTL 寄存器写入 0x00000041 来使能 RTC 开始计数。

3. RTC 匹配/休眠唤醒

需要执行以下步骤来使用休眠模块的 RTC 匹配和唤醒功能:
① 将要求的 RTC 匹配值写入偏移量为 0x004 或 0x008 的 RTCMn 寄存器。
② 将要求的 RTC 装载值写入偏移量为 0x00C 的 HIBRTCLD 寄存器。
③ 将在电源切断过程中要保留的任何数据写入偏移量为 0x030~0x130 的 HIBDATA 寄存器中。
④ 通过写 0x0000004F 到偏移量为 0x010 的 HIBCTL 寄存器来设置 RTC 匹配唤醒和启动休眠序列。

4. 外部休眠唤醒

在外部 WAKE 引脚作为微控制器唤醒源的情况下,需要执行以下步骤来使用休眠模块:
① 将在电源切断过程中要保留的任何数据写入偏移量为 0x030~0x130 的 HIBDATA 寄存器中。
② 通过向偏移量为 0x010 的 HIBCTL 寄存器写入 0x00000056 来使能外部唤醒和启动休眠序列。

5. RTC/外部休眠唤醒

① 将要求的 RTC 匹配值写入偏移量为 0x004 或 0x008 的 RTCMn 寄存器。
② 将要求的 RTC 装载值写入偏移量为 0x00C 的 HIBRTCLD 寄存器。
③ 将在电源切断过程中要保留的任何数据写入偏移量为 0x030~0x130 的 HIBDATA 寄存器中。
④ 通过向偏移量为 0x010 的 HIBCTL 寄存器写入 0x0000005F 来设置 RTC 匹配/外部唤醒和启动休眠序列。

4.7.10 休眠模块的示例程序

这个程序使用外部 WAKE 引脚来唤醒处于休眠状态的 CPU,主程序对休眠模块进行初始化,延时一段时间后进入休眠,休眠后 CPU 断电,按下 WAKE 键,休眠唤醒,CPU 上电工作,如此往复。外部引脚唤醒休眠程序如下所示:

```
#define HWREG(x)                  (*(volatile unsigned long *)(x))    /* 字访问宏 */
#define SYSCTL_PERIPH_GPIOA       0x20000001                          /* GPIO A */
#define SYSCTL_PERIPH_HIBERNATE   0x00000040                          /* 休眠模块使能的设置参数 */
#define RCGC0                     0x400FE100                          /* 运行时钟模式控制寄存器 0 */
#define HIB_CTL                   0x400FC010                          /* 休眠控制寄存器 */
#define HIB_IM                    0x400fc014                          /* 休眠中断屏蔽寄存器 */
#define NVIC_EN1                  0xE000E104                          /* 中断使能设置寄存器 1 */
#define HIB_IC                    0x400fc020                          /* 中断清零寄存器 */
#define HIB_CTL_CLK32EN           0x00000040                          /* 32 kHz 振荡器设置参数 */
#define HIBERNATE_CLOCK_SEL_DIV128  0x00
#define HIB_CTL_CLKSEL            0x00000004                          /* 时钟输入选择设置参数 */
#define HIBERNATE_WAKE_PIN        0x10                                /* 外部引脚唤醒设置参数 */
#define HIBERNATE_WAKE_RTC        0x08
#define HIBERNATE_INT_PIN_WAKE    0x08
#define INT_HIBERNATE             59                                  /* 休眠模块中断号 */
#define HIB_CTL_HIBREQ            0x00000002                          /* 休眠请示设置参数 */
/***********************************************************/
int main(void)
{
    unsigned long i;
    HWREG(RCGC0) = SYSCTL_PERIPH_HIBERNATE;              /* 给休眠模块提供时钟 */

    HWREG(HIB_CTL) |= HIB_CTL_CLK32EN;                   /* 使能休眠模块 32 kHz 时钟 */
    for(i = 0; i < 20000; i++);                          /* 延时用于寄存器写访问 */
    HWREG(HIB_CTL) = HIBERNATE_CLOCK_SEL_DIV128 |        /* 对输入时钟进行 128 分频 */
                    (HWREG(HIB_CTL) & ~HIB_CTL_CLKSEL);
    for(i = 0; i < 20000; i++);                          /* 延时用于寄存器的写访问 */
    HWREG(HIB_CTL) = (HIBERNATE_WAKE_PIN |(HWREG(HIB_CTL) &
                    ~(HIBERNATE_WAKE_PIN | HIBERNATE_WAKE_RTC)));
                                                         /* 设置为用外部 WAKE 脚唤醒休眠 */

    HWREG(HIB_IM) |= HIBERNATE_INT_PIN_WAKE;             /* 不屏蔽外部引脚中断 */
    HWREG(NVIC_EN1) = 1 << (INT_HIBERNATE - 48);         /* 使能休眠模块中断 */
```

```
    while (1) {
        for(i = 0; i < 4000000; i++);
        HWREG(HIB_CTL) |= HIB_CTL_HIBREQ;                    /* 进入休眠模式 */
    }
}
/*******************************************************************/
void HIBERNATE_ISR (void)
{
    HWREG(HIB_CTL) &= ~(1<<1);
    HWREG(HIB_IC) |= HIBERNATE_INT_PIN_WAKE;                 /* 清除外部引脚中断 */
}
```

4.8 通用定时器

4.8.1 GPTM 工作模式与结构

可编程定时器可对驱动定时器输入引脚的外部事件进行计数或定时。

Stellaris LM3S 系列微控制器的通用定时器模块(GPTM)包含 2～4 个 GPTM 模块(定时器 0、定时器 1、定时器 2 和定时器 3)，其中有 2～3 个定时器可以用于捕获、比较及 PWM 功能。每个 GPTM 模块包含两个 16 位的定时/计数器(称作 TimerA 和 TimerB)。用户可以将它们配置成独立的定时器或事件计数器，或将它们配置成 1 个 32 位定时器或 1 个 32 位实时时钟(RTC)。定时器还可以用来触发模/数转换(ADC)。由于所有通用定时器的触发信号在到达 ADC 模块前一起进行或操作，因而只需使用一个定时器来触发 ADC 事件。

注意：定时器 2 是一个内部定时器，只能用来产生内部中断或触发 ADC 采样。

通用定时器模块是 Stellaris LM3S 系列微控制器的一个定时器资源，其他定时器资源还包括系统定时器(SysTick)和 PWM 模块中的 PWM 定时器。

1. GPTM 模块支持的工作模式

GPTM 模块支持以下的工作模式。

(1) 32 位定时器模式
- 可编程单次触发定时器；
- 可编程周期定时器；
- 实时时钟，使用 32.768 kHz 输入时钟；
- 事件的停止可由软件来控制(RTC 模式除外)。

(2) 16 位定时器模式
- 带 8 位预分频器的通用定时器功能；

- 可编程单次触发定时器；
- 可编程周期定时器；
- 事件的停止可由软件来控制。

(3) 16 位输入捕获模式
- 输入边沿计数捕获；
- 输入边沿定时捕获。

(4) 16 位 PWM 模式

简单的 PWM 模式，可通过软件实现 PWM 信号的输出反相。

2. GPTM 模块内部结构

GPTM 模块方框图如图 4.9 所示。

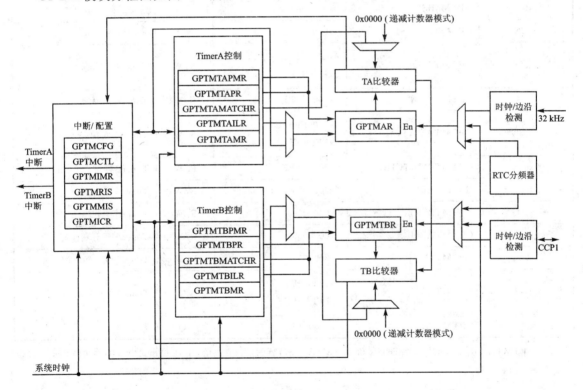

图 4.9　GPTM 模块方框图

4.8.2　GPTM 寄存器映射

GPTM 寄存器映射如表 4.18 所列，偏移量都是寄存器相对于定时器基址的十六进制增量。定时器 0 基址为 0x40030000；定时器 1 基址为 0x40031000；定时器 2 基址为

0x40032000；定时器3基址为0x40033000。

表4.18　GPTM寄存器映射

偏移量	名　称	复位	类型	描述
0x000	GPTMCFG	0x00000000	R/W	配置
0x004	GPTMTAMR	0x00000000	R/W	TimerA 模式
0x008	GPTMTBMR	0x00000000	R/W	TimerB 模式
0x00C	GPTMCTL	0x00000000	R/W	控制
0x018	GPTMIMR	0x00000000	R/W	中断屏蔽
0x01C	GPTMRIS	0x00000000	RO	中断状态
0x020	GPTMMIS	0x00000000	RO	屏蔽后的中断状态
0x024	GPTMICR	0x00000000	W1C	中断清零
0x028	GPTMTAILR	0x0000FFFF[1] 0xFFFFFFFF	R/W	TimerA 间隔装载
0x02C	GPTMTBILR	0x0000FFFF	R/W	TimerB 间隔装载
0x030	GPTMTAMATCHR	0x0000FFFF[1] 0xFFFFFFFF	R/W	TimerA 匹配
0x034	GPTMTBMATCHR	0x0000FFFF	R/W	TimerB 匹配
0x038	GPTMTAPR	0x00000000	R/W	TimerA 预分频
0x03C	GPTMTBPR	0x00000000	R/W	TimerB 预分频
0x040	GPTMTAPMR	0x00000000	R/W	TimerA 预分频匹配
0x044	GPTMTBPMR	0x00000000	R/W	TimerB 预分频匹配
0x048	GPTMTAR	0x0000FFFF[1] 0xFFFFFFFF	RO	TimerA
0x04C	GPTMTBR	0x0000FFFF	RO	TimerB

[1] GPTMTAILR、GPTMTAMATCHR 和 GPTMTAR 寄存器的默认复位值，在16位模式中为0x0000FFFF，在32位模式中为0xFFFFFFFF。

4.8.3　功能描述

每个 GPTM 模块的主要元件包括两个自由运行的递增/递减计数器（称作 TimerA 和 TimerB）、两个16位匹配寄存器、两个预分频器匹配寄存器、两个16位装载/初始化寄存器和它们相关的控制功能。GPTM 的准确功能可由软件来控制，并通过寄存器接口进行配置。

在通过软件对 GPTM 进行配置时需用到 GPTM 配置寄存器(GPTMCFG)、GPTM TimerA 模式寄存器(GPTMTAMR)和 GPTM TimerB 模式寄存器(GPTMTBMR)。当 GPTM 模块处于其中一种 32 位模式时,该定时器只能作为 32 位定时器使用。但如果配置为 16 位模式,则 GPTM 的两个 16 位定时器可配置为 16 位模式的任意组合。

1. GPTM 配置寄存器(GPTMCFG),偏移量 0x000

该寄存器对 GPTM 模块的全局操作进行配置。写入该寄存器的值决定了 GPTM 是 32 位还是 16 位模式,如表 4.19 所列。

表 4.19 GPTM 配置寄存器(GPTMCFG)

位	名称	类型	复位	描述
31:3	保留	RO	0	保留位,返回不确定的值,并且应永不改变
2:0	GPTMCFG	R/W	0	GPTM 配置。0x0:32 位定时器配置;0x1:32 位实时时钟(RTC)计数器配置;0x2:保留;0x3:保留;0x4~0x7:16 位定时器配置,功能由 GPTMTAMR 和 GPTMTBMR 的位[1:0]控制

2. GPTM TimeA 模式寄存器(GPTMTAMR),偏移量 0x004

该寄存器根据 GPTMCFG 寄存器中所选的配置来进一步配置 GPTM。当 GPTM 为 16 位 PWM 模式时,其 TAAMS 位设为 1,TACMR 位设为 0,TAMR 字段设为 0x2,如表 4.20 所列。

表 4.20 GPTM TimerA 模式寄存器(GPTMTAMR)

位	名称	类型	复位	描述
31:4	保留	RO	0	保留位,返回不确定的值,并且应永不改变
3	TAAMS	R/W	0	GPTM TimerA 可选的模式选择。0:捕获模式使能;1:PWM 模式使能;注:为了使能 PWM 模式,用户还要将 TACMR 位清零并将 TAMR 字段设置为 0x2
2	TACMR	R/W	0	GPTM TimerA 捕获模式。0:边沿计数模式;1:边沿定时模式
1:0	TAMR	R/W	0	GPTM TimerA 模式。 0x0:保留;0x1:单次触发定时器模式;0x2:周期定时器模式;0x3:捕获模式。定时器模式基于 GPTMCFG 寄存器的位 2:0 所定义的定时器配置(16 或 32 位)。 在 16 位定时器配置中,TAMR 控制 TimerA 的 16 位定时器模式。 在 32 位定时器配置中,用该寄存器来控制模式,GPTMTBMR 的内容被忽略

3. GPTM TimeB 模式寄存器(GPTMTBMR),偏移量 0x008

该寄存器根据 GPTMCFG 寄存器中所选的配置来进一步配置 GPTM。当 GPTM 为 16 位 PWM 模式时,其 TBAMS 位设为 1,TBCMR 位设为 0,TBMR 字段设为 0x2。

寄存器的详细内容与定义请参考表 4.20,仅有 GPTM TimerA 和 GPTM TimerB 不同。

4.8.4 GPTM 复位条件

GPTM 模块复位后处于未激活状态,所有控制寄存器均被清零,同时进入默认状态。计数器 TimerA 和 TimerB 连同与它们对应的 GPTM TimerA 间隔装载寄存器(GPTMTAILR)和 GPTM TimerB 间隔装载寄存器(GPTMTBILR)一起初始化为 0xFFFF。预分频计数器: GPTM TimerA 预分频寄存器(GPTMTAPR)和 GPTM TimerB 预分频寄存器(GPTMTBPR)初始化为 0x00。

1. GPTM TimerA 间隔装载(GPTMTAILR),偏移量 0x028

该寄存器用来将起始计数值装入定时器。当 GPTM 配置为其中一种 32 位模式时,GPTMTAILR 作为 32 位寄存器使用(高 16 位对应于 GPTM TimerB 间隔装载寄存器 GPTMTBILR 的值)。在 16 位模式中,该寄存器的高 16 位读作 0,不影响 GPTMTBILR 寄存器的状态,如表 4.21 所列。

表 4.21 GPTM TimerA 间隔装载寄存器(GPTMTAILR)

位	名称	类型	复位	描述
31:16	TAILRH	R/W	0xFFFF (32 位模式) ,0x0000 (16 位模式)	GPTM TimerA 间隔装载寄存器的高半字 当通过 GPTMCFG 寄存器配置为 32 位模式时,GPTM TimerB 间隔装载(GPTMTBILR)寄存器通过写操作来装载该值,读操作时返回 GPTMTBILR 的当前值。在 16 位模式中,该字段在读操作时返回 0,不影响 GPTMTBILR 寄存器的状态
15:0	TAILRL	R/W	0xFFFF	GPTM TimerA 间隔装载寄存器的低半字 在 16 位和 32 位模式中,对该字段执行写操作将装载 TimerA 的计数器,执行读操作将返回 GPTMTAILR 的当前值

2. GPTM TimerB 间隔装载(GPTMTBILR),偏移量 0x02C

该寄存器用来将起始计数值装入 TimerB。当 GPTM 配置为 32 位模式时,对 GPTMTBILR 执行读操作将返回 TimerB 的当前值,写操作被忽略,如表 4.22 所列。

表 4.22 GPTM TimerB 间隔装载寄存器(GPTMTBILR)

位	名称	类型	复位	描述
31:16	保留	RO	0	保留位,返回不确定的值,并且应永不改变
15:0	TBILRL	R/W	0xFFFF	GPTM TimerB 间隔装载寄存器。当 GPTM 没有被配置为 32 位定时器时,对该字段执行写操作将更新 GPTMTBILR 的值。在 32 位模式中,写操作被忽略,读操作返回 GPTMTBILR 的当前值

3. GPTM TimerA 预分频(GPTMTAPR),偏移量 0x038

该寄存器允许软件扩充 16 位定时器的范围,如表 4.23 所列。

表 4.23 GPTM TimerA 预分频寄存器(GPTMTAPR)

位	名称	类型	复位	描述
31:8	保留	RO	0	保留位,返回不确定的值,并且应永不改变
7:0	TAPSR	R/W	0	GPTM TimerA 预分频。寄存器通过写操作载入该值,执行读操作将返回寄存器的当前值

4. GPTM TimerB 预分频(GPTMTBPR),偏移量 0x03C

该寄存器允许软件扩充 16 位定时器的范围。寄存器的详细内容与定义请参考表 4.23,仅有 GPTM TimerA 和 GPTM TimerB 不同。

4.8.5 32 位定时器操作模式

通过向 GPTM 配置寄存器(GPTMCFG)写入 0(单次触发/周期 32 位定时器模式)或 1 (RTC 模式),可将 GPTM 模块配置为 32 位模式。注意:编号为奇数和偶数的 CCP 引脚都可用于 16 位模式,而只有编号为偶数的 CCP 引脚可用于 32 位模式。在 32 位模式中,需将某些 GPTM 寄存器连在一起形成伪 32 位寄存器,进行连接的寄存器包括:

- GPTM TimerA 间隔装载寄存器(GPTMTAILR)[15:0]。
- GPTM TimerB 间隔装载寄存器(GPTMTBILR)[15:0]。
- GPTM TimerA 寄存器(GPTMTAR)[15:0]。
- GPTM TimerB 寄存器(GPTMTBR)[15:0]。

(1) GPTM TimerA 寄存器(GPTMTAR),偏移量 0x048

该寄存器显示了除输入边沿计数模式之外的所有情况下 TimerA 计数器的当前值。在输入边沿计数模式中,该寄存器包含上一次边沿事件发生的时间,如表4.24所列。

表4.24 GPTM TimerA 寄存器(GPTMTAR)

位	名称	类型	复位	描述
31:16	TARH	RO	0xFFFF (32位模式) 0x0000 (16位模式)	GPTM TimerA 寄存器的高半字。如果将 GPTMCFG 配置为 32 位模式,则对该字段执行读操作将获得 TimerB 的值。如果配置为 16 位模式,则读操作返回 0
15:0	TARL	RO	0xFFFF	GPTM TimerA 寄存器的低半字。读取该字段将返回 GPTM TimerA 计数寄存器的当前值,但输入边沿计数模式除外。在该模式中,读操作返回上一次边沿事件的时间戳(timestamp)

(2) GPTM TimerB 寄存器(GPTMTBR),偏移量 0x04C

该寄存器显示了除输入边沿计数模式之外的所有情况下 TimerB 计数器的当前值。在输入边沿计数模式中,该寄存器包含上一次边沿事件发生的时间,如表4.25所列。

表4.25 GPTM TimerB 寄存器(GPTMTBR)

位	名称	类型	复位	描述
31:16	保留	RO	0	保留位,返回不确定的值,并且应永不改变
15:0	TBRL	RO	0xFFFF	GPTM TimerB。读取该字段将返回 GPTM TimerB 计数寄存器的当前值,但输入边沿计数模式除外。在该模式中,读操作返回上一次边沿事件的时间戳(timestamp)

在 32 位模式中,GPTM 把对 GPTMTAILR 的 32 位写访问转换为对 GPTMTAILR 和 GPTMTBILR 的写访问。

这样,写操作最终的字顺序为 GPTMTBILR[15:0]:GPTMTAILR[15:0]。同样,对 GPTMTAR 的读操作返回的值为 GPTMTBR[15:0]:GPTMTAR[15:0]。

1. 32 位单次触发/周期定时器模式

在 32 位单次触发和周期定时器模式中,TimerA 和 TimerB 寄存器连在一起被配置为 32 位递减计数器,然后根据写入 GPTM TimerA 模式寄存器(GPTMTAMR)的 TAMR 字段的值可确定选择的是单次触发模式还是周期模式,此时不需要写 GPTM TimerB 模式寄存器(GPTMTBMR)。

当软件对 GPTM 控制寄存器(GPTMCTL)的 TAEN 位执行写操作时,定时器从其预加载的值开始递减计数。当到达 0x00000000 状态时,定时器会在下一个周期从相连的 GPT-

MTAILR 中重新装载它的初值。如果配置为单次触发模式,则定时器停止计数并将 GPTM-CTL 寄存器的 TAEN 位清零;如果配置为周期定时器,则继续计数。

(1) GPTM 控制寄存器(GPTMCTL),偏移量 0x00C

该寄存器与 GPTMCFG 和 GPTMTnMR 寄存器一起使用,对定时器配置进行微小调整,并使能其他诸如定时器停止和输出触发信号等特性,如表 4.26 所列。

表 4.26 GPTM 控制寄存器(GPTMCTL)

位	名称	类型	复位	描述
31:15,12,7	保留	RO	0	保留位,返回不确定的值,并且应永不改变
14,6	TBPWML/TAPWML	R/W	0	GPTM TimerB/GPTM TimerA 的 PWM 输出电平。 0:输出不改变;1:输出反相
13,5	TBOTE/TAOTE	R/W	0	GPTM TimerB/GPTM TimerA 的输出触发使能。 0:TimerB 输出触发禁止;1:TimerB 输出触发使能
11:10,3:2	TBEVENT/TAEVENT	R/W	0	GPTM TimerB/GPTM TimerA 事件模式。 00:上升沿;01:下降沿;10:保留;11:双边沿
9,1	TBSTALL/TASTALL	R/W	0	GPTM TimerB/GPTM TimerA 停止使能。 0:禁止 TimerB 停止;1:使能 TimerB 停止
8,0	TBEN/TAEN	R/W	0	GPTM TimerB/GPTM TimerA 使能。0:TimerB 禁止;1:TimerB 使能并开始计数,或根据 GPTMCFG 寄存器使能捕获逻辑
4	RTCEN	R/W	0	GPTM RTC 使能。 0:RTC 计数禁止;1:RTC 计数使能

除了重装计数值,GPTM 还在到达 0x00000000 状态时产生中断并输出触发信号。GPTM 将 GPTM 原始中断状态寄存器(GPTMRIS)中的 TATORIS 位置位,并保持该值直到向 GPTM 中断清零寄存器(GPTMICR)执行写操作将其清零。如果 GPTM 中断屏蔽寄存器(GPTMIMR)的超时(time-out)中断使能,则 GPTM 还将 GPTM 屏蔽后的中断状态寄存器(GPTMMIS)的 TATOMIS 位置位。

(2) GPTM 原始中断状态寄存器(GPTMRIS),偏移量 0x01C

该寄存器显示了 GPTM 内部中断信号的状态。不管是否在 GPTMIMR 寄存器中将中断屏蔽,GPTMRIS 中的位都会置位。向 GPTMICR 的某一位写 1 可将 GPTMRIS 寄存器的对应位清零,如表 4.27 所列。

第4章 LM3S系列微控制器的系统控制单元

表4.27 GPTM原始中断状态寄存器(GPTMRIS)

位	名称	类型	复位	描述
31:11,7:4	保留	RO	0	保留位,返回不确定的值,并且应永不改变
10,2	CBERIS/CAERIS	RO	0	GPTM CaptureB/GPTM CaptureA 的事件原始中断。该位表示屏蔽之前 CaptureB/A 的事件中断状态
9,1	CBMRIS/CAMRIS	RO	0	GPTM CaptureB/GPTM CaptureA 的匹配原始中断。该位表示屏蔽之前 CaptureB/A 的匹配中断状态
8,0	TBTORIS/TATORIS	RO	0	GPTM TimerB/GPTM TimerA 的超时原始中断。该位表示屏蔽之前 TimerB/A 的超时中断状态
3	RTCRIS	RO	0	GPTM 的 RTC 原始中断。该位表示屏蔽之前的 RTC 事件中断状态

(3) GPTM 中断清零寄存器(GPTMICR),偏移量 0x024

该寄存器用来将 GPTMRIS 和 GPTMMIS 寄存器中的状态位清零。只要向 GPTMICR 的某位写1,便可将 GPTMRIS 和 GPTMMIS 寄存器中的对应位清零,如表4.28所列。

表4.28 GPTM 中断清零寄存器(GPTMICR)

位	名称	类型	复位	描述
31:11,7:4	保留	RO	0	保留位,返回不确定的值,并且应永不改变
10,2	CBECINT/CAECINT	W1C	0	GPTM CaptureB/GPTM CaptureA 的事件中断清零。0:中断不受影响;1:中断清零
9,1	CBMCINT/CAMCINT	W1C	0	GPTM CaptureB/GPTM CaptureA 的匹配中断清零。0:中断不受影响;1:中断清零
8,0	TBTOCINT/TATOCINT	W1C	0	GPTM TimerB/GPTM TimerA 的超时中断清零。0:中断不受影响;1:中断清零
3	RTCCINT	W1C	0	GPTM RTC 中断清零。0:中断不受影响;1:中断清零

(4) GPTM 中断屏蔽寄存器(GPTMIMR),偏移量 0x018

该寄存器允许软件使能/禁止 GPTM 控制器级中断。写入1使能中断,写入0禁止中断,如表4.29所列。

表 4.29　GPTM 中断屏蔽寄存器(GPTMIMR)

位	名称	类型	复位	描述
31:11,7:4	保留	RO	0	保留位,返回不确定的值,并且应永不改变
10,2	CBEIM/CAEIM	R/W	0	GPTM CaptureB/GPTM CaptureA 的事件中断屏蔽。0:中断禁止;1:中断使能
9,1	CBMIM/CAMIM	R/W	0	GPTM CaptureB/GPTM CaptureA 的匹配中断屏蔽。0:中断禁止;1:中断使能
8,0	TBTOIM/TATOIM	R/W	0	GPTM TimerB/GPTM TimerA 的超时中断屏蔽。0:中断禁止;1:中断使能
3	RTCIM	R/W	0	GPTM RTC 的中断屏蔽。0:中断禁止;1:中断使能

(5) GPTM 屏蔽后的中断状态寄存器(GPTMMIS),偏移量 0x020

该寄存器显示了 GPTM 控制器级中断的状态。如果没有在 GPTMIMR 寄存器中将中断屏蔽,并在此时出现一个使中断有效的事件,那么该寄存器中相应的位将会置位。通过向 GPTMICR 的对应位写 1 可将所有位清零,如表 4.30 所列。

表 4.30　GPTM 屏蔽后的中断状态寄存器(GPTMMIS)

位	名称	类型	复位	描述
31:11,7:4	保留	RO	0	保留位,返回不确定的值,并且应永不改变
10,2	CBEMIS/CAEMIS	RO	0	GPTM CaptureB/GPTM CaptureA 的事件屏蔽后中断。该位表示屏蔽之后 CaptureB 的事件中断状态
9,1	CBMMIS/CAMMIS	RO	0	GPTM CaptureB/GPTM CaptureA 的匹配屏蔽后中断。该位表示屏蔽之后 CaptureB 的匹配中断状态
8,0	TBTOMIS/TATOMIS	RO	0	GPTM TimerB/GPTM TimerA 的超时屏蔽后中断。该位表示屏蔽之后 TimerB 的超时中断状态
3	RTCMIS	RO	0	GPTM 的 RTC 屏蔽后中断。该位表示屏蔽之后 RTC 事件中断状态

输出触发信号是一个单时钟周期的脉冲,它在计数器刚好到达 0x00000000 状态时生效,在紧接着的下一个周期失效。通过将 GPTMCTL 中的 TAOTE 位置位可将输出触发使能。

如果软件在计数器运行过程中重装 GPTMTAILR 寄存器,则计数器在下一个时钟周期装载新值并从新值继续计数。

如果 GPTMCTL 寄存器的 TASTALL 位有效,则定时器停止计数直到该信号失效。

2. 32 位实时时钟定时器模式

在实时时钟(RTC)模式中,TimerA 和 TimerB 寄存器连在一起被配置为 32 位递增计数器。在首次选择 RTC 模式时,计数器装载的值为 0x00000001。后面装载的值全都必须通过控制器写入 GPTM TimerA 匹配寄存器(GPTMTAMATCHR)。

GPTM TimerA 匹配寄存器(GPTMTAMATCHR),偏移量 0x030,该寄存器用于 32 位实时时钟模式、16 位 PWM 和输入边沿计数模式,如表 4.31 所列。

表 4.31　GPTM TimerA 匹配寄存器(GPTMTAMATCHR)

位	名称	类型	复位	描述
31:16	TAMRH	R/W	0xFFFF (32 位模式) 0x0000 (16 位模式)	GPTM TimerA 匹配寄存器的高半字。 当通过 GPTMCFG 寄存器配置为 32 位实时时钟(RTC)模式时,该值与 GPTMTAR 的高半字进行比较,来确定匹配事件。 在 16 位模式中,对该字段的读操作返回 0,不影响 GPTMTB-MATCHR 寄存器的状态
15:0	TAMRL	R/W	0xFFFF	GPTM TimerA 匹配寄存器的低半字。 当通过 GPTMCFG 寄存器配置为 32 位实时时钟(RTC)模式时,该值与 GPTMTAR 的低半字进行比较,来确定匹配事件。 当配置为 PWM 模式时,该值与 GPTMTAILR 一起,确定输出 PWM 信号的占空比。 当配置为边沿计数模式时,该值与 GPTMTAILR 一起,确定需计数多少边沿事件。总的边沿事件数等于 GPTMTAILR 的值与该值的差

在 RTC 模式中,CCP0、CCP2 和 CCP4 引脚上的输入时钟为 32.768 kHz;然后,将时钟信号分频为 1 Hz,并通过 32 位计数器的输入端。

在软件写 GPTMCTL 中的 TAEN 位时,计数器从其预装载的值 0x00000001 开始递增计数。在当前计数值与 GPTMTAMATCHR 中的预装载值匹配时,计数器返回到 0x00000000 并继续计数,直到出现硬件复位或被软件禁止(将 TAEN 位清零),计数停止。当计数值与预装载值匹配时,GPTM 让 GPTMRIS 中的 RTCRIS 位有效。如果 GPTMIMR 中的 RTC 中断使能,则 GPTM 也将 GPTMMIS 寄存器中的 RTCMIS 位置位并产生控制器中断。通过写 GPTMICR 的 RTCCINT 位可将状态标志清零。

如果 GPTMCTL 寄存器的 TASTALL 和/或 TBSTALL 位置位,那么定时器在 GPTM-CTL 的 RTCEN 位置位时不会停止。

4.8.6 16 位定时器操作模式

通过向 GPTM 配置寄存器(GPTMCFG)写入 0x04,可将 GPTM 配置为全局 16 位模式。本小节将描述每一个 GPTM 16 位操作模式。TimerA 和 TimerB 的模式相同,因此只介绍一次,并用字母 n 来表示这两个定时器的寄存器。

1. 16 位单次触发/周期定时器模式

在 16 位单次触发/周期定时器模式中,定时器被配置为带可选的 8 位预分频器的 16 位递减计数器,预分频器可有效地将定时器的计数范围扩大到 24 位。选择单次触发模式还是周期模式由写入 GPTMTnMR 寄存器的 TnMR 字段的值决定。可选预分频器中的值被加载到 GPTM Timern 预分频寄存器(GPTMTnPR)中。

在对 GPTMCTL 寄存器的 TnEN 位执行写操作时,定时器从其预装载的值开始递减计数。一旦到达 0x0000 状态,定时器便在下一个周期到来时将 GPTMTnILR 和 GPTMTnPR 的值重新载入。如果配置为单次触发模式,则定时器停止计数并将 GPTMCTL 寄存器的 TnEN 位清零;如果配置为周期模式,则定时器继续计数。

在到达 0x0000 状态时,定时器除了重装计数值,还产生中断并输出触发信号。GPTM 将 GPTMRIS 寄存器的 TnTORIS 位置位,并保持该值直到执行 GPTMICR 寄存器写操作将该位清零。如果 GPTMIMR 的超时中断使能,则 GPTM 还将 GPTMMIS 寄存器的 TnTOMIS 位置位并产生控制器中断。

输出触发信号是一个单时钟周期的脉冲,在计数器刚好到达 0x0000 状态时生效,并在紧接着的下一个周期失效。它通过对 GPTMCTL 寄存器中的 TnOTE 位置位来使能,并且可以触发 SoC 级事件。

如果软件在计数器正在运行时重装 GPTMTnILR 寄存器,则计数器将在下一个时钟周期装载新值,并从新值继续计数。

如果 GPTMCTL 寄存器的 TnSTALL 位使能,则定时器停止(freeze)计数,直到该信号失效后再继续计数。

表 4.32 显示了在使用预分频器时 16 位自由运行的定时器的各种配置。其中,所有的值都是以时钟频率 25 MHz(或时钟周期 $T_\text{C}=40$ ns)作为标准进行计算,该值由 GPTMTAPMR、GPTMTBPMR 寄存器来设置。

表 4.32 带预分器配置的 16 位定时器

预分频	16 位定时器时钟周期(T)[1]	最大时间	单 位
00000000	$1T$	2.621 4	ms
00000001	$2T$	5.242 8	ms

续表 4.32

预分频	16 位定时器时钟周期(T)[1]	最大时间	单位
00000010	$3T$	7.864 2	ms
...	...	...	...
11111100	$254T$	665.845 8	ms
11111110	$255T$	668.467 2	ms
11111111	$256T$	671.088 6	ms

[1] $T = 0\text{xFFFF} \times 40 \text{ ns} = 2.621\ 4 \text{ ms}$。

(1) GPTM TimerA 预分频匹配寄存器(GPTMTAPMR),偏移量 0x040

该寄存器有效地将 GPTMTAMATCHR 的范围扩充到 24 位,如表 4.33 所列。

表 4.33　GPTM TimerA 预分频匹配寄存器(GPTMTAPMR)

位	名称	类型	复位	描述
31:8	保留	RO	0	保留位,返回不确定的值,并且应永不改变
7:0	TAPSMR	R/W	0	GPTM TimerA 预分频匹配。该值与 GPTMTAMATCHR 一起使用,以便在使用预分频器的情况下检测定时器匹配事件

(2) GPTM TimerB 预分频匹配寄存器(GPTMTBPMR),偏移量 0x044

该寄存器有效地将 GPTMTBMATCHR 的范围扩充到 24 位。

寄存器的详细内容与定义请参考表 4.33,仅有 GPTM TimerA 和 GPTM TimerB 不同。

2. 16 位输入边沿计数模式

在边沿计数模式中,定时器被配置为能够捕获 3 种事件类型的递减计数器,这 3 种事件类型为上升沿、下降沿或双边沿。为了把定时器设置为边沿计数模式,GPTMTnMR 寄存器的 TnCMR 位必须设为 0。定时器计数时所采用的边沿类型由 GPTMCTL 寄存器的 TnEVENT 字段决定。在初始化过程中,需对 GPTM Timern 匹配寄存器(GPTMTnMATCHR)进行配置,以便 GPTMTnILR 寄存器和 GPTMTnMATCHR 寄存器之间的差值等于必须计算的边沿事件的数目。

当软件写 GPTMCTL 的 TnEN 位时,定时器使能并用于事件捕获。CCP 引脚上每输入一个事件,计数器的值就减 1,直到事件计数的值与 GPTMTnMATCHR 的值匹配。这时,GPTM 让 GPTMRIS 寄存器的 CnMRIS 位有效(如果中断没有屏蔽,则也要让 CnMMIS 位有效);然后计数器使用 GPTMTnILR 中的值执行重装操作,并且由于 GPTM 自动将 GPTMCTL 寄存器的 TnEN 位清零,所以计数器停止计数。一旦事件计数值满足要求,接下来的所有事件都将被忽略,直到通过软件重新将 TnEN 使能。

3. 16位输入边沿定时模式

在边沿定时模式中,定时器被配置为自由运行的递减计数器,其初始值从GPTMTnILR寄存器中加载(复位时初始化为0xFFFF)。该模式允许在上升沿或下降沿捕获事件。通过置位GPTMTnMR寄存器的TnMR位可将定时器置于边沿定时模式,而定时器捕获时采用的事件类型由GPTMCTL寄存器的TnEVENT字段来决定。在初始化过程中,需对GPTM Timern匹配寄存器(GPTMTnMATCHR)进行配置,以便GPTMTnILR寄存器和GPTMTnMATCHR寄存器之间的差值等于必须计算的边沿事件的数目。

GPTM TimerB匹配寄存器(GPTMTBMATCHR),偏移量0x034,该寄存器用于16位PWM和输入边沿计数模式,如表4.34所列。

表4.34 GPTM TimerB匹配寄存器(GPTMTBMATCHR)

位	名称	类型	复位	描述
31:16	保留	RO	0	保留位,返回不确定的值,并且应永不改变
15:0	TBMRL	R/W	0xFFFF	GPTM TimerB匹配寄存器的低半字。当配置为PWM模式时,该值与GPTMTBILR一起,确定输出PWM信号的占空比。 当配置为边沿计数模式时,该值与GPTMTBILR一起,确定需计数多少边沿事件数,总的边沿事件数等于GPTMTBILR与该值的差

在软件写GPTMCTL寄存器的TnEN位时,定时器使能并用于事件捕获。在检测到所选的输入事件时,从GPTMTnR寄存器中捕获Tn计数器的当前值,且该值可通过控制器来读取;然后GPTM让CnERIS位有效(如果中断没有被屏蔽,则也让CnEMIS位有效)。

在捕获到事件之后,定时器继续计数直到TnEN位清零。当定时器到达0x0000状态时,将GPTMnILR寄存器中的值重新载入定时器。

4. 16位PWM模式

GPTM支持简单的PWM生成模式。在PWM模式中,定时器配置为递减计数器,初值由GPTMTnILR定义。通过将GPTMTnMR寄存器的TnAMS位置1、TnCMR位置0、TnMR字段设置为0x02来使能PWM模式。

PWM模式通过使用GPTM Timern分频寄存器(GPTMTnPR)和GPTM Timern匹配寄存器(GPTMTnPMR)来利用8位预分频器,这有效地将定时器的计数范围扩大到24位。

在软件写GPTMCTL寄存器的TnEN位时,计数器开始递减计数,直到到达0x0000状态。在下一个计数周期,计数器将GPTMTnILR寄存器中的值重新载入,作为它的初值(如果使用了预分频器,则还要重新装载GPTMTnPR中的值),并继续计数直到计数器因软件将GPTMCTL寄存器的TnEN位清零而被禁止。在PWM模式中,不产生中断或状态位。

当计数器的值与 GPTMTnILR 寄存器的值(计数器的初始状态)相等时,输出 PWM 信号生效,当计数器的值与 GPTM Timern 匹配寄存器(GPTMTnMATCHR)的值相等时,输出 PWM 信号失效。通过将 GPTMCTL 寄存器的 TnPWML 位置位,软件可实现将输出 PWM 信号反相的功能。

4.8.7 GPTM 初始化和配置

在使用通用定时器时,外设时钟必须使能,该操作通过将 RCGC1 寄存器中的 GPTM0、GPTM1 和 GPTM2 位置位来实现。

针对每种支持的定时器模式,本小节提供了模块的初始化以及配置示例。

1. 32 位单次触发/周期定时器模式

32 位单次触发和周期模式配置步骤如下:

① 确保定时器在发生任何变化之前先禁止(将 GPTMCTL 寄存器的 TAEN 位清零)。
② 向 GPTM 配置寄存器(GPTMCFG)写入 0x0。
③ 设置 GPTM TimerA 模式寄存器(GPTMTAMR)的 TAMR 字段:
- 写入 0x1 设为单次触发模式;
- 写入 0x2 设为周期模式。

④ 将初值装入 GPTM TimerA 间隔装载寄存器(GPTMTAILR)。
⑤ 如果需要中断,将 GPTM 中断屏蔽寄存器(GPTMIMR)的 TATOIM 位置位。
⑥ 置位 GPTMCTL 寄存器的 TAEN 位来使能定时器并开始计数。
⑦ 查询 GPTMRIS 寄存器的 TATORIS 位或等待中断的产生(如果使能)。在这两种情况下,通过向 GPTM 中断清零寄存器(GPTMICR)的 TATOCINT 位写 1 将状态标志清零。

在单次触发模式中,定时器在步骤⑦之后停止计数,需重复上述步骤才能将定时器重新使能;而周期模式下的定时器在超时之后不会停止计数。

2. 32 位实时时钟模式

在使用 RTC 模式时,定时器在其 32 kHz 引脚上必须有一个 32.768 kHz 输入信号。

32 位实时时钟(RTC)模式配置步骤如下:

① 确保定时器在发生任何变化之前先禁止(TAEN 位清零)。
② 向 GPTM 配置寄存器(GPTMCFG)写入 0x1。
③ 向 GPTM TimerA 匹配寄存器(GPTMTAMATCHR)写入所需的匹配值。
④ 根据需要将 GPTM 控制寄存器(GPTMCTL)的 RTCEN 位置位/清零。
⑤ 如果需要中断,将 GPTM 中断屏蔽寄存器(GPTMIMR)的 RTCIM 位置位。
⑥ 置位 GPTMCTL 寄存器的 TAEN 位来使能定时器并开始计数。

当定时器的计数值等于 GPTMTAMATCHR 寄存器中的值时,计数器重新加载

0x00000000 并开始计数。如果中断使能,不必将其清除。

3. 16 位单次触发/周期定时器模式

16 位单次触发和周期模式的配置步骤如下:
① 确保定时器在发生任何变化之前先禁止(TnEN 位清零)。
② 向 GPTM 配置寄存器(GPTMCFG)写入 0x4。
③ 设置 GPTM Timer 模式寄存器(GPTMTnMR)的 TnMR 字段:
- 写入 0x1 设为单次触发模式;
- 写入 0x2 设为周期模式。

④ 如果使用预分频器,则将预分频值写入 GPTM Timer 预分频寄存器(GPTMTnPR)。
⑤ 将初值装入 GPTM Timer 间隔装载寄存器(GPTMTnILR)。
⑥ 如果需要中断,将 GPTM 中断屏蔽寄存器(GPTMIMR)的 TnTOIM 位置位。
⑦ 置位 GPTM 控制寄存器(GPTMCTL)的 TnEN 位来使能定时器并开始计数。
⑧ 查询 GPTMRIS 寄存器的 TnTORIS 位或等待中断的产生(如果使能)。在这两种情况下,通过向 GPTM 中断清零寄存器(GPTMICR)的 TnTOCINT 位写 1 将状态标志清零。

在单次触发模式中,定时器在步骤⑧之后停止计数,需重复上述步骤才能将定时器重新使能;而周期模式下的定时器在超时之后不会停止计数。

4. 16 位输入边沿计数模式

输入边沿计数模式的配置步骤如下:
① 确保定时器在发生任何变化之前先禁止(TnEN 位清零)。
② 向 GPTM 配置寄存器(GPTMCFG)写入 0x4。
③ 在 GPTM Timer 模式寄存器(GPTMTnMR)中,分别向 TnCMR 和 TnMR 字段写入 0x0 和 0x3。
④ 通过对 GPTM 控制寄存器(GPTMCTL)的 TnEVENT 字段进行写操作来配置定时器捕获操作的事件类型。
⑤ 将定时器初值装入 GPTM 定时器间隔装载寄存器(GPTMTnILR)。
⑥ 将所需的事件数装入 GPTM 定时器匹配寄存器(GPTMTnMATCHR)。
⑦ 如果需要中断,将 GPTM 中断屏蔽寄存器(GPTMIMR)的 CnMIM 位置位。
⑧ 置位 GPTMCTL 的 TnEN 位来使能定时器并开始等待边沿事件。
⑨ 查询 GPTMRIS 寄存器的 CnMRIS 位或等待中断的产生(如果使能)。在这两种情况下,通过向 GPTM 中断清零寄存器(GPTMICR)的 CnMCINT 位写 1 清零状态标志。

在输入边沿计数模式中,定时器在检测到所需的边沿事件数之后停止,需确保 TnEN 位清零并重复步骤④~⑨才能重新使能定时器。

5. 16 位输入边沿定时模式

输入边沿定时模式的配置步骤如下：

① 确保定时器在发生任何变化之前先禁止（将 TnEN 位清零）。

② 向 GPTM 配置寄存器（GPTMCFG）写入 0x4。

③ 在 GPTM Timer 模式寄存器（GPTMTnMR）中，分别向 TnCMR 和 TnMR 字段写入 0x1 和 0x3。

④ 通过写 GPTM 控制寄存器（GPTMCTL）的 TnEVENT 字段来配置定时器捕获操作的事件类型。

⑤ 将定时器初值装入 GPTM 定时器间隔装载寄存器（GPTMTnILR）。

⑥ 如果需要中断，将 GPTM 中断屏蔽寄存器（GPTMIMR）的 CnEIM 位置位。

⑦ 置位 GPTMCTL 的 TnEN 位来使能定时器并开始计数。

⑧ 查询 GPTMRIS 寄存器的 CnERIS 位或等待中断的产生（如果使能）。在这两种情况下，通过向 GPTM 中断清零寄存器（GPTMICR）的 CnECINT 位写 1 将状态标志清零。事件发生的时间可通过读 GPTM Timern 寄存器（GPTMTnR）来获得。

在输入边沿定时模式中，定时器在检测到边沿事件之后继续运行，而通过写 GPTMTnILR 寄存器可在任何时候改变定时器间隔，此改变在写操作的下一个周期生效。

6. 16 位 PWM 模式

PWM 模式的配置步骤如下：

① 确保定时器在发生任何变化之前先禁止（将 TnEN 位清零）。

② 向 GPTM 配置寄存器（GPTMCFG）写入 0x4。

③ 在 GPTM Timer 模式寄存器（GPTMTnMR）中，TnAMS 位设置为 0x1，TnCMR 位设置为 0x0，TnMR 字段设置为 0x2。

④ 在 GPTM 控制寄存器（GPTMCTL）的 TnPWML 字段中，配置 PWM 信号的输出状态（是否需要反相）。

⑤ 将定时器初值装入 GPTM Timern 间隔装载寄存器（GPTMTnILR）。

⑥ 将所需的值装入 GPTM Timern 匹配寄存器（GPTMTnMATCHR）。

⑦ 如果正在使用预分频器，则配置 GPTM Timern 预分频寄存器（GPTMTnPR）寄存器和 GPTM Timern 预分频匹配寄存器（GPTMTnPMR）。

⑧ 置位 GPTMCTL 的 TnEN 位来使能定时器并开始输出 PWM 信号。

在 PWM 模式中，定时器在产生 PWM 信号之后继续运行；通过写 GPTMTnILR 寄存器可在任何时候对 PWM 周期进行调整，此改变在写操作的下一个周期生效。

4.8.8 GPTM 示例程序

1. 32 位周期触发模式

该范例程序演示了如何使用定时器产生周期性中断。定时器设置为每秒产生两次中断，每个中断处理器在每一次中断时都翻转一次相应的 GPIO(D7 端口)；同时，LED 指示灯会指示每次中断以及中断的速率。示例程序如下所示：

```
#define HWREG(x)                 (*((volatile unsigned long *)(x)))

#define SYSCTL_PERIPH_TIMER0     0x10010000    /* Timer 0 在系统控制器中的地址 */
#define SYSCTL_RCGC1             0x400fe104    /* 运行-模式时钟门控控制 1 */
#define SYSCTL_RCGC2             0x400fe108    /* 运行-模式时钟门控控制 12 */
#define SYSCTL_PERIPH_GPIOB      0x20000002    /* GPIOB 在系统控制器中的地址 */
#define TIMER_CFG_32_BIT_OS      0x00000001    /* 32-bit one-shot timer */
#define TIMER0_BASE              0x40030000    /* Timer0 的基地址 */
#define TIMER_O_CTL              0x0000000C    /* GPTM 控制寄存器 */
#define TIMER_O_CFG              0x00000000    /* GPTM 配置寄存器 */
#define TIMER_O_TAMR             0x00000004    /* GPTM TimeA 模式寄存器 */
#define TIMER_O_IMR              0x00000018    /* GPTM 中断屏蔽寄存器 */
#define TIMER_O_ICR              0x00000024    /* GPTM 中断清零寄存器 */
#define TIMER_O_TAILR            0x00000028    /* TimerA 间隔装载复位值 */
#define TIMER_CFG_32_BIT_PER     0x00000002    /* 32 位周期触发模式 */
#define TIMER_CTL_TAEN           0x00000001    /* TimerA 使能 */
#define TIMER_A                  0x000000ff    /* Timer A 设置的有效位 */
#define TIMER_TIMA_TIMEOUT       0x00000001    /* TimerA 超时中断 */
#define TIMER_INT_DATA           15000000      /* TimerA 定时初始值 */
#define NVIC_EN0                 0xe000e100    /* 中断使能寄存器 */
#define INT_GPIOA                16            /* GPIO Port A 中断号 */
#define INT_TIMER0A              35            /* 定时器 0 A 中断号 */
#define GPIO_O_DIR               0x00000400    /* 数据方向寄存器 */
#define GPIO_O_AFSEL             0x00000420    /* 模式控制寄存器 */
#define GPIO_O_DATA              0x00000000    /* 数据寄存器 */
#define GPIO_PORTB_BASE          0x40005000    /* GPIOB 口的基地址 */
#define PINS1                    0x00000040    /* 定义 LED1 */
#define GPIO_O_DR2R              0x00000500    /* 选择 2 mA 驱动电流 */
#define GPIO_O_ODR               0x0000050C    /* 选择 Open drain 方式 */

void  CPUcpsie(void)
{
```

```c
  asm("CPSIE    I  \n"
      "BX       LR");
}
void Timer0A_ISR(void)
{
  HWREG(TIMER0_BASE + TIMER_O_ICR) = TIMER_TIMA_TIMEOUT;     /* 清除定时器 0 中断 */
  HWREG(GPIO_PORTB_BASE + (GPIO_O_DATA + (PINS1 << 2))) =
          (HWREG(GPIO_PORTB_BASE + GPIO_O_DATA + (PINS1 << 2)))^PINS1;
                                                             /* 翻转 GPIOD7 端口 */
  HWREG(TIMER0_BASE + TIMER_O_CTL) |= TIMER_A & (TIMER_CTL_TAEN);
                                                             /* 使能定时器 0 */
}
int  main(void)
{
  HWREG(SYSCTL_RCGC1) |= SYSCTL_PERIPH_TIMER0 & 0x0fffffff; /* 使能定时器 0 外设 */
  HWREG(SYSCTL_RCGC2) |= SYSCTL_PERIPH_GPIOB & 0x0fffffff;  /* 使能 GPIO 外设 */
  HWREG(GPIO_PORTB_BASE + GPIO_O_DIR) |= PINS1;             /* 设置连接 LED1 的 PD7 为输出 */
  HWREG(GPIO_PORTB_BASE + GPIO_O_AFSEL) &= ~PINS1;          /* PB6 为 GPIO 功能 */
  HWREG(GPIO_PORTB_BASE + GPIO_O_DR2R) |= PINS1;            /* PB6 的驱动电流为 2 mA */
  HWREG(GPIO_PORTB_BASE + GPIO_O_ODR) |= PINS1;             /* 设置 PB6 为 PULL_PUSH 模式 */
  HWREG(GPIO_PORTB_BASE + (GPIO_O_DATA + (PINS1 << 2))) = ~PINS1;
                                                             /* 点亮 LED1 */
  HWREG(TIMER0_BASE + TIMER_O_CTL) &= ~(TIMER_CTL_TAEN);    /* 向 GPTM 中配置 0 */
  HWREG(TIMER0_BASE + TIMER_O_CFG) = TIMER_CFG_32_BIT_OS >> 24;
                                                             /* GPTM 配置为:32 位定时器配置 */
  HWREG(TIMER0_BASE + TIMER_O_TAMR) = TIMER_CFG_32_BIT_PER & 255;
                                                             /* 设置为周期触发模式 */
  HWREG(TIMER0_BASE + TIMER_O_TAILR) = TIMER_INT_DATA/4;    /* 设置定时器的初值 */
  HWREG(TIMER0_BASE + TIMER_O_IMR) |= TIMER_TIMA_TIMEOUT;   /* 设置定时器为溢出中断 */
  HWREG(TIMER0_BASE + TIMER_O_CTL) |= TIMER_A & (TIMER_CTL_TAEN);
                                                             /* 使能定时器 0 */
  HWREG(NVIC_EN0) = 1<<(INT_TIMER0A - INT_GPIOA);           /* 使能 TimerOA 中断(中断号为 19) */
  CPUcpsie();
/* 使能全局中断 */
  while(1);
}
```

2. 16 位输入边沿计数模式

该示例程序演示了如何使用定时器的 16 位输入边沿计数模式。定时器 0 的 Timer A 被设置为下降沿计数模式。每个中断处理器在每一次中断时都翻转一次相应的 GPIO(PD4 端口);同时,LED 指示灯会指示每次中断。示例程序如下所示:

```
#define HWREG(x)                    (*((volatile unsigned long *)(x)))
#define SYSCTL_PERIPH_TIMER0        0x10010000    /* Timer 0 在系统控制器中的地址 */
#define SYSCTL_RCGC1                0x400fe104    /* 运行-模式时钟门控控制 1 */
#define SYSCTL_RCGC2                0x400fe108    /* 运行-模式时钟门控控制 2 */
#define SYSCTL_PERIPH_GPIOB         0x20000002    /* GPIO C 在系统控制器中的地址 */
#define TIMER0_BASE                 0x40030000    /* Timer0 的基地址 */
#define TIMER_O_CFG                 0x00000000    /* GPTM 配置寄存器 */
#define TIMER_O_TAMR                0x00000004    /* TimerA 模式寄存器 */
#define TIMER_O_CTL                 0x0000000C    /* GPTM 控制寄存器 */
#define TIMER_O_IMR                 0x00000018    /* GPTM 中断屏蔽寄存器 */
#define TIMER_O_ICR                 0x00000024    /* GPTM 中断清零寄存器 */
#define TIMER_O_TAILR               0x00000028    /* TimerA 间隔装载寄存器 */
#define TIMER_O_TAMATCHR            0x00000030    /* TimerA 匹配寄存器 */
#define TIMER_A                     0x000000ff    /* TimerA 设置的有效位 */
#define TIMER_EVENT_POS_EDGE        0x00000000    /* 计数上升沿 */
#define TIMER_EVENT_NEG_EDGE        0x00000404    /* 计数下降沿 */
#define TIMER_EVENT_BOTH_EDGES      0x00000C0C    /* 计数双边沿 */
#define TIMER_CTL_TAEN              0x00000001    /* TimerA 使能 */
#define TIMER_CAPA_MATCH            0x00000002    /* 捕获 A 匹配中断 */
#define TIMER_CFG_16_BIT_PAIR       0x04000000    /* 两个 16 位定时器 */
#define TIMER_CFG_A_CAP_COUNT       0x00000003    /* 定时器 A 控制 */
#define TIMER_TAILR_TAILRL          0x0000FFFF    /* 16 位屏蔽值 */
#define INT_GPIOA                   16            /* GPIO Port A 中断号 */
#define INT_TIMER0A                 35            /* 定时器 0 A 中断号 */
#define NVIC_EN0                    0xe000e100    /* 中断使能寄存器 */
#define GPIO_O_DR2R                 0x00000500    /* 选择 2 mA 驱动电流 */
#define GPIO_O_ODR                  0x0000050C    /* 开漏选择寄存器 */
#define GPIO_O_PUR                  0x00000510    /* 上拉电阻使能寄存器 */
#define GPIO_O_DEN                  0x0000051C    /* 数字输入使能寄存器 */
#define GPIO_O_DIR                  0x00000400    /* 数据方向寄存器 */
#define GPIO_O_AFSEL                0x00000420    /* 模式控制寄存器 */
#define GPIO_O_DATA                 0x00000000    /* 数据寄存器 */
#define GPIO_PORTB_BASE             0x40005000    /* GPIOB 口的基地址 */
#define LED1                        0x00000040    /* 定义 LED1:PB6 */
```

第 4 章　LM3S 系列微控制器的系统控制单元

```c
#define KEY1            0x00000001                              /* 定义 KEY1:PB0 */
void  CPUcpsie(void)
{
  asm("CPSIE   I  \n"
      "BX      LR");
}
void Timer0A_ISR(void)
{
  HWREG(TIMER0_BASE + TIMER_O_ICR) = TIMER_CAPA_MATCH;           /* 清除定时器 0 中断 */
  HWREG(TIMER0_BASE + TIMER_O_TAILR) = TIMER_TAILR_TAILRL & 0x0a; /* 设置定时器的初值 */
  HWREG(GPIO_PORTB_BASE + (GPIO_O_DATA + (LED1 << 2))) =
       (HWREG(GPIO_PORTB_BASE + (GPIO_O_DATA + (LED1 << 2)))^LED1);
                                                                 /* 翻转 GPIOPD7 端口 */
  HWREG(TIMER0_BASE + TIMER_O_CTL) |= TIMER_A & (TIMER_CTL_TAEN);/* 使能定时器 0 */
}
int   main(void)
{
  HWREG(SYSCTL_RCGC1) |= SYSCTL_PERIPH_TIMER0 & 0x0fffffff;      /* 使能定时器 0 外设 */
  HWREG(SYSCTL_RCGC2) |= SYSCTL_PERIPH_GPIOB & 0x0fffffff;       /* 使能 GPIO 外设 */
  CPUcpsie();                                                    /* 使能全局中断 */
/* 设置连接 LED1 的 PD7 为输出 */
  HWREG(GPIO_PORTB_BASE + GPIO_O_DIR) |= LED1;                   /* PD7 为输出口 */
  HWREG(GPIO_PORTB_BASE + GPIO_O_AFSEL) &= ~LED1;                /* PD7 为 GPIO 功能 */
  HWREG(GPIO_PORTB_BASE + GPIO_O_DR2R) |= LED1;                  /* PB6 的驱动电流 2 mA */
  HWREG(GPIO_PORTB_BASE + GPIO_O_ODR) |= LED1;                   /* 设置 PB6 为 PULL_PUSH 模式 */
  HWREG(GPIO_PORTB_BASE + (GPIO_O_DATA + (LED1 << 2))) = ~LED1;  /* 点亮 LED1 */
                                                                 /* 设置连接 KEY1 的 PD4 为输入 */
  HWREG(GPIO_PORTB_BASE + GPIO_O_ODR) &= ~KEY1;                  /* PD4 为输入口 */
  HWREG(GPIO_PORTB_BASE + GPIO_O_AFSEL) |= KEY1;                 /* PD4 为 CCP0 输入 */
  HWREG(GPIO_PORTB_BASE + GPIO_O_DEN) |= KEY1;                   /* 数字输入使能 */
  HWREG(GPIO_PORTB_BASE + GPIO_O_PUR) |= KEY1;                   /* 上拉选择 */
  HWREG(TIMER0_BASE + TIMER_O_CTL) &= ~(TIMER_CTL_TAEN);         /* 禁止定时器 */
  HWREG(TIMER0_DASE + TIMER_O_CFG) |= TIMER_CFG_16_BIT_PAIR>>24; /* GPTM 配置为:16 位定时器配置 */
  HWREG(TIMER0_BASE + TIMER_O_TAMR) |= TIMER_CFG_A_CAP_COUNT & 255; /* 设置为捕获模式 */
  HWREG(TIMER0_BASE + TIMER_O_CTL) |= TIMER_EVENT_NEG_EDGE;      /* 设置为下降沿 */
```

```
HWREG(TIMER0_BASE + TIMER_O_TAILR) = TIMER_TAILR_TAILRL & 10;   /* 设置定时器匹配初值为 10 */
HWREG(TIMER0_BASE + TIMER_O_TAMATCHR) = 6;                      /* 设置定时器匹配值为 6 */
HWREG(TIMER0_BASE + TIMER_O_IMR) |= TIMER_CAPA_MATCH;           /* 设置定时器为捕获匹配中断 */
HWREG(TIMER0_BASE + TIMER_O_CTL) |= (TIMER_A & TIMER_CTL_TAEN); /* 使能定时器 0 */
HWREG(NVIC_EN0) |= 1<<(INT_TIMER0A - INT_GPIOA);                /* 使能 Timer0 A 中断(中断号为 19) */
while(1);
}
```

4.9 看门狗定时器

4.9.1 WDT 模块结构

看门狗定时器(WDT)在到达超时值时会产生不可屏蔽的中断或复位。当系统由于软件错误而无法响应或外部器件不能以期望的方式响应时，使用看门狗定时器可使其重新被控制。

Stellaris 看门狗定时器模块包括 32 位向下计数器、可编程的装载寄存器、中断产生逻辑、锁定寄存器以及用户使能的中止。

WDT 模块结构方框图如图 4.10 所示。

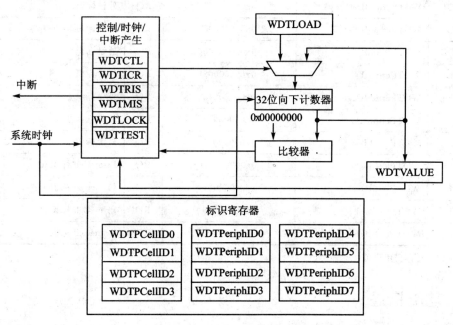

图 4.10　WDT 模块结构方框图

4.9.2 寄存器映射

表4.35列出了看门狗寄存器。其中，所列出的偏移量对应于看门狗定时器的基址0x40000000，而寄存器的地址则以十六进制递增的方式来排列。

表4.35 WDT寄存器映射

偏移量	名称	复位	类型	描述
0x000	WDTLOAD	0xFFFFFFFF	R/W	装载
0x004	WDTVALUE	0xFFFFFFFF	RO	当前值
0x008	WDTCTL	0x00000000	R/W	控制
0x00C	WDTICR	—	WO	中断清除
0x010	WDTRIS	0x00000000	RO	原始中断状态
0x014	WDTMIS	0x00000000	RO	屏蔽中断状态
0x418	WDTTEST	0x00000000	R/W	看门狗中止使能
0xC00	WDTLOCK	0x00000000	R/W	锁定
0xFD0	WDTPeriphID4[1]	0x00000000	RO	外设标识4
0xFD4	WDTPeriphID5[1]	0x00000000	RO	外设标识5
0xFD8	WDTPeriphID6[1]	0x00000000	RO	外设标识6
0xFDC	WDTPeriphID7[1]	0x00000000	RO	外设标识7
0xFE0	WDTPeriphID0[1]	0x00000005	RO	外设标识0
0xFE4	WDTPeriphID1[1]	0x00000018	RO	外设标识1
0xFE8	WDTPeriphID2[1]	0x00000018	RO	外设标识2
0xFEC	WDTPeriphID3[1]	0x00000001	RO	外设标识3
0xFF0	WDTPCellID0[1]	0x0000000D	RO	PrimeCell标识0
0xFF4	WDTPCellID1[1]	0x000000F0	RO	PrimeCell标识1
0xFF8	WDTPCellID2[1]	0x00000005	RO	PrimeCell标识2
0xFFC	WDTPCellID3[1]	0x000000B1	RO	PrimeCell标识3

[1] 这些寄存器用户可以不理会。

4.9.3 功能描述

看门狗定时器模块包括一个32位递减计数器、可编程的装载寄存器、中断产生机制和锁定寄存器。一旦配置完看门狗定时器，可以用看门狗定时器锁定寄存器锁定看门狗，以防止软件意外地改写定时器配置。

1. 看门狗锁定寄存器(WDTLOCK), 偏移量 0xC00, 复位值 0x0000

把 0x1ACCE551 写入 WDTLOCK 寄存器可以使能对其他所有寄存器的写访问。把任意值写入到 WDTLOCK 寄存器可重新使能锁定的状态。读 WDTLOCK 寄存器时返回的是锁定的状态而不是被写入的 32 位值。因此,当写访问被禁止时,读取 WDTLOCK 寄存器将返回 0x00000001(这是在已锁定的情况下);否则,返回的值为 0x00000000(未锁定)。

当 32 位计数器在使能后到达 0 状态时,看门狗定时器模块产生第 1 个超时信号;如果配置了看门狗中断则触发看门狗定时器中断。在发生了第 1 个超时事件后,看门狗定时器装载寄存器的值自动重装 32 位计数器,并且定时器从该值恢复向下计数。

2. 看门狗装载寄存器(WDTLOAD), 偏移量 0x000, 复位值 0xFFFFFFFF

该寄存器存放的是供 32 位计数器使用的 32 位间隔值。该寄存器被写入时,这个值将被立即装载而且计数器会从新的值开始重新递减计数。如果用 0x00000000 装载 WDTLOAD 寄存器,则立即产生中断。

在清除超时中断之前,如果定时器的值再次递减为 0,且已使能复位信号(通过 WatchdogResetEnable 功能),则看门狗定时器向系统提交其复位信号。如果在 32 位计数器到达其第 2 次超时之前中断被清零,则把 WDTLOAD 寄存器中的值载入 32 位计数器,并且从该值开始重新计数。

如果在看门狗定时器计数器正在计数时把新的值写入 WDTLOAD,则计数器将装入新的值并继续计数。写入 WDTLOAD 并不会清除已经激活的中断,必须通过写看门狗中断清除寄存器来清除中断,如下看门狗喂狗程序所示:

```
#define WDT_INT_TIMEOUT         0x00000001          /* 看门狗定时器超时 */
HWREG  (WATCHDOG_BASE + WDT_O_ICR) = WDT_INT_TIMEOUT;   /* 看门狗清中断、喂狗 */
```

3. 看门狗中断清除寄存器(WDTICR), 偏移量 0x00C

该寄存器是中断清除寄存器。向该寄存器写任意值将清除看门狗中断,并且将寄存器 WDTLOAD 所保存的计数值重新载入到 32 位计数器中。读取值或复位后的值无法确定。

4. 看门狗控制寄存器(WDTCTL), 偏移量 0x008

该寄存器是看门狗控制寄存器。可以将看门狗定时器配置为产生复位信号(在第 2 次超时时)或者是在超时的时候产生中断。

在看门狗中断已经被使能的情况下,写入控制寄存器的 INTEN 位所有值都将被忽略;而硬件复位是重新使能写操作的唯一方法。

表 4.36 看门狗控制寄存器

位	名称	类型	复位	描述
31:2	保留	RO	0	保留位返回一个不确定的值,并且应永不改变
1	RESEN	R/W	0	看门狗复位使能。0:禁止;1:使能看门狗模块复位输出
0	INTEN	R/W	0	看门狗中断使能。 0:中断事件禁止(一旦该位被置位,则只能通过硬件复位来清零该位); 1:中断事件使能。一旦被使能,之后所有的写入该位的操作都会被忽略

可根据需要使能或禁止看门狗模块中断和产生复位 WDTCTL。当中断被重新使能时,被载入到 32 位计数器中的是载入寄存器的初值,而不是其最后的状态值。

设置 WDTCTL 寄存器的程序如下所示:

```
HWREG (WATCHDOG_BASE + WDT_O_CTL) | = WDT_CTL_RESEN;      /* 使能看门狗定时器的复位功能 */
HWREG (WATCHDOG_BASE + WDT_O_CTL) | = WDT_CTL_INTEN;      /* 使能看门狗定时器的中断 */
```

5. 看门狗当前值寄存器(WDTVALUE),偏移量 0x004,复位值 0xFFFFFFFF

该寄存器包含了定时器的当前计数值。

6. 看门狗原始中断状态寄存器(WDTRIS),偏移量 0x010

该寄存器是原始中断状态寄存器。如果控制器中断被屏蔽,则通过该寄存器可监控看门狗中断事件。位分配如下所示:

位[31:1]:保留,保留位返回一个不确定的值,并且应永不改变。

位 0:WDTRIS,看门狗原始中断状态。给出 WDTINTR 的原始中断状态(在屏蔽之前)。

7. 看门狗屏蔽后的中断状态寄存器(WDTMIS),偏移量 0x014

该寄存器是屏蔽后的中断状态寄存器。该寄存器的值是将原始中断位和看门狗中断使能位进行逻辑与运算(AND)的结果。位分配如下所示:

位[31:1]:保留,保留位返回一个不确定的值,并且应永不改变。

位 0:WDTMIS,看门狗屏蔽后的中断状态。给出 WDTINTR 中断在屏蔽后的中断状态。

8. 看门狗测试寄存器(WDTTEST),偏移量 0x418

进行调试期间,当微控制器使 CPU 的暂停(Halt)标志有效时的暂停操作(Stalling)可由用户通过该寄存器来控制使能,如表 4.37 所列。

表 4.37 看门狗测试寄存器

位	名称	类型	复位	描述
31:9	保留	RO	0	保留位返回一个不确定的值,并且应永不改变
8	STALL	R/W	0	看门狗中止使能。当设为 1 时,如果调试器使 Stellaris 微控制器停止,则看门狗定时器也会停止计数。而一旦微控制器重新启动,则看门狗定时器也会恢复计数
7:0	保留	RO	0	保留位返回一个不确定的值,并且应永不改变

4.9.4 初始化和配置步骤

看门狗定时器配置步骤如下所示:
① 把所需的定时器值载入到 WDTLOAD 寄存器。
② 如果看门狗被配置为触发系统复位,则置位 WDTCTL 寄存器中的 RESEN 位。
③ 将寄存器中的 INTEN 位置位来使能看门狗并锁定控制寄存器。

注意:看门狗 INTEN 位不仅是看门狗中断使能,而且是看门狗的使能位。

如果软件需要锁定所有的看门狗寄存器,则写任意值到 WDTLOCK 寄存器便可以完全锁定看门狗定时器模块;若需要解锁看门狗定时器,则需写入 0x1ACCE551。

4.9.5 WDT 示例程序

本示例程序演示如何利用看门狗定时器来使处理器跳出死循环。程序将配置一端口为输入,连接一个按键;配置两个端口为输出,连接 LED3 和 LED4 指示灯。程序正常运行时,使 LED3 不断地闪烁,并"喂狗";当按键按下时,触发中断,处理器进入死循环导致看门狗产生第一次超时信号,看门狗进入中断,LED4 不断闪烁,直到看门狗定时器产生第 2 次超时信号,导致系统复位;系统再次正常运行,LED3 不断地闪烁。看门狗定时器示例程序如下所示:

```
#define HWREG(x)              (*((volatile unsigned long *)(x)))
#define HWREGB(x)             (*((volatile unsigned char *)(x)))
#define SYSCTL_PERIPH_GPIOB   0x20000002    /* GPIO B 在系统控制器中的地址 */
#define SYSCTL_PERIPH_GPIOC   0x20000004    /* GPIO C 在系统控制器中的地址 */
#define SYSCTL_PERIPH_GPIOE   0x20000010    /* GPIO E 在系统控制器中的地址 */
#define SYSCTL_PERIPH_WDOG    0x00000008    /* 看门狗在系统控制器中的地址 */
#define SYSCTL_RCGC2          0x400fe108    /* 运行模式时钟门控寄存器 2 */
#define SYSCTL_RCGC0          0x400fe100    /* 运行模式时钟门控寄存器 0 */
#define NVIC_EN0              0xE000E100    /* IRQ 0~31 设置使能寄存器 */
#define GPIO_PORTB_BASE       0x40005000    /* GPIO B 口的基地址 */
```

第 4 章 LM3S 系列微控制器的系统控制单元

```c
#define GPIO_PORTC_BASE     0x40006000      /* GPIO C 口的基地址 */
#define GPIO_PORTE_BASE     0x40024000      /* GPIO E 口的基地址 */
#define GPIO_O_DIR          0x00000400      /* 数据方向寄存器 */
#define GPIO_O_AFSEL        0x00000420      /* 模式控制寄存器 */
#define GPIO_O_DATA         0x00000000      /* 数据寄存器 */
#define GPIO_O_DEN          0x0000051C      /* 数据输入寄存器 */
#define GPIO_O_DR2R         0x00000500      /* GPIO 2 mA 驱动控制 */
#define GPIO_O_PUR          0x00000510      /* GPIO 上拉选择寄存器 */
#define GPIO_O_IS           0x00000404      /* 中断感应寄存器 */
#define GPIO_O_IBE          0x00000408      /* 双边沿中断寄存器 */
#define GPIO_O_IEV          0x0000040C      /* 中断事件寄存器 */
#define GPIO_O_IM           0x00000410      /* 中断屏蔽寄存器 */
#define WATCHDOG_BASE       0x40000000      /* 看门狗定时器的基地址 */
#define WDT_O_LOAD          0x00000000      /* 看门狗定时器的装载寄存器 */
#define WDT_O_CTL           0x00000008      /* 看门狗定时器的控制寄存器 */
#define WDT_O_LOCK          0x00000C00      /* 看门狗定时器的锁定寄存器 */
#define WDT_O_ICR           0x0000000C      /* 看门狗定时器的中断清除寄存器 */
#define WDT_CTL_RESEN       0x00000002      /* 使能看门狗定时器复位输出 */
#define WDT_CTL_INTEN       0x00000001      /* 使能看门狗定时器计数及中断 */
#define WDT_LOCK_LOCKED     0x00000001      /* 锁定看门狗定时器 */
#define WDT_INT_TIMEOUT     0x00000001      /* 看门狗定时器超时 */
#define KEY1                0x00000004      /* 定义 KEY1 */
#define LED3                0x00000040      /* 定义 LED3 */
#define LED4                0x00000020      /* 定义 LED4 */
void delay (unsigned long d)
{
    for (;d;d--);                           /* 延时数量为 d 个指令周期 */
}
void GPIO_Port_E_ISR (void)
{
    while (1);
}
void Watchdog_Timer_ISR (void)
{
    while (1) {
        HWREG (GPIO_PORTC_BASE + (GPIO_O_DATA + (LED4<< 2))) =
               ~HWREG (GPIO_PORTC_BASE + (GPIO_O_DATA + (LED4 << 2)));
                                            /* 反转 LED4 */
        delay (100000);
    }
```

```c
}
int main (void)
{
    HWREG (SYSCTL_RCGC0) |= SYSCTL_PERIPH_WDOG  & 0x0fffffff;   /* 使能看门狗定时器 */
    HWREG (SYSCTL_RCGC2) |= SYSCTL_PERIPH_GPIOB & 0x0fffffff;   /* 使能 GPIO B 口 */
    HWREG (SYSCTL_RCGC2) |= SYSCTL_PERIPH_GPIOC & 0x0fffffff;   /* 使能 GPIO C 口 */
    HWREG (SYSCTL_RCGC2) |= SYSCTL_PERIPH_GPIOE & 0x0fffffff;   /* 使能 GPIO E 口 */
    delay(4);                                                    /* 延时 4 个周期 */
    HWREG (GPIO_PORTE_BASE + GPIO_O_DIR)   &= ~KEY1;
    HWREG (GPIO_PORTE_BASE + GPIO_O_AFSEL) &= ~KEY1;
    HWREG (GPIO_PORTE_BASE + GPIO_O_DR2R)  |= KEY1;
    HWREG (GPIO_PORTE_BASE + GPIO_O_DEN)   |= KEY1;
    HWREG (GPIO_PORTE_BASE + GPIO_O_PUR)   |= KEY1;
                                                                /* 配置 PE2 为上拉 2 mA 驱动输入 */
    HWREG (GPIO_PORTB_BASE + GPIO_O_DIR)   |= LED3;
    HWREG (GPIO_PORTB_BASE + GPIO_O_AFSEL) &= ~LED3;
    HWREG (GPIO_PORTB_BASE + GPIO_O_DR2R)  |= LED3;
    HWREG (GPIO_PORTB_BASE + GPIO_O_DEN)   |= LED3;
    HWREG (GPIO_PORTB_BASE + GPIO_O_PUR)   |= LED3;
                                                                /* 配置 PB6 为上拉 2 mA 驱动数字输出 */
    HWREG (GPIO_PORTC_BASE + GPIO_O_DIR)   |= LED4;
    HWREG (GPIO_PORTC_BASE + GPIO_O_AFSEL) &= ~LED4;
    HWREG (GPIO_PORTC_BASE + GPIO_O_DR2R)  |= LED4;
    HWREG (GPIO_PORTC_BASE + GPIO_O_DEN)   |= LED4;
    HWREG (GPIO_PORTC_BASE + GPIO_O_PUR)   |= LED4;
                                                                /* 配置 PC5 为上拉 2 mA 驱动数字输出 */
    HWREG (GPIO_PORTE_BASE + GPIO_O_IM)    &= ~KEY1;
    HWREG (GPIO_PORTE_BASE + GPIO_O_IBE)   &= ~KEY1;
    HWREG (GPIO_PORTE_BASE + GPIO_O_IS)    &= ~KEY1;
    HWREG (GPIO_PORTE_BASE + GPIO_O_IEV)   &= ~KEY1;
                                                                /* 设置 KEY1 中断的触发方式为下降沿触发 */
    HWREG (GPIO_PORTE_BASE + GPIO_O_IM)    |= KEY1;    /* 使能 KEY1 中断 */
    HWREGB (0xE000E404) = 5 << 5;                      /* 设定 GPIO E 中断优先级为低 */
    HWREG (NVIC_EN0) |= 1 << 4;                        /* 使能 GPIO E 口中断 */
    HWREG (WATCHDOG_BASE + WDT_O_LOCK) = 0x1acce551;   /* 设置看门狗定时器解锁 */
    HWREG (WATCHDOG_BASE + WDT_O_LOAD) = 6000000;      /* 设置看门狗定时器的重载值 */
    HWREG (WATCHDOG_BASE + WDT_O_CTL)  |= WDT_CTL_RESEN;  /* 使能看门狗定时器的复位功能 */
    HWREG (WATCHDOG_BASE + WDT_O_CTL)  |= WDT_CTL_INTEN;  /* 使能看门狗定时器的中断 */
    HWREG (WATCHDOG_BASE + WDT_O_LOCK) = WDT_LOCK_LOCKED; /* 使能看门狗定时器的锁定机制 */
```

```
    HWREGB  (0xE000E418)  = 4 << 5;                              /* 设定看门狗中断优先级为高 */
    HWREG   (NVIC_EN0)    |= 1 << 18;                            /* 使能看门狗中断 */
    while (1){
        HWREG  (GPIO_PORTB_BASE +  (GPIO_O_DATA +  (LED3 << 2))) =
            ~HWREG  (GPIO_PORTB_BASE +  (GPIO_O_DATA +  (LED3 << 2)));
                                                                 /* 反转 LED3 */
        delay(500000);
        HWREG  (WATCHDOG_BASE + WDT_O_ICR) = WDT_INT_TIMEOUT;    /* 看门狗清中断、喂狗 */
    }
}
```

思考题与习题

1. 简述系统控制寄存器功能。
2. LM3S 系列微控制器复位源有几个？简述其功能。
3. 分析图 4.1 所示外部复位时序图，简述外部复位时序。
4. 分析图 4.3 所示上电复位时序图，简述上电复位时序。
5. 分析图 4.4 所示掉电复位时序图，简述掉电复位时序。
6. 分析图 4.5 所示软件复位时序图，简述软件复位时序以及相关寄存器的设置。
7. 分析图 4.6 所示看门狗复位时序图，简述看门狗复位时序。
8. 简述如何利用 LDO 功率控制寄存器（LDOPCTL）实现对片内输出电压（V_{OUT}）的调整。
9. 根据图 4.7 所示系统时钟结构图，简述系统内部各时钟源功能。
10. 简述 PLL 的频率设置相关寄存器功能。
11. 分析 PLL 设置示例程序，简述 PLL 设置的编程方法。
12. 简述 LM3S 系列微控制器电源管理模式和特性。
13. 登录 http://www.luminarymicro.com，查找资料"Luminary Micro, Inc. LM3S8962 Microcontroller DATA SHEET"，简述与睡眠模式相关的寄存器功能以及设置方法。
14. 根据图 4.8 所示休眠模块的功能框图，简述休眠模块的功能及特性。
15. 分析休眠模块的示例程序，简述休眠模块的编程方法。
16. 根据图 4.9 所示 GPTM 模块方框图，简述 GPTM 模块的功能与模式。
17. 试比较 32 位定时器操作模式和 16 位定时器操作模式异同点。
18. 分析 GPTM 示例程序，简述 GPTM 的编程方法。
19. 根据图 4.10 所示 WDT 模块结构方框图，简述 WDT 模块功能。
20. 分析 WDT 示例程序，简述 WDT 的编程方法。

第5章 存储器

5.1 LM3S 系列微控制器内部存储器

5.1.1 存储器系统结构

LM3S 系列微控制器带有 16/32/64 KB 具有位操作(bit-banding)功能的 SRAM 和 64/96/128/256 KB 的 Flash 存储器，在存储器里的位置如图 5.1 所示。不同型号的 LM3S 微控制器的内部 RAM 和 Flash 的大小不一样，请参考表 1.1。

Flash 控制器提供了一个友好的用户接口，使 Flash 编程成为一项简单的任务。在 Flash 存储器中可应用 Flash 保护，以 2 KB 块大小为基础。

LM3S 系列微控制器内部 Flash 的结构方框图如图 5.2 所示。

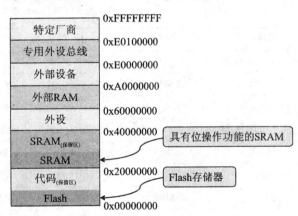

图 5.1 存储器系统示意图

5.1.2 寄存器映射

表 5.1 列出 Flash 存储器和控制寄存器。其中，所列出的偏移量在寄存器地址上采用了十六进制递增的方式，FMA、FMD、FMC、FCRIS、FCIM 和 FCMISC 寄存器的偏移量是相对 0x400FD000 的 Flash 控制基址而言的。FMPREn、FMPPEn、USECRL、USER_DBG 和 USER_REGn 寄存器的偏移量是相对 0x400FE000 的系统控制基址而言的。

第5章 存储器

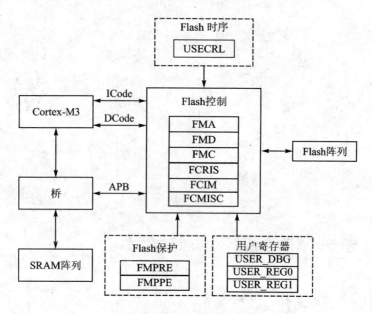

图 5.2 Flash 结构方框图

表 5.1 Flash 寄存器映射

偏移量	名 称	复 位	类 型	描 述
Flash 控制偏移量[1]				
0x000	FMA	0x00000000	R/W	Flash 存储器地址
0x004	FMD	0x00000000	R/W	Flash 存储器数据
0x008	FMC	0x00000000	R/W	Flash 存储器控制
0x00C	FCRIS	0x00000000	RO	Flash 控制器原始中断状态
0x010	FCIM	0x00000000	R/W	Flash 控制器中断屏蔽
0x014	FCMISC	0x00000000	R/W1C	Flash 控制器屏蔽后的中断状态和清除
系统控制偏移量[2]				
0x130,0x200	FMPRE0	0xFFFFFFFF	R/W	Flash 存储器保护读使能 0
0x134,0x400	FMPPE0	0xFFFFFFFF	R/W	Flash 存储器保护编程使能 0
0x140	USECRL	0x31	R/W	USec 重装
0x1D0	USER_DBG	0xFFFFFFFE	R/W	用户调试
0x1E0	USER_REG0	0x8FFFFFFF	R/W	用户寄存器 0
0x1E4	USER_REG1	0x8FFFFFFF	R/W	用户寄存器 1

续表 5.1

偏移量	名 称	复 位	类 型	描 述
0x204	FMPRE1	0xFFFFFFFF	R/W	Flash 存储器保护读使能 1
0x208	FMPRE2	0xFFFFFFFF	R/W	Flash 存储器保护读使能 2
0x20C	FMPRE3	0xFFFFFFFF	R/W	Flash 存储器保护读使能 3
0x404	FMPPE1	0xFFFFFFFF	R/W	Flash 存储器保护编程使能 1
0x408	FMPPE2	0xFFFFFFFF	R/W	Flash 存储器保护编程使能 2
0x40C	FMPPE3	0xFFFFFFFF	R/W	Flash 存储器保护编程使能 3

[1] Flash 控制偏移量的基址为 0x400FD000；

[2] 系统控制偏移量的基址为 0x400FE000。

注：本表中 FMPREn 和 FMPPEn 寄存器的复位值是针对 256 KB 的 Flash 而言的，因为不同大小 Flash 中这两个寄存器的复位值不一样，比如：64 KB Flash 中 FMPRE0 和 FMPPE0 的复位值为 0xFFFFFFFF，FMPRE1～3 和 FMPPE1～3 的复位值为 0x00000000；96 KB Flash 中 FMPRE0 和 FMPPE0 的复位值为 0xFFFFFFFF，FMPRE1 和 FMPPE1 的复位值为 0x0000FFFF，FMPRE2～3 和 FMPPE2～3 的复位值为 0x00000000；128 KB Flash 中 FMPRE0～1 和 FMPPE0～1 的复位值为 0xFFFFFFFF，FMPRE2～3 和 FMPPE2～3 的复位值为 0x00000000；256 KB Flash 的 FMPRE0～3 和 FMPPE0～3 的复位值为 0xFFFFFFFF。

5.1.3 SRAM 存储器的功能描述

Stellaris 器件的内部 SRAM 位于器件存储器映射地址 0x20000000。为了减少读-改-写(RMW)操作浪费的时间，ARM 在新的 Cortex-M3 处理器中引入了位操作(bit-banding)技术。在使能 bit-banding 的处理器中，当对存储器映射中的特定区域(SRAM 和外设空间)进行单次和细微操作时，可以使用地址别名来访问各个位。

通过使用下面的公式来计算 bit-band 别名：

bit-band 别名 = bit-band 基址 + (字节偏移量×32) + (位编号×4)

例如，如果要修改地址 0x20001000 的位 3，则 bit-band 别名如下计算：

0x22000000 + (0x1000×32) + (3×4) = 0x2202000C

通过计算得出别名地址，对地址 0x2202000C 执行读/写操作的指令仅允许直接访问地址 0x20001000 处字节的位 3。

有关 bit-banding 的详细信息，请参考 2.3.2 小节的位操作。

5.1.4 Flash 存储器的功能描述

Flash 是由一组可独立擦除的 1 KB 区块所构成的。对一个区块进行擦除将使该区块的全部内容复位为 1。这些模块配对后便组成了一组可分别进行保护的 2 KB 区块。区块可被标记为只读或只执行(execute-only)，以提供不同级别的代码保护。只读区块不能进行擦除或者编程,以保护区块的内容免受更改。只执行区块不能进行擦除或者编程,而且控制器只能通过取指的机制来读取它的内容,这可以保护区块的内容,使其免被控制器或调试器读取。

1. Flash 存储器时序

Flash 的时序是由 Flash 控制器自动处理的。但是,如此便需要得知系统的时钟速率以便对内部的信号进行精确的计时。为了完成这种计时,必须向 Flash 控制器提供每微秒所占用的时钟周期数目;而将此信息通过 USec 重装寄存器(USECRL)传达到 Flash 控制器以保持其更新状态的工作则由软件来负责实现。

在复位时,一个值会被载入到 USECRL 寄存器中,该值能对 Flash 的时序进行配置,以使其能够在所选的晶振频率下运作。如果软件改变系统操作频率,那么在试图对 Flash 进行任何修改之前必须将新的操作频率载入到 USECLR 中。例如,如果器件工作在 50 MHz 的频率下,那么必须向 USECRL 寄存器写入 0x31 的值。

USec 重装寄存器(USECRL),偏移量 0x140。该寄存器作为一个方法提供给 Flash 控制器,用来创建一个 1 μs 时钟节拍分频器的重装值。内部 Flash 对可以被应用的高电压写脉冲的时间长度有特定的最大值和最小值要求,它要求无论何时对 Flash 进行擦除或者编程操作,该寄存器都能够包含工作频率的值(系统时钟频率减 1 MHz,单位为 MHz)。如果 Flash 擦除/编程操作的时钟条件发生改变,那么也要求用户改变该值。该寄存器的各个位描述如表 5.2 所列。

表 5.2 USECRL 寄存器

位	名称	类型	复位	描述
31:8	保留	RO	0	软件不应该依赖保留位的值。为了兼容未来的器件,保留位的值在读-修改-写操作过程中应当保持不变。
7:0	USEC	R/W	0x31	重装值。 当 Flash 被擦除或编程时,控制器时钟的频率为:系统时钟频率减 1 MHz 如系统时钟为 50 MHz,则应把 USec 的值相应的设为 0x31(49 MHz)

2. Flash 存储器保护

在两个 32 位的寄存器中,以 2 KB Flash 块为基础向用户提供两种形式的 Flash 保护。由 FMPPEn 和 FMPREn 寄存器的各个位来控制每种形式的保护策略(每个块有一个策略)。

(1) Flash 保护策略组合

Flash 存储器保护编程使能 n 寄存器(FMPPEn):如果置位,则可以对模块进行编程(写)或擦除;如果清零,则不可以改变模块。

Flash 存储器保护读使能 n 寄存器(FMPREn):如果置位,则可以通过软件或调试器执行或读模块;如果清零,则只可以执行模块。存储器模块的内容禁止作为数据来访问,并且也不能经过数据总线。

可以将这些策略进行组合,如表 5.3 所列。

表 5.3 Flash 保护策略组合

FMPPEn	FMPREn	保护
0	0	只执行保护。只可以执行模块而不能对其进行写或擦除。使用该模式来保护代码
1	0	可以写、擦除或执行模块,但不能进行读取。不太可能会使用这种组合
0	1	只读保护。可以读或执行模块,但不能对其进行写或擦除。在允许任何读或执行访问时,使用该模式来锁定模块以防对其进行更多的修改
1	1	无保护。可对模块进行写入、擦除、执行或读取操作

(2) Flash 控制器中断屏蔽寄存器(FCIM)

试图对受到擦写保护的模块进行编程或者擦除的访问操作是被禁止的。可选择产生控制器中断(通过置位 FCIM 寄存器中的 AMASK 位)来向软件开发者警报在开发和调试阶段中出现的错误软件操作。该 FCIM 寄存器控制 Flash 控制器是否向控制器产生中断。该寄存器各个位描述如表 5.4 所列。

表 5.4 Flash 控制器中断屏蔽寄存器

位	名称	类型	复位	描述
31:2	保留	RO	0	软件不应该依赖保留位的值。为了兼容未来的器件,保留位的值在读-修改-写操作过程中应当保持不变
1	PMASK	R/W	0	编程中断屏蔽。该位控制把编程原始中断状态报告到控制器的过程。如果置位,则向控制器提交编程所产生的中断;否则,中断会被记录下来,但并不会提交到控制器
0	AMASK	R/W	0	访问中断屏蔽。该位控制把访问原始中断状态报告到控制器的过程。如果置位,则向控制器提交访问所产生的中断;否则,中断会被记录下来,但并不会提交到控制器

试图对受到读保护的模块进行读取的访问操作是被禁止的,此类访问所返回的数据将全部为 0。可选择产生控制器中断来向软件开发者警报在开发和调试阶段中出现的错误软件操作。

在 FMPREn 和 FMPPEn 寄存器的出厂设置中,所有已经实现的存储器组对应的位的值为 1。这实现了一种带有开放式访问和可编程特性的策略。寄存器的位可通过写入特定的寄存器位来改变;而这种改变不是永久性的,除非寄存器已获确认(已保存),在那时,位的改变才

第5章 存储器

是永久性的。如果位在从 1 变为 0 时没有确认,可以通过执行上电复位序列来恢复该位。

(3) Flash 存储器保护读使能 n 寄存器(FMPREn)

注意:这个寄存器采用别名,用来向后兼容。偏移量是相对 0x400FE000 的系统控制基址而言的。

这个寄存器存放的是 2 KB Flash 区块的只读保护位(FMPPEn 保存只执行位)。该寄存器在上电复位期间加载,各个位描述如表 5.5 所列。

表 5.5 Flash 存储器保护读使能 n 寄存器

位	名称	类型	复位	描述
31:0	READ_ENABLE	R/W	0xFFFFFFFF	Flash 读使能。允许对 2 KB Flash 区块执行命令或进行读操作。可以将保护的策略进行组合,如表 5.3 所列

(4) Flash 存储器保护编程使能 n 寄存器(FMPPEn)

注:这个寄存器采用别名,用来向后兼容。偏移量是相对 0x400FE000 的系统控制基址而言的。

该寄存器存放的是 2 KB Flash 区块的只执行保护位(FMPREn 保存只执行位)。该寄存器在上电复位期间加载,各个位描述如表 5.6 所列。

表 5.6 Flash 存储器保护编程使能 n 寄存器

位	名称	类型	复位	描述
31:0	PROG_ENABLE	R/W	0xFFFFFFFF	Flash 编程使能。将 2 KB Flash 区块配置为只执行,可以将保护的策略进行组合,如表 5.3 所列

对于所有执行存储体来说,FMPREn 和 FMPPEn 寄存器在出厂时都被设置为 1,这样就可以得到一种开放式访问和编程的策略,可以通过写特定的寄存器位来改变该寄存器的位。但是,这个寄存器属于 R/W0;用户只能将保护位从 1 变为 0(不能从 0 变为 1)。而这种改变不是永久的,直至寄存器被提交(保存),此时位的改变是永久性的。如果某个位从 1 变为 0 且没有提交,其内容可以通过执行上电复位序列进行恢复。

3. Flash 存储器编程

写 Flash 存储器要求在 SRAM 之外执行写入的代码以避免破坏或打断总线时序。Flash 页面的擦除是以页面为单位(每页 1 KB)来进行的,还可以通过执行对整个 Flash 进行完全擦除的操作来完成。

所有擦除和编程的操作都是通过使用 Flash 存储器地址(FMA)、Flash 存储器数据(FMD)和 Flash 存储器控制(FMC)寄存器来执行的。

(1) Flash 存储器地址寄存器(FMA),偏移量 0x000

在写操作过程中,该寄存器带有一个以 4 字节为单位对齐的地址并指定在哪里写入数据。

在擦除操作过程中,该寄存器带有一个以 1 KB 为单位对齐的地址并指定哪一页被擦除。注意必须要符合(地址)对齐的要求,否则操作的结果将不可预知。该寄存器各个位描述如表 5.7 所列。

表 5.7 Flash 存储器地址寄存器

位	名称	类型	复位	描述
31:18	保留	RO	0x0	保留位返回一个不确定的值,并且应永不改变
17:0[1]	OFFSET	R/W	0x0	地址偏移量。Flash 中执行操作处(非易失性寄存器除外)的地址偏移量

[1] 该域为 256 KB Flash 单片机的有效位,小于 256 KB Flash 的单片机其有效位不同,如:128 KB Flash 的有效位为 16:0,其他为保留位;96 KB Flash 的有效位为 16:0,其他为保留位;64 KB Flash 的有效位为 15:0,其他为保留位。

(2) Flash 存储器数据寄存器(FMD),偏移量 0x004

该寄存器所存放的是编程周期中被写入的数据或在读周期中被读取的数据。需要注意的是,对于只执行模块的读取访问来说,该寄存器的内容是未定义的。在擦除的周期中并不使用该寄存器。该寄存器各个位描述如表 5.8 所列。

表 5.8 Flash 存储器数据寄存器

位	名称	类型	复位	描述
31:0	DATA	R/W	0x0	数据值。写操作的数据值

(3) Flash 存储器控制寄存器(FMC),偏移量 0x008

当该寄存器被写入的时候,Flash 控制器将对 Flash 存储器地址(FMA)中指定的位置发起适当周期数目的访问操作。如果访问是写入访问,那么将会写入 Flash 存储器数据寄存器(FMD)中保存的数据。该寄存器的各个位描述如表 5.9 所列。

这是写入的最后一个寄存器,并将启动存储器操作。在该寄存器的低位字节中有 4 个控制位,当这些位被置位时将启动存储器操作。这些寄存器中经常使用的位为 ERASE 和 WRITE。

写入多个控制位是一种编程错误,而且这种操作的结果是无法预知的。

表 5.9 Flash 存储器控制寄存器

位	名称	类型	复位	描述
31:16	WRKEY	WO	0x0	Flash 写密钥。该字段包含了一个 write key(写入匙码),最大限度地缩小了意外 Flash 写入操作的范围。必须向该字段写入 0xA442 的值以便发出写入操作。若写入 FMC 寄存器的值不带 WRKEY,那么该值将被忽略掉。读取该字段将返回 0

第 5 章 存储器

续表 5.9

位	名称	类型	复位	描述
15:4	保留	RO	0	软件不应该依赖保留位的值。为了兼容未来的器件,保留位的值在读-修改-写操作过程中应当保持不变
3	COMT	R/W	0	确认寄存器值。 向非易失性存储器确认(写)寄存器的值。 写操作:写 0 对该位的状态无影响。 读操作:提供先前所确认的访问状态。如果先前的确认访问完成,则返回 0;如果确认访问没有完成,则返回 1。 该操作所需的时间最多可达 50 μs
2	MERASE	R/W	0	完全擦除 Flash 存储器。 写操作:如果该位置位,则器件的 Flash 主存储器的内容将被全部擦除;写 0 对该位的状态没有影响。 读操作:提供先前完全擦除访问的状态。如果先前完全擦除的访问已完成,则返回 0;如果先前的访问没有完成,则返回 1。 该操作所需的时间最多可达 250 ms
1	ERASE	R/W	0	擦除 Flash 存储器的页。 写操作:如果该位置位,则擦除 FMA 内容所指定的 Flash 主存储器页。写 0 对该位的状态没有影响。 读操作:提供先前擦除访问的状态。如果先前的擦除访问已完成,则返回 0;如果先前的访问还没有完成,则返回 1。 该操作所需的时间最多可达 25 ms
0	WRITE	R/W	0	写一个字到 Flash 存储器。 写操作:如果该位置位,则 FMD 中存储的数据被写到 FMA 内容所指定的位置;写 0 对该位的状态没有影响。 读操作:提供先前写更新的状态。如果先前的写访问已完成,则返回 0;如果写访问还没有完成,则返回 1。 该操作所需的时间最多可达 50 μs

4. 非易失性寄存器编程

本部分讨论如何更新驻留在 Flash 存储器自身内部的寄存器。这些寄存器如表 5.10 所列,位于主 Flash 阵列的一个独立空间,不受擦除或整体擦除操作的影响。它们通过使用 FMC 寄存器的 COMT 位激活一个写操作来更新。写入 USER_DBG 寄存器的数据在"确认"之前必须被装入 FMD 寄存器。所有其他的寄存器都是可读/写的,它们在确认到非易失性存储器之前可以对操作进行尝试。这些寄存器的位只能由用户使其从 1 变为 0,用户无法将它们擦除,使它们变回 1。用户调试寄存器如表 5.11 所列。

表 5.10　Flash 驻留寄存器

被确认的寄存器	FMA 值	数据源	被确认的寄存器	FMA 值	数据源
FMPRE0	0x00000000	FMPRE0	FMPPE2	0x00000005	FMPPE2
FMPRE1	0x00000002	FMPRE1	FMPPE3	0x00000007	FMPPE3
FMPRE2	0x00000004	FMPRE2	USER_REG0	0x80000000	USER_REG0
FMPRE3	0x00000008	FMPRE3	USER_REG1	0x80000001	USER_REG1
FMPPE0	0x00000001	FMPPE0	USER_DBG	0x75100000	FMD
FMPPE1	0x00000003	FMPPE1			

注：哪个 FMPREn 和 FMPPEn 寄存器可用，取决于特定的 Stellaris 器件的 Flash 大小。

表 5.11　用户调试寄存器位描述

位	名称	类型	复位	描述
31	NW	R/W0	1	用户调试没有被写。表示这个 32 位双字没有被写
30:2	DATA	R/W	0x1FFFFFFF	用户数据。包含用户数据值。该位域初始化后为全 1，并且只能写一次
1	DBG1	R/W	1	调试控制 1。若想允许调试，DBG1 位必须为 1，DBG0 必须为 0
0	DBG0	R/W	0	调试控制 0。若想允许调试，DBG1 位必须为 1，DBG0 必须为 0

此外，USER_REG0、USER_REG1 和 USER_DBG 使用各自的位 31(NW)来指示它们可以供用户写入。这 3 个寄存器只能写入一次，而 Flash 保护寄存器可以被写入多次。当 FMC 寄存器的 COMT 位写入值 0xA4420008 时，表 5.10 提供了每个寄存器确认所需的 FMA 地址以及要写入的源数据。在写 COMT 位之后，用户可以查询 FMC 寄存器来等待确认操作的结束。

(1) 用户调试寄存器(USER_DBG)，偏移量 0x1D0

注意：偏移量是相对 0x400FE000 的系统控制基址而言的。

该寄存器通过提供一种"写一次"机制来禁止外部调试器访问器件和 27 位用户定义的数据。DBG0 位(位 0)在出厂时被设置为 0，DBG1 位(位 1)被设为 1，这些设置将使能外部调试器。通过将 DBG1 位变为 0，从器件的下一个上电周期开始可以永久地禁止外部调试器访问器件。NW 位(位 31)表示寄存器可以被写，并且通过硬件控制来确保该寄存器只能写一次。

(2) 用户寄存器 0 寄存器(USER_REG0)，偏移量 0x1E0

注意：偏移量是相对 0x400FE000 的系统控制基址而言的。

该寄存器包含 31 位用户定义的数据，这些数据是非易失的，且只能写一次。位 31 表示该寄存器可以被写并且通过硬件控制来确保该寄存器只能写一次。寄存器的这种"写一次"特性在保存像通信地址这类各器件所独有的静态信息时非常有用，否则便需要外部 E^2PROM 或其他非易失器件。该寄存器各个位描述如表 5.12 所列。

表 5.12 用户寄存器 0 寄存器

位	名称	类型	复位	描述
31	NW	R/W	1	没有被写。表示这个 32 位双字没有被写
30:0	DATA	R/W	0x7FFFFFFF	用户数据。包含用户数据值。这个位域初始化后为全 1,并且只能写一次

(3) 用户寄存器 1 寄存器(USER_REG1),偏移量 0x1E4

注意:偏移量是相对 0x400FE000 的系统控制基址而言的。

该寄存器包含 31 位用户定义的数据,这些数据是非易失的,且只能写一次。位 31 表示寄存器可以被写,并且通过硬件控制来确保该寄存器只能写一次。该寄存器的这种"写一次"特性在保存像通信地址这类各器件所独有的静态信息时非常有用,否则就需要外部 E^{2}PROM 或其他非易失器件了。该寄存器各个位描述如表 5.13 所列。

表 5.13 用户寄存器 1 寄存器

位	名称	类型	复位	描述
31	NW	R/W	1	没有被写。表示这个 32 位双字没有被写
30:0	DATA	R/W	0x7FFFFFFF	用户数据。包含用户数据值,这个位域初始化后为全 1,并且只能写一次

5. Flash 控制器的中断

对 Flash 进行编程或者是对 Flash 进行访问时,当编程周期完成或不正确地访问 Flash 都会产生中断,中断被反映在 Flash 控制器原始中断状态寄存器(FCRIS)中,如表 5.14 所列。

表 5.14 Flash 控制器原始中断状态寄存器(FCRIS)

位	名称	类型	复位	描述
31:2	保留	RO	0	软件不应该依赖保留位的值。为了兼容未来的器件,保留位的值在读-修改-写操作过程中应当保持不变
1	PRIS	RO	0	编程的原始中断状态。该位表示编程周期的当前状态。 如果置位,则编程周期完成;如果清零,则编程周期还没有完成。编程周期是指通过 Flash 存储器控制寄存器(FMC)产生的写或擦除操作
0	ARIS	RO	0	Flash 访问的原始中断状态。该位指示 Flash 是否被不正确地访问。 如果置位,则表示程序试图访问 Flash 的操作与 Flash 存储器保护读使能寄存器(FMPRE)和 Flash 存储器保护编程使能寄存器(FMPPE)中设置的策略相反;否则,没有试图错误访问 Flash 的情况出现

一个中断信号只有在其相应的 FCIM 寄存器位被置位时才能发出,该 FCIM 寄存器控制 Flash 控制器是否向控制器产生中断,具体描述如表 5.4 所列。

FCIM 寄存器把访问原始中断状态报告到控制器并产生中断,哪个或者哪几个中断源正在发出中断信号则由 Flash 控制器屏蔽后的中断状态和清除寄存器(FCMISC)体现,并由此报告出中断产生的原因;其次,该寄存器还可以将它作为清除中断报告的一种方法来使用。该寄存器描述如表 5.15 所列。

表 5.15　Flash 控制器屏蔽后的中断状态和清除寄存器

位	名称	类型	复位	描述
31:2	保留	RO	0	软件不应该依赖保留位的值。为了兼容未来的器件,保留位的值在读-修改-写操作过程中应当保持不变
1	PMISC	R/W1C	0	屏蔽编程中断状态,以及对屏蔽状态的清除。该位指示是否由于编程周期已完成且未被屏蔽而发出中断信号。该位通过写 1 来清零。当清零 PMISC 位时,FCRIS 寄存器中的 PRIS 位也被清零
0	AMISC	R/W1C	0	屏蔽访问中断状态,以及对屏蔽状态的清除。该位指示是否由于试图错误访问且未被屏蔽而发出中断信号。该位通过写 1 来清零。当清零 AMISC 位时,FCRIS 寄存器中的 ARIS 位也被清零

5.1.5　Flash 初始化和配置

1. 改变 Flash 保护位

在保护位生效之前必须确认对这些位的改变。改变和确认一个位的顺序如下:

① 写 Flash 存储器保护读使能(FMPREn)寄存器和 Flash 存储器保护编程使能(FMPPEn)寄存器,将需要修改的位(intended bit)改变。在该状态下可通过软件对这些更改的举动进行测试。

② 如果需要确认 FMPPEn 寄存器,那么把 Flash 存储器地址寄存器(FMA)的位 0 设为 1;否则,当位 0 被设为 0 时会确认 FMPREn 寄存器。

③ 写 Flash 存储器控制寄存器(FMC),将 COMT 位置位。该操作启动一个写序列并确认改变。

2. Flash 编程

Stellaris 器件为 Flash 编程提供了一个友好的用户接口。通过 3 个寄存器 FMA、FMD 和 FMC 来处理所有擦除/编程操作。

(1) 按照下列次序来对 Flash 进行编程

① 把源数据写入 FMD 寄存器中。

② 把目标地址写入到 FMA 寄存器中。
③ 把 Flash 写入匙码(flash write key)写入到 FMC 寄存器,并将 WRITE 位置位。(写入 0xA4420001)。
④ 查询 FMC 寄存器直至 WRITE 位被清零。

(2) 要执行 1 KB 页的擦除
① 将页地址写入 FMA 寄存器。
② 将 Flash 写入匙码(flash write key)写入 FMC 寄存器,并将 ERASE 位置位(写入 0xA4420002)。
③ 查询 FMC 寄存器直至 ERASE 位被清零。

(3) 要执行 Flash 的完全擦除
① 将 Flash 写入匙码(flash write key)写入 FMC 寄存器,并将 MERASE 位置位(写入 0xA4420004)。
② 查询 FMC 寄存器直至 MERASE 位被清零。

5.1.6 Flash 擦除与编程示例程序

1. Flash 擦除

Flash 的编程不同 RAM 那样直接向指定的地址写入数据,而需要一定的程序列。由于 Flash 编程只用将数据为 1 的位写成 0,数据为 0 的则不能改写,所以只能通过擦除操作将一个块(1024 字节)的数据擦除,擦除后的数据各个位的值都为 1。

以下例子演示如何将第 7 块 Flash 擦除,然后写入一些数据。擦除 Flash 块操作的程序如下所示:

```
#define HWREG(x)                (*((volatile unsigned long *)(x)))
#define Flash_USECRL            0x400FE140         /* uSec 重装寄存器 */
#define Flash_FMA               0x400FD000         /* Flash 存储地址寄存器 */
#define Flash_FMD               0x400FD004         /* Flash 存储数据寄存器 */
#define Flash_FMC               0x400FD008         /* Flash 存储控制寄存器 */
#define Flash_FCRIS             0x400FD00c         /* Flash 原始中断状态寄存器 */
#define Flash_FCMISC            0x400FD014         /* Flash 中断状态和清除寄存器 */
#define Flash_FMC_WRKEY         0xA4420000         /* Flash 写键码 */
#define Flash_FMC_ERASE         0x00000002         /* 擦除 Flash 页 */
#define Flash_FMC_WRITE         0x00000001         /* 写 Flash */
#define Flash_FCMISC_ACCESS     0x00000001         /* 无效存取状态 */
#define Flash_FCRIS_ACCESS      0x00000001         /* 无效存取状态 */
long FlashErase(unsigned long ulAddress)           /* 擦除 Flash 函数 */
{   HWREG(Flash_FCMISC) = Flash_FCMISC_ACCESS;     /* 清上次访问出错中断 */
```

```
    HWREG(Flash_FMA) = ulAddress;                           /* 写擦除扇区偏移地址 */
    HWREG(Flash_FMC) = Flash_FMC_WRKEY | Flash_FMC_ERASE;   /* 写擦除命令 */
    while( HWREG(Flash_FMC) & Flash_FMC_ERASE);             /* 等待擦除 */
    if(HWREG(Flash_FCRIS) & Flash_FCRIS_ACCESS)             /* 查询是否访问出错 */
        return(-1);                                         /* 访问失败 */
    return(0);                                              /* 成功擦除 */
}
```

2. Flash 编程

Flash 编程只能以字的方式编程，因此编程的地址必须以字对齐，编程数据的个数为 4 的倍数。Flash 编程程序如下所示：

```
long FlashProgram(unsigned long * pulData, unsigned long ulAddress, unsigned long ulCount)
{
    if(ulAddress & 3)      return(-1);                      /* 编程的地址不字对齐,退出 */
    if(ulCount & 3)        return(-1);                      /* 编程数据的个数不为4的倍数,退出 */
    HWREG(Flash_FCMISC) = Flash_FCMISC_ACCESS;              /* 清上次访问出错中断 */
    while(ulCount)                                          /* 循环编程多个字 */
    {
        HWREG(Flash_FMA) = ulAddress;                       /* 写入字的地址 */
        HWREG(Flash_FMD) = * pulData;                       /* 写入的数据 */
        HWREG(Flash_FMC) = Flash_FMC_WRKEY |
                           Flash_FMC_WRITE;                 /* 写操命令 */
        while(HWREG(Flash_FMC) & Flash_FMC_WRITE);          /* 等待编程完成 */
        pulData + +;                                        /* 指向下一个需要写入的字数据 */
        ulAddress + = 4;                                    /* 指向下一个需要编和的Flash地址 */
        ulCount - = 4;                                      /* 需编程的字个数减1 */
    }
    if(HWREG(Flash_FCRIS) & Flash_FCRIS_ACCESS)             /* 检查编程是否出错 */
        return(-1);                                         /* 编程出错 */
    return(0);                                              /* 正常完成编程 */
}
```

3. 利用 FlashErase 函数和 FlashProgram 函数擦除与编程 Flash

以下示例程序作用是：利用 FlashErase 函数擦除第 7 块 Flash，然后使用 FlashProgram 函数将 Data 数组中的数据写入到 Flash 中，再比较写入的数据与读出的是否一致。

```
int main(void)
{
    unsigned long Data[4] = {0x12345678,0xaa55aa55,0x55aa55aa,0xaabbccdd};
    int i;
```

第 5 章 存储器

```
    /* 当使用 6 MHz 的晶振时,复位时系统时中为 6 MHz */
    HWREG(Flash_USECRL) = 20 - 1;    /* 写或擦除 Flash时钟要求为系统时中减 1 MHz 的频率 */
    if(FlashErase(1024 * 6))         /* 擦除 Flash 的第 7 个扇区,即偏移地址为 0x1800 */
        while(1);                    /* 擦除 Flash 出错 */
    if(FlashProgram(Data,1024 * 6,4 * 4))
        while(1);                    /* 编程 Flash 出错 */
    for(i = 0;i<4;i + +)
    {   if(HWREG(1024 * 6 + i * 4)! = Data[i])   /* 比较写入 Flash 的数据是否正确 */
            while(1);                /* 写入的数据与不对 */
    }
    while(1);
}
```

调试时,建议打开 Memory 窗口(CorossStudio 主菜单的 View→Other Windows→Memory→Memory 1)观察数据的变化,如图 5.3 所示。

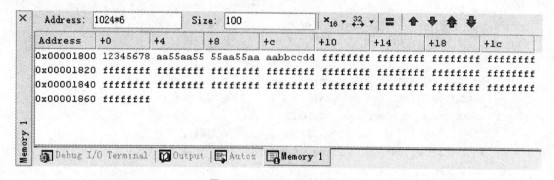

图 5.3　Memory 观察窗口

5.2　串行 NOR Flash

5.2.1　串行 NOR Flash 简介

串行 NOR Flash 是用串行通信接口进行连续数据存取的小尺寸、低功耗 Flash 存储器。相对于并行 Flash,它用更少引脚传送数据,降低了系统的空间、功耗和成本。它内部的地址空间是线性排列的,随机访问速度很快;它的传输效率高,在 1~4 MB 小容量时具有很高的性价比。更重要的是,串行 NOR Flash 的读写操作十分简易。这些优势使得串行 NOR Flash 被广泛用于微型、低功耗的数据存储系统。

串行 NOR Flash 可通过 SPI 进行通信。用户根据 Flash 芯片自定义的协议,通过 SPI 发送命令到芯片,并接收回应的状态信息和数据信息。用户在使用串行 NOR Flash 时要注意其支持的 SPI 操作模式。

目前市场上的主要串行 NOR Flash 存储器如表 5.16 所列。

表 5.16 常见串行 NOR Flash 存储芯片

芯片系列/厂商	容量范围	操作电压/V	操作时钟/MHz	产品
SST25/SST	512 KB~128 MB	2.7~3.6	20/33/50	SST25VF016B
AT25X/ATMEL	512 KB~4 MB	2.7~3.6	20~25	AT25F4096
M25P/意法	1~128 MB	2.7~3.6	40/50	M25P32
W25X/WINBOND	1~32 MB	3.0~3.3	75	W25X16

5.2.2 串行 NOR Flash SST25VF016B

1. SST25VF016B 基本特性

SST25VF016B 是一款 8 位 SPI Flash 存储芯片，容量为 16 Mb，分为 512 个扇区，每个扇区大小为 32 Kb。芯片的地址空间示意图如图 5.4 所示。

SST25VF016B 芯片的读/写操作以字节为单位，能在 2.7~3.6 V 电源电压下完成读/写操作。

SST25VF016B 有如下特性：
- 最大操作频率可达 50 MHz 的读数据操作，读数据时芯片内部自动调整读地址。
- 支持单字节编程及自动累加编程模式。
- 灵活的擦除模式，包括单扇区擦除、8 扇区/16 扇区擦除和全片擦除。
- 写保护功能，可指定地址范围写保护。
- 可暂停烧写而无需重启总线，之后可无缝恢复烧写。
- 用户可通过状态寄存器完成工作状态查询、功能参数设置等操作。

2. SST25VF016B 引脚功能

SST25VF016B 引脚如图 5.5 所示。

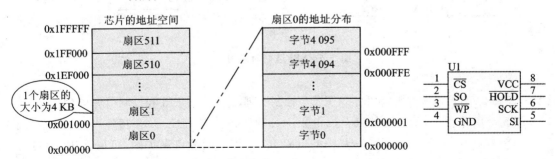

图 5.4 SST25VF016B 地址空间   图 5.5 SST25VF016B 引脚

SST25VF016B 引脚功能如表 5.17 所列。

表 5.17　SST25VF016B 引脚功能

引脚名称	引脚功能
SCK	SST25VF016B SPI 串行时钟线
SI	SST25VF016B SPI 串行从机数据输入引脚
SO	SST25VF016B SPI 串行从机数据输出引脚
$\overline{CS}$	SST25VF016B 的片选线,该引脚电平为低时,芯片被使能
$\overline{WP}$	该引脚为高时,用户可不受限制地修改状态寄存器内的写保护参数
$\overline{HOLD}$	烧写暂停控制引脚,该引脚的电平为低且 SCK 总线上有信号时,烧写操作暂停
VDD	电源引脚,电压范围在 2.7～3.6 V
GND	电源地

3. 通信时序

SST25VF016B 是通过 SPI(串行外设接口)总线来进行访问的。SPI 总线由 4 根控制线组成:片选线 $\overline{CS}$ 用来选择设备、SI 为串行数据输入、SO 为串行数据输出以及 SCK 串行时钟线。

SST25VF016B 支持 Freescale SPI 的模式 0(0,0) 和模式 3(1,1) 通信时序:这两种时序之间的不同是在主机总线处于标准模式和没有数据发送时 SCK 的状态不同。在模式 0 时,SCK 信号为低电平;在模式 3 时,SCK 信号为高。对于两种模式,串行输入数据(SI)是在 SCK 时钟信号的上升沿被采样,串行输出数据(SO)由 SCK 时钟信号的下降沿驱动输出。SST25VF016B 的串行通信时序如图 5.6 所示。

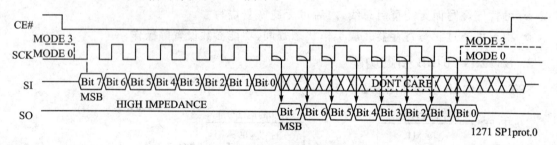

图 5.6　SPI 通信时序图

4. 应用电路

SST25VF016B 有电源引脚、SPI 接口引脚与控制引脚,芯片通过 SPI 和控制引脚与 CPU 连接。

如图 5.7 所示,$\overline{HOLD}$ 引脚外接上拉电阻 R2,$\overline{WP}$ 和 $\overline{CS}$ 与 PB1、PA3 相连,因此用户可通过 I/O 口控制芯片的写保护和片选,其中的电阻 R3 是用来做端口保护的,可以不用。当用户不用控制写保护引脚时可以通过上拉电阻把它设置为高电平。

片选线 $\overline{CS}$ 连接 CPU 的一个普通的 I/O 口 PA3,根据 SST25VF016B 的时序要求,用这个

I/O 口来模拟片选信号;SCK 连接 CPU 的 PA2(SCLK);SI 连接 CPU 的 PA5(MOSI);SO 连接 CPU 的 PA4(MISO)。

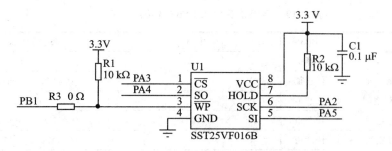

图 5.7　SST25VF016B 与 LM3S 系列微控制器的接口电路

5. 状态寄存器

SST25VF016B 状态寄存器长度为 1 个字节,包括存储繁忙状态、写保护等级、烧写模式和写保护等级修改使能位 4 个方面的信息。用户可通过状态寄存器获取芯片的工作信息,同时也可以通过状态寄存器来设定芯片参数。SST25VF016B 状态寄存器的位功能说明如表 5.18 所列。

表 5.18　状态寄存器的位功能表

位	名称	功能	复位值
0	BUSY	为 1 时表明芯片内部操作尚未结束	0
1	WEL	为 1 时表明芯片写使能有效,为 0 时对芯片任意区域的写操作无效	0
2	BP0	该位和 BP1~3 一起决定写保护等级	1
3	BP1	该位和 BP0、2、3 一起决定写保护等级	1
4	BP2	该位和 BP0、1、3 一起决定写保护等级	1
5	BP3	该位和 BP1、2 一起决定写保护等级	0
6	AAI	该位为 1 时表明处于 AAI 烧写模式,否则处于单字节烧写模式	0
7	BPL	当 $\overline{WP}$ 为低电平时,BPL 位决定 BP0~3 位是否可写 当 $\overline{WP}$ 为高电平时,BPL 位对 BP0~3 的读写没有影响 BPL 位为 1 时,BP0~3 只读,状态寄存器里其他位也只读 BPL 位为 0 时,BP0~3 可写	0

6. 写保护

SST25VF016B 具有写保护功能,该功能是通过两层机制来实现的。

第 1 层写保护机制,用户可通过状态寄存器里的写保护等级位 BP0~3 设定芯片写保护

第 5 章 存储器

的地址范围。状态寄存器里的写保护等级位如表 5.19 所列,写保护地址范围和 BP0～3 的关系如表 5.19 所列。

表 5.19 写保护等级和 BP0～3 位的关系

写保护等级	BP3	BP2	BP1	BP0	保护的地址范围
不保护	任意值	0	0	0	无
芯片的头 1/32 地址空间	任意值	0	0	1	0x1F0000～0x1FFFFF
芯片的头 1/16 地址空间	任意值	0	1	0	0x1E0000～0x1FFFFF
芯片的头 1/8 地址空间	任意值	0	1	1	0x1C0000～0x1FFFFF
芯片的头 1/4 地址空间	任意值	1	0	0	0x180000～0x1FFFFF
芯片的头 1/2 地址空间	任意值	1	0	1	0x100000～0x1FFFFF
芯片全区	任意值	1	1	0	0x000000～0x1FFFFF
芯片全区	任意值	1	1	1	0x000000～0x1FFFFF

注:BP3 位值忽略,默认为 0,上电复位时,BP0、BP1、BP2 都默认为 1 值,写保护等级默认为最高,此时芯片全区保护。

第 2 层写保护机制,通过状态寄存器里写使能锁存位 WEL 的值决定了写操作的使能与禁止。

5.2.3 SST25VF016B 的操作软件包

在 EasyARM 开发板配套的产品光盘里提供了 SST25VF016B 的操作软件包,用户可以通过软件包实现对该芯片的主要操作。

1. 软件包的结构

软件包共有 6 个函数,用户只需使用其中的 4 个用户 API 就可以了。用到 SPI 时需要调用 SPI 初始化函数,SPI 初始化函数中还包括对片选引脚的初始化,因为在和 SST25VF016B SPI 通信的片选是用来 I/O 口来模拟的。软件包结构如图 5.8 所示。

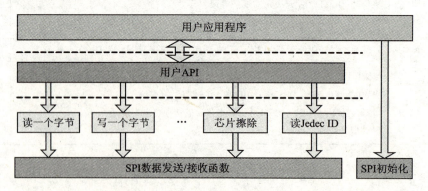

图 5.8 SST16VF016B 操作软件包结构示意图

2. 操作原理

SST25VF016B 的操作软件包定义了一系列操作指令用于实现芯片提供的底层操作,每个指令都有对应的代码。只要将指令代码发送给芯片,芯片就会执行相应的底层操作。这个过程可用如图 5.9 所示的流程图描述。

SST25VF016B 的操作软件包所提供的底层操作,包括单字节读/写数据、擦除扇区、读/写状态寄存器、设置写保护寄存器等,这是 SST25VF016B 所能执行的最小功能单元。

但是,由于底层操作对用户透明,因此需要一个在用户和底层操作间完成数据交互的接口,即用户 API。一方面,对用户而言,它使用方便;另一方面,它能将用户指定的功能分解成若干个底层操作,并调用 SPI 通信函数发送代码来实现这些操作,最终实现用户要求的功能。用户 API 如表 5.20 所列。

表 5.20 用户 API 汇总

函数名称	函数功能
SSTF016B_RD	读取单个或多个字节
SSTF016B_RdID	读取设备 ID、厂商 ID、JEDECID
SSTF016B_WR	将写缓存里的 1 个或多个字节数据写入指定地址
SSTF016B_Erase	指定起始扇区、终止扇区并完成擦除操作

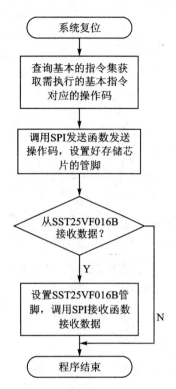

图 5.9 读操作 API 流程示意图

5.2.4 串行 NOR Flash 编程

1. SPI 初始化

使用软件前,首先需要对 CPU 的 SPI 进行初始化。SPI 初始化程序如下所示:

```
void SPIInit(void)
{
    SysCtlPeripheralEnable(SYSCTL_PERIPH_SSI);         /* 使能 SPI 时钟 */
    SysCtlPeripheralEnable(SYSCTL_PERIPH_GPIOA);       /* 使能 GPIOA 时钟 */

    /* 设置 SPI 的工作模式为 0,设置为主机,通信速率为 3M,访问数据为 8 位宽度 */
    SSIConfig(SSI_BASE, SSI_FRF_MOTO_MODE_0, SSI_MODE_MASTER,
        BitRate, DataWidth);
    SSIEnable(SSI_BASE);                               /* SPI 操作使能 */
```

第 5 章　存储器

```
/* 设定 GPIO A 2～5 引脚为使用外设 SPI 功能 */
GPIOPinTypeSSI(GPIO_PORTA_BASE,(GPIO_PIN_2 | GPIO_PIN_3 | GPIO_PIN_4 | GPIO_PIN_5));
/* 设置 PA0 为输出方式,用 PA0 口来模拟片选 */
GPIODirModeSet(GPIO_PORTA_BASE, PINS, GPIO_DIR_MODE_OUT);
GPIOPadConfigSet(GPIO_PORTA_BASE, PINS, GPIO_STRENGTH_2MA, GPIO_PIN_TYPE_STD);
                                                /* 配置片选引脚为上拉,2 mA 输出 */
CE_High();
}
```

程序说明:由于 SST25VF016B 往往要求 SPI 连续发送多个字节(比如连续发送 24 位宽的地址值),在发送期间,SST25VF016B 的片选必须保持有效,为灵活地满足 SST25VF016B 的时序要求,使用 PA0 作为从机的片选引脚。SPI 的 SSEL(PA3)在这个应用中并没有使用。

2. SPI 通信函数

软件包调用 SPI 通信函数控制 SST25VF016B 完成底层操作。

(1) SPI 发送程序

```
void Send_Byte(uint8 data)
{
    uint32  NullData;
    SSIDataPut(SSI_BASE, data);           /* 向 SPI 写一个数据,通过 MOSI 发送出去 */
    SSIDataGet(SSI_BASE, &NullData);      /* 读取因上面发送数据产生的无效数据 */
}
```

(2) SPI 接收程序

```
uint8 Get_Byte(void)
{
    uint32 ReadData;
    SSIDataPut(SSI_BASE, 0xFF);           /* 向 SPI 写一个 0xFF,以产生读数据时钟 */
    SSIDataGet(SSI_BASE, &ReadData);      /* 从 SPI 读取一个字节,放入 ReadData 变量中 */
    return  (uint8)ReadData;
}
```

程序说明:在上面的发送程序中要调用读取字节函数来读取因发送时产生的无效数据,这是因为 LM3S 系列单片机 SSI 接口有 FIFO,调用读取字节函数是为了清空 FIFO 中的无效数据,以免影响后续的通信。

3. 读 ID 号

SST25VF016B 提供了 3 种 ID 给用户:
- 厂商 ID(SST25VF016B 的厂商 ID 是 0xBF);

- 设备 ID(SST25VF016B 的设备 ID 是 0x41);
- Jedec_ID(即美国电子器件工程联合委员会标准标识,JedecID 由厂商 ID、存储器类型 ID 和设备 ID 组成,SST25VF016B 的 Jedec_ID 为 0xBF2541)。

用户可以调用读 ID API 读取这 3 种 ID 的任意一种。读 ID 的程序如下所示:

```
uint8 SSTF016B_RdID(idtype IDType,uint32 * RcvbufPt)
{
    uint32 temp = 0;
    if  (IDType = = Jedec_ID)
    {
        CE_Low();
        Send_Byte(0x9F);                    /* 发送读 JEDEC ID 命令(0x9F) */
        temp = (temp | Get_Byte()) << 8;    /* 接收数据 */
        temp = (temp | Get_Byte()) << 8;
        temp = (temp | Get_Byte());         /* 在本例中,temp 的值应为 0xBF2541 */
        CE_High();
        * RcvbufPt = temp;
        return (OK);
    }
    if((IDType = = Manu_ID) ||(IDType = = Dev_ID))
    {
        CE_Low();
        Send_Byte(0x90);                    /* 发送读 ID 命令(0x90 或 0xAB) */
        Send_Byte(0x00);                    /* 发送地址 */
        Send_Byte(0x00);                    /* 发送地址 */
        Send_Byte(IDType);                  /* 发送地址——不是 0x00 就是 0x01 */
        temp = Get_Byte();                  /* 接收获取的数据字节 */
        CE_High();
        * RcvbufPt = temp;
        return(OK);
    }
    else
    {
        return  (ERROR);
    }
}
```

使用上述所示的程序语句,读芯片的 Jedec_ID,用 LA1032 逻辑分析仪观察 SPI 总线上的波形如图 5.10 所示。

第 5 章 存储器

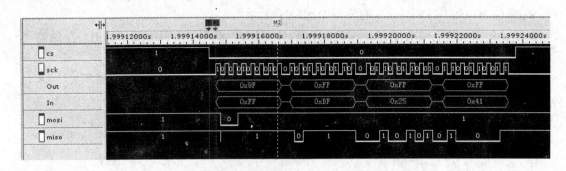

图 5.10 读 JecdecID 的时序波形

由图 5.10 可见,MOSI 总线上首先出现了 0x9F 的读 ID 命令,然后再发送 3 个无效字节 0xFF 以产生 SCK 时钟,从而在 MISO 总线上读取了 3 帧数据分别为 0xBF、0x25、0x41,即 0xBF2541,这正是和芯片的实际 JedecID 相符。

4. 擦 除

SST25VF016B 有 500 个扇区,用户可指定扇区进行擦除操作。当一个存储单元被擦除后,存储单元内的数据变为 0xFF。在执行擦除操作前,需取消芯片的写保护功能,API 内部已经自动完成了取消写保护的步骤,并且会在 API 操作结束时恢复写保护设置信息。

SST25VF016B 芯片提供 4 KB、16 KB、64 KB 和全芯片范围 4 种底层擦除功能,根据擦除范围,选用合适的擦除方式,可大大缩小擦除所需时间。用户无需考虑如何选择底层擦除操作。擦除 API 的程序流程如图 5.11 所示。

擦除 API 源代码如下所示:

```
uint8 SSTF016B_Erase(uint32 sec1, uint32 sec2)
{
    uint8 temp1 = 0,temp2 = 0,StatRgVal = 0;
    uint32 SecnHdAddr = 0;
    uint32 no_SecsToEr = 0;                      /* 要擦除的扇区数目 */
    uint32 CurSecToEr = 0;                       /* 当前要擦除的扇区号 */
    if· ((sec1 > SEC_MAX)||(sec2 > SEC_MAX))     /* 检查入口参数 */
    {
        return (ERROR);
    }
    CE_Low();
    Send_Byte(0x05);                             /* 发送读状态寄存器命令 */
    temp1 = Get_Byte();                          /* 保存读得的状态寄存器值 */
    CE_High();
    CE_Low();
```

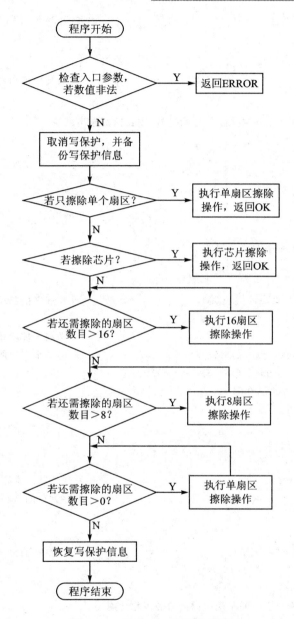

图 5.11 擦除 API 程序流程图

```
Send_Byte(0x50);                    /* 使状态寄存器可写 */
CE_High();
CE_Low();
Send_Byte(0x01);                    /* 发送写状态寄存器指令 */
```

```c
    Send_Byte(0);
    CE_High();                                      /* 清 OBPx 位,使 Flash 芯片全区可写 */
    CE_Low();
    Send_Byte(0x06);                                /* 发送写使能命令 */
    CE_High();
    /* 如果用户输入的起始扇区号大于终止扇区号,则在内部作出调整 */
    if (sec1 > sec2)
    {
        temp2 = sec1;
        sec1 = sec2;
        sec2 = temp2;
    }
    /* 若起止扇区号相等则擦除单个扇区 */
    if (sec1 == sec2)
    {
        SecnHdAddr = SEC_SIZE * sec1;               /* 计算扇区的起始地址 */
        CE_Low();
        Send_Byte(0x20);                            /* 发送扇区擦除指令 */
        Send_Byte(((SecnHdAddr & 0xFFFFFF) >> 16)); /* 发送 3 个字节的地址信息 */
        Send_Byte(((SecnHdAddr & 0xFFFF) >> 8));
        Send_Byte(SecnHdAddr & 0xFF);
        CE_High();
        do
        {
            CE_Low();
            Send_Byte(0x05);                        /* 发送读状态寄存器命令 */
            StatRgVal = Get_Byte();                 /* 保存读得的状态寄存器值 */
            CE_High();
        }
        while(StatRgVal == 0x03);                   /* 一直等待,直到芯片空闲 */
        return(OK);
    }
    /* 根据起始扇区和终止扇区间距调用最快速的擦除功能 */
    if (sec2 - sec1 == SEC_MAX)
    {
        CE_Low();
        Send_Byte(0x60);                            /* 发送芯片擦除指令(0x60 或 0xC7) */
        CE_High();
        do
```

```c
    {
        CE_Low();
        Send_Byte(0x05);                              /* 发送读状态寄存器命令 */
        StatRgVal = Get_Byte();                       /* 保存读得的状态寄存器值 */
        CE_High();
    }
    while(StatRgVal = = 0x03);                        /* 一直等待,直到芯片空闲 */
    return(OK);
}
no_SecsToEr = sec2 - sec1 +1;                         /* 获取要擦除的扇区数目 */
CurSecToEr = sec1;                                    /* 从起始扇区开始擦除 */
/* 若两个扇区之间的间隔够大,则采取 16 扇区擦除算法 */
while  (no_SecsToEr >= 16)
{
    SecnHdAddr = SEC_SIZE * CurSecToEr;               /* 计算扇区的起始地址 */
    CE_Low();
    Send_Byte(0xD8);                                  /* 发送 64 KB 块擦除指令 */
    Send_Byte(((SecnHdAddr & 0xFFFFFF) >> 16));       /* 发送 3 个字节的地址信息 */
    Send_Byte(((SecnHdAddr & 0xFFFF) >> 8));
    Send_Byte(SecnHdAddr & 0xFF);
    CE_High();
    do
    {
        CE_Low();
        Send_Byte(0x05);                              /* 发送读状态寄存器命令 */
        StatRgVal = Get_Byte();                       /* 保存读得的状态寄存器值 */
        CE_High();
    }
    while(StatRgVal = = 0x03);                        /* 一直等待,直到芯片空闲 */
    CurSecToEr + = 16;           /* 计算擦除了 16 个扇区后,和擦除区域相邻的待擦除扇区号 */
    no_SecsToEr - = 16;                               /* 对需擦除的扇区总数做出调整 */
}
/* 若两个扇区之间的间隔够大,则采取 8 扇区擦除算法 */
while(no_SecsToEr >= 8)
{
    SecnHdAddr = SEC_SIZE * CurSecToEr;               /* 计算扇区的起始地址 */
    CE_Low();
    Send_Byte(0x52);                                  /* 发送 32 KB 擦除指令 */
    Send_Byte(((SecnHdAddr & 0xFFFFFF) >> 16));       /* 发送 3 个字节的地址信息 */
```

第 5 章 存储器

```c
        Send_Byte(((SecnHdAddr & 0xFFFF) >> 8));
        Send_Byte(SecnHdAddr & 0xFF);
        CE_High();
        do
        {
            CE_Low();
            Send_Byte(0x05);                        /* 发送读状态寄存器命令 */
            StatRgVal = Get_Byte();                 /* 保存读得的状态寄存器值 */
            CE_High();
        }
        while(StatRgVal == 0x03);                   /* 一直等待,直到芯片空闲 */
        CurSecToEr + = 8;
        no_SecsToEr - = 8;
    }
    /* 采用扇区擦除算法擦除剩余的扇区 */
    while (no_SecsToEr >= 1)
    {
        SecnHdAddr = SEC_SIZE * CurSecToEr;         /* 计算扇区的起始地址 */
        CE_Low();
        Send_Byte(0x20);                            /* 发送扇区擦除指令 */
        Send_Byte(((SecnHdAddr & 0xFFFFFF) >> 16)); /* 发送 3 个字节的地址信息 */
        Send_Byte(((SecnHdAddr & 0xFFFF) >> 8));
        Send_Byte(SecnHdAddr & 0xFF);
        CE_High();
        do
        {
            CE_Low();
            Send_Byte(0x05);                        /* 发送读状态寄存器命令 */
            StatRgVal = Get_Byte();                 /* 保存读得的状态寄存器值 */
            CE_High();
        }
        while(StatRgVal == 0x03);                   /* 一直等待,直到芯片空闲 */
        CurSecToEr + = 1;
        no_SecsToEr - = 1;
    }
    /* 擦除结束,恢复状态寄存器信息 */
    CE_Low();
    Send_Byte(0x06);                                /* 发送写使能命令 */
    CE_High();
```

```
    CE_Low();
    Send_Byte(0x50);                        /* 使状态寄存器可写 */
    CE_High();
    CE_Low();
    Send_Byte(0x01);                        /* 发送写状态寄存器指令 */
    Send_Byte(temp1);                       /* 恢复状态寄存器设置信息 */
    CE_High();
    return (OK);
}
```

调用全片擦除 SSTF016B(0,499)函数后,用 LA1032 观察到的 SPI 总线上的开始部分数据如图 5.12 所示。MOSI 总线上先后出现:0x05(发送读状态寄存器指令)、0xFF(发送无效字节以读取数据)、0x50(使能状态寄存器写指令)、0x01(发送写状态寄存器指令)、0x00(发送待写数据)、0x06(发送写使能命令)、0x60(发送芯片擦除指令)等控制命令。

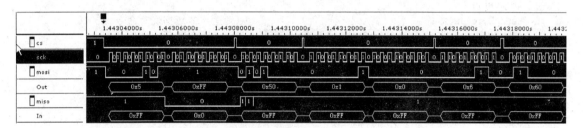

图 5.12　擦除操作下的 SPI 总线数据

5. 写数据

SST25VF016B 要求一个存储单元在被写入数据之前,必须被擦除,否则用户无法写入新的数据。因此,在使用写操作 API 前,要确保目标地址已经被擦除。

此外,在写入数据前还需要取消写保护功能,否则也会无法对芯片执行写操作,写操作 API 的内部已经完成了取消写保护的功能,并在写操作结束时恢复写保护设置。

用户使用写操作 API 时,要指定写缓存的地址、需要写数据个数以及写数据的目标地址。

写操作 API 的源代码如下所示:

```
uint8 SSTF016B_WR(uint32 Dst,uint8 * SndbufPt,uint32 NByte)
{
    uint8 temp = 0,i = 0,StatRgVal = 0;
    if (( (Dst + NByte - 1 > MAX_ADDR)||(NByte == 0) ))
    {
        return (ERROR);                     /* 检查入口参数 */
    }
    CE_Low();
```

```c
    Send_Byte(0x05);                          /* 发送读状态寄存器命令 */
    temp = Get_Byte();                        /* 保存读得的状态寄存器值 */
    CE_High();
    CE_Low();
    Send_Byte(0x50);                          /* 使状态寄存器可写 */
    CE_High();
    CE_Low();
    Send_Byte(0x01);                          /* 发送写状态寄存器指令 */
    Send_Byte(0);                             /* 清 OBPx 位,使 Flash 全区可写 */
    CE_High();
    for(i = 0; i < NByte; i++)
    {
        CE_Low();
        Send_Byte(0x06);                      /* 发送写使能命令 */
        CE_High();
        CE_Low();
        Send_Byte(0x02);                      /* 发送字节数据烧写命令 */
        Send_Byte((((Dst + i) & 0xFFFFFF) >> 16));  /* 送 3 个字节的地址信息 */
        Send_Byte((((Dst + i) & 0xFFFF) >> 8));
        Send_Byte((Dst + i) & 0xFF);
        Send_Byte(SndbufPt[i]);               /* 发送被烧写的数据 */
        CE_High();
        do
        {
            CE_Low();
            Send_Byte(0x05);                  /* 发送读状态寄存器命令 */
            StatRgVal = Get_Byte();           /* 保存读得的状态寄存器值 */
            CE_High();
        }
        while(StatRgVal == 0x03);             /* 一直等待,直到芯片空闲 */
    }
    CE_Low();
    Send_Byte(0x06);                          /* 发送写使能命令 */
    CE_High();
    CE_Low();
    Send_Byte(0x50);                          /* 使状态寄存器可写 */
    CE_High();
    CE_Low();
    Send_Byte(0x01);                          /* 发送写状态寄存器指令 */
    Send_Byte(temp);                          /* 复状态寄存器设置信息 */
    CE_High();
    return (OK);
}
```

使用如上所示语句,写入 5 个数据,用 LA1032 逻辑分析仪观察 SPI 总线上的数据如图 5.13 所示。

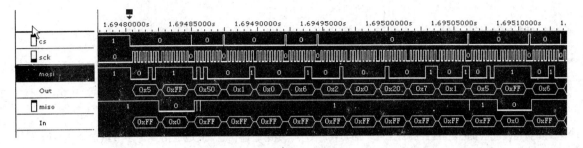

图 5.13 写操作 SPI 总线上的数据

连续写入 5 个数据的程序如下所示:

```
uint8  WrBuf[20] = {1,2,3,4,5,6,7,8,9,10,11,12,13,14,15};
…
SSTF016B_WR(0x2007,WrBuf,5);    /* 地址 0x2007 起,将数组 WrBuf 里头的 5 个数据写入 Flash */
```

6. 读数据操作

直接调用 SPI 收发函数完成读操作,也是可行的,但过程较麻烦。因此,向用户提供了一个读操作 API,并将底层操作封装在内,使用户方便地完成芯片的读操作。

使用读操作 API 时,用户需要指定读数据的目标地址、读数据个数和读缓存地址。API 调用结束后,用户即可在读数据缓存里进行处理。

读操作 API 的流程如图 5.14 所示。

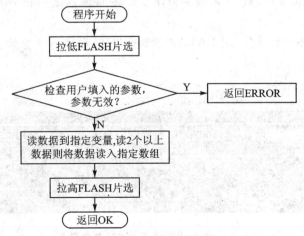

图 5.14 读操作 API 流程示意图

第 5 章 存储器

读操作 API 源代码如下所示：

```c
uint8 SSTF016B_RD(uint32 Dst, uint32 NByte,uint8 * RcvBufPt)
{
    uint32 i = 0;
    if  ((Dst + NByte > MAX_ADDR)||(NByte = = 0))
    return  (ERROR);                           /* 检查入口参数 */

    CE_Low();
    Send_Byte(0x0B);                           /* 发送读命令 */
    Send_Byte(((Dst & 0xFFFFFF) >> 16));       /* 发送地址信息:该地址由 3 个字节组成 */
    Send_Byte(((Dst & 0xFFFF) >> 8));
    Send_Byte(Dst & 0xFF);
    Send_Byte(0xFF);                           /* 发送一个无效字节以读取数据 */
    for  (i = 0; i < NByte; i++)
    {
        RcvBufPt[i] = Get_Byte();
    }
    CE_High();
    return  (OK);
}
```

程序说明：在进行连续读操作时，SST25VF016B 会自动调整内部的地址。调用读函数 SSTF016B(0x2007,4,RdBuf)，从 Flash 中读取 4 个数据，用 LA1032 从 SPI 总线观察到的数据如图 5.15 所示。MOSI 总线先后出现 0x0B(读操作命令)、0x00(读操作地址)、0x20(读操作地址)、0x07(读操作地址)、0xFF(无效字节用于产生时钟)，之后在 MISO 上出现要写入的数据 0x01、0x02、⋯。

使用以下程序读出 5 个数据，用 LA1032 逻辑分析仪观察 SPI 总线上的数据，如图 5.15 所示。

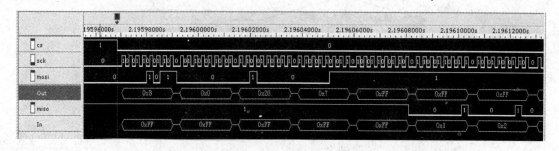

图 5.15　读数据操作下的 SPI 总线数据

5.2.5 串行 NOR Flash 示例程序

串行 NOR Flash 示例程序运行在 Cross Studio 编译调试环境中,在这个程序中,可以完成以下操作,并在 Watch 窗口中观察到结果。

① 读出芯片的 Jedec_ID,在 Cross Studio 中观察操作结果。
② 从芯片的 0x2007 地址起写入 20 个数据,然后读回并校验。
③ 擦除扇区 2,再从 0x2007 读回 20 个数据观察。

主程序代码如下所示,当程序正确完成对 Flash 的所有操作时,点亮 LED 发光二极管。

```c
#include        "config.h"
/* 宏,用于描述 API 的入口参数,读操作函数入口参数的宏 */
#define       RDADDR          0x2007
#define       NO_BYTES        20
#define       RCVBUFPT        RdBuf
/* 写操作函数入口参数的宏 */
#define       WRADDR          0x2007
#define       SNDBUFPT        WrBuf
#define       WRNO_BYTES      20
uint32      ChipID = 0;
uint8       WrBuf[20] = {1,2,3,4,5,6,7,8,9,10,11,12,13,14,15,16,17,18,19,20};
uint8       RdBuf[20];
int main (void)
{   uint32     i = 0;

    LEDPinInit();
    PIInit();
    LED_Off();
    SSTF016B_RdID(Jedec_ID, &ChipID);
                        /* 单步运行到此处时,在 Watch 窗口里查看 ChipID 的值是否 0xBF2541 */
    ChipID &= ~0xff000000;              /* 留低 24 位数据 */
    if (ChipID != 0xBF2541){
         while(1);
    }
    SSTF016B_Erase(0, 511);             /* 擦除芯片 */
    SSTF016B_WR(WRADDR, SNDBUFPT, WRNO_BYTES);
                   /* 以 0x2007 为起始地址,将 WrBuf 数组里的 20 个数据写入芯片 */
    SSTF016B_RD(RDADDR, NO_BYTES, RCVBUFPT);  /* 从起始地址 0x2007 读 20 个数据到 RdBuf */
    for (i = 0;i < 19;i++)
    {
```

```
        if (RdBuf[i] ！ = WrBuf[i])
            while (1);
    }
    SSTF016B_Erase(2, 2);                          /* 擦除扇区 2 */
    SSTF016B_RD(RDADDR, NO_BYTES, RCVBUFPT);       /* 在此设置断点,于 Watch 窗口里观察 */
                                                   /* RdBuf 数组的值是否变为 0xFF */
    while (1){
        LED_On();                                  /* Flash 正常操作结束,LED 亮 */
    }
}
```

程序运行到读 ID 的函数后,从 Watch 窗口中观察到的 ID 是 12526913,如图 5.16 所示。

程序运行到 for(i = 0;i < 19;i++)语句时,从 Watch 窗口中观察到的 RdBuf 数组中的数据如图 5.17 所示。

程序运行到最后,擦除扇区后读到的数据如图 5.18 所示。

图 5.16 读 ID 操作的结果

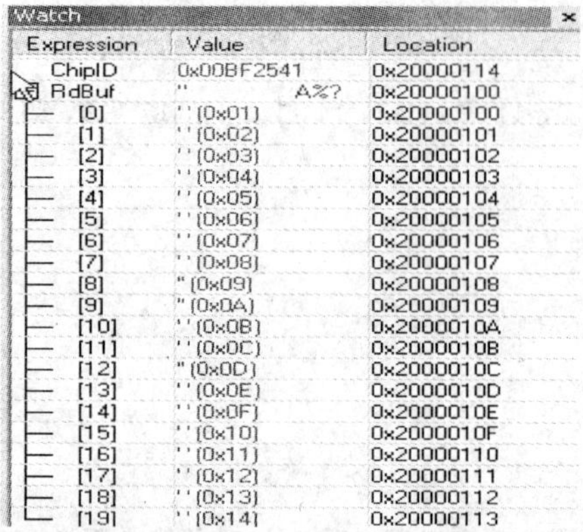

图 5.17 写入数据后读出来的数据

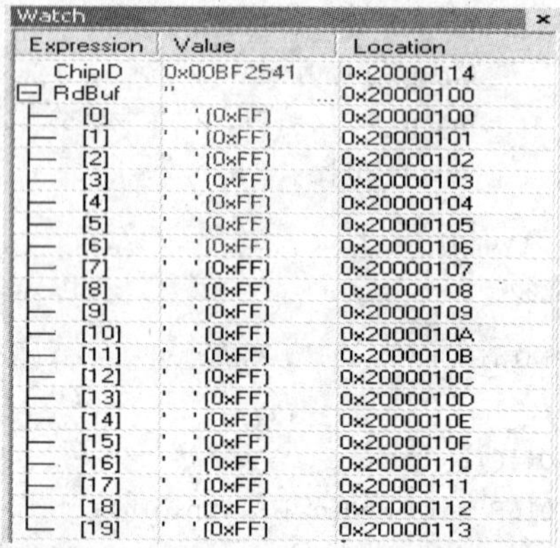

图 5.18 擦除操作后读取的数据

5.3 串行 E^2PROM

5.3.1 串行 E^2PROM CAT24C02

串行 E^2PROM 是可在线电擦除和电写入的存储器,目前大多采用 FLOTOX(Floating Tunnel Oxide)结构,低功耗 CMOS 工艺制造,支持标准和快速 I^2C 协议,兼容 SPI/Microwire

总线,具有 1~256 KB 的高密度存储容量,电源电压范围为 1.8~6 V,可以对全部存储器进行硬件写保护,可编程/擦除 100 万次,数据保存期 100 年。

串行 E²PROM 具有体积小、接口简单、数据保存可靠、可在线改写、功耗低等特点,而且为低电压写入,在微控制器系统中作为数据存储器被普遍应用。

CAT24C02 是一个 2 Kb 的串行 CMOS E²PROM,在内部分成 16 页,每页 16 字节,即总共为 256 字节(一个字节 8 位)。CAT24C02 含有一个 16 字节的页写入缓冲器,并且支持标准(100 kHz)和快速(400 kHz)的 I²C 协议。通过拉高 WP 引脚端,可以禁止对存储器写入,从而保护了整个存储器。

CAT24C02 采用 8 脚 PDIP、SOIC、TSSOP 或者 TDFN 封装,引脚端功能如表 5.21 所列。

LM3S 系列微控制器通过 I²C 接口与 CAT24C02 连接,应用电路如图 5.19 所示。

表 5.21 CAT24C02 引脚端功能

引脚端	符号	功能	引脚端	符号	功能
1	A0	器件地址	5	SDA	串行数据
2	A1	器件地址	6	SCL	串行时钟
3	A2	器件地址	7	WP	写保护
4	VSS	接地	8	VCC	电源

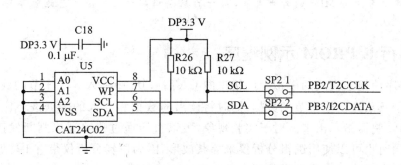

图 5.19 CAT24C02 应用电路

5.3.2 模拟 I²C 软件包

模拟 I²C 软件包是用在单主 I²C 总线上,硬件接口是 SDA 和 SCL,使用 MCU 的 I/O 口来模拟 SDA 和 SCL。总线设计有/无子地址的子程序是根据 I²C 器件的特点,目的在于将地址和数据彻底分开。

说明:模拟 I²C 软件包(VI2C_LM3S101.C 及其相关文件,VI2C_LM3S101.H 的文件源代码)在周立功公司的 LM3S 系列开发板的随机光盘中有提供。

1. I²C 数据发送函数

(1) ISendByte()函数

ISendByte()函数用来向无子地址设备写入 1 个字数据。

(2) ISendStrExt()函数

ISendStrExt()函数用来发送多个字节数据。

(3) ISendStr ()函数

有些 I²C 设备是包含子地址的,通过 ISendStr()函数可以向带有子地址的设备写入多个数据。

2. I²C 数据接收函数

(1) IRcvByte()函数

IRcvByte()函数用来向无子地址设备读出 1 个字数据。

(2) IRcvStrExt()函数

IRcvStrExt()函数用来读出多个字节数据。

(3) IRcvStr()函数

对于有子地址的 I²C 设备使用 IRcvStr()函数连续读取多字节数据。

注意:函数是采用软件延时的方法产生 SCL 脉冲,因此使用较高的晶振频率,一定要修改延迟时间(本软件包对应于处理器采用 6 MHz 的外部晶振,执行的指令周期为 $1/6$ μs),总线时序符合 I²C 标准模式,100 Kbps。

5.3.3 串行 E²PROM 示例程序

该示例程序使用主模式的模拟 I²C 接口向 CAT24C02 中写入 5 个字节的数据,然后再从该 E²PROM 中读出这 5 个字节的数据,同时将读出的数据和写入的数据进行比较,最后将这一检验结果用蜂鸣器指示出来。对于实验现象,可以直接通过蜂鸣器来判断发送数据和接收数据的正误;同时也可以使用逻辑分析仪来捕获波形,因为逻辑分析仪带有 I²C 波形分析的插件,所以可以很直观地看出收发的数据和 I²C 协议的时序。

模拟 I²C 主模式读写 CAT24C02 E²PROM 示例程序如下:

```
# include "VI2C_LM3S101.H"
# include "hw_ints.h"
# include "hw_memmap.h"
# include "hw_types.h"
# include "src/gpio.h"
# include "src/interrupt.h"
# include "src/sysctl.h"
```

```c
# ifndef uchar
# define uchar unsigned char
# endif
# define SDA          GPIO_PIN_3           /* 模拟 I2C 数据传送位 */
# define SCL          GPIO_PIN_2           /* 模拟 I2C 时钟控制位 */
# define BUZZER       GPIO_PIN_7           /* 数据判断的蜂鸣器指示 */
# define CSI24c02     0xA0                 /* 从机地址,注意需将原从机地址左移一位 */
# define writeaddr    0x00                 /* 对 24C02 操作的子地址 */
# define readaddr     0x00
void Delays(uchar nom)                     /* 软件延迟 */
{
    int i, j;
    for (;  nom>0;  nom--) {
        for (i = 0;  i<150;  i++) {
            for (j = 0;  j<255;  j++);
        }
    }
}
int main(void)
{
    uchar    WDATA[5] = {0xAA,0x55,0xAA,0x55,0xAA}; /* 主机向 24C02 写入的数据 */
    uchar    RDATA[5];                              /* 主机从 24C02 读出的数据 */
    unsigned long ulIdx = 0x00;
    SysCtlClockSet(SYSCTL_SYSDIV_1 | SYSCTL_USE_OSC | SYSCTL_OSC_MAIN |
                   SYSCTL_XTAL_6MHZ);       /* 设置晶振为系统时钟 */
    SysCtlPeripheralEnable(SYSCTL_PERIPH_GPIOB);  /* 使能 GPIO PA 和 PB */
    SysCtlPeripheralEnable(SYSCTL_PERIPH_GPIOA);

    GPIODirModeSet(GPIO_PORTB_BASE, SDA | SCL,GPIO_DIR_MODE_OUT);  /* 配置 I2C 的端口模式 */
    GPIODirModeSet(GPIO_PORTA_BASE, BUZZER,GPIO_DIR_MODE_OUT);     /* 配置蜂鸣器 BEEP 为输出 */
    GPIOPadConfigSet(GPIO_PORTB_BASE, SDA | SCL,    /* 配置 I2C 的端口模式 */
                     GPIO_STRENGTH_4MA,
                     GPIO_PIN_TYPE_STD);
    GPIOPadConfigSet(GPIO_PORTA_BASE, BEEP,         /* 配置蜂鸣器的端口模式 */
                     GPIO_STRENGTH_4MA,
                     GPIO_PIN_TYPE_STD);
    while(1)                                        /* 将一串数据写入 EEPROM 的前 8 个字节 */
    {
        ISendStr(CSI24c02,writeaddr,WDATA,5);       /* 向 24C02 中写入数据 */
        Delays(5);                                  /* 等待主机向 24C02 中写入数据延时 */
        IRcvStr(CSI24c02,readaddr,RDATA,5);         /* 从 24C02 中读出数据 */
```

第 5 章 存储器

```
            Delays(5);                              /* 等待主机从24C02中读出数据延时 */
            for(ulIdx = 0; ulIdx < 5; ulIdx + +){
                if( WDATA[ulIdx] ! = RDATA[ulIdx] ){  /* 判断接收到的数据是否正确 */
                    GPIOPinWrite(GPIO_PORTA_BASE,BUZZER,~BUZZER);
                                                     /* 如果接收的数据出错,蜂鸣器长鸣 */
                    while(1);
                }
            }
            GPIOPinWrite(GPIO_PORTA_BASE,BUZZER,~BUZZER); /* 如果接收到的数据正确,蜂鸣器蜂鸣一下 */
            Delays(3);
            GPIOPinWrite(GPIO_PORTA_BASE,BUZZER,BUZZER);
            while(1);
        }
```

可以通过逻辑分析仪来捕获 SDA 和 SCL 的波形,从而直观地将收发数据和 I^2C 的工作时序显示出来。建议用户采用广州致远电子有限公司生产的 LA1032 逻辑分析来捕获其波形,图 5.20 和图 5.21 就是用该逻辑分析仪捕获的数据发送和接收的 SDA 和 SCL 的波形,并使用了 I^2C 分析的插件。

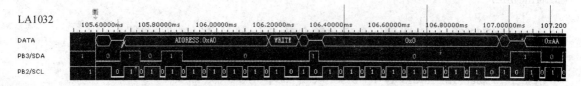

图 5.20 模拟 I^2C 主模式数据发送波形图

图 5.21 模拟 I^2C 主模式数据接收波形图

5.4 SD/MMC 卡

5.4.1 SD/MMC 卡简介

SD/MMC 卡是一种大容量(最大可达 4 GB)、性价比高、体积小且访问接口简单的存储卡。SD/MMC 卡大量应用于数码相机、MP3 机、手机与大容量存储设备,作为这些便携式设备的存储载体,它还具有低功耗、非易失性、保存数据无需消耗能量等特点。

SD 卡接口向下兼容 MMC 卡(MutliMediaCard,多媒体卡),访问 SD 卡的 SPI 协议及部分命令也适用于 MMC 卡。

1. SD/MMC 卡的外部物理接口

SD/MMC 卡的外形和接口触点示意图如图 5.22 所示。其中 SD 卡的外形尺寸为:24 mm×32 mm×2.1 mm(普通)或 24 mm×32 mm×1.4 mm(薄 SD 存储卡),MMC 卡的外形尺寸为 24 mm×32 mm×1.4 mm。

SD/MMC 卡各触点的名称及功能如表 5.22 所列,其中 MMC 卡只使用了 1～7 触点。

图 5.22 SD/MMC 卡接口示意图

表 5.22 SD/MMC 卡触点名称及功能

引脚	SD 模式			SPI 模式		
	名 称[1]	类 型	描 述	名 称	类 型	描 述
1	CD/DAT3[2]	I/O/PP[3]	卡的检测/数据线[Bit 3]	CS	I	片选(低电平有效)
2	CMD	PP[4]	命令/响应	DI	I[5]	数据输入
3	VSS1	S	电源地	VSS	S	电源地
4	VDD	S	电源	VDD	S	电源
5	CLK	I	时钟	SCLK	I	时钟
6	VSS2	S	电源地	VSS2	S	电源地
7	DAT0	I/O/PP	数据线[Bit 0]	DO	O/PP	数据输出
8	DAT1	I/O/PP	数据线[Bit 1]	RSV		
9	DAT2	I/O/PP	数据线[Bit 2]	RSV		

[1] S:电源;I:输入;O:推挽输出;PP:推挽 I/O;

[2] 扩展的 DAT 线(DAT1～DAT3)在上电后处于输入状态。它们在执行 SET_BUS_WIDTH 命令后作为 DAT 线操作。当不使用 DAT1～DAT3 线时,主机应使自己的 DAT1～DAT3 线处于输入模式。这样定义是为了与 MMC 卡保持兼容;

[3] 上电后,这条线为带 50 kΩ 上拉电阻的输入线(可以用于检测卡是否存在或选择 SPI 模式)。用户可以在正常的数据传输中用 SET_CLR_CARD_DETECT(ACMD42)命令断开上拉电阻的连接。MMC 卡的该引脚在 SD 模式下为保留引脚,在 SD 模式下无任何作用;

[4] MMC 卡在 SD 模式下为:I/O/PP/OD;

[5] MMC 卡在 SPI 模式下为:I/PP。

由表5.22可见,SD卡和MMC卡在不同的通信模式下,各引脚的功能也不相同。这里的通信模式是指微控制器(主机)访问卡时使用的通信协议,分别为SD模式和SPI模式。

在具体通信过程中,主机只能选择其中一种通信模式。通信模式的选择对于主机来说是透明的。卡将会自动检测复位命令的模式(即自动检测复位命令使用的协议),而且要求以后双方的通信都按相同的通信模式进行。因此,在只使用一种通信模式的时候,无需使用另一种模式。下面将简单介绍这两种模式。

2. SD模式

在SD模式下,主机使用SD总线访问SD卡,其总线拓扑结构如图5.23所示。可见,SD总线上不仅可以挂接SD卡,还可以挂接MMC卡。

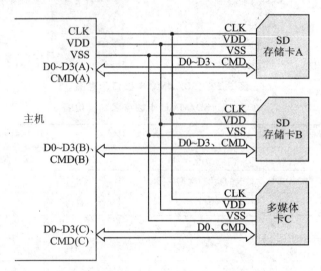

图5.23 SD存储卡系统(SD模式)的总线拓扑结构

SD总线上的信号线的详细功能描述如表5.23所列。

表5.23 SD总线信号线功能描述

信号线	功能描述
CLK	主机向卡发送的用于同步双方通信的时钟信号
CMD	双向的命令/响应信号
DAT0~DAT3	4个双向的数据信号(MMC卡只有DAT0信号线)
VDD	电源正极,一般电压范围为2.7~3.6 V
VSS1、VSS2	电源地

SD 存储卡系统(SD 模式)的总线拓扑结构为：一个主机(如微控制器)、多个从机(卡)和同步的星形拓扑结构。所有卡共用时钟 CLK、电源和地信号。而命令线(CMD)和数据线(DAT0～DAT3)则是卡的专用线，即每张卡都独立拥有这些信号线。

注意：MMC 卡只能使用 1 条数据线 DAT0。

3. SPI 模式

在 SPI 模式下，主机使用 SPI 总线访问 SD/MMC 卡，当今大部分微控制器本身都带有硬件 SPI 接口，所以使用微控制器的 SPI 接口访问 SD/MMC 卡是很方便的。微控制器在 SD/MMC 卡上电后的第 1 个复位命令就可以选择卡进入 SPI 模式或 SD 模式，但在卡上电期间，它们之间的通信模式不能更改为 SD 模式。

SD/MMC 卡的 SPI 接口与大多数微控制器的 SPI 接口兼容。SD/MMC 卡的 SPI 总线的信号线如表 5.24 所列。

表 5.24　SD/MMC 卡的 SPI 接口描述

信号线	功能描述	信号线	功能描述
CS	主机向卡发送的片选信号	DataIn	主机向卡发送的单向数据信号
CLK	主机向卡发送的时钟信号	DataOut	卡向主机发送的单向数据信号

SPI 总线以字节为单位进行数据传输，所有数据令牌都是字节(8 位)的倍数，而且字节通常与 CS 信号对齐。SD 卡存储卡系统如图 5.24 所示。

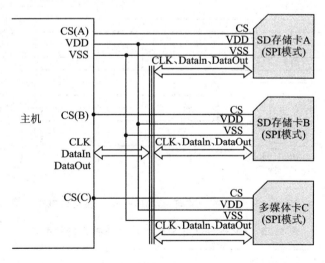

图 5.24　SD 存储卡系统(SPI 模式)的总线拓扑结构

当主机外部连接有多张 SD 卡或 MMC 卡时，主机利用 CS 信号线对卡进行寻址。例如：在图 5.24 中，当主机需要向 SD 存储卡 A 传输数据或需要从该卡接收数据时，必须将 CS(A)

置为低电平(同时其他卡的 CS 信号线必须置为高电平)。CS 信号在 SPI 处理(命令、响应和数据)期间必须持续有效(低电平)。唯一例外的情况是在对卡编程的过程,在这个过程中,主机可以使 CS 信号为高电平,但不影响卡的编程。

由图 5.24 可见,当 SPI 总线上挂接 N 张卡时,需要 N 条 CS 片选线。

5.4.2 SD/MMC 卡接口电路

SD/MMC 卡可以采用 SD 总线访问,也可以采用 SPI 总线访问。考虑到大部分微控制器都有 SPI 接口而没有 SD 总线接口,如果采用 I/O 口模拟 SD 总线,不但增加了软件的开销,而且对大多数微控制器而言,模拟总线远不如真正的 SD 总线速度快,这将大大降低总线数据传输的速度。

在 LM3S 系列微控制器中,可以利用 SSI 模块和其他 GPIO 引脚与 SD/MMC 卡连接。例如在 EasyARM8962 开发板上,SD/MMC 卡卡座直接与 LM3S8962 连接,连接电路如图 5.25 所示,其中 LM3S8962 与 SD/MMC 卡卡座连接的引脚如表 5.25 所列。

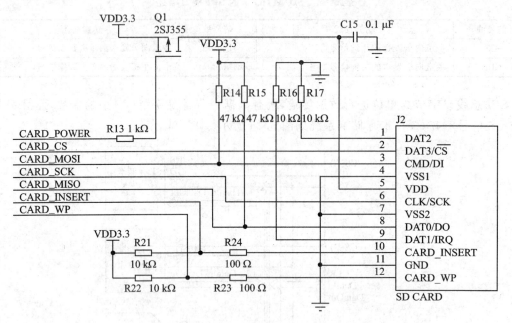

图 5.25 LM3S8962 与 SD/MMC 卡卡座接口电路

表 5.25 LM3S8962 与 SD/MMC 卡卡座连接的引脚

EasyARM8962 接口	含 义
PE2_CWP	卡写保护检测线。卡写保护时卡座输出高电平,不写保护时输出低电平
PG0_CINST	卡完全插入卡座检测线。卡完全插入时卡座输出低电平,否则输出高电平

续表 5.25

EasyARM8962 接口	含 义
PA4_CMISO	SPI 主机输入、从机输出信号
PA2_CSCK	SPI 时钟信号,由主机发出,用于同步 SPI 主机与从机之间的数据传输
PG1_CPOW	卡供电控制,EasyARM8962 的该引脚输出低电平时给卡供电
PA5_CMOSI	SPI 主机输出、从机输入信号
PA3_C_CS	SPI 片选信号,用于选择 SPI 从机,该引脚为普通 I/O 口

注:对于不同的 SD/MMC 卡卡座,卡完全插入检测电平和写保护检测电平可能有所不同。

5.4.3 SD/MMC 卡读/写模块

SD/MMC 卡读/写模块是 ZLG 系列中间件的重要成员之一,又称为 ZLG/SD。该模块是一个用来访问 SD/MMC 卡的软件读/写模块,目前最新版本为 2.00,本版本不仅能读/写 SD 卡,还可以读/写 MMC 卡;不仅能在前后台系统(无实时操作系统)中使用,还可以在嵌入式操作系统 μC/OS-Ⅱ 中使用。

在对 SD/MMC 卡进行操作时,采用的是 ZLG/SD 软件包,在软件包中提供了一些 API 函数,只要通过调用这些 API 函数就能够实现对 SD/MMC 卡的访问了。

例如:
- INT8U SD_Initialize(void) 函数:初始化 SD/MMC 卡;设置块大小为 512 字节,获取卡的相关信息。
- INT8U SD_ReadBlock(INT32U blockaddr, INT8U *recbuf) 函数:读 SD/MMC 卡的一个块。
- INT8U SD_WriteBlock(INT32U blockaddr, INT8U *sendbuf) 函数:写 SD/MMC 卡的一个块。
- INT8U SD_EraseBlock(INT32U startaddr, INT32U blocknum) 函数:擦除 SD/MMC 卡的多个块。

说明:ZLG/SD 软件包在周立功公司的 LM3S 系列开发板的随机光盘中有提供,如何调用这些函数对 SD/MMC 卡进行操作,请参考随机所带的实验教程。

思考题与习题

1. 分析图 5.2 所示的 Flash 结构方框图,简述 Flash 存储器结构特点与寄存器功能。
2. 简述 Flash 存储器时序的控制方法。
3. 简述 Flash 存储器保护方法。

第 5 章 存储器

4. 简述 Flash 存储器编程方法。
5. 简述 Flash 控制器的中断。
6. 分析 Flash 的示例程序,简述 Flash 擦除与编程方法。
7. 查找 AT25F4096、M25P32 和 W25X16 资料,试设计串行 NOR Flash 与 LM3S 系列微控制器的接口电路,并进行编程。
8. 学习和掌握 SST25VF016B 的操作软件包的编程方法。
9. 分析擦除操作 API 源代码,简述串行 NOR Flash 擦除的编程方法。
10. 分析写数据操作 API 源代码,简述串行 NOR Flash 写数据的编程方法。
11. 分析读数据操作 API 源代码,简述串行 NOR Flash 读数据的编程方法。
12. 查找其他型号的串行 E^2PROM 资料,试设计串行 E^2PROM 与 LM3S 系列微控制器的接口电路,并进行编程。
13. 学习和掌握模拟 I^2C 软件包的编程方法。
14. 分析串行 E^2PROM 示例程序,简述串行 E^2PROM 的编程方法。
15. 简述 SD/MMC 卡的内部结构和引脚端功能,试设计与 LM3S 系列微控制器的接口电路。
16. 登录 www.zlgmcu.com,查找 SD/MMC 卡读/写模块(又称为 ZLG/SD),学习和掌握 SD/MMC 卡读/写模块的编程方法。

第 6 章

输入/输出设备接口

6.1 通用输入/输出端口

6.1.1 GPIO 模块基本特性

LM3S 系列微控制器的 GPIO 模块由 8 个物理 GPIO 块组成,每个对应一个独立的 GPIO 端口(端口 A、端口 B、端口 C、端口 D、端口 E、端口 F、端口 G 和端口 H)。GPIO 模块遵循 FiRM(Foundation IP for Real-Time Microcontrollers)规范,并且支持 0~60 个可编程的输入/输出引脚,具体取决于正在使用的外设。GPIO 模块包含以下特性:

① 可编程控制 GPIO 中断:屏蔽中断发生;边沿触发(上升沿,下降沿,上升、下降沿);(高或低)电平触发。

② 输入/输出可承受 5 V;

③ 在读和写操作中通过地址线进行位屏蔽;

④ 可编程控制 GPIO 引脚(pad)配置:弱上拉或下拉电阻;2 mA、4 mA 和 8 mA 的引脚(pad)驱动;8 mA 驱动的斜率控制;开漏使能;数字输入使能。

6.1.2 寄存器映射

表 6.1 列出了 GPIO 寄存器。所列的偏移量是十六进制的,并按照寄存器地址递增,与 GPIO 端口对应的基址如下:

- GPIO 端口 A(PA)基址为 0x40004000;
- GPIO 端口 B(PB)基址为 0x40005000;
- GPIO 端口 C(PC)基址为 0x40006000;
- GPIO 端口 D(PD)基址为 0x40007000;
- GPIO 端口 E(PE)基址为 0x40024000;

第6章 输入/输出设备接口

- GPIO 端口 F(PF)基址为 0x40025000；
- GPIO 端口 G(PG)基址为 0x40026000；
- GPIO 端口 H(PH)基址为 0x40027000。

注意：GPIO 寄存器在每个 GPIO 块中都是相同的，但是根据块的不同，8 个位可能并不是全部与 GPIO 端口相连。向未连接的位进行写操作是没有作用的，且读取这些未连接的位时返回的也是无效的数据。

表 6.1 GPIO 寄存器映射

偏移量	名 称	复 位	类 型	描 述
0x000	GPIODATA	0x00000000	R/W	数据
0x400	GPIODIR	0x00000000	R/W	数据方向
0x404	GPIOIS	0x00000000	R/W	中断检测(sense)
0x408	GPIOIBE	0x00000000	R/W	中断双边沿
0x40C	GPIOIEV	0x00000000	R/W	中断事件
0x410	GPIOIM	0x00000000	R/W	中断屏蔽使能
0x414	GPIORIS	0x00000000	RO	原始(raw)中断状态
0x418	GPIOMIS	0x00000000	RO	屏蔽后(masked)的中断状态
0x41C	GPIOICR	0x00000000	W1C	中断清除
0x420	GPIOAFSEL	—	R/W	备用(Alternate)功能选择
0x500/4/8	GPIODR2R/4R/8R	0x000000FF/00/00	R/W	2/4/8 mA 驱动选择
0x50C	GPIOODR	0x00000000	R/W	开漏选择
0x510	GPIOPUR	—	R/W	上拉选择
0x514	GPIOPDR	0x00000000	R/W	下拉选择
0x518	GPIOSLR	0x00000000	R/W	斜率控制选择
0x51C	GPIODEN	—	R/W	数字使能
0x520	GPIOLOCK	0x00000001	R/W	GPIO 锁定
0x524	GPIOCR	—	—	GPIO 确认
0xFD0/4/8/C	GPIOPeriphID4/5/6/7	0x00000000	RO	外设标识 4/5/6/7
0xFE0/4/8/C	GPIOPeriphID0/1/2/3	0x00000061/00/18/01	RO	外设标识 0/1/2/3
0xFF0/4/8/C	GPIOPCellID0/1/2/3	0x0000000D/F0/05/B1	RO	GPIO PrimeCelle 标识 0/1/2/3

需要注意以下 3 个问题：

① 对于除 5 个 JTAG/SWD 引脚(PB7 和 PC[3：0])之外的所有 GPIO 引脚，GPIOAFSEL，GPIOPUR 和 GPIODEN 寄存器默认的复位值都是 0x00000000；这 5 个引脚默认为 JTAG/SWD 功能。正因为这样，对于 GPIO 端口 B(PB)，GPIOAFSEL 默认的复位值是 0x00000080；而对于端口 C(PC)，GPIOAFSEL 默认的复位值是 0x0000000F。

② 对于除 5 个 JTAG/SWD 引脚(PB7 和 PC[3:0])之外的所有 GPIO 引脚，GPIOCR 寄存器默认的寄存器类型都是 RO；这 5 个引脚是当前受 GPIOCR 寄存器保护的 GPIO。正因为这样，对于 GPIO 端口 B7 和 GPIO 端口 C[3:0]的寄存器类型是 R/W。

③ 对于除 5 个 JTAG/SWD 引脚(PB7 和 PC[3:0])之外的所有 GPIO 引脚，GPIOCR 寄存器默认的复位值都是 0x000000FF；为了确保 JTAG 端口不被意外地编程为 GPIO，这 5 个引脚默认为不可确认(non-commitable)。正因为这样，对于 GPIO 端口 B，GPIOCR 默认的复位值是 0x0000007F；而对于端口 C，GPIOCR 默认的复位值是 0x000000F0。

6.1.3 数据操作

1. 数据控制

数据控制寄存器允许软件配置 GPIO 的操作模式。当数据寄存器捕获输入的数据或驱动数据从引脚输出时，数据方向寄存器将 GPIO 配置为输入或输出。

2. 数据方向操作

GPIO 方向寄存器(GPIODIR，偏移量：0x400)用来将每个独立的引脚配置成输入或输出，位分配如下所示：

位[31:8]：保留。保留位返回一个不确定的值，并且应该永不改变；

位[7:0]：DIR,R/W,复位值为 0x00，GPIO 数据方向位。当数据方向位设为 0 时，GPIO 配置为输入，并且对应的数据寄存器位将捕获和存储 GPIO 端口上的值。当数据方向位设为 1 时，GPIO 配置为输出，并且对应的数据寄存器位将在 GPIO 端口上输出。

3. 数据寄存器操作

为了提高软件的效率，通过将地址总线的位[9:2]用作屏蔽位，GPIO 端口允许对 GPIO 数据寄存器(GPIODATA)中的各个位进行修改。这样，软件驱动程序仅使用一条指令就可以对各个 GPIO 引脚进行修改，而不会影响其他引脚的状态。这点与通过执行读-修改-写操作来置位或清零单独的 GPIO 引脚的"典型"做法不同。

GPIO 数据寄存器(GPIODATA，偏移量：0x000)的位分配如下：

位[31:8]：保留。保留位返回一个不确定的值，并且应该永不改变；

位[7:0]：DATA,R/W,复位值为 0，GPIO 数据。

在写操作过程中，如果与数据位相关联的地址位被设为 1，那么 GPIODATA 寄存器的值将发生变化；如果被清零，那么 GPIODATA 的值将保持不变。

在读操作过程中，如果与数据位相关联的地址位被设为 1，那么读取该值；如果与数据位相关联的地址位被设为 0，那么不管它的实际值是什么，都将该值读作 0。

6.1.4 中断操作

每个 GPIO 端口的中断能力都由 7 个一组的寄存器控制。通过这些寄存器可以选择中断源、中断极性以及边沿属性。当一个或多于一个 GPIO 输入产生中断时,只将一个中断输出发送到供所有 GPIO 端口使用的中断控制器。对于边沿触发中断,为了使能其他中断,软件必须清除该中断。对于电平触发中断,假设外部源保持电平不发生变化,以便中断能被控制器识别。

使用 GPIO 中断检测寄存器(GPIOIS)、GPIO 中断双边沿寄存器(GPIOIBE)和 GPIO 中断事件寄存器(GPIOIEV)3 个寄存器来对产生中断的边沿或触发信号进行定义,如表 6.2、表 6.3 和表 6.4 所列。通过 GPIO 中断屏蔽寄存器(GPIOIM)可以使能或禁止中断,如表 6.5 所列。当产生中断条件时,可以在 GPIO 原始(raw)中断状态寄存器(GPIORIS)和 GPIO 已屏蔽中断状态寄存器(GPIOMIS)中观察到中断信号的状态,如表 6.6 和表 6.7 所列。顾名思义,GPIOMIS 寄存器仅显示允许被传送到控制器的中断条件;而 GPIORIS 寄存器则表示 GPIO 引脚满足中断条件,但是不一定发送到控制器。

表 6.2　GPIO 中断检测寄存器(GPIOIS,偏移量:0x404)

位	名称	类型	复位	描述
31:8	保留	RO	0	保留位,返回一个不确定的值,并且应该永不改变
7:0	IS	R/W	0x00	GPIO 中断检测 0:检测的是相关引脚的边沿(边沿触发);1:检测的是相关引脚的电平(电平触发)

表 6.3　GPIO 中断双边沿寄存器(GPIOIBE,偏移量:0x408)

位	名称	类型	复位	描述
31:8	保留	RO	0	保留位,返回一个不确定的值,并且应该永不改变
7:0	IBE	R/W	0x00	GPIO 中断双边沿 0:由 GPIO 中断事件(GPIOIEV)寄存器控制是否产生中断 1:相应引脚的上升沿和下降沿都会触发中断 注:单边沿由 GPIOIEV 中相应的位来决定

表 6.4　GPIO 中断事件寄存器(GPIOIEV,偏移量:0x40C)

位	名称	类型	复位	描述
31:8	保留	RO	0	保留位,返回一个不确定的值,并且应该永不改变
7:0	IEV	R/W	0x00	GPIO 中断事件 0:相应引脚的下降沿或低电平触发中断 1:相应引脚的上升沿或高电平触发中断

表 6.5　GPIO 中断屏蔽寄存器(GPIOIM,偏移量:0x410)

位	名称	类型	复位	描述
31:8	保留	RO	0	保留位,返回一个不确定的值,并且应该永不改变
7:0	IME	R/W	0x00	GPIO 中断屏蔽使能 0:相应引脚的中断被屏蔽 1:相应引脚的中断未被屏蔽

表 6.6　GPIO 原始中断状态寄存器(GPIORIS,偏移量:0x414)

位	名称	类型	复位	描述
31:8	保留	RO	0	保留位,返回一个不确定的值,并且应该永不改变
7:0	RIS	RO	0x00	GPIO 中断原始(raw)状态 反映在引脚上检测到的中断触发条件的状态(原始的,屏蔽前的): 0:没有满足相应引脚的中断条件;1:相应引脚的中断满足条件

表 6.7　GGPIO 已屏蔽中断状态寄存器(GPIOMIS,偏移量:0x418)

位	名称	类型	复位	描述
31:8	保留	RO	0	保留位,返回一个不确定的值,并且应该永不改变
7:0	MIS	RO	0x00	GPIO 屏蔽后的中断状态。 相应引脚上中断已屏蔽的值。0:相应的 GPIO 线路的中断未被激活;1:相应的 GPIO 线路发出中断

除了提供 GPIO 功能外,PB4 也可用作 ADC 的外部触发器。如果 PB4 被配置为非屏蔽的中断引脚(GPIOIM 设为 1),那么不仅产生端口 B 的中断,而且还发送一个外部的触发信号到 ADC。如果 ADC 事件多路服用器选择寄存器(ADCEMUX)被配置为使用外部触发器,那么启动 ADC 转换。

如果没有其他的端口 B 引脚被用来产生中断,那么 ARM 集成的嵌套向量中断控制器(NVIC)中断置位使能寄存器(SETNA)可禁止端口 B 中断,并且 ADC 中断可用来读回转换的数据。否则,端口 B 中断处理器需要忽略和清零 B4 上的中断,并等待 ADC 中断;或 ADC 中断需要在 SETNA 寄存器中禁止,并且端口 B 中断处理器查询 ADC 寄存器直至转换结束。

写 1 到 GPIO 中断清除寄存器(GPIOICR)可以清除中断,如表 6.8 所列。

第 6 章 输入/输出设备接口

表 6.8 GPIO 中断清除寄存器(GPIOICR,偏移量:0x41C)

位	名称	类型	复位	描述
31:8	保留	RO	0	保留位,返回一个不确定的值,并且应该永不改变
7:0	IC	W1C	0x00	GPIO 中断清除 0:相应的中断未受影响;1:相应的中断被清除

在对中断进行编程时,应该屏蔽中断(将 GPIOIM 设为 0)。如果相应的位被使能,那么向中断控制寄存器(GPIOIS、GPIOIBE 或 GPIOIEV)写入任意值都有可能产生伪中断。

6.1.5 模式控制

GPIO 引脚可以由硬件或软件控制。当通过 GPIO 备用(Alternate)功能选择寄存器(GPIOAFSEL)将硬件控制使能时,引脚状态将由它备用的功能(即外设)控制。软件控制相当于 GPIO 模式,在该模式下,使用 GPIODATA 寄存器来读/写相应的引脚。GPIOAFSEL 寄存器各个位描述如表 6.9 所列。

表 6.9 GPIO 备用功能选择寄存器(GPIOAFSEL,偏移量:0x420)

位	名称	类型	复位	描述
31:8	保留	RO	0	保留位,返回一个不确定的值,并且应该永不改变
7:0	AFSEL	R/W	复位值[1]	GPIO 备用功能选择 0:软件控制相应的 GPIO 线(GPIO 模式); 1:硬件控制相应的 GPIO 线(备用的硬件功能)

[1] 对于除 5 个 JTAG 引脚(PB7 和 PC[3:0])之外的所有 GPIO 引脚,GPIOAFSEL 寄存器的默认复位值是 0x00,而那 5 个 JTAG 引脚默认为 JTAG 功能。因此对于 GPIO 端口 B(PB),GPIOAFSEL 的默认复位值为 0x80;而对于 GPIO 端口 C(PC),GPIOAFSEL 的默认复位值为 0x0F。

注:除了 5 个 JTAG/SWD 引脚(PB7 和 PC[3:0])之外,所有 GPIO 引脚默认下都是三态引脚(GPIOAFSEL=0,GPIODEN=0,GPIOPDR=0 且 GPIOPUR=0)。JTAG/SWD 引脚在默认情况下为 JTAG/SWD 功能(GPIOAFSEL=1,GPIODEN=1 且 GPIOPUR=1)。通过上电复位(POR)或外部复位($\overline{\text{RST}}$)可以让这两组引脚都回到其默认状态。

如果 JTAG 引脚在设计中用作 GPIO,那么 PB7 和 PB2 不能同时接外部下拉电阻。如果这两个引脚在复位过程都被拉至低电平,那么控制器会出现不可预测的行为。一旦这种情况发生,应移除其中一个下拉电阻,或者把两个下拉电阻都移除,并且使用 $\overline{\text{RST}}$ 复位或关机后重新上电。

此外,可以建立一个软件程序来阻止调试器与 Stellaris LM3S 系列微控制器相连。如果加载到 Flash 的程序代码立即将 JTAG 引脚变成它们的 GPIO 功能,那么在 JTAG 引脚功能切换前调试器将没有足够的时间去连接和停止控制器,这会将调试器锁在元件外,而通过一个使用外部触发器来恢复 JTAG 功能的软件程序就可以避免这种情况发生。

6.1.6 确认控制

确认(commit)控制寄存器提供一个保护层,以防止对重要的硬件外设进行意外编程。对 GPIO 备用功能选择寄存器(GPIOAFSEL)保护位的写操作没有被确认进行存储直至 GPIO 锁定寄存器(GPIOLOCK)已被解锁且 GPIO 确认寄存器(GPIOCR)的相应位已设为 1。

GPIOLOCK 寄存器使能对 GPIOCR 寄存器的写访问。写 0x1ACCE551 到 GPIOLOCK 寄存器将解锁 GPIOCR 寄存器,写其他任意值到 GPIOLOCK 寄存器重新使能锁定的状态。读取 GPIOLOCK 寄存器返回锁定状态,而不是先前写入的 32 位值。因此,当写访问被禁止或锁定时,读 GPIOLOCK 寄存器返回 0x00000001;当写访问被使能或解锁时,读 GPIOLOCK 寄存器返回 0x00000000。

GPIOCR 寄存器是确认寄存器,如表 6.10 所列。当执行写 GPIOAFSEL 寄存器时,GPIOCR 寄存器的值确定了 GPIOAFSEL 寄存器中的哪些位将被确认。如果在 GPIOCR 寄存器中的一个位为 0,那么写入 GPIOAFSEL 寄存器中相应位的数据将不被确定并保留其原来的值。如果 GPIOCR 寄存器中的位为 1,那么写入 GPIOAFSEL 寄存器中相应位的数据将确认到寄存器并反映新的值。

表 6.10 GPIO 确认寄存器(GPIOCR,偏移量:0x524)

位	名称	类型	复位	描述
31:8	保留	RO	0	保留位,返回一个不确定的值,并且应该永不改变
7:0	CR	类型[1]	复位值[2]	GPIO 确认(commit) 在按位(bit-wise)基础上,任何设置的位允许相应的 GPIOAFSEL 位被设为其备用功能。

[1] 对于除 5 个 JTAG/SWD 引脚(PB7 和 PC[3:0])之外的所有 GPIO 引脚,GPIOCR 寄存器默认的寄存器类型都是 RO。这 5 个引脚是当前仅受 GPIOCR 寄存器保护的 GPIO。正因为这样,对于 GPIO 端口 B7 和 GPIO 端口 C[3:0]的寄存器类型是 R/W;

[2] 对于除 5 个 JTAG/SWD 引脚(PB7 和 PC[3:0])之外的所有 GPIO 引脚,GPIOCR 寄存器默认的复位值都是 0x000000FF。为了确保 JTAG 端口不被意外地编程为 GPIO,这 5 个引脚默认为不可确认(non-commitable)。正因为这样,对于 GPIO 端口 B,GPIOCR 默认的复位值是 0x0000007F;而对于端口 C,GPIOCR 默认的复位值是 0x000000F0。

GPIOCR 寄存器的内容只有在 GPIOLOCK 寄存器解锁时才能被修改。如果 GPIOLOCK 寄存器被锁定,那么写 GPIOCR 寄存器将被忽略。

注意:该寄存器用于防止意外地设置 GPIOAFSEL 寄存器,该寄存器控制到 JTAG/SWD 调试硬件的连通性。通过将 GPIOCR 寄存器中对应的 PB7 和 PC[3:0]位初始化为 0,JTAG/SWD 调试端口只能通过对 GPIOLOCK、GPIOCR 和 GPIOAFSEL 寄存器的一系列写操作来转换 GPIO。

因为这种保护当前只在 PB7 和 PC[3:0]的 JTAG/SWD 引脚上执行,所以 GPIOCR 寄存器中所有其他的值都不能被写入 0x0。这些位硬件连接(hardwired)为 0x1,确保总是可以确认新的值到其他引脚的 GPIOAFSEL 寄存器位。

6.1.7 引脚配置

引脚配置寄存器使软件能够根据应用的要求来配置 GPIO 引脚。引脚配置寄存器包括：GPIODR2R、GPIODR4R、GPIODR8R、GPIOODR、GPIOPUR、GPIOPDR、GPIOSLR 和 GPIODEN 寄存器。

1. GPIO 2 mA 驱动选择寄存器

GPIODR2R 寄存器是 2 mA 驱动控制寄存器，其各个位描述如表 6.11 所列。它允许对端口的每个 GPIO 信号进行单独配置，而不会影响其他引脚(pad)。当对 GPIO 信号的 DRV2 位进行写入时，GPIODR4R 寄存器中相应的 DRV4 位和 GPIODR8R 寄存器中的 DRV8 位都自动被硬件清零。

表 6.11 GPIO 2 mA 驱动选择寄存器(GPIODR2R, 偏移量: 0x500)

位	名称	类型	复位	描述
31:8	保留	RO	0	保留位，返回一个不确定的值，并且应该永不改变
7:0	DRV2	R/W	0xFF	输出端口 2 mA 驱动使能 向 GPIODR4[n]或者 GPIODR8[n]写入 1，都会使相应的 2 mA 使能位清零。这种修改会在写操作之后的第 2 个时钟周期生效

2. GPIO 4 mA 驱动选择寄存器

GPIODR4R 寄存器是 4 mA 驱动控制寄存器，其各个位描述所表 6.12 所列。它允许对端口的每个 GPIO 信号进行单独配置，而不会影响其他引脚(pad)。当对 GPIO 信号的 DRV4 位进行写入时，GPIODR2R 寄存器中相应的 DRV2 位和 GPIODR8R 寄存器中的 DRV8 位都自动被硬件清零。

表 6.12 GPIO 4 mA 驱动选择寄存器(GPIODR4R, 偏移量; 0x504)

位	名称	类型	复位	描述
31:8	保留	RO	0	保留位，返回一个不确定的值，并且应该永不改变
7:0	DRV4	R/W	0x00	输出端口 4 mA 驱动使能 向 GPIODR2[n]或者 GPIODR8[n]写入 1，都会使相应的 4 mA 使能位清零。这种修改会在写操作之后的第 2 个时钟周期生效

3. GPIO 8 mA 驱动选择寄存器

GPIODR8R 寄存器是 8 mA 驱动控制寄存器,其各个位描述如表 6.13 所列。它允许对端口的每个 GPIO 信号进行单独配置,而不会影响其他引脚(pad)。当对 GPIO 信号的 DRV8 位进行写入时,GPIODR2R 寄存器中相应的 DRV2 位和 GPIODR4R 寄存器中的 DRV4 位都自动被硬件清零。

表 6.13　GPIO 8 mA 驱动选择寄存器(GPIODR8R,偏移量:0x508)

位	名称	类型	复位	描述
31:8	保留	RO	0	保留位,返回一个不确定的值,并且应该永不改变
7:0	DRV8	R/W	0x00	输出端口 8 mA 驱动使能 向 GPIODR2[n]或者 GPIODR4[n]写入 1,都会使相应的 8 mA 使能位清零。这种修改会在写操作之后的第 2 个时钟周期生效

4. GPIO 开漏选择寄存器

GPIOODR 寄存器是开漏控制寄存器,其各个位描述如表 6.14 所列。置位该寄存器中的位会使能相应 GPIO 端口的开漏配置(功能)。当开漏模式使能时,还应该将 GPIO 数字输入使能寄存器(GPIOEN)中相应的位置位。为了达到所需的上升和下降时间,可以将驱动强度寄存器(GPIODR2R、GPIODR4R、GPIODR8R 和 GPIOSLR)中的相应位置位。如果 GPIODIR 寄存器中相应的位被设为 0,那么 GPIO 将充当开漏输入;如果设为 1,那么将充当开漏输出。

表 6.14　GPIO 开漏选择寄存器(GPIOODR,偏移量:0x50C)

位	名称	类型	复位	描述
31:8	保留	RO	0	保留位,返回一个不确定的值,并且应该永不改变
7:0	ODE	R/W	0x00	输出端口开漏使能。1:开漏配置被禁止;0:开漏配置被使能

5. GPIO 上拉选择寄存器

GPIOPUR 寄存器是上拉控制寄存器,其各个位描述如表 6.15 所列。当其中的位被设为 1 时,它会使能相应的 GPIO 信号上的弱上拉电阻。置位 GPIOPUR 中的位会使 GPIO 下拉选择寄存器(GPIOPDR)中相应的位自动清零。

表 6.15　GPIO 上拉选择寄存器(GPIOPUR,偏移量:0x510)

位	名称	类型	复位	描述
31:8	保留	RO	0	保留位,返回一个不确定的值,并且应该永不改变
7:0	PUE	R/W	—	端口弱上拉使能 向 GPIOPDR[n]写 1 会清零相应的 GPIOPUR[n]使能位。这种改变在写操作之后的第 2 个时钟周期有效

6. GPIO 下拉选择寄存器

GPIOPDR 寄存器是下拉控制寄存器，其各个位描述如表 6.16 所列。当其中的位被设为 1 时，它会使能相应的 GPIO 信号上的弱下拉电阻。置位 GPIOPDR 中的位会使 GPIO 上拉选择寄存器（GPIOPUR）中相应的位自动清零。

表 6.16　GPIO 下拉选择寄存器（GPIOPDR，偏移量：0x514）

位	名称	类型	复位	描述
31：8	保留	RO	0	保留位，返回一个不确定的值，并且应该永不改变
7：0	PDE	R/W	0x00	端口弱下拉使能 向 GPIOPUR[n]写 1 会清零相应的 GPIOPDR[n]使能位。这种改变在写操作之后的第 2 个时钟周期有效

7. GPIO 斜率控制选择寄存器

GPIOSLR 寄存器是斜率控制寄存器，其各个位描述如表 6.17 所列。斜率控制只在通过 GPIO 8 mA 驱动选择寄存器（GPIODR8R）采用 8 mA 驱动强度选项时才有效。

表 6.17　GPIO 斜率控制选择寄存器（GPIOSLR，偏移量：0x518）

位	名称	类型	复位	描述
31：8	保留	RO	0	保留位，返回一个不确定的值，并且应该永不改变
7：0	SRL	R/W	0	斜率限制使能（仅为 8 mA 驱动） 0：斜率控制被禁止；1：斜率控制被使能

8. GPIO 数字输入使能寄存器

GPIODEN 寄存器是数字输入使能寄存器，其各个位描述如表 6.18 所列。默认情况下，除了用作 JTAG/SWD 功能的 GPIO 信号外，所有其他的 GPIO 信号都被配置为非驱动（三态）。它们的数字功能被禁止，不能驱动引脚上的逻辑值且不允许引脚电压进入 GPIO 接收器。为了使用引脚的数字功能（GPIO 或可选功能），相应的 GPIODEN 位必须置位。

表 6.18　GPIO 数字输入使能寄存器（GPIODEN，偏移量：0x51C）

位	名称	类型	复位	描述
31：8	保留	RO	0	保留位返回一个不确定的值，并且应该永不改变
7：0	DEN	R/W	—	数字输入使能。0：数字输入被禁止；1：数字输入被使能

6.1.8 初始化和配置

为了使用 GPIO,必须通过置位 RCGC2 寄存器中的 PORTA、PORTB、PORTC、PORTD、PORTE、PORTF、PORTG 和 PORTH 将外设时钟使能。

一旦复位,所有 GPIO 引脚(5 个 JTAG 引脚除外)都配置为非驱动(三态):GPIOAFSEL=0,GPIODEN=0,GPIOPDR=0 且 GPIOPUR=0。表 6.19 列出了 GPIO 端口的所有可能的配置以及为实现这些配置所要求的控制寄存器的设置。表 6.20 给出了为 GPIO 端口的引脚 2 配置上升沿中断的方法。

表 6.19 GPIO 端口的配置实例

配置	寄存器位的值									
	GPIO-AFSEL	GPI-ODIR	GPIO-DR	GPIO-DEN	GPIO-PUR	GPI-OPDR	GPIO-DR2R	GPIO-DR4R	GPIO-DR8R	GPIO-SLR
数字输入(GPIO)	0	0	0	1	×	×	—	—	—	—
数字输出(GPIO)	0	1	0	1	X	X	X	X	X	X
开漏输入(GPIO)	0	0	1	1	—	—	—	—	—	—
开漏输出(GPIO)	0	1	1	1	—	—	X	X	X	X
数字输入(定时器 CCP)	1	—	0	1	X	X	—	—	—	—
数字输出(PWM)	1	—	0	1	X	X	X	X	X	X
数字输出(定时器 PWM)	1	—	0	1	X	X	X	X	X	X
数字输入/输出(SSI)	1	—	0	1	X	X	X	X	X	X
数字输入/输出(UART)	1	—	0	1	X	X	X	X	X	X
模拟输入(比较器)	0	0	0	0	0	0	—	—	—	—
数字输出(比较器)	1	—	0	1	X	X	X	X	X	X

注:"—"=忽略(无关位);"X"=可以是 0 或 1,具体取决于配置。

表 6.20　GPIO 中断配置实例

寄存器	期望的中断事件触发	引脚 2 各位的值							
		7	6	5	4	3	2	1	0
GPIOIS	0＝边沿；1＝电平	—	—	—	—	—	0	—	—
GPIOIBE	0＝单边沿；1＝双边沿	—	—	—	—	—	0	—	—
GPIOIEV	0＝低电平或负边沿；1＝高电平或正边沿	—	—	—	—	—	1	—	—
GPIOIM	0＝屏蔽；1＝不屏蔽	0	0	0	0	0	1	0	0

注："—"＝忽略（无关位）。

6.1.9　GPIO 示例程序

1. GPIO 输入输出

本示例程序将一个端口配置为输入，连接一个按键；将另一个端口配置为输出，连接一个 LED 指示灯。程序将不断扫描按键是否按下，如果按键按下则点亮 LED 指示灯，否则熄灭 LED 指示灯。程序如下所示：

```
#define HWREG(x)              (*((volatile unsigned long *)(x)))
#define SYSCTL_PERIPH_GPIOB   0x20000002          /* GPIO B */
#define SYSCTL_PERIPH_GPIOE   0x20000010          /* GPIO E */
#define SYSCTL_RCGC2          0x400fe108          /* 运行模式时钟门控寄存器 2 */
#define GPIO_PORTB_BASE       0x40005000          /* GPIO Port B */
#define GPIO_PORTE_BASE       0x40024000          /* GPIO Port E */
#define GPIO_O_DIR            0x00000400          /* 数据方向寄存器 */
#define GPIO_O_AFSEL          0x00000420          /* 模式控制寄存器 */
#define GPIO_O_DATA           0x00000000          /* 数据寄存器 */
#define GPIO_O_DR4R           0x00000504          /* 4 mA 驱动选择 */
#define GPIO_O_DEN            0x0000051C          /* 数字输入使能 */
#define KEY1                  0x00000004          /* 定义 KEY1 */
#define LED3                  0x00000040          /* 定义 LED3 */
/********************************************************************/
** 函数原形：int main(void)
** 功能描述：通过判断 KEY1 有没有按下，按下则点亮 LED3，否则熄灭 LED3。
```

```
* *  参数说明:无
* *  返回值:0
* * * * * * * * * * * * * * * * * * * * * * * * * * * * * * * * * * */
int main(void)
{
    HWREG(SYSCTL_RCGC2) |= SYSCTL_PERIPH_GPIOB & 0x0fffffff;  /* 使能 GPIO PB 口外设 */
    HWREG(SYSCTL_RCGC2) |= SYSCTL_PERIPH_GPIOE & 0x0fffffff;  /* 使能 GPIO PE 口外设 */

    HWREG(GPIO_PORTE_BASE + GPIO_O_DIR) &= ~KEY1;       /* GPIO PE2 为输入 */
    HWREG(GPIO_PORTE_BASE + GPIO_O_AFSEL) &= ~KEY1;     /* PE2 为 GPIO 功能 */

    HWREG(GPIO_PORTB_BASE + GPIO_O_DIR) |= LED3;        /* GPIO PB6 为输出 */
    HWREG(GPIO_PORTB_BASE + GPIO_O_AFSEL) &= ~LED3;     /* PB6 为 GPIO 功能 */

    /* 设置 PE2 为 4 mA 驱动 */
    HWREG(GPIO_PORTE_BASE + GPIO_O_DR4R) = (HWREG(GPIO_PORTE_BASE + GPIO_O_DR4R) | KEY1);
    /* 设置 PE2 为推挽引脚 */
    HWREG(GPIO_PORTE_BASE + GPIO_O_DEN) = (HWREG(GPIO_PORTE_BASE + GPIO_O_DEN) | KEY1);

    /* 设置 PB6 为 4 mA 驱动 */
    HWREG(GPIO_PORTB_BASE + GPIO_O_DR4R) = (HWREG(GPIO_PORTB_BASE + GPIO_O_DR4R) | LED3);
    /* 设置 PB6 为推挽引脚 */
    HWREG(GPIO_PORTB_BASE + GPIO_O_DEN) = (HWREG(GPIO_PORTB_BASE + GPIO_O_DEN) | LED3);

    while (1)
    {
        /* 读 KEY1 引脚的值,并判断,如果为高,则熄灭 LED3 */
        if (HWREG(GPIO_PORTE_BASE + (GPIO_O_DATA + (KEY1 << 2)))) {
            HWREG(GPIO_PORTB_BASE + (GPIO_O_DATA + (LED3 << 2))) = LED3;
        } else {    /* 否则点亮 LED3 */
            HWREG(GPIO_PORTB_BASE + (GPIO_O_DATA + (LED3 << 2))) = ~LED3;
        }
    }
    return 0;
}
```

2. GPIO 中断

假设 KEY 按下是为低电平,LED 点亮时为低电平。配置 GPIO 中断为电平触发并为低电平有效，在主函数中不断点亮 LED，在中断中使 LED 熄灭，程序如下所示：

```c
#define HWREG(x)              (*((volatile unsigned long *)(x)))
#define SYSCTL_PERIPH_GPIOB   0x20000002                          /* GPIO B */
#define SYSCTL_PERIPH_GPIOE   0x20000010                          /* GPIO E */
#define SYSCTL_RCGC2          0x400fe108                          /* 运行模式时钟门控寄存器 2 */
#define GPIO_PORTB_BASE       0x40005000                          /* GPIO Port B */
#define GPIO_PORTE_BASE       0x40024000                          /* GPIO Port E */
#define GPIO_O_DIR            0x00000400                          /* 数据方向寄存器 */
#define GPIO_O_AFSEL          0x00000420                          /* 模式控制寄存器 */
#define GPIO_O_DATA           0x00000000                          /* 数据寄存器 */
#define GPIO_O_IS             0x00000404                          /* GPIO E 口中断检测寄存器 */
#define GPIO_O_IEV            0x0000040C                          /* GPIO E 口中断事件寄存器 */
#define GPIO_O_IM             0x00000410                          /* GPIO E 口中断屏蔽寄存器 */
#define GPIO_O_ICR            0x0000041C                          /* GPIO E 口中断清除寄存器 */
#define GPIO_O_DR4R           0x00000504                          /* 4 mA 驱动选择 */
#define GPIO_O_DEN            0x0000051C                          /* 数字输入使能 */

#define NVIC_EN0              0xe000e100                          /* 中断使能寄存器 */

#define KEY1                  0x00000004                          /* 定义 KEY1 */
#define LED3                  0x00000040                          /* 定义 LED3 */

/****************************************************************
** 函数原形:int main(void)
** 功能描述:熄灭 LED3,并等待按键的中断。
** 参数说明:无
** 返回值:0
****************************************************************/
int main(void)
{
    HWREG(SYSCTL_RCGC2) |= SYSCTL_PERIPH_GPIOB & 0x0fffffff;      /* 使能 GPIO PB 口外设 */
    HWREG(SYSCTL_RCGC2) |= SYSCTL_PERIPH_GPIOE & 0x0fffffff;      /* 使能 GPIO PE 口外设 */

    HWREG(GPIO_PORTE_BASE + GPIO_O_DIR) &= ~KEY1;                 /* GPIO PE2 为输入 */
    HWREG(GPIO_PORTE_BASE + GPIO_O_AFSEL) &= ~KEY1;               /* PE2 为 GPIO 功能 */

    HWREG(GPIO_PORTB_BASE + GPIO_O_DIR) |= LED3;                  /* GPIO PB6 为输出 */
    HWREG(GPIO_PORTB_BASE + GPIO_O_AFSEL) &= ~LED3;               /* PB6 为 GPIO 功能 */

    /* 设置为 4 mA 驱动 */
    HWREG(GPIO_PORTE_BASE + GPIO_O_DR4R) = (HWREG(GPIO_PORTE_BASE + GPIO_O_DR4R) | KEY1);

    /* 设置为推挽引脚 */
    HWREG(GPIO_PORTE_BASE + GPIO_O_DEN) = (HWREG(GPIO_PORTE_BASE + GPIO_O_DEN) | KEY1);

    HWREG(GPIO_PORTB_BASE + GPIO_O_DR4R) = (HWREG(GPIO_PORTB_BASE + GPIO_O_DR4R) | LED3);
```

```
    /* 设置为推挽引脚 */
    HWREG(GPIO_PORTB_BASE + GPIO_O_DEN) = (HWREG(GPIO_PORTB_BASE + GPIO_O_DEN) | LED3);
    HWREG(GPIO_PORTE_BASE + GPIO_O_IS)  |= KEY1;          /* 中断为电平触发 */
    HWREG(GPIO_PORTE_BASE + GPIO_O_IEV) &= ~KEY1;         /* 低电平有效 */
    HWREG(GPIO_PORTE_BASE + GPIO_O_IM)  |= KEY1;          /* 使能 GPIO D 的 PE2 中断 */

    HWREG(NVIC_EN0) |= 1 << 4;                            /* 使能 GPIO E 口中断 */
    CPUcpsie();                                           /* 使能全局中断 */

    while (1)                                             /* 等待触发中断 */
    {
        HWREG(GPIO_PORTB_BASE + (GPIO_O_DATA + (LED3 << 2))) = ~LED3; /* 点亮 LED3 */
    }
    /* return 0; */
}
```

GPIO 中断服务程序如下所示,在中断处理中使用 LED 熄灭,然后清中断。

```
void  GPIO_Port_E_ISR(void)
{
    HWREG(GPIO_PORTB_BASE + (GPIO_O_DATA + (LED3 << 2))) = LED3;  /* 熄灭 LED3 */
    HWREG(GPIO_PORTE_BASE + GPIO_O_ICR) |= KEY1;                  /* 清除中断标志 */
}
```

6.2 模/数转换器

6.2.1 ADC 模块的特性与结构

模/数转换器(ADC)是一个能将连续的模拟电压转换成离散的数字量的外设。

Stellaris LM3S 系列微控制器的 ADC 模块的特点是:转换分辨率为 10 位,最多含 8 个输入通道和一个内部温度传感器,可配置单端和差分(differential)输入形式,采样率为 250 000/500 000/1 000 000 采样/秒(即每秒采样 250 000/500 000/1 000 000 次)。硬件可对多达 64 个采样进行平均计算,从而实现提高精度的目的。此外,该模块还包含一个可编程的序列发生器(sequencer),无需使用控制器就可对多个模拟输入源进行采样。4 个可编程的采样转换序列,序列的长度可为 1~8 个入口字段,而且每个序列均带有相应的转换结果 FIFO。每个采样序列均可被灵活编程,其输入源、触发事件、中断的发生和序列优先级都是可配置的。

注意:不同型号 LM3S 系列微控制器具有不同数目的 ADC 输入通道。

ADC 结构框图如图 6.1 所示。

第 6 章 输入/输出设备接口

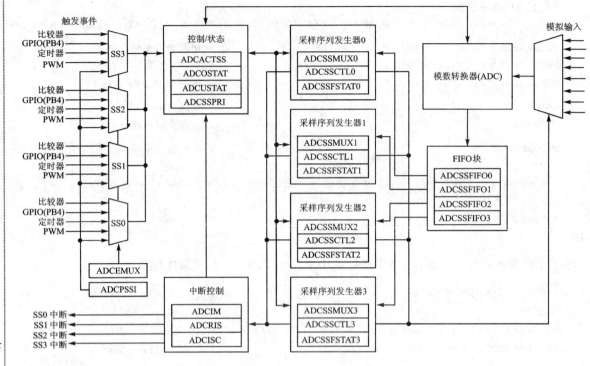

图 6.1 ADC 模块结构图

6.2.2 ADC 寄存器映射

ADC 寄存器如表 6.21 所列，其中的偏移量是寄存器地址相对于 ADC 基址 0x40038000 的十六进制增量。

表 6.21 ADC 寄存器映射

偏移量	名　称	复　位	类　型	描　述
0x000	ADCACTSS	0x00000000	R/W	激活采样序列发生器
0x004	ADCRIS	0x00000000	RO	原始中断状态和清除
0x008	ADCIM	0x00000000	R/W	中断屏蔽
0x00C	ADCISC	0x00000000	R/W1C	中断状态和清除
0x010	ADCOSTAT	0x00000000	R/W1C	溢出状态
0x014	ADCEMUX	0x00000000	R/W	事件多路复用器选择
0x018	ADCUSTAT	0x00000000	R/W1C	下溢状态

续表 6.21

偏移量	名 称	复 位	类 型	描 述
0x020	ADCSSPRI	0x00003210	R/W	采样序列发生器优先级
0x028	ADCPSSI	—	WO	处理器采样序列启动
0x030	ADCSAC	0x00000000	R/W	采样平均控制
0x040/60/80/A0	ADCSSMUX0～3	0x00000000	R/W	采样序列输入多路复用器选择 0～3
0x044/64/84/A4	ADCSSCTL0～3	0x00000000	R/W	采样序列控制 0～3
0x048/68/88/A8	ADCSSFIFO 0～3	0x00000000	RO	采样序列结果 FIFO 0～3
0x04C/6C/8C/AC	ADCSSFSTAT 0～3	0x00000100	RO	采样序列 FIFO 状态 0～3
0x100	ADCTMLB	0x00000000	R/W	测试模式回环(loopback)

6.2.3 采样设置

传统的 ADC 模块大多采用单次采样或双采样的方法收集采样数据,而 Stellaris ADC 模块却不同,它采用的是一种基于序列(sequence-based)的可编程方法。每个采样序列都是一系列完全程序化的连续(背对背)采样,这使 ADC 能够从多个输入源中收集数据,而无需控制器对它进行重新配置或处理。对采样序列内的采样进行编程的操作包括了对某些参数进行编程,如输入源和输入模式(差分输入还是单端输入),采样结束时的中断产生机制,以及指示序列最后一个采样的指示符(indicator)。

1. ADC 活动采样序列发生器寄存器

采样控制与数据捕获是由采样序列发生器(ADCACTSS)负责处理的。所有序列发生器的实现方法都相同,不同的只是各自可以捕获的采样数目和 FIFO 深度。表 6.22 给出了每个序列发生器可以捕获的最大采样数以及其相应的 FIFO 深度。该实现方案中,每个 FIFO 入口字段均为 32 位(1 个字),其中低 10 位包含的是转换结果。

表 6.22 序列发生器的采样数和 FIFO 深度

序列发生器	采样数	FIFO 深度
SS3	1	1
SS2	4	4
SS1	4	4
SS0	8	8

对于一个给定的采样序列,每个采样都是通过 ADC 采样序列输入多路复用器选择寄存器(ADCSSMUXn)的 4 个位和 ADC 采样序列控制寄存器(ADCSSCTLn)的 4 个位(半字节)来定义的,此处,"n"对应的是序列编号。ADCSSMUXn 的半字节用于选择输入引脚;ADC-SSCTLn 半字节是采样控制位,这些控制位分别与各个参数(如温度传感器的选择、中断使能、序列末端和差分输入模式)相对应。采样序列发生器虽然可以通过置位 ADC 活动采样序列

发生器寄存器(ADCACTSS)的相应位进行使能,但也可以在使能前进行配置。ADCACTSS寄存器控制采样序列发生器是否激活,每个采样序列发生器都可以单独地使能和禁止,如表 6.23 所列。

表 6.23 ADC 活动采样序列发生器寄存器

位	名称	类型	复位	描述
31:4	保留	RO	0	保留位,返回一个不确定值,并且应该永不改变
n (n=3,2,1,0)	ASENn	R/W	0	确定采样序列发生器 n 是否使能。如果被置位就激活序列发生器 n 采样序列逻辑,否则不激活

2. ADC 采样序列输入多路复用器选择寄存器 0~3

ADC 采样序列输入多路复用器选择寄存器(ADCSSMUX0~3,偏移量 0x040/60/80/A0)有 4 个,下面以 ADC 采样序列输入多路复用器选择寄存器 0(ADCSSMUX0,偏移量 0x040)为例进行介绍,该寄存器为采样序列发生器 0 所执行序列的每个采样进行模拟输入配置。该寄存器为 32 位宽,并且包含 8 个可能采样的信息,如表 6.24 所列。

表 6.24 ADC 采样序列输入多路复用器选择寄存器 0

位	名称	类型	复位	描述
a	保留	RO	0	保留位,返回一个不确定的值,并且应该永不改变
b	MUX7	R/W	0	第 m 个采样输入被选择。 MUXn 位在采样序列发生器 n 执行序列中第 m 个数据的采样时使用。它决定了在进行模数转换时哪个模拟输入进行采样,此处设置的值指出了与之对应的引脚,例如,数值 1 代表输入为 ADC1

注:a=31,30,27,26,23,22,19,17,14,13,10,9,6,5,3,2;b=29,28,25,24,21,20,18,16,15,12,11,8,7,4,3,1,0;m=8~1;n=7~0。

3. ADC 采样序列控制寄存器 0~3

ADC 采样序列控制寄存器(ADCSSCTL0~3,偏移量 0x044/64/84/A4)有 4 个,下面以 ADC 采样序列控制寄存器 0 为例进行介绍,该寄存器包含采样序列发生器 0 所执行序列的每个采样的配置信息。在对采样序列进行配置时,不管位置是在第一个采样数据之后,还是在最后一个采样数据之后,又或者是在二者间任意位置的采样数据之后,必须要在某一个点将 END 位置位。该寄存器为 32 位宽,并且包含 8 个可能采样的信息,如表 6.25 所列。

表 6.25　ADC 采样序列控制寄存器 0

位	名称	类型	复位	描述
a	TSn	R/W	0	TSn 位在对采样序列的第 m 个数据进行采样的时候使用,它可以指定采样的输入源。如果置位,则读取温度传感器;否则,读取由 ADCAMUX 寄存器指定的输入引脚
b	IEn	R/W	0	IEn 位在对采样序列的第 m 个数据进行采样的时候使用,它用来指定原始中断信号(INR0 位)是否在采样值转换结束时生效。如果 ADCIM 寄存器中的 MASK0 位被置位,那么中断信号被提升为控制器级别(controller-level)的中断。当 IEn 位置位时,原始中断会发出,否则不发出。而在同一个序列中多个采样产生多个中断的情况是合法的
c	ENDn	R/W	0	ENDn 位指示出现在进行的采样是序列的最后一个采样数据。可以在任意的采样位置结束序列。带有已置位的 END 位的采样数据之后定义的采样数据是不会请求进行 AD 转换的,即使该组数据的字段(field)并不为零。这就要求软件必须写入序列中某个位置的 END 位。(而仅含一个采样数据的采样序列发生器 3 则是通过硬连线的方式来将 END0 位置位的) 把该位置位表示该采样数据是序列的最后一个采样数据
d	Dn	R/W	0	Dn 位表示采用差分的方式来对模拟输入进行采样。相应的 ADCSSMUXx 半字节必须成对配置,若配置为第"i"对,所对应的输入即为"2i 和 2i+1"。温度传感器不含差分选项。 该位被置位时,以差分的方式来对模拟输入进行采样

注:a=31,27,23,19,15,11,7,3;b=30,26,22,18,14,10,6,2;c=29,25,21,17,13,9,5,1;d=28,24,20,16,12,8,4,0;m=8~1;n=7~0。

在对采样序列进行配置时,允许在同一序列中多次使用相同输入引脚。在 ADCSSCTLn 寄存器中的 Interrupt Enable(IE)位可以被配置为针对任意采样数量的组合来置位,因此,在必要的时候还能够在每个采样序列结束后都产生中断。同样,END 位也可以设置在采样序列中的任何点。例如,如果使用的是序列发生器 0,END 位若设置为在第 5 个采样的半字节处置位,便能使序列发生器 0 在第 5 个采样之后结束采样序列。

4. ADC 采样序列结果 FIFO 寄存器 0~3

采样序列完成后,可以从 ADC 采样序列结果 FIFO 寄存器 0~3(ADCSSFIFO 0~3,偏移量 0x048/68/88/A8)中读取结果数据,该寄存器包含的是由采样序列发生器 0~3 收集的采样的转换结果。读取该寄存器时,将按照采样 0、采样 1、……的顺序返回转换结果数据,直至 FIFO 为空。如果软件没有对 FIFO 进行正确的处理,那么溢出和下溢的情况均被记录在 ADCOSTAT 和 ADCUSTAT 寄存器中。该寄存器各个位描述如表 6.26 所列。

表 6.26　ADC 采样序列结果 FIFO 寄存器 0～3

位	名称	类型	复位	描述
31:10	保留	RO	0	保留位,返回一个不确定的值,并且应该永不改变
9:0	DATA	RO	0	转换结果数据

5. ADC 采样序列 FIFO 状态寄存器 0～3

所有的 FIFO 均为简单的环形缓冲器,该缓冲器能够读取某个单独的地址来"调出(pop)"结果数据。为了进行软件调试,FIFO 的头指针和尾指针的位置,连同 FULL 和 EMPTY 状态标志都可以在 ADC 采样序列 FIFO 状态寄存器 0～3(ADCSSFSTAT0～3,偏移量 0x04C/6C/8C/AC)中看到,该寄存器是一个面向采样序列发生器 FIFO n 的窗口,它提供了满/空状态的信息以及头指针和尾指针的位置,复位值 0x100 表示 FIFO 为空,如表 6.27 所列。

表 6.27　ADC 采样序列 FIFO 状态寄存器 0～3

位	名称	类型	复位	描述
31:13	保留	RO	0	保留位,返回一个不确定的值,并且应该永不改变
12	FULL	RO	0	被置位时,表示 FIFO 此时状态为满
11:9	保留	RO	0	保留位,返回一个不确定的值,并且应该永不改变
8	EMPTY	RO	1	被置位时,表示 FIFO 此时状态为空
7:4	HPTR	RO	0	该字段包含当前 FIFO 的"头"指针的索引(index),即下一个要执行写操作的入口(entry)
3:0	TPTR	RO	0	该字段包含当前 FIFO 的"尾"指针的索引(index),即下一个要读取的入口(entry)

6. ADC 溢出状态寄存器和 ADC 下溢状态寄存器

溢出和下溢条件也可以通过 ADC 溢出状态寄存器(ADCOSTAT)和 ADC 下溢状态寄存器(ADCUSTAT)进行监控。ADCOSTAT 寄存器用来指示采样序列发生器 FIFO 中的溢出条件,在软件处理完溢出状况后,只需把 1 写入到相应的位便可以清除其对应的溢出状态,如表 6.28 所列,表中:n=3,2,1,0。

表 6.28　ADC 溢出状态寄存器

位	名称	类型	复位	描述
31:4	保留	RO	0	保留位,返回一个不确定值,并且应该永不改变
n	OVn	R/W1C	0	该位指出采样序列发生器 n 的 FIFO 是否出现了溢出的情况,也就是在 FIFO 满的情况下仍请求进行写入操作。当探测到溢出状态时,取消最近一次写操作,且由硬件将该位置位,以指示出丢弃数据的情况已经发生。该位通过写 1 清零。

ADCUSTAT 寄存器用来指示采样序列发生器 FIFO 中的下溢条件,下溢条件一经软件处理后,就可以通过写 1 到相应的位被清除,如表 6.29 所列,表中:n=3,2,1,0。

表 6.29 ADC 下溢状态寄存器

位	名称	类型	复位	描述
31:4	保留	RO	0	保留位,返回一个不确定值,并且应该永不改变
n	UVn	R/W1C	0	该位指出采样序列发生器 n 的 FIFO 是否出现下溢的情况,也就是 FIFO 为空的情况下仍请求进行读取操作。这个有问题的读操作并不会使 FIFO 指针移动,而且返回的值为 0。该位通过写 1 清零

上述寄存器更详细的内容请参考"Luminary Micro, Inc. LM3S8962 Microcontroller DATA SHEET.http://www.luminarymicro.com"。

6.2.4 模块控制

在采样序列发生器的外面,控制逻辑的剩余部分负责如中断产生、序列优先级设置以及触发配置等任务。

大多数的 ADC 控制逻辑都是在 14~18 MHz 的 ADC 时钟速率下运行。当选择了系统 XTAL 并启用 PLL 时,内部的 ADC 分频器便会通过硬件自动进行配置。所有的 Stellaris 器件的自动时钟分频器均以 16.667 MHz 操作频率为目标进行配置。

1. 中 断

采样序列发生器虽然会对引起中断的事件进行检测,但是并不能够控制中断是否真正发送到中断控制器。ADC 模块的中断信号是由 ADC 中断屏蔽寄存器(ADCIM)的 MASK 位控制的。该寄存器决定是否将采样序列发生器的原始中断信号提升为控制器中断。每个采样序列发生器的原始中断信号均可以单独地被屏蔽,如表 6.30 所列,表中:n=3,2,1,0。

表 6.30 ADC 中断屏蔽寄存器

位	名称	类型	复位	描述
31:4	保留	RO	0	保留位,返回一个不确定值,并且应该永不改变
n	MASKn	R/W	0	确定是否将采样序列发生器 n 的原始中断信号(ADCRIS 寄存器中的 INRn 位)提升为控制器中断。如果被置位,原始中断信号将被提升为控制器中断;否则,不提升

中断状态可以从两个位置观察到,一个是 ADC 原始中断状态寄存器(ADCRIS),它显示的是采样序列发生器所产生的中断信号的原始状态。该寄存器显示了每个采样序列发生器的原始中断信号的状态,软件可以通过直接轮询这些位来查找中断条件,而无需产生控制器中断,如表 6.31 所列,表中:n=3,2,1,0。

表 6.31　ADC 原始中断状态寄存器

位	名称	类型	复位	描述
31:4	保留	RO	0	保留位，返回一个不确定值，并且应该永不改变
n	INRn	RO	0	当某个采样其对应的 ADCSSCTALn 中的 IE 位完成转换后，该位被硬件置位。把 1 写入到 ADCISC 的 INn 位就能将此位清零

另外一个是 ADC 中断状态和清除寄存器（ADCISC），该寄存器不仅提供了一种清除中断条件的机制，还可以用于显示由采样序列发生器产生的控制器中断的状态。读取该寄存器时，每个位的值均表示各自的 INR 位与 ADCIM 寄存器的 MASK 位进行逻辑与之后得到的结果。只需把 1 写入到 ADCISC 中对应的 IN 位便可以清除对应的中断。如果软件是在轮询 ADCRIS，而不是产生中断，那么即使 IN 位没有置位，INR 位仍可以通过 ADCISC 寄存器清零，如表 6.32 所列，表中：n=3,2,1,0。

表 6.32　ADC 中断状态和清除寄存器

位	名称	类型	复位	描述
31:4	保留	RO	0	保留位，返回一个不确定值，并且应该永不改变
n	INn	R/W1C	0	当 MASKn 和 INRn 都为 1 时，该位被硬件置位，向控制器提供一个基于电平（level-based）的中断。把 1 写入到 INn 位可以清除该中断，同时也会把 INRn 位清零

2. 优先级设置

当多个采样事件同时出现（触发）时，ADC 采样序列发生器优先级寄存器（ADCSSPRI）的值将为这些事件设置优先级，安排它们的处理顺序。优先级值的有效范围是 0~3，其中 0 代表优先级最高，而 3 代表优先级最低。如果存在多个活动采样序列发生器单元的优先级相同的情况，那么它们的结果将不会是前后一致（consistent）的，因此软件必须确保各个活动中的采样序列发生器的优先级是唯一的，如表 6.33 所列。

表 6.33　ADC 采样序列发生器优先级寄存器

位	名称	类型	复位	描述
a	保留	RO	0	保留位，返回一个不确定值，并且应该永不改变
b	SSn	R/W	0xn	SSn 位包含了指定采样序列发生器 n 的优先级编码的二进制编码值。优先级编码 0 优先级最高，3 最低。分配给各个序列发生器的优先级必须被唯一地映射到序列发生器上。如果其中有两个或两个以上的位区相等，那么无法保证 ADC 的行为具有前后一致性（consistent）

注：a=31:14,11:10,7:6,3:2。b=13:12,9:8,5:4,1:0。n=3,2,1,0。

3. 采样事件

ADC 事件多路复用器选择寄存器（ADCEMUX）定义了每个采样序列发生器的采样触发方式，每个采样序列发生器均可被配置为采用某个唯一的触发源。虽然不同型号的 Stellaris 系列成员可能会有不同的外部设备触发源，但是所有器件的共同点是都带有"控制器"触发方式和"一直"的触发方式，如表 6.34 所列。

表 6.34　ADC 事件多路复用器选择寄存器

位	名称	类型	复位	描述
31：16	保留	RO	0	保留位，返回一个不确定值，并且应该永不改变
m	EMn	R/W	0	该位用于选择采样序列发生器 n 的触发源，其有效配置如表 6.35 所列

注：m＝15：12，11：8，7：4，3：0。n＝3，2，1，0。

表 6.35　采样序列发生器 n 的触发源的选择

EM 二进制值	事件	EM 二进制值	事件
0000	程序触发（默认）	0110	PWM0
0001	模拟比较器 0	0111	PWM1
0010	保留	1000	PWM2
0011	保留	1001～1110	保留
0100	外部（GPIO PB4）	1111	一直（Always）（连续采样）
0101	定时器		

软件可以通过置位 ADC 处理器采样序列启动寄存器（ADCPSSI）的 CH 位来启动采样。该寄存器为应用软件提供了一种机制，以便在采样序列发生器中启动采样。采样序列可以单独启动，也可以组合启动。当多个序列同时触发时，ADCSSPRI 中的优先级编码对执行顺序进行检测，如表 6.36 所列。表中：n＝3，2，1，0。

表 6.36　ADC 处理器采样序列启动寄存器

位	名称	类型	复位	描述
31：4	保留	WO	—	只有软件执行的写操作才有效；读取该寄存器将返回无意义的数据
n	SSn	WO	—	只有软件执行的写操作才有效；读取该寄存器将返回无意义的数据。在该位被软件置位时，采样序列发生器 n 会被触发进行采样，但前提是序列发生器在 ADCACTSS 寄存器中已经被使能

在使用"一直"触发方式时必须非常小心。如果一个序列的优先级太高，其他低优先级的序列便有可能一直都处于等待状态而得不到处理。

上述寄存器更详细的内容请参考"Luminary Micro，Inc. LM3S8962 Microcontroller DATA SHEET. http://www.luminarymicro.com"。

6.2.5　硬件采样平均电路

通过使用硬件平均电路，可以获得更高的精度，但这却是以牺牲采样速率为代价。我们可以将多达 64 个采样累加起来，然后取它们的平均值，这样在序列发生器 FIFO 内就只得到一个数据入口。根据进行平均计算的采样数，吞吐量会按比例相应地减少。例如，如果我们将平均电路配置为对 16 个采样进行平均计算，那么采样速率会以 16 倍数递减。

默认情况下，平均电路是断开的，并且转换器的所有数据都会传送到序列发生器 FIFO。平均硬件电路由 ADC 采样平均控制寄存器（ADCSAC）控制。平均电路只有一个，并且不管是单端输入还是差分输入，所有输入通道均接收相同采样数量的平均值，如表 6.37 所列。

表 6.37　ADC 采样平均控制寄存器

位	名称	类型	复位	描述
31：3	保留	RO	0	保留位，返回一个不确定的值，并且应该永不改变
2：0	AVG	R/W	0	确定平均计算的 ADC 采样个数。AVG 字段可以是 0~6 之间的任意值。当它等于 7 时，结果将不可预测

ADCSAC 寄存器用来控制硬件进行平均计算而最终得到转换结果的采样个数。最终的转换结果是以指定的 ADC 速率通过 2^{AVG} 个连续的 ADC 采样进行平均计算而得到的。如果 AVG 等于 0，那么采样将直接通过，而无需进行平均计算。如果 AVG 等于 6，那么在对 64 个连续的 ADC 采样进行平均计算后，会在序列发生器 FIFO 中得到一个结果。如果 AVG 等于 7 会返回一个不可预测的结果。

6.2.6　测试模式

ADC 模块还提供了一种测试模式，该模式允许在 ADC 模块的数字部分内执行回环（loopback）操作。因为无需提供真实的模拟激励信号（analog stimulus），所以，这种模式在调试软件的时候非常有用。该模式通过 ADC 测试模式回环寄存器（ADCTMLB）来设定。该寄存器在 ADC 的数字逻辑内提供回环（loopback）操作；把 0x00000001 写入该寄存器便能进入这种测试模式。在回环模式下从 FIFO 读取数据时，所返回的是该寄存器的只读部分。

ADCTMLB 寄存器更详细的内容请参考"Luminary Micro，Inc. LM3S8962 Microcontroller DATA SHEET. http://www.luminarymicro.com"。

6.2.7　内部温度传感器

内部温度传感器提供了读取模拟温度的一项操作以及一个参考电压。输出终端 SENSO 的电压可以通过以下等式计算得到：

$$V_{\text{SENSO}} = 2.7 - [(T+55)/75]$$

内部温度传感器特性如图 6.2 所示,它以图形的方式显示了上式中各参数之间的关系。

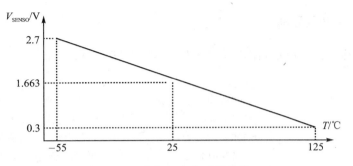

图 6.2 内部温度传感器特性

6.2.8 初始化和配置

为了使用 ADC 模块,必须使能 PLL,同时使用所支持的晶振频率(见 4.4.2 小节中 RCC 寄存器的描述)。使用不支持的频率可能会导致 ADC 模块的的运作发生错误。

1. 模块初始化

ADC 模块初始化过程的主要步骤包括使能 ADC 时钟和配置采样序列发生器的优先级(如有必要)。

ADC 初始化的顺序如下:

① 把 0x00010000 写入系统控制模块的 RCGC1 寄存器中,从而使能 ADC 时钟。

② 根据应用方案的要求,在 ADCSSPRI 寄存器中对采样序列发生器的优先级重新进行配置。默认的配置是采样序列发生器 0 优先级最高,采样序列发生器 3 优先级最低。

2. 采样序列发生器的配置

采样序列发生器的配置要比模块初始化的过程复杂,因为每个采样序列都是完全可编程的。

每个采样序列发生器按照以下步骤进行配置:

① 把 0 写入 ADCACTSS 寄存器中对应的 ASEN 位,以保证采样序列发生器被禁止。而对采样序列发生器进行编程并不需要事先将其使能。如果在配置过程将会发生触发事件,在编程期间禁止序列发生器这一措施可以防止发生错误的执行操作。

② 在 ADCEMUX 寄存器中为采样序列发生器配置触发事件。

③ 在 ADCSSMUXn 寄存器中为采样序列中的每个采样配置相应的输入源。

④ 在 ADCSSCTLn 寄存器中为采样序列中的每个采样配置采样控制位。在对最后半个字节进行编程时,确保 END 位已置位。不过置位 END 位失败可能会引发不可预测的行为。

⑤ 如果要使用中断,必须把 1 写入到 ADCIM 寄存器中与之对应的 MASK 位。
⑥ 通过把 1 写入到 ADCACTSS 寄存器中相应的 ASEN 位来使能采样序列发生器逻辑。

6.2.9 ADC 示例程序

ADC 的示例程序如下所示,使用采样序列 0 和 ADC0 输入通道。

```c
#define HWREG(x)            ( *((volatile unsigned long *)(x)) )
#define SYSCTL_RCGC0        0x400fe100      /* 运行模式时钟门控寄存器 0 */
#define ADC_O_ACTSS         0x00000000      /* 活动采样序列发生寄存器 */
#define ADC_O_SSPRI         0x00000020      /* 采样序列优先级寄存器 */
#define ADC_O_EMUX          0x00000014      /* 事件复用选择寄存器 */
#define ADC_O_SSMUX0        0x00000040      /* 采样序列 0 复用寄存器 */
#define ADC_O_SSCTL0        0x00000044      /* 采样序列控制寄存器 0 */
#define ADC_O_PSSI          0x00000028      /* 处理器采样序列启动寄存器 */
#define ADC_O_X_SSFSTAT     0x0000000C      /* FIFO 状态寄存器 */
#define ADC_O_SSFIFO0       0x00000048      /* 采样序列结果 FIFO 0 寄存器 */
#define ADC_BASE            0x40038000      /* AD 转换器的基地址 */

int main(void)
{
    unsigned long ulData;
    PLLSet();                                               /* 设置 PLL */
    HWREG(SYSCTL_RCGC0) |= 0x00010000;                      /* 使能 ADC 模块的时钟 */
    HWREG(SYSCTL_RCGC0) |= 0x00000000;                      /* 125 Kbps 采样率 */
    HWREG(ADC_BASE + ADC_O_ACTSS) = 0x00000000;             /* 禁止所有采样序列 */
    HWREG(ADC_BASE + ADC_O_SSPRI) = 0x00000000;             /* 设置采样序列 0 为最高优先级 */
    HWREG(ADC_BASE + ADC_O_EMUX) = 0x00000000;              /* 采样序列 0 为处理器触发 */
    HWREG(ADC_BASE + ADC_O_SSMUX0) = 0x00000000;            /* 采样序列 0 的第 0 步使用 ADC0 */
    HWREG(ADC_BASE + ADC_O_SSCTL0) = 0x00000002;            /* 采样序列 0 采样完第 0 步后结束 */
    HWREG(ADC_BASE + ADC_O_ACTSS) |= 0x00000001;            /* 使能采样序列 0 */
    while(1)
    {
        HWREG(ADC_BASE + ADC_O_PSSI) |= 0x00000001;         /* 处理器触发采样序列 0 */
                                                            /* 等待 FIFO 0 为非空,即等待转换结束 */
        while( (HWREG(ADC_BASE + ADC_O_X_SSFSTAT) & 0x00000100));
        ulData = HWREG(ADC_BASE + ADC_O_SSFIFO0);           /* 读出 10 位转换结果 */
        ulData = (ulData * 1000 * 3)/1024;                  /* 换算成真实电压值,单位 mV */
    }
}
```

注意:使用 ADC 一定要使用 PLL,PLLSet()为设置 PLL 的处理函数。

6.3 模拟比较器

6.3.1 模拟比较器内部结构

模拟比较器是一种外设,它能够比较两个模拟电压的大小,并通过自身提供的逻辑输出端将比较结果以信号的形式输出。

LM3S 系列微控制器提供独立的集成模拟比较器,可配置模拟比较器来驱动输出或产生中断和触发 ADC 事件。

注意:不是所有比较器都可以选择驱动输出引脚。

比较器可将测试电压与下面其中的一种电压相比较:独立的外部参考电压;一个共用的外部参考电压;共用的内部参考电压。

比较器可以向器件引脚提供输出信号,以代替外接的模拟比较器,或可以使用比较器通过中断或触发 ADC 通知应用让它开始捕获采样序列。中断产生逻辑和 ADC 触发是各自独立的,这就意味着,中断可以在上升沿产生,而 ADC 在下降沿触发。

模拟比较器模块的结构方框图如图 6.4 所示。

比较器通过比较 VIN-和 VIN+输入来产生输出 V_{OUT}。

$-Ve < +Ve, VOUT = 1$;

$-Ve > +Ve, VOUT = 0$。

如图 6.3 所示,-Ve 的输入源为一个外部输入电压。而+Ve 的输入源除了外部输入电压之外,还可以是比较器 0 的+Ve 输入或内部参考电压。

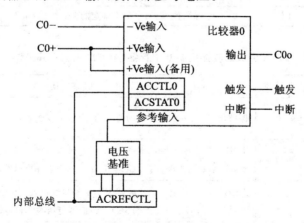

图 6.3 模拟比较器模块方框图

6.3.2 寄存器映射

表 6.38 列出了模拟比较器的寄存器,其中所列的偏移量相对于 0x4003C000 的模拟比较器基址,在寄存器地址上采用十六进制递增的方式来列举。

表 6.38 模拟比较器寄存器映射

偏移量	名称	复位	类型	描述
0x00	ACMIS	0x00000000	R/W1C	中断状态
0x04	ACRIS	0x00000000	RO	原始中断状态
0x08	ACINTEN	0x00000000	R/W	中断使能
0x10	ACREFCTL	0x00000000	R/W	参考电压控制
0x20	ACSTAT0	0x00000000	RO	比较器 0 状态
0x24	ACCTL0	0x00000000	R/W	比较器 0 控制

6.3.3 比较器配置

比较器是通过两个状态/控制寄存器(ACSTAT 和 ACCTL)来配置的,如表 6.39 和表 6.40 所列。而内部参考电压则是通过一个控制寄存器(ACREFCTL)来配置的。

表 6.39 模拟比较器状态 0 寄存器(ACSTAT0,偏移量 0x20)

位	名称	类型	复位	描述
31:2	保留	RO	0	保留位,返回一个不确定的值,并且应永不改变
1	OVAL	RO	0	OVAL 位能指示出比较器的当前输出值
0	保留	RO	0	保留位,返回一个不确定的值,并且应永不改变

表 6.40 模拟比较器控制 0 寄存器(ACCTL0,偏移量 0x24)

位	名称	类型	复位	描述
31:12, 8:5,0	保留	RO	0	保留位,返回一个不确定的值,并且应永不改变
11	TOEN	R/W	0	TOEN 决定 ADC 事件是否可以发送到 ADC。如果该位为 0,那么事件将被捆置,不能发送到 ADC。如果该位为 1,则该事件可以发送到 ADC
10:9	ASRCP	R/W	0	ASRCP 字段指定了到比较器 VIN+端口的输入电压源。该字段的编码如下: 00:引脚值;01:C0+的引脚值;10:内部电压参考;11:保留

续表 6.40

位	名称	类型	复位	描述
4	ISLVAL	R/W	0	ISLVAL 位指定了在电平检测模式中能够产生 ADC 事件的输入电平的感应值。如果该位为 0,表示 ADC 事件在比较器输出为低电平时产生;否则,ADC 事件在比较器输出为高电平时产生
3:2	ISEN	R/W	0	ISEN 位指定了产生中断的比较器输出的检测方式。检测条件如下: 00:电平检测,见 ISLVAL;01:下降沿;10:上升沿;11:上升/下降沿
1	CINV	R/W	0	CINV 位有条件地翻转(invert)比较器的输出。如果该位为 0,那么比较器的输出不变。但如果该位为 1,那么在交由硬件处理之前会将比较器的输出电平翻转

6.3.4 比较器中断

比较器的中断状态和控制通过 3 个寄存器(ACMIS、ACRIS 和 ACINTEN)来配置,如表 6.41~表 6.43 所列。

表 6.41 模拟比较器屏蔽后的中断状态寄存器(ACMIS,偏移量 0x00)

位	名称	类型	复位	描述
31:2	保留	RO	0	保留位,返回一个不确定的值,并且应永不改变
1	IN1	R/W1C	0	比较器 1 屏蔽后的中断状态。 给出该中断屏蔽后的中断状态。向该位写 1 可以清零挂起中断
0	IN0	R/W1C	0	比较器 0 屏蔽后的中断状态。 给出该中断屏蔽后的中断状态。向该位写 1 可以清零挂起中断

表 6.42 模拟比较器原始中断状态寄存器(ACRIS,偏移量 0x04)

位	名称	类型	复位	描述
31:2	保留	RO	0	保留位,返回一个不确定的值,并且应永不改变
1	IN1	RO	0	比较器 1 中断状态。当该位置位时,表示中断已通过比较器 1 产生
0	IN0	RO	0	比较器 0 中断状态。当该位置位时,表示中断已通过比较器 0 产生

表 6.43 模拟比较器中断使能寄存器(ACINTEN,偏移量 0x008)

位	名称	类型	复位	描述
31:2	保留	RO	0	保留位,返回一个不确定的值,并且应永不改变
1	IN1	R/W	0	比较器 1 中断使能位。当该位置位时,使能比较器 1 输出的控制器中断
0	IN0	R/W	0	比较器 0 中断使能位。当该位置位时,使能比较器 0 输出的控制器中断

6.3.5 比较器的工作模式

比较器的工作模式如表 6.44 所列。

表 6.44 比较器 0 的工作模式

ACCTL0	比较器 0				
ASRCP	VIN−	VIN+	输出	中断	ADC 触发信号
00	C0−	C0+	C0o/C1+	是	是
01	C0−	C0+	C0o/C1+	是	是
10	C0−	Vref	C0o/C1+	是	是
11	C0−	保留	C0o/C1+	是	是

通常，会在内部使用比较器输出来产生控制器中断。但比较器也可以用来驱动外部引脚或产生模数转换器（ADC）触发信号。

注意：在使用模拟比较器之前必须置位某些寄存器位。需要正确配置比较器输入和输出引脚。

6.3.6 内部参考电压编程

内部参考电压通过一个配置寄存器（ACREFCTL）来控制。在表 6.45 中列出的是用于获得（develop）特定的内部参考值的编程选项，以便将外部电压与内部产生的特定电压进行比较。配置寄存器 ACREFCTL 如表 6.46 所列。

表 6.45 内部参考电压和 ACREFCTL 字段值

ACREFCTL 寄存器		基于 VREF 字段值的输出参考电压
EN 位值	RNG 位值	
EN=0	RNG=X	无论 VREF 为任何值，输出参考电压都为 0；然而，建议使用 RNG = 1 且 VREF=0 来获得最小噪声的参考地
EN=1	RNG=0	芯片内部阶梯电阻的总阻值为 32R。 $V_{REF}=AV_{DD}\times\dfrac{R_{VREF}}{R_T}=AV_{DD}\times\dfrac{(VREF+8)}{32}=0.825+0.103\cdot VREF$ 在该模式中内部参考电压的范围是 0.825～2.37 V
	RNG=1	阶梯电阻的总阻值为 24R。 $V_{REF}=AV_{DD}\times\dfrac{R_{VREF}}{R_T}=AV_{DD}\times\dfrac{(VREF)}{24}=0.1375\cdot VREF$ 在该模式中内部参考电压的范围是 0.0～2.062 5 V

表 6.46 模拟比较器参考电压控制寄存器(ACREFCTL,偏移量 0x10)

位	名称	类型	复位	描述
31:10	保留	RO	0	保留位,返回一个不确定的值,并且应永不改变
9	EN	R/W	0	EN 位指示阶梯电阻(resistor ladder)是否已上电。如果该位为 0,则阶梯电阻未上电。如果该位为 1,则阶梯电阻被连接到 AV_{DD}。 该位复位为 0 使得在未使用和未编程的情况下内部参考消耗的功率总量最小
8	RNG	R/W	0	RNG 位指示阶梯电阻的范围。如果该位为 0,则阶梯电阻的总电阻为 32R。如果该位为 1,则阶梯电阻的总电阻为 24R
7:4	保留	RO	0	保留位,返回一个不确定的值,并且应永不改变
3:0	VREF	R/W	0	VREF 字段指示的是通过模拟复用器的阶梯电阻的抽头。每个抽头(tap)所对应的电压是可用于比较的内部参考电压

6.3.7 初始化和配置

模拟比较器的配置流程如下所示:

① 向系统控制模块中的 RCGC1 寄存器写入 0x00100000 来使能模拟比较器 0 的时钟;
② 在 GPIO 模块中,使能与 C0-相关的 GPIO 端口/引脚并作为 GPIO 输入;
③ 向 ACREFCTL 寄存器写入 0x0000030C,从而将内部电压参考配置为 1.65 V;
④ 向 ACCTL0 寄存器写入 0x0000040C,从而将比较器 0 配置为使用内部电压参考,并且不将 C0o 引脚上的输出反相;
⑤ 延时一段时间;
⑥ 读取 ACSTAT0 寄存器的 OVAL 值,便可获得比较器的输出值;
⑦ 改变 C0-上输入信号的电平以观察 OVAL 值的变化。

6.3.8 模拟比较器的示例程序

配置 PB4 引脚为模拟比较器的反相输入脚,PB6 为模拟比较器正相输入引脚,PF4 模拟比较器的输出引脚,同时 PF4 连接到 LED 发光二极管以便观察现象。示例程序如下所示:

```
#define HWREG(x)                (*((volatile unsigned long *)(x)))
#define SYSCTL_RCGC1            0x400fe104    /* 运行模式时钟门控寄存器 1 */
#define SYSCTL_RCGC2            0x400fe108    /* 运行模式时钟门控寄存器 2 */
#define SYSCTL_PERIPH_GPIOA     0x20000001    /* GPIO B 在系统控制器中的地址 */
#define SYSCTL_PERIPH_GPIOB     0x20000002    /* GPIO B 在系统控制器中的地址 */
#define SYSCTL_PERIPH_GPIOF     0x20000020    /* GPIO F 在系统控制器中的地址 */
```

第6章 输入/输出设备接口

```c
#define SYSCTL_PERIPH_COMP0     0x11000000  /* 模拟比较器0在系统控制器中的地址 */
#define GPIO_PORTA_BASE         0x40004000  /* GPIO B口的基地址 */
#define GPIO_PORTB_BASE         0x40005000  /* GPIO B口的基地址 */
#define GPIO_PORTF_BASE         0x40025000  /* GPIO F口的基地址 */
#define GPIO_O_DIR              0x00000400  /* GPIO 数据方向寄存器 */
#define GPIO_O_AFSEL            0x00000420  /* GPIO 模式控制寄存器 */
#define GPIO_O_DATA             0x00000000  /* GPIO 数据寄存器 */
#define GPIO_O_DR4R             0x00000504  /* 4 mA 驱动选择 */
#define GPIO_O_DEN              0x0000051C  /* 数字输入使能 */
#define COMP_O_ACSTAT0          0x00000020  /* Comp0 状态寄存器 */
#define COMP_BASE               0x4003C000  /* 模拟比较器的基地址 */
#define COMP_O_ACCTL0           0x00000024  /* 模拟比较器0的控制寄存器 */
#define COMP_TRIG_NONE          0x00000000  /* 配置模拟比较器无ADC触发 */
#define COMP_ASRCP_REF          0x00000400  /* 配置模拟比较器使用内部参考电压源 */
#define COMP_OUTPUT_NORMAL      0x00000100  /* 配置模拟比较器正常输出 */
#define COMP_O_REFCTL           0x00000010  /* 模拟比较器0的参考电压控制寄存器 */
#define COMP_ASRCP_PIN0         0x00000200  /* Comp0+ pin */
#define COMP_ASRCP_PIN          0x00000000  /* Dedicated Comp+ pin */
#define COMP_ACSTAT_OVAL        0x00000002  /* Comparator 输出值 */
#define PA4                     (1<<4)      /* PA4 为 LED5 */
#define PB4                     (1<<4)      /* PB4 为 VIN- */
#define PB6                     (1<<6)      /* PB6 连接 VIN+ */
#define PF4                     (1<<4)      /* PF4 为 VOUT */
/*****************************************************
** 函数原形:int main(void)
** 功能描述:通过外部VIN1与VIN2电压进行比较,通过比较的结果来控制LED3和LED4的状态
           LED5 将显示比较结果:亮:VIN+ < VIN-;灭:VIN+ > VIN-。
           LED4 将显示比较结果:亮:VIN+ > VIN-;灭:VIN+ < VIN-。
** 参数说明:无
** 返回值:0
*****************************************************/
int main(void)
{
    HWREG(SYSCTL_RCGC2) |= SYSCTL_PERIPH_GPIOA & 0x0fffffff;  /* 使能 GPIO PA口 */
    HWREG(SYSCTL_RCGC2) |= SYSCTL_PERIPH_GPIOB & 0x0fffffff;  /* 使能 GPIO PB口 */
    HWREG(SYSCTL_RCGC2) |= SYSCTL_PERIPH_GPIOF & 0x0fffffff;  /* 使能 GPIO PF口 */
    HWREG(SYSCTL_RCGC1) |= SYSCTL_PERIPH_COMP0 & 0x0fffffff;  /* 使能模拟比较器0 */
    /* 设置PB4和PB6为外设控制 */
```

```
HWREG(GPIO_PORTB_BASE + GPIO_O_AFSEL) |= PB4 | PB6;
HWREG(GPIO_PORTF_BASE + GPIO_O_AFSEL) |= PF4;              /* 设置 PF4 为外设控制 */
HWREG(GPIO_PORTA_BASE + GPIO_O_DIR) |= PA4;                /* 设置 PA4 为输出 */
/* 设置 PA4 为 4 mA 驱动 */
HWREG(GPIO_PORTA_BASE + GPIO_O_DR4R) = (HWREG(GPIO_PORTA_BASE +
    GPIO_O_DR4R) | PA4);
/* 设置 PA4 为推挽引脚 */
HWREG(GPIO_PORTA_BASE + GPIO_O_DEN) = (HWREG(GPIO_PORTA_BASE +
    GPIO_O_DEN) | PA4);
/* 设置 PF4 为 4 mA 驱动 */
HWREG(GPIO_PORTF_BASE + GPIO_O_DR4R) = (HWREG(GPIO_PORTF_BASE +
    GPIO_O_DR4R) | PF4);
/* 设置 PF4 为推挽引脚 */
HWREG(GPIO_PORTF_BASE + GPIO_O_DEN) = (HWREG(GPIO_PORTF_BASE +
    GPIO_O_DEN) | PF4);
/* 配置模拟比较器 */
HWREG(COMP_BASE + COMP_O_ACCTL0) = (COMP_TRIG_NONE | COMP_ASRCP_PIN0 | COMP_OUTPUT_NORMAL);
while (1)
{
    /* 根据比较寄存器的状态显示 LED5 */
    if(HWREG(COMP_BASE + COMP_O_ACSTAT0) & COMP_ACSTAT_OVAL) {
        HWREG(GPIO_PORTA_BASE + (GPIO_O_DATA + (PA4 << 2))) = 0;
    } else {
        HWREG(GPIO_PORTA_BASE + (GPIO_O_DATA + (PA4 << 2))) = PA4;
    }
}
```

调整模拟比较器正相和反相的输入电压值，观察输出端的电平状态。

6.4 脉宽调制器

6.4.1 脉宽调制器内部结构

　　LM3S 系列微控制器的脉宽调制器(PWM)模块包含有 1~3 个 PWM 发生器和一个控制模块。每个 PWM 发生器模块包含 1 个定时器(16 位递减或先递增后递减计数器)、2 个比较器、1 个 PWM 信号发生器、1 个死区发生器以及一个中断/ADC 触发选择器。而控制模块决定了PWM信号的极性,以及将哪个信号传递到引脚。

PWM发生器模块产生两个PWM信号,这两个PWM信号可以是独立的信号(基于同一定时器因而频率相同的独立信号除外),也可以是一对插入了死区延迟的互补(complementary)信号。PWM发生器模块的输出信号在传递到器件引脚之前由输出控制模块管理。

LM3S系列微控制器的PWM模块具有极大的灵活性。它可以产生简单的PWM信号,如简易充电泵需要的信号;也可以产生带死区延迟的成对PWM信号,如半-H桥(half-H bridge)驱动电路使用的信号。

注意: 每一个PWM模块控制2个PWM输出引脚。

PWM模块的内部结构方框图如图6.4所示。

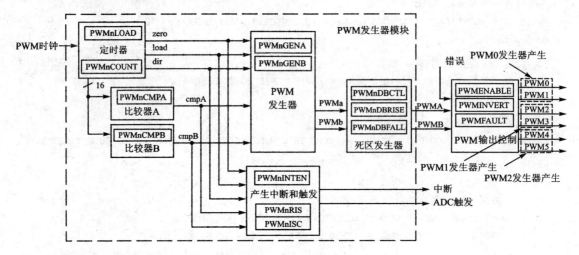

图 6.4 PWM 模块结构图

6.4.2 寄存器映射

表6.47列出了PWM的寄存器,其中,偏移量是寄存器地址相对于PWM基址0x40028000的十六进制增量。

表 6.47 PWM 寄存器映射

偏移量	名称	复位	类型	描述
PWM模块控制				
0x000	PWMCTL	0x00000000	R/W	PWM模块的主控制
0x004	PWMSYNC	0x00000000	R/W	PWM发生器的计数器同步
0x008	PWMENABLE	0x00000000	R/W	PWM输出引脚的主机使能

续表 6.47

偏移量	名称	复位	类型	描述
PWM 模块控制				
0x00C	PWMINVERT	0x00000000	R/W	PWM 输出引脚的反相控制
0x010	PWMFAULT	0x00000000	R/W	PWM 输出引脚的故障处理
0x014	PWMINTEN	0x00000000	R/W	中断使能
0x018	PWMRIS	0x00000000	RO	原始中断状态
0x01C	PWMISC	0x00000000	R/W1C	中断状态和清零
0x020	PWMSTATUS	0x00000000	RO	故障输入信号的值
PWM 发生器 n(n=0,1,2)				
0x040/80/C0	PWMnCTL	0x00000000	R/W	PWMn 发生器模块的主控制
0x044/84/C4	PWMnINTEN	0x00000000	R/W	中断和触发使能
0x048/88/C8	PWMnRIS	0x00000000	RO	原始中断状态
0x04C/8C/CC	PWMnISC	0x00000000	R/W1C	中断状态和清零
0x050/90/D0	PWMnLOAD	0x00000000	R/W	计数器的装载值
0x054/94/D4	PWMnCOUNT	0x00000000	RO	计数器的当前值
0x058/98/D8	PWMnCMPA	0x00000000	R/W	比较器 A 的值
0x05C/9C/DC	PWMnCMPB	0x00000000	R/W	比较器 B 的值
0x060/A0/E0	PWMnGENA	0x00000000	R/W	控制 PWM 发生器 A
0x064/A4/E4	PWMnGENB	0x00000000	R/W	控制 PWM 发生器 B
0x068/A8/E8	PWMnDBCTL	0x00000000	R/W	控制死区发生器
0x06C/AC/EC	PWMnDBRISE	0x00000000	R/W	死区上升沿延迟计数
0x070/B0/F0	PWMnDBFALL	0x00000000	R/W	死区下降沿延迟计数

有关 PWM 寄存器的详细内容请参考"Luminary Micro，Inc. LM3S8962 Microcontroller DATA SHEET. http://www.luminarymicro.com"。

6.4.3　PWM 定时器

PWM 定时器有两种工作模式：递减计数模式和先递增后递减计数模式。在递减计数模式中，定时器从装载值开始计数，计数到零时又返回到装载值并继续递减计数。在先递增后递减计数模式中，定时器从 0 开始往上计数，一直计数到装载值，然后从装载值递减到零，接着再递增到装载值，依此类推。通常，递减计数模式是用来产生左对齐或右对齐的 PWM 信号，而先递增后递减计数模式是用来产生中心对齐的 PWM 信号的。

PWM 定时器输出 3 个信号,这些信号在生成 PWM 信号的过程中使用。一个是方向信号(在递减计数模式中,该信号始终为低电平;在先递增后递减计数模式中,则是在低高电平之间切换)。另外两个信号为零脉冲和装载脉冲。当计数器计数值为 0 时,零脉冲信号发出一个宽度等于时钟周期的高电平脉冲;当计数器计数值等于装载值时,装载脉冲也发出一个宽度等于时钟周期的高电平脉冲。

注意:在递减计数模式中,零脉冲之后紧跟着一个装载脉冲。

与 PWM 定时器相关的寄存器主要有 3 组,下面对其进行介绍。

1. PWM 发生器控制寄存器

PWM 发生器控制寄存器(PWMnCTL,n=0,1,2)用来对 PWM 信号发生模块进行配置(PWM0CTL 控制 PWM 发生器 0 模块,以此类推)。寄存器更新模式、调试模式、计数模式以及模块使能模式都是通过这些寄存器来控制的。PWM 模块可以产生两个独立的 PWM 信号(来自同一个计数器)或一对添加了死区延迟的 PWM 信号。

PWM0 模块产生 PWM0 和 PWM1 输出,PWM1 模块产生 PWM2 和 PWM3 输出,PWM2 模块产生 PWM4 和 PWM5 输出。

2. PWM 装载值寄存器

PWM 装载值寄存器(PWMnLOAD,n=0,1,2)包含 PWM 计数器的装载值(PWM0LOAD 控制 PWM 发生器 0 模块,以此类推)。根据计数模式,该值可在计数器到达零之后加载到计数器中,或在计数器递减到零之后,作为递增计数的界限。如果装载值更新模式为立即模式,则在下一次计数器到达零时使用该值。如果为同步模式,则在通过 PWM 主控制寄存器(PWMCTL)请求了同步更新之后,下一次计数器到达零时使用该值。如果在实际更新装载值之前重写该寄存器,则之前的值会丢失,尽管它还没有被采用。

3. PWM 当前计数值寄存器

PWM 当前计数值寄存器(PWMnCOUNT,n=0,1,2)包含 PWM 计数器的当前值(PWM0COUNT 控制 PWM 发生器 0 模块,以此类推)。当该值与装载寄存器的值相等时,产生一个脉冲,该脉冲能够驱动 PWM 信号的产生(通过 PWMnGENA/PWMnGENB 寄存器),驱动中断或 ADC 触发(通过 PWMnINTEN 寄存器)。当该值为零时,将产生具有相同功能的脉冲。

6.4.4 PWM 比较器

PWM 发生器含两个比较器,用于监控计数器的值。当比较器的值与计数器的值相等时,比较器输出宽度为单时钟周期的高电平脉冲。在先递增后递减计数模式中,比较器在递增和递减计数时都要进行比较,因此必须通过计数器的方向信号来限定,这些限定脉冲在生成

PWM 信号的过程中使用。如果任一比较器的值大于计数器的装载值,则该比较器永远不会输出高电平脉冲。

图 6.5 显示的是计数器处于递减计数模式时的行为以及这些脉冲之间的关系。而图 6.6 显示的是计数器处于先递增后递减计数模式时的行为以及这些脉冲之间的关系。

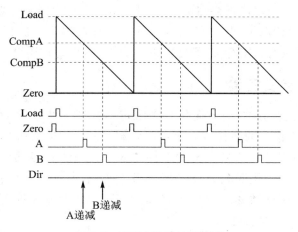

图 6.5　PWM 递减计数模式

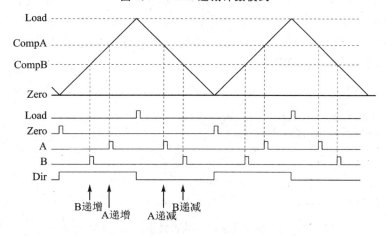

图 6.6　PWM 先递增后递减计数模式

与 PWM 比较器相关的寄存器主要有 2 组:PWM 比较器 A 寄存器(PWMnCMPA,n=0,1,2)和 PWM 比较器 B 寄存器(PWMnCMPB,n=0,1,2)。

PWM 比较器 A 寄存器(PWMnCMPA,n=0,1,2)与 PWM 比较器 B 寄存器(PWMnCMPB,n=0,1,2),除比较器 B 不同,其他定义与功能完全相同。

PWM 比较器 A 寄存器(PWMnCMPA,n=0,1,2)包含与计数器进行比较的值(PWM0CMPA 控制 PWM 发生器 0 模块,以此类推)。当该值与计数器的值相等时,输出一个脉冲,该脉冲能够驱动 PWM 信号的产生(通过 PWMnGENA/PWMnGENB 寄存器),驱动中断或 ADC 触发(通过 PWMnINTEN 寄存器)。如果该寄存器的值大于 PWMnLOAD 寄存器的值,则始终不输出脉冲。

对于比较器 A,如果更新模式为立即模式(根据 PWMnCTL 寄存器的 CmpAUpd 位),则在计数器下一次到达零时使用该寄存器的 16 位 CompA。若为同步更新,则在通过 PWM 主控制寄存器(PWMCTL)请求了同步更新之后,且等到计数器下一次到达零时使用该值。如果在进行实际更新之前重写该寄存器,则之前的值会丢失,尽管它还没有被采用。

6.4.5 PWM 信号发生器

PWM 发生器捕获这些脉冲(由方向信号来限定),并产生两个 PWM 信号。在递减计数模式中,能够影响 PWM 信号的事件有 4 个:零、装载、匹配 A 递减和匹配 B 递减。在先递增后递减计数模式中,能够影响 PWM 信号的事件有 6 个:零、装载、匹配 A 递减、匹配 A 递增、匹配 B 递减和匹配 B 递增。当匹配 A 或匹配 B 事件与零或装载事件重合时,它们可以被忽略。如果匹配 A 与匹配 B 事件重合,则第 1 个信号 PWMA 只根据匹配 A 事件生成,第 2 个信号 PWMB 只根据匹配 B 事件生成。

各个事件在 PWM 输出信号上的影响都是可编程的:可以保留(忽略该事件),可以翻转,可以驱动为低电平或高电平。这些动作可用来产生一对不同位置和不同占空比的 PWM 信号,这对信号可以重叠或不重叠。图 6.7 显示的就是在先递增后递减计数模式产生的一对中心对齐、含不同占空比的重叠 PWM 信号。

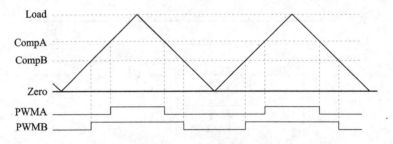

图 6.7 在先递增后递减计数模式中产生 PWM 信号

在该示例中,第 1 个 PWM 发生器设置为在出现匹配 A 递增事件时驱动为高电平,出现匹配 A 递减事件时驱动为低电平,并忽略其他 4 个事件。第 2 个发生器设置为在出现匹配 B 递增事件时驱动为高电平,出现匹配 B 递减事件时驱动为低电平,并忽略其他 4 个事件。改变比较器 A 的值可改变 PWMA 信号的占空比,改变比较器 B 的值可改变 PWMB 信号的占空比。

与 PWM 信号发生器相关的寄存器主要有 2 组:PWM 发生器 A 控制寄存器(PWMnGENA,n=0,1,2)和 PWM 发生器 B 控制寄存器(PWMnGENB,n=0,1,2)。

PWM 发生器 A 控制寄存器(PWMnGENA,n=0,1,2)与 PWM 发生器 B 控制寄存器

(PWMnGENB,n＝0,1,2),除发生器 B 不同,其他定义与功能完全相同。

PWM 发生器 A 控制寄存器(PWMnGENA,n＝0,1,2)根据来自计数器的装载输出脉冲和零输出脉冲以及来自比较器的比较 A 脉冲和比较 B 脉冲来控制 PWMnA 信号的产生 (PWM0GENA 控制 PWM 发生器 0 模块,以此类推)。当计数器在递减计数模式中运行时,只会出现其中的 4 个事件。当在先增后减模式中运行时,6 个事件都会出现。这些事件在确定 PWM 信号产生的位置及信号的占空比时具有极大的灵活性。

PWM0GENA 寄存器控制 PWM0A 信号的产生,PWM1GENA 寄存器控制 PWM1A 信号的产生,PWM2GENA 寄存器控制 PWM2A 信号的产生。

6.4.6 死区发生器

PWM 发生器产生的两个 PWM 信号被传递到死区发生器。如果死区发生器禁能,则 PWM 信号只简单地通过该模块,而不会发生改变。如果死区发生器使能,则丢弃第 2 个 PWM 信号,并在第 1 个 PWM 信号基础上产生两个 PWM 信号。如图 6.8 所示,第 1 个输出 PWM 信号(PWMA)为带上升沿延迟的输入信号,延迟时间可编程。第 2 个输出 PWM 信号 (PWMB)为输入信号的反相信号,在输入信号的下降沿和这个新信号的上升沿之间增加了可编程的延迟时间。对电机应用来讲,延迟时间一般仅需要几百纳秒到几微秒。

如上所述,可以看出:PWMA 和 PWMB 是一对高电平有效的信号,并且其中一个信号总是为高电平;但在跳变处的那段可编程延迟时间除外,都为低电平。这样这两个信号便可用来驱动半-H 桥(half-H bridge),又由于它们带有死区延迟,因而还可以避免过冲电流(shoot through current)破坏驱动功率管。

与 PWM 死区发生器相关的寄存器主要有 3 组,下面对其进行介绍。

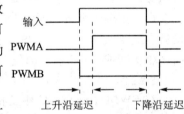

图 6.8　PWM 死区发生器信号

1. PWM 死区控制寄存器

PWM 死区控制寄存器(PWMnDBCTL,n＝1,2,3)用来控制死区发生器。死区发生器根据信号 PWM0A 和 PWM0B 产生信号 PWM0 和 PWM1。当死区功能被禁止时,PWM0A 直接通过死区模块成为信号 PWM0,而 PWM0B 直接通过死区模块成为信号 PWM1。当死区功能被使能时,PWM0B 信号会被忽略掉,而延迟 PWM0A 信号的上升沿来产生 PWM0,延迟时间由 PWM0DBRISE 寄存器的值确定;同时延迟 PWM0A 信号的下降沿来产生 PWM1 信号,延迟时间由 PWM0DBFALL 寄存器的值确定。同样,PWM2 和 PWM3 由 PWM1A 和 PWM1B 信号来产生,PWM4 和 PWM5 由 PWM2A 和 PWM2B 信号来产生。

2. PWM 死区上升沿延迟值

PWM 死区上升沿延迟值寄存器(PWMnDBRISE,n＝1,2,3)所包含的是生成信号

PWM0 时对信号 PWM0A 的上升沿进行延迟的时钟周期数。如果通过 PWMnDBCTL 寄存器将死区发生器禁止,则寄存器 PWM0DBRISE 将被忽略。如果该寄存器的值大于 PWM 输入信号的高电平宽度,则上升沿延迟会占用信号的整个高电平时间,从而导致在输出上没有高电平。因此,必须注意要确保输入信号的高电平时间始终大于上升沿延迟。同样,PWM2 由带上升沿延迟的 PWM1A 产生,PWM4 由带上升沿延迟的 PWM2A 产生。

3. PWM 死区下降沿延迟值

PWM 死亡下降沿延迟值寄存器(PWMnDBFALL,n=1,2,3)所包含的是生成信号 PWM1 时对信号 PWM0A 的下降沿进行延迟的时钟周期数。如果死区发生器被禁止,则忽略该寄存器。如果该寄存器的值大于 PWM 输入信号的低电平宽度,则下降沿延迟会占用信号的整个低电平时间,从而导致在输出上没有低电平。因此,必须注意要确保输入信号的低电平时间始终大于下降沿延迟。同样,PWM3 由带下降沿延迟的 PWM1A 产生,PWM5 由带下降沿延迟的 PWM2A 产生。

6.4.7 中断/ADC 触发选择器

PWM 发生器还捕获相同的 4 个(或 6 个)计数器事件,并使用它们来产生中断或 ADC 触发信号。用户可以选择这些事件中的任一个或一组作为中断源,只要其中一个所选事件发生就会产生中断。此外,也可以选择相同事件、不同事件、同组事件或不同组事件作为 ADC 触发源。只要其中一个所选事件发生就会产生 ADC 触发脉冲。选择的事件不同,在 PWM 信号内产生中断或 ADC 触发的位置也不同。

注意:中断和 ADC 触发都是基于原始事件的,不考虑死区发生器在 PWM 信号边沿上产生的延迟。

与 PWM 中断/ADC 触发相关的寄存器较多,下面进行介绍。

1. PWM 总中断使能寄存器(PWMINTEN),偏移量 0x014

该寄存器控制 PWM 模块的全局中断产生功能,能够引起中断的事件包括故障输入和来自 PWM 发生器的各个中断。

2. PWM 原始中断状态寄存器(PWMRIS),偏移量 0x018

该寄存器提供已发出的中断源的当前设置状态,而不管它们是否会引起一次有效的控制器中断。故障中断在检测时锁存,它必须通过 PWM 中断状态和清零寄存器(PWMISC)来清零。PWM 发生器中断只简单地反映 PWM 发生器的状态,它们是通过 PWM 发生器模块中的中断状态寄存器来清零的。寄存器中被设为 1 的位表示活动的事件,0 位表示正被查询的事件处于停止状态。

3. PWM 中断状态和清零寄存器(PWMISC),偏移量 0x01C

该寄存器汇总了 PWM 发生器模块的中断状态。寄存器中的位为 1 表示发生器模块的中断正有效。至于中断产生的原因,必须通过查询各个中断状态寄存器才能确定,而且通过使用这些寄存器可将中断清零。对于故障中断,向该位写1即可将锁存的中断状态清零。

4. PWM 中断/ADC 触发使能寄存器(PWMnINTEN,n=1,2,3)

PWM 中断/ADC 触发使能寄存器(PWMnINTEN,n=1,2,3)控制 PWM 发生器的中断和 ADC 触发产生功能(PWM0INTEN 控制 PWM 发生器 0 模块,以此类推)。能够引起中断或 ADC 触发的事件包括:

- 计数器等于装载寄存器。
- 计数器等于零。
- 递增计数时,计数器等于比较器 A 寄存器。
- 递减计数时,计数器等于比较器 A 寄存器。
- 递增计数时,计数器等于比较器 B 寄存器。
- 递减计数时,计数器等于比较器 B 寄存器。

尽管引起 ADC 触发的实际事件是无法确定的,但上述事件的任何组合都可以产生中断或 ADC 触发。

5. PWM 原始中断状态寄存器

PWM 原始中断状态寄存器(PWMnRIS,n=1,2,3)提供已发出的中断源的当前状态,不管它们是否引起了有效的控制器中断(PWM0RIS 控制 PWM 发生器 0 模块,以此类推),寄存器中的位为 1 表示已发生锁存事件,为 0 表示正被查询的事件没有发生。

6. PWM 中断状态和清零寄存器

PWM 中断状态和清零寄存器(PWMnISC,n=1,2,3)提供已发出给控制器的中断源的当前设置状态(PWM0ISC 控制 PWM 发生器 0 模块,以此类推)。寄存器的位为 1 表示已出现锁存的事件,为 0 表示正被查询的事件没有发生。它们都是 R/W1C,即向某个位写 1 将使对应的中断原因清零。

6.4.8 同步方法

PWM 模块具有全局复位的功能,能够同时复位 PWM 中的任一个或所有计数器。

在 PWM 发生器中,要对计数器装载值和比较器匹配值进行更新有两种方法。一种是立即更新,计数器计数到零就立即使用新值。由于要等计数器计数到零才能使用新值,因而在更新过程中定义了一个约定行为,避免出现过短或过长的 PWM 输出脉冲。

另一种方法是同步更新,它要等全局同步更新信号有效才使用新值。同步更新信号有效时,计数器计数到零就立即使用新值。这种方法可以同时更新多项,而不会在更新过程中出现意外的影响。所有逻辑在根据新值运行之前都先在原来的值上运行。

第 6 章　输入/输出设备接口

与 PWM 同步相关的寄存器主要有 3 组，下面对其进行介绍。

1. PWM 主控制寄存器(PWMCTL)，偏移量 0x000

该寄存器为 PWM 发生模块提供主控制。

2. PWM 时基同步寄存器(PWMSYNC)，偏移量 0x004

该寄存器提供了一种让 PWM 发生模块中的计数器同步化的方法。向该寄存器的非保留位写入 1 可使指定的计数器复位为零，如果 PWM 模块的数目超过 1 个的话，那么向多个非保留位写入 1 会使对应的多个计数器同时复位。复位之后，寄存器中的位将自动清零，若读取这些位所返回的结果为零，则表示同步已完成。

3. PWM 发生器控制寄存器(PWMnCTL，n＝0，1，2)

见 6.4.3 小节中所述。

6.4.9　故障状态

影响 PWM 模块的外部条件有两个：一个是芯片故障引脚(Fault)的信号输入，另一个是由调试器引发的控制器中止。可以采用两种机制来处理这些情况，一是强制将输出信号变为无效(inactive)状态，另一种是让 PWM 定时器停止运行。

每个输出信号都带有一个故障位。若故障位置位，则故障输入信号将会使相应的输出信号变为无效状态。如果无效状态指的是信号能够长期停留的安全状态，那么这样可避免输出信号在故障状态下以危险的方式驱动外部电路。此外，故障条件还可以产生控制器中断。

用户可以将 PWM 发生器配置为在停止条件期间停止计数；也可以选择让计数器一直运行，直到计数值为零才停止，或计数值为零时继续计数和重装。停止状态不会产生控制器中断。

与故障状态相关的寄存器主要有 3 组，下面对其进行介绍。

1. PWM 输出故障寄存器(PWMFAULT)，偏移量 0x10

该寄存器用来在发生故障状态时，控制 PWM 输出的行为。故障输入和调试事件都看作是故障状态。在故障状态下，每个 PWM 信号可以采用的方式是直接通过、不进行修改或者是被驱动为低电平。对于配置为直接通过式的输出，对应 PWM 发生器所处理的调试事件还决定了是否继续产生 PWM 信号。

故障状态控制在输出反相器之前进行，因此，如果将通道配置为反相，则在故障状态时驱动为低电平的 PWM 信号将被反相(即该引脚在存在故障状态时驱动为高电平)。

2. PWM 状态寄存器(PWMSTATUS)，偏移量 0x020

该寄存器提供故障输入信号的状态。

3. PWM 发生器控制寄存器(PWMnCTL,n=0,1,2)

见 6.4.3 小节中所述。

6.4.10 输出控制模块

PWM 发生器模块产生的是两个原始 PWM 信号,输出控制模块在 PWM 信号进入引脚之前要对其最后的状态进行控制。通过一个寄存器就能够对实际传递到引脚的 PWM 信号进行修改。例如,通过对寄存器执行写操作来修改 PWM 信号(而无需通过修改反馈控制回路来修改各个 PWM 发生器),以实现无电刷直流电机通信。同样的,故障控制也能够禁止所有的 PWM 信号;能够对任一 PWM 信号执行最终的反相操作,使得默认高电平有效的信号变为低电平有效。

与 PWM 输出控制相关寄存器主要有 2 个,下面对其进行介绍。

1. PWM 输出使能寄存器(PWMENABLE),偏移量 0x008

该寄存器可以控制是否将某个已产生的 PWM 信号输出到器件引脚。禁止 PWM 输出后,PWM 信号的产生过程可在不将 PWM 信号传递到引脚的情况下继续进行(例如,当时基同步时)。当寄存器中的位被置位时,可将对应的 PWM 信号传递到由 PWMINVERT 寄存器控制的输出级;没有置位时,PWM 信号会被 0 代替,也传递到输出级。

2. PWM 输出反相寄存器(PWMINVERT),偏移量 0x00C

该寄存器可以控制器件引脚上的 PWM 信号的极性。由死区模块产生的 PWM 信号为高电平有效,可选择通过该寄存器来变为低电平有效。被禁止的 PWM 通道的输出也会通过输出反相器(假如这样配置的话),这样,不工作的通道也能保持准确的极性。

6.4.11 初始化和配置

下面将通过一个具体的例子来说明如何对 PWM 模块进行初始化和配置。

要求:假定系统时钟为 12 MHz,要求芯片在 PWM2 和 PWM3 引脚产生频率都为 10 kHz 的 PWM 方波,其中 PWM2 占空比为 80%、PWM3 占空比为 35%。以下是初始化和配置的具体步骤。

(1) 使能 PWM 时钟

系统控制模块中寄存器 RCGC0 的第 20 位控制 PWM 模块的时钟选通,置位该位将使能 PWM 模块的时钟(即使能 PMW 模块)。具体操作如下:

RCGC0 | = 0x00100000

(2) 配置 GPIOB 模块

在 Luminary Micro 公司群星系列单片机里,PWM2 和 PWM3 输出所在的 GPIO 引脚通常是 PB0 和 PB1。因此在配置 PWM 输出之前,必须先配置 GPIOB 模块,把 PB0 和 PB1 设定

为输出方式。具体操作如下:

```
//使能 GPIOB 模块
    RCGC2     |=    0x00000002;
//配置 PWM 引脚的方向和模式
    GPIOB_DIR   &=   ~0x00000003;
    GPIOB_AFSEL |=    0x00000003;
//配置 PWM 引脚输出驱动能力为 2 mA
    GPIOB_DR2R  |=    0x00000003;
//配置 PWM 引脚为推挽输出
    GPIOB_ODR   &=   ~0x00000003;
    GPIOB_PUR   &=   ~0x00000003;
    GPIOB_PDR   &=   ~0x00000003;
    GPIOB_DEN   |=    0x00000003;
```

(3) 设置 PWM 分频系数,使 PWM 模块输入时钟频率为 6 MHz

系统控制模块中的运行-模式时钟配置寄存器 RCC 第 20 位是 USEPWMDIV,将其置 1 表示使用 PWM 时钟分频器作为 PWM 时钟源。RCC 的位[19:17]是 PWM 单元时钟除数,其中,取值$(000)_2$时表示 2 分频。具体操作如下:

```
RCC    &=   ~0x001E0000;
RCC    |=    0x00010000;
```

(4) 配置 PWM 发生器模式

将 PWM 发生器配置为递减计数模式,并立即更新参数。(如果配置为先递增后递减计数模式,则可以获得中心对称的 PWM 方波。)具体操作如下:

```
//配置为递减计数模式
    PWM1CTL    =    0x00000000;
//配置 GENA 动作:当前计数值与比较器 A 相等时为 1,当计数器归零时为 0
    PWM1GENA  &=    0x00000000;
    PWM1GENA  |=    0x000000C2;
//配置 GENB 动作:当前计数值与比较器 B 相等时为 1,当计数器归零时为 0
    PWM1GENB  &=    0x00000000;
    PWM1GENB  |=    0x00000C02;
```

(5) 设置 PWM 周期

现在 PWM 模块输入时钟为 6 MHz(12 MHz 的系统时钟已经被 2 分频),若要得到 10 kHz 的 PWM 方波,即周期为 100 μs,则 PWM 计数器的初值应当为 599。在这里,PWM 周期数本来是 600,但在递减计数模式下作为初值需要减 1,如果是在先递增后递减模式下则不需要减 1。如果令 PWM 装载寄存器 PWM1LOAD 为 599,则每次 PWM 计数器

PWM1COUNT 的值在归零后,都自动从 PWM1LOAD 装载。具体操作如下:

```
PWM1LOAD    =   600 - 1
```

(6) 将 PWM2 和 PWM3 输出的占空比分别设定为 80% 和 35%

向 PWM 比较寄存器 PWM1CMPA 和 PWM1CMPB 分别写入 600×80%=480 和 600×35%=210 即可。具体操作如下:

```
PWM1CMPA    =   480
PWM1CMPB    =   210
```

(7) 使能 PWM 发生器 1 模块

PWM 发生器 1 控制寄存器 PWM1CTL 的第 0 位是 PWM 发生器模块的主机使能位,将其置位可向 PWM 模块提供时钟信号。具体操作如下:

```
PWM1CTL    |=   0x00000001
```

(8) 使能 PWM2 和 PWM3 的输出

将 PWM 输出引脚主机使能寄存器 PWMENABLE 的位[3:2]都置 1,则使能 PWM2 和 PWM3 的输出。具体操作如下:

```
PWMENABLE  |=   0x0000000C
```

此时 PB0 和 PB1 引脚开始产生频率同为 10 kHz 占空比分别为 80% 和 35% 的 PWM 方波。

如果还想得到反相输出的 PWM 方波,则应当置位 PWM 输出反相控制寄存器 PWMINVERT 的位[3:2]。具体操作如下:

```
PWMINVERT  |=   0x0000000C
```

6.4.12 PWM 示例程序

PWM 常用于电机调相调速、逆变电源控制列等。图 6.9 为一个微型直流电机 H-桥驱动电路示意图,电机共有 4 种可能的运行模式,如表 6.48 所列。

表 6.48 电机运行模式

运行条件				运行模式
Q2	Q4	Q6	Q8	
截止	截止	截止	截止	停止
导通	截止	截止	导通	正转
截止	导通	导通	截止	反转
导通	导通	导通	导通	不允许

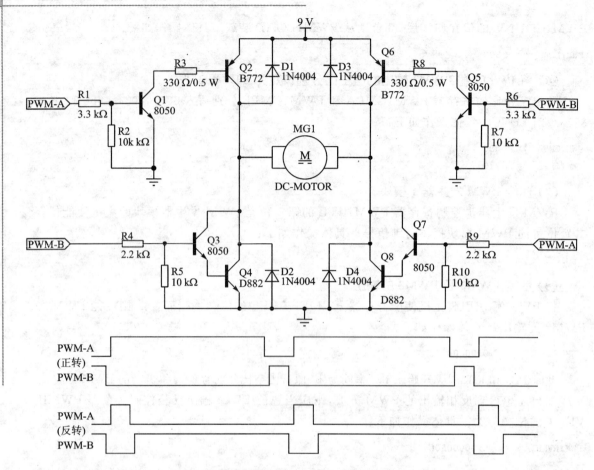

图 6.9 微型直流电机 H-桥 PWM 驱动电路

当功率管 Q2、Q8 导通且 Q4、Q6 截止时电机正转,当 Q2、Q8 截止且 Q4、Q6 导通时电机反转。仅通过改变 PWM 方波的占空比的方法就能实现正反转和调速。但是,如果 Q2、Q8 以及 Q4、Q6 同时导通,则电流不再经过阻抗较大的电机,而是直接从 9 V 电源经 Q2、Q4 和 Q6、Q8 到地。该电流会非常大,可能导致功率管永久损坏。如果加入了死区延迟控制,则 Q2、Q8 以及 Q4、Q6 永远不会同时导通,因此不会出现上述损坏功率管的情况。

PWM 死区控制的简单示例程序如下所示,假定系统时钟为 6 MHz。

```
/* 定义硬件寄存器访问宏 */
#define HWREG(x)            (*((volatile unsigned long *)(x)))

/* 定义系统控制相关寄存器 */
#define SYSCTL_RCC          0x400FE060      /* 运行模式时钟配置寄存器 */
#define SYSCTL_RCGC0        0x400FE100      /* 运行模式时钟门控寄存器 0 */
```

```c
#define SYSCTL_RCGC1        0x400FE104              /* 运行模式时钟门控寄存器 1 */
#define SYSCTL_RCGC2        0x400FE108              /* 运行模式时钟门控寄存器 2 */
/* GPIOB 相关定义 */
#define PORTB_BASE          0x40005000              /* 端口 B 基址 */
#define PWM_PINS            (0x01 | 0x02)           /* 端口 B 当中的 PWM 引脚 */
#define GPIOB_DIR           (PORTB_BASE + 0x00000400)   /* 方向选择 */
#define GPIOB_AFSEL         (PORTB_BASE + 0x00000420)   /* 模式选择 */
#define GPIOB_DR4R          (PORTB_BASE + 0x00000504)   /* 4 mA 驱动选择 */
#define GPIOB_ODR           (PORTB_BASE + 0x0000050C)   /* 开漏选择 */
#define GPIOB_PUR           (PORTB_BASE + 0x00000510)   /* 上拉选择 */
#define GPIOB_PDR           (PORTB_BASE + 0x00000514)   /* 下拉选择 */
#define GPIOB_DEN           (PORTB_BASE + 0x0000051C)   /* 数字输入使能 */
/* PWM 模块寄存器定义 */
#define PWM_BASE            0x40028000              /* PWM 模块基址 */
#define PWMENABLE           (PWM_BASE + 0x00000008)     /* 输出引脚主机使能 */
#define PWM1CTL             (PWM_BASE + 0x00000080)     /* PWM 发生器 1 主控制 */
#define PWM1LOAD            (PWM_BASE + 0x00000090)     /* PWM 发生器 1 计数器装载值 */
#define PWM1CMPA            (PWM_BASE + 0x00000098)     /* PWM 发生器 1 比较器 A */
#define PWM1CMPB            (PWM_BASE + 0x0000009C)     /* PWM 发生器 1 比较器 B */
#define PWM1GENA            (PWM_BASE + 0x000000A0)     /* PWM 发生器 1 发生寄存器 A */
#define PWM1GENB            (PWM_BASE + 0x000000A4)     /* PWM 发生器 1 发生寄存器 B */
#define PWM1DBCTL           (PWM_BASE + 0x000000A8)     /* PWM 发生器 1 死区控制 */
#define PWM1DBRISE          (PWM_BASE + 0x000000AC)     /* PWM 发生器 1 死区上升延迟值 */
#define PWM1DBFALL          (PWM_BASE + 0x000000B0)     /* PWM 发生器 1 死区下降延迟值 */
/* PB0(PWM2)、PB1(PWM3)引脚配置为 PWM 功能 */
void pwmPinConfig(void)
{
    /* 配置 PWM 引脚的方向和模式 */
    HWREG(GPIOB_DIR)    &=  ~(PWM_PINS);
    HWREG(GPIOB_AFSEL)  |=  PWM_PINS;

    /* 配置 PWM 引脚输出驱动能力为 4 mA */
    HWREG(GPIOB_DR4R)   |=  PWM_PINS;

    /* 配置 PWM 引脚为推挽输出 */
    HWREG(GPIOB_ODR)    &=  ~(PWM_PINS);
    HWREG(GPIOB_PUR)    &=  ~(PWM_PINS);
```

第6章 输入/输出设备接口

```c
    HWREG(GPIOB_PDR)    &=    ~(PWM_PINS);
    HWREG(GPIOB_DEN)    |=    PWM_PINS;
}

int  main(void)
{
    /* 使能 PWM 时钟 */
    HWREG(SYSCTL_RCGC0)  |=  0x00100000;

    /* 使能 PWM2、PWM3 输出所在的 GPIOB 模块 */
    HWREG(SYSCTL_RCGC2)  |=  0x00000002;

    /* PB0、PB1 引脚配置为 PWM 功能 */
    pwmPinConfig();

    /* PWM 模块时钟配置:不分频 */
    HWREG(SYSCTL_RCC)  &=  ~(0x001E0000);

    /* 配置 PWM 发生器 1:先递增后递减计数,非同步 */
    HWREG(PWM1CTL)   =   (HWREG(PWM1CTL) & ~0x0000003E) | 0x00000002;
    HWREG(PWM1GENA)  =   (0x3 << 4) | (0x2 << 6);
    HWREG(PWM1GENB)  =   (0x3 << 8) | (0x2 << 10);

    /* 设置 PWM 发生器 1 的计数周期为 600 个系统时钟 */
    HWREG(PWM1LOAD)  =   600 / 2;

    /* 设置 PWM2 输出的脉冲宽度为 480 个系统周期 */
    HWREG(PWM1CMPA)  =   HWREG(PWM1LOAD) - (480 / 2);

    /* 使能 PWM 死区延迟功能,并设置上升沿(2.5 μs)和下降沿(3.5 μs)的死区延迟时间 */
    HWREG(PWM1DBRISE)  =  15;
    HWREG(PWM1DBFALL)  =  21;
    HWREG(PWM1DBCTL)   |= 0x00000001;

    /* 使能 PWM2 和 PWM3 的输出 */
    HWREG(PWMENABLE)   |= 0x0000000C;

    /* 使能 PWM 发生器 1,开始产生 PWM 方波 */
    HWREG(PWM1CTL)     |= 0x00000001;

    for(;;);
}
```

使用广州致远电子有限公司的 LA1032 逻辑分析仪捕捉的 PWM 输出信号如图 6.10 所示,PWM-A 的占空比是 80%,PWM-B 是其互补输出信号。可以看到在上升和下降沿分别插入了 2.50 μs 和 3.50 μs 的死区延迟，从而保证驱动电机的 4 只功率管永远不会同时导通。如果把以上程序中 PWM2 输出的脉冲宽度由 480 改成 120，即占空比由 80% 调整为 20%，则电机会反转，此时 PWM 的输出波形如图 6.12 所示的 LA1032 逻辑分析仪截图。

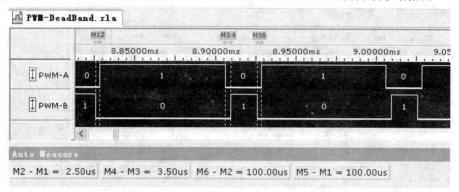

图 6.10　带死区的 PWM 输出（大占空比）

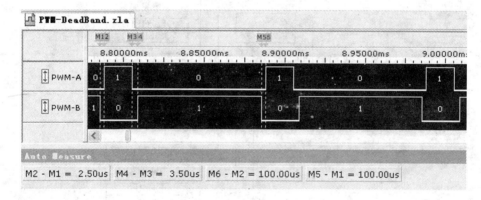

图 6.11　带死区的 PWM 输出（小占空比）

6.5　正交编码器接口

6.5.1　正交编码器接口的特性与内部结构

正交编码器（又名双通道增量式编码器），用于将线性移位转换为脉冲信号。通过监控脉冲的数目和两个信号的相对相位，用户可以跟踪旋转位置、旋转方向和速度。另外，第三个通道称为索引信号，可用于对位置计数器进行复位，从而确定绝对位置。

多数 LM3S 系列微控制器包含有正交编码器接口（QEI）模块，例如 LM3S8962 微控制器包含 2 个 QEI。每个正交编码器接口模块对由正交编码器转轮所产生的编码进行解码，从而计算位置对时间的积分,并确定旋转的方向。另外,该接口还能够捕获编码器转轮运行时的大致速率。

每个正交编码器有以下特性:
① 位置积分器跟踪编码器的位置。
② 使用内置定时器来捕获速率。
③ 在出现下列情况时产生中断:检测到索引脉冲;速率定时器发生计满返回事件;旋转方向发生改变;检测到正交错误。

QEI 模块的方框图如图 6.12 所示。

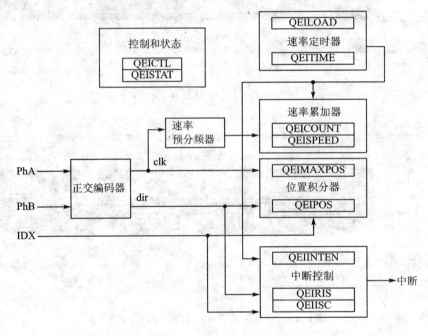

图 6.12 QEI 模块的方框图

6.5.2 寄存器映射

表 6.49 列出了 QEI 寄存器。所有给出的地址都相对于 QEI 的基址的 16 进制变量:QEI0:0x4002C000;QEI1:0x4002D000。

表 6.49 QEI 寄存器映射

偏移量	名称	复位	类型	描述
0x000	QEICTL	0x00000000	R/W	控制
0x004	QEISTAT	0x00000000	RO	状态

续表 6.49

偏移量	名 称	复 位	类型	描 述
0x008	QEIPOS	0x00000000	R/W	编码器的当前位置
0x00C	QEIMAXPOS	0x00000000	R/W	编码器的最大位置
0x010	QEILOAD	0x00000000	R/W	速率定时器的装载值
0x014	QEITIME	0x00000000	RO	速率定时器的当前值
0x018	QEICOUNT	0x00000000	RO	编码器的当前脉冲计数
0x01C	QEISPEED	0x00000000	RO	正交编码器的速率
0x020	QEIINTEN	0x00000000	R/W	中断使能
0x024	QEIRIS	0x00000000	RO	原始中断状态
0x028	QEIISC	0x00000000	R/W1C	中断状态和清零

有关 QEI 寄存器的详细内容请参考"Luminary Micro，Inc. LM3S8962 Microcontroller DATA SHEET．http：//www．luminarymicro．com"。

6.5.3 功能描述

QEI 模块对正交编码器转轮所产生的两位格雷码进行解码，从而计算位置对时间的积分，以及确定旋转的方向。另外，该接口还能够捕获编码转轮运行时的大致速率。

虽然必须在使能速度捕获前使能位置积分器，但仍可以单独使能位置积分器和速度捕获。phA 和 phB 这两个相位信号在被 QEI 模块解码前可以进行交换，以改变正向和反向的意义和纠正系统的错误接线（miswiring）。另外，相位信号也可以解释为时钟和方向信号，将它们作为某些编码器的输出。

1. QEI 控制寄存器(QEICTL)，偏移量 0x000

QEI 模块支持两种信号操作模式：正交相位模式和时钟/方向模式。在正交相位模式中，编码器产生两个相位差为 90 度的时钟信号，它们的边沿关系被用来确定旋转的方向。在时钟/方向模式中，编码器产生一个时钟信号和一个方向信号来分别表示步长和旋转方向。这两种模式的选择由 QEI 控制寄存器（QEICTL）中的 SigMode 位确定。

在将 QEI 模块设置为使用正交相位模式（SigMode 位为 0）时，位置积分器的捕获模式可设置成为 phA 信号的上升沿和下降沿，或是在 phA 和 phB 的上升沿和下降沿对位置计数器进行更新。在 phA 和 phB 的每个边沿上更新位置积分器可提供更大的分辩率，但所需的位置计数器范围更小。

当 phA 的边沿超前于 phB 的边沿时，位置计数器加 1。当 phA 的边沿落后于 phB 的边沿时，位置计数器减 1。当一对上升沿和下降沿出现在其中一个相位上而在另一个相位上没有任何边沿时,旋转方向已经发生了改变。

位置计数器遇到下列其中一种情况时将自动复位:① 感测到索引脉冲;② 达到最大位置。复位模式由 QEICTL 寄存器的 ResMode 位确定。

2. QEI 最大位置寄存器(QEIMAXPOS),偏移量 0x00C

当 ResMode 位为 0 时,位置计数器在感测到索引脉冲时复位。在该模式下,位置计数器的值限制在[0:$N-1$]内,N 为编码器转轮旋转一圈的相位边沿数。QEIMAXPOS 寄存器必须设置为 $N-1$,这样,在位置 0 将方向反向能够使位置计数器移到 $N-1$。在该模式中,一旦出现索引脉冲,位置寄存器中就包含了编码器相对于索引(或发起)位置的绝对位置。

当 ResMode 位为 1 时,位置计数器的范围限制在[0:M]内,M 为可编程的最大值。在该模式中,位置计数器将忽略索引脉冲。

3. QEI 速率寄存器(QEISPEED,偏移量 0x01C)和 QEI 速率计数器寄存器(QEICOUNT,偏移量 0x018)

速率的捕获采用一个可配置的定时器和一个计数寄存器。定时器在给定时间周期内对相位边沿进行计数(使用与位置积分器相同的配置)。控制器通过 QEISPEED 寄存器来获得上一个时间周期内的边沿计数,而当前时间周期的边沿计数在 QEICOUNT 寄存器中进行累加。当前时间周期一结束,在该段时间内计得的边沿总数便可以从 QESPEED 寄存器中获得(上一个值丢失)。这时 QEICOUNT 复位为 0,并开始在一个新的时间周期内计数。在给定时间周期内所计得的边沿数目与编码器的速率成正比例。

4. QEI 定时器装载寄存器(QEILOAD),偏移量 0x010

定时器的周期可通过在 QEILOAD 寄存器中指定定时器的装载值来实现配置。定时器到达 0 时可触发一次中断,硬件将 QEILOAD 的值重新装载到定时器中,并继续递减计数。在编码器的速度较低的情况下,需要一个较长的定时器周期,以便捕获足够多的边沿,才能够使结果有意义。在编码器的速度较高的情况下,可以使用较短的定时器周期也可以使用速率预分频器。

该寄存器包含速率定时器的装载值。该值在定时器到达 0 之后的时钟周期内装入定时器,因此,它应该比定时时间内的时钟数小 1,即,如果每个定时时间内有 2 000 个时钟,则该寄存器中的值应为 1 999。

例如,有一个运行速率为 600 rpm 的电机,在电机上附属一个每转可产生 2 048 个脉冲的正交编码器,这样,每转可获得 8 192 个相位边沿。当相位预分频器设置为 1 分频(即 VelDiv 设置为 0)并在 phA 和 phB 边沿上计时时,结果每秒可获得 81 920 个脉冲(电机每秒转动 10 次)。如果定时器的时钟频率为 10 000 Hz,装载值为 2 500(可定时 1/4 s),则每次更新定时器时,可计得 20 480 个脉冲。计算可得:

$$\text{rpm} = (10000 \times 1 \times 20480 \times 60) \div (2500 \times 2048 \times 4) = 600$$

现在,假设电机速率增加到 3 000 rpm,这时正交编码器每秒产生 409 600 个脉冲,即每 1/4 s 可产生 102 400 个脉冲。计算可得:

$$\text{rpm} = (10000 \times 1 \times 102400 \times 60) \div (2500 \times 2048 \times 4) = 3000$$

有些立即数可能会超出 32 位整数,因此,在计算这个等式时要特别注意。在上面的例子中,时钟为 10 000,除法器为 2 500,这两个值都要预先除以 100(如果它们在编译时是常数),因此,这两个值变为 100 和 25。事实上,如果它们是编译时间常量,则可将它们简化为只简单地乘以 4,而又由于存在边沿计数因子而需要除以 4,因此刚好抵消。

注意:简化编译时的常量因子和简化计算该等式时的处理请求同是控制该等式的立即数的最好方法。

通过选择定时器的装载值使得除法操作的除数为 2 的幂,这样可避免除法操作,而用一个简单的移位操作来代替。对于每转产生的脉冲数为 2 的幂的编码器,选择 2 的幂作为装载值是非常简单的操作。而对于其他编码器,必须对装载值进行选择,使得 load(速率定时器的装载值)、ppr(实际编码器每旋转一圈的脉冲数)、edges(根据 QEICTL 寄存器中设置的捕获模式来确定,CapMode 设为 0 时,edges 为 2;为 1 时,edges 为 4)的乘积非常接近 2 的幂。例如,每转 100 个脉冲的编码器,其装载值可设为 82,这样,除数便为 32 800,该值比 2^{14} 大 0.09%。在此情况下,通常 15 次移位就已足够接近于除法操作的结果。如果要求绝对精度,则可以使用控制器的除法指令。

QEI 模块能够在出现以下事件时产生控制器中断:相位错误、方向改变、接收到索引脉冲和速率定时器时间到。该模块还提供标准屏蔽、原始中断状态、中断状态以及中断清零功能。

5. 其他寄存器

除了以上介绍的一些常用的寄存器外,QEI 还有其他的一些寄存器,如下所示:

- QEI 状态寄存器(QEISTAT),偏移量 0x004。
- QEI 位置寄存器(QEIPOS),偏移量 0x008。
- QEI 定时器寄存器(QEITIME),偏移量 0x014。
- QEI 原始中断状态寄存器(QEIRIS),偏移量 0x024。
- QEI 中断状态和清零寄存器(QEIISC),偏移量 0x028。

6.5.4　初始化和配置

下面的例子显示如何对正交编码器模块进行配置来读回绝对位置,配置流程所示:

① 通过向系统控制模块中的 RCGC1 寄存器写入 0x00000100 来使能 QEI 时钟。
② 通过系统控制模块中的 RCGC2 寄存器来使能对应 GPIO 模块的时钟。
③ 在 GPIO 模块中,使用 GPIOAFSEL 寄存器来使能对应引脚的第二功能。
④ 将正交编码器配置为捕获两个信号的边沿,并在出现索引脉冲时复位来保持绝对位

置。使用 1000-line 编码器，每条线有 4 个边沿，因此每转一圈产生 4 000 个脉冲。位置计数器从 0 开始计数，因此将最大位置设置为 3 999(0xF9F)。

- 向 QEICTL 寄存器写入 0x00000018；
- 向 QEIMAXPOS 寄存器写入 0x00000F9F。

⑤ 将 QEICTL 寄存器的位 0 置位来使能正交编码器。
⑥ 延迟一段时间。
⑦ 读 QEIPOS 寄存器来获得编码器的位置。

6.5.5 QEI 示例程序

利用 Stellaris 驱动库用户中的 QEI API 函数可以对 QEI 模块进行编程。

① 调用 QEIConfigure() 函数，可配置正交编码器。
② 调用 QEIVelocityConfigure() 函数，可配置速度捕获。
③ 调用 QEIEnable() 函数，可使能正交编码器。
④ 调用 QEIVelocityEnable() 函数，可使能速度捕获。

该示例程序演示了如何配置正交编码器捕捉增量式编码盘的转速。这里假设使用的编码盘为 512 线，有 AB 两通道；正交编码器捕捉 AB 两通道的双边沿，编码盘每转一圈，正交编码器记录 512×4＝2 048 个信号；每 10 ms 统计一次，编码盘的转速为：(计数值×100×60)/(4×512) 转/min。

QEI 示例程序如下所示：

```
#include     "hw_gpio.h"
#include     "hw_types.h"
#include     "hw_memmap.h"
#include     "sysctl.h"
#include     "gpio.h"
#include     "qei.h"

int main(void)
{
    unsigned int i;
    SysCtlPeripheralEnable(SYSCTL_PERIPH_GPIOC);     /* 使能 PC 口外设 */
    SysCtlPeripheralEnable(SYSCTL_PERIPH_GPIOD);     /* 使能 PD 口外设 */
    SysCtlPeripheralEnable(SYSCTL_PERIPH_QEI);       /* 使能正交编码器外设 */
                                                     /* 选择 PC4,PC6 硬件功能 */
    GPIODirModeSet( GPIO_PORTC_BASE, GPIO_PIN_4 | GPIO_PIN_6, GPIO_DIR_MODE_HW);
                                                     /* 选择 PD7 硬件功能 */
    GPIODirModeSet( GPIO_PORTD_BASE, GPIO_PIN_7, GPIO_DIR_MODE_HW);
                                                     /* 使用 A,B 通道共 4 个边沿计算速度 */
```

```
QEIConfigure(QEI_BASE, ( QEI_CONFIG_CAPTURE_A_B | QEI_CONFIG_NO_RESET |
            QEI_CONFIG_QUADRATURE | QEI_CONFIG_NO_SWAP), 0);
                                                    /* 设置速度检测周期为 0.01 s */
QEIVelocityConfigure(QEI_BASE, QEI_VELDIV_1, 60000);
QEIEnable(QEI_BASE);                                /* 使能正交编码器 */
QEIVelocityEnable(QEI_BASE);                        /* 使能正交编码器的速度检测功能 */
while(1)
{
    i = QEIVelocityGet(QEI_BASE);                   /* 读出上一个周期的速度计数值 */
    i = (i * 100 * 60)/(4 * 512);                   /* 转化为转/min */
}
}
```

思考题与习题

1. 简述 GPIO 寄存器的功能。
2. 怎样配置 GPIO 端口的输入/输出?
3. 怎样配置 GPIO 端口的中断?
4. 怎样配置 GPIO 端口的引脚?
5. 分析 GPIO 示例程序,简述 GPIO 的编程方法。
6. 根据图 6.1 所示的 ADC 模块结构图,简述 ADC 模块功能。
7. 简述 ADC 寄存器的功能。
8. 怎样实现 ADC 采样控制与数据捕获。
9. 怎样控制和观察 ADC 模块的中断?
10. 怎样配置 ADC 采样序列发生器的优先级?
11. 分析 ADC 示例程序,简述 ADC 的编程方法。
12. 根据图 6.4 所示的模拟比较器模块方框图,简述模拟比较器功能。
13. 简述模拟比较器寄存器的功能。
14. 怎样配置模拟比较器?
15. 怎样配置模拟比较器的中断?
16. 怎样编程控制模拟比较器的内部参考电压?
17. 分析模拟比较器的示例程序,简述模拟比较器的编程方法。
18. 根据图 6.5 所示的 PWM 模块结构图,简述 PWM 模块的功能。
19. 简述 PWM 寄存器的功能。
20. PWM 定时器有几种工作模式? 怎样设置 PWM 定时器的工作模式?

第6章 输入/输出设备接口

21. 比较图6.6所示的PWM递减计数模式与图6.7所示的PWM先递增后递减计数模式的区别。
22. 怎样配置PWM信号发生器?
23. 怎样配置PWM的死区发生器?
24. 简述与PWM中断相关的寄存器功能。
25. 简述与PWM故障状态相关的寄存器功能。
26. 简述与PWM输出控制相关寄存器的功能。
27. 分析初始化和配置的示例程序,简述PWM模块的编程方法。
28. 分析PWM示例程序,简述PWM电机控制的编程方法。
29. 根据图6.13所示的QEI模块的方框图,简述QEI模块的功能。
30. 简述QEI寄存器功能。
31. 分析QEI示例程序,简述QEI模块的编程方法。

第 7 章 总线接口

7.1 通用异步收发器

7.1.1 UART 特性与内部结构

常用的数据通信方式有并行通信和串行通信两种。当两台数字设备之间传输距离较远时,数据往往以串行方式传输。串行通信的数据是一位一位地进行传输的,在传输中每一位数据都占据一个固定的时间长度。与并行通信相比,如果 n 位并行接口传送 n 位数据需时间 T,则串行传送的时间最少为 nT。串行通信具有传输线少、成本低等优点,特别适合远距离传送。

串行通信在信息格式的约定上可以分为同步通信和异步通信两种方式。

异步通信时数据是一帧一帧传送的,每帧数据包含有起始位("0")、数据位、奇偶校验位和停止位("1"),每帧数据的传送靠起始位来同步。一帧数据的各位代码间的时间间隔是固定的,而相邻两帧的数据其时间间隔是不固定的。在异步通信的数据传送中,传输线上允许空字符。异步通信对字符的格式、波特率、校验位有确定的要求。

通用异步收发器(UART,Universal Asynchronous Receiver Transmitter)是设备间进行异步串行通信的关键模块,主要功能如下:

① 处理数据总路线和串行口之前的串/并、并/串转换;

② 通信双方只要采用相同的帧格式和波特率,即使在未共享时钟信号的情况下,仅用两根信号线(Rx 和 Tx)就可以完成通信过程;

③ 采用异步方式,数据收发完毕后,可通过中断或置位标志位的方式通知微控制器进行处理,大大提高微控制器的工作效率。

若加入一个合适的电平转换器,UART 还能用于 RS-232 和 RS-485 通信,以及与计算机的端口连接。UART 应用非常广泛,手机、工业控制、PC 等应用中都要用到 UART。

Stellaris LM3S 系列微控制器的通用异步收发器(UART)具有完全可编程和 16C550 型串行接口的特性,通常含有 1~3 个 UART 模块。每个 UART 具有以下特性:

① 独立的发送 FIFO 和接收 FIFO。
② FIFO 长度可编程,包括提供传统双缓冲接口的 1 字节深的操作。
③ FIFO 触发深度可为:1/8、1/4、1/2、3/4 或 7/8。
④ 可编程的波特率发生器,允许速率高达 460.8 kbps。
⑤ 标准的异步通信位:起始位、停止位和奇偶校验位(parity)。
⑥ 检测错误的起始位。
⑦ 线中止(line-break)的产生和检测。
⑧ 完全可编程的串行接口特性:5、6、7 或 8 个数据位;偶校验、奇校验、粘着或无奇偶校验位的产生/检测;产生 1 或 2 个停止位。
⑨ IrDA 串行红外(SIR)编码器/解码器具有以下特性:用户可以根据需要对 IrDA 串行红外(SIR)或 UART 输入/输出端进行编程;IrDA SIR 编码器/解码器功能模块在半双工时其数据速率可高达 115.2 kbps;位持续时间(bit duration)为 3/16(正常)和 1.41~2.23 μs(低功耗);可编程的内部时钟发生器,允许对参考时钟进行 1~256 分频以得到低功耗模式的位持续时间。

UART 模块的结构方框图如图 7.1 所示。

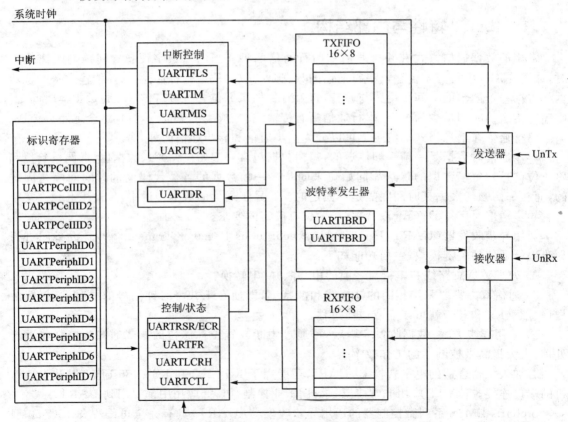

图 7.1 UART 模块的结构方框图

7.1.2 寄存器映射

表 7.1 列出了 UART 寄存器。其中，所列的偏移量是十六进制的，并按照寄存器地址递增，与 GPIO 端口对应的基址如下：UART0，0x4000C000；UART1，0x4000D000；UART2，0x4000E000。

表 7.1 UART 寄存器映射

偏移量	名 称	复 位	类 型	描 述
0x000	UARTDR	0x00000000	R/W	数据
0x004	UARTRSR/UARTECR	0x00000000	R/W	接收状态（读）/错误清除（写）
0x018	UARTFR	0x00000090	RO	标志寄存器（只读）
0x024	UARTIBRD	0x00000000	R/W	整数波特率除数
0x028	UARTFBRD	0x00000000	R/W	小数波特率除数
0x02C	UARTLCRH	0x00000000	R/W	线控制寄存器，高字节
0x030	UARTCTL	0x00000300	R/W	控制寄存器
0x034	UARTIFLS	0x00000012	R/W	中断 FIFO 级别（level）选择
0x038	UARTIM	0x00000000	R/W	中断屏蔽
0x03C	UARTRIS	0x0000000F	RO	原始（raw）中断状态
0x040	UARTMIS	0x00000000	RO	已屏蔽中断状态
0x044	UARTICR	0x00000000	W1C	中断清除
0xFD0/4/8C	UARTPeriphID4/5/6/7[1]	0x00000000	RO	外设标识 4/5/6/7
0xFE0/4/8C	UARTPeriphID0/1/2/3[1]	0x00000011	RO	外设标识 0/1/2/3
0xFF0/4/8C	UARTPCellID0/1/2/3[1]	0x0000000D	RO	PrimeCell 标识 0/1/2/3

［1］该寄存器为设备信息的描述，对功能部件的使用没有实际的作用，用户可以忽略。

7.1.3 UART 控制

UART 执行"并-串"和"串-并"转换功能。尽管该 UART 与 16C550 UART 的功能相似，但它的寄存器不兼容。

通过 UART 控制寄存器（UARTCTL）的 TXE 位和 RXE 位将 UART 配置成发送和/或接收。没有发生复位时，发送和接收都是使能的。在编程任意控制寄存器前，必须将 UART 禁止，这可以通过将 UARTCTL 寄存器的 UARTEN 位清零来实现。如果 UART 在 TX 或 RX 操作过程中被禁止，则当前的处理会在 UART 停止前完成。UARTCTL 寄存器的描述如表 7.2 所列。

表 7.2 UART 控制寄存器(UARTCTL),偏移量:0x030

位	名称	类型	复位	描述
31:10;6:1	保留	RO	0	保留位,返回一个不确定的值,并且应该永不改变
9	RXE	R/W	1	UART 接收使能。 如果该位置位,那么 UART 的接收被使能。如果 UART 在接收中途被禁止,它会在停止前处理完当前字符
8	TXE	R/W	1	UART 发送使能。 如果该位置位,那么 UART 的发送被使能。如果 UART 在发送中途被禁止,它会在停止前处理完当前字符
7	LBE	R/W	0	UART 回环使能。 如果该位置位,那么 UnRX 输入连接到 UnTX
0	UARTEN	R/W	0	UART 使能。 如果该位置位,那么 UART 被使能。如果 UART 在发送或接收中途被禁止,它会在停止前处理完当前字符

UARTCTL 寄存器是控制寄存器。"发送使能(TXE)"位和"接收使能(RXE)"位在复位后被设为 1,其余所有位在复位后清零。

为了使能 UART 模块,UARTEN 位必须置位。如果软件要求修改模块的配置,那么在对配置的改动进行写操作前 UARTEN 位必须清零。如果 UART 在发送或接收操作过程中被禁止,那么当前的处理将在 UART 停止前完成。

UART 字符帧如图 7.2 所示。控制逻辑输出起始位在先的串行位流,并且根据控制寄存器中已编程的配置,后面紧跟着数据位(最低位 LSB 先输出)、奇偶校验位和停止位。

在检测到一个有效的起始脉冲后,接收逻辑对接收到的位流执行"串-并"转换操作。此外还会对溢出错误、奇偶校验错误、帧错误和线中止(line-break)错误进行检测,并将检测到的状态附加到被写入接收 FIFO 的数据中。

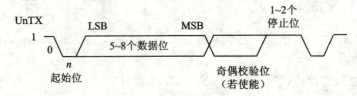

图 7.2 UART 字符帧

7.1.4 波特率的产生

波特率除数(divisor)是一个22位数,它由16位整数和6位小数组成。波特率发生器使用这两个值组成的数字来决定位周期。通过带有小数波特率的除法器,UART可以产生所有标准的波特率。

1. UART 整数波特率除数寄存器(UARTIBRD),偏移量:0x024

16位整数通过UART整数波特率除数寄存器(UARTIBRD)进行加载。UARTIBRD寄存器的描述如表7.3所列。UARTIBRD寄存器是波特率除数的整数部分,所有位在复位后都清零。最小的可能比例为1(当UARTIBRD=0时),此时忽略UARTFBRD寄存器。在修改UARTIBRD寄存器时,新的值直到发送/接收当前字符结束才生效。对波特率除数的任意修改,其后都要紧跟一个写UARTLCRH寄存器的操作。

表7.3 UART 整数波特率除数寄存器(UARTIBRD)

位	名称	类型	复位	描述
31:16	保留	RO	0	保留位,返回一个不确定的值,并且应该永不改变
15:0	DIVINT	R/W	0x0000	整数波特率除数

2. UART 小数波特率除数寄存器(UARTFBRD),偏移量:0x028

6位小数则通过UART小数波特率除数寄存器(UARTFBRD)进行加载。UARTFBRD寄存器的描述如表7.4所列。UARTFBRD寄存器是波特率除数的小数部分,所有位在复位后都清零。在修改UARTFBRD寄存器时,新的值直到发送/接收当前字符结束才生效。对波特率除数的任意修改,其后都要紧跟一个写UARTLCRH寄存器操作。

表7.4 UART 小数波特率除数寄存器(UARTFBRD)

位	名称	类型	复位	描述
31:6	保留	RO	0	保留位,返回一个不确定的值,并且应该永不改变
5:0	DIVFRAC	R/W	0x00	小数波特率除数

波特率除数(BRD)和系统时钟具有以下关系:

$$BRD(波特率除数) = BRDI + BRDF = SysClk/(16 \times 波特率)$$

其中,BRDI是BRD的整数部分,BRDF是BRD的小数部分,它被一个小数位隔开。

以下等式是6位小数(被加载到UARTFBRD寄存器的DIVFRAC位)的计算方法。即,将波特率除数的小数部分乘以64再加0.5并进行舍入误差。

$$UARTFBRD[DIVFRAC] = integer(BRDF \times 64 + 0.5)$$

UART 产生一个 16 倍的波特率(称作 Baud16)的内部波特率参考时钟。该参考时钟除以 16,产生发送时钟,并且还可以在接收操作过程中用作错误检测。

UARTIBRD 和 UARTFBRD 寄存器连同 UARTLCRH 线控制寄存器(高字节)一起共同形成一个内部 30 位寄存器。该内部寄存器仅在对 UARTLCRH 进行写操作时才会更新,因此为了使修改波特率除数生效,后面必须紧跟一个写 UARTLCRH 寄存器的操作。

有 4 种序列可以用来更新波特率寄存器:
① UARTIBRD 写、UARTFBRD 写和 UARTLCRH 写。
② UARTFBRD 写、UARTIBRD 写和 UARTLCRH 写。
③ UARTIBRD 写和 UARTLCRH 写。
④ UARTFBRD 写和 UARTLCRH 写。

例如假设系统时钟为 20 MHz,设置 UART0 的波特率为 115 200,8 位字符长度,无校验位,1 个停止位,则

$$BRD = 20\ 000\ 000/(16 \times 115\ 200) = 10.850\ 7$$

即 UARTIBRD 寄存器的 DIVINT 域应该设为 10。

加载到 UARTFBRD 寄存器的值通过以下等式算出:

$$UARTFBRD[DIVFRAC] = integer(0.850\ 7 \times 64 + 0.5) = 54$$

7.1.5 数据收发

尽管接收 FIFO 的每个字符还包含 4 个额外的状态信息位,但是接收或发送的数据都存放在 2 个 16 字节 FIFO 中。发送时,数据被写入发送 FIFO。如果 UART 被使能,则它会让数据帧按照 UARTLCRH 寄存器中设置的参数开始发送;然后就一直发送数据直至发送 FIFO 中没有数据。一旦向发送 FIFO 写数据(即,如果 FIFO 未空),UART 标志寄存器(UARTFR)中的 BUSY 位就有效,并且在发送数据期间一直保持有效。BUSY 位仅在发送 FIFO 为空,且已从移位寄存器发送最后一个字符,包括停止位时才变无效。即使 UART 不再使能,它也可以指示忙(busy)状态。

1. UART 线控制寄存器(UARTLCRH),偏移量:0x02C

UARTLCRH 寄存器的描述如表 7.5 所列。

UARTLCRH 寄存器是线控制寄存器,设置串行参数,例如数据长度、奇偶校验位和停止位的选择都是在该寄存器中完成的。

在更新波特率除数(UARTIBRD 和/或 UARTIFRD)时,还必须写 UARTLCRH 寄存器。示例代码见 7.1.4 小节"小特率的产生"部分内容。

表 7.5 UART 线控制寄存器

位	名称	类型	复位	描述
31:8	保留	RO	0	保留位,返回一个不确定的值,并且应该永不改变
7	SPS	R/W	0	UART 粘着(stick)奇偶校验选择。 在 UARTLCRH 的位 1、位 2 和位 7 置位时,发送奇偶校验位,且检测结果为 0。 在位 1 和位 7 都置位且位 2 清零时,发送奇偶校验位,且检测结果为 1。 该位清零时,粘着奇偶校验被禁止
6:5	WLEN	R/W	0	UART 字长。 该位表示在发送或接收时一帧中所含的数据位数,如下: 0x3:8 位;0x2:7 位;0x1:6 位;0x0:5 位(默认)
4	FEN	R/W	0	UART 使能 FIFO。 如果该位设为 1,那么发送和接收 FIFO 缓冲器都使能(FIFO 模式) 若被清零,那么 FIFO 都被禁止(字符模式)。FIFO 变成 1 字节深的保存寄存器
3	STP2	R/W	0	UART 双停止位选择。 如果该位设为 1,在帧的末尾发送两个停止位。接收逻辑不会检测正在接收的 2 个停止位
2	EPS	R/W	0	UART 偶校验(even parity)选择。 如果该位设为 1,那么偶校验的产生和检测都在发送和接收过程中进行,检测数据位加奇偶校验位"1"的位数是否为偶数。 清零时,执行奇校验,检查"1"的位数是否为奇数。 当奇偶位被 PEN 位禁止时,不会对该位有影响
1	PEN	R/W	0	UART 奇偶校验使能。 如果该位设为 1,那么奇偶校验及其产生都使能;否则,奇偶校验被禁止,且数据帧中不会增加奇偶校验位
0	BRK	R/W	0	UART 发送中止(break)。 如果该位设为 1,在完成当前字符的发送后,UnTX 连续输出低电平。在正确执行中止(break)命令时,软件必须将该位置位,并且持续至少 2 个帧(字符周期)。 在正常使用时,该位必须清零

2. UART 标志寄存器(UARTFR),偏移量:0x018

UARTFR 寄存器的描述如表 7.6 所列。UARTFR 寄存器是标志寄存器。复位后,TXFF、RXFF 和 BUSY 位都为 0,而 TXFE 和 RXFE 位为 1。

第 7 章 总线接口

该寄存器用于检查 FIFO 的状态，用于 UART 数据发送和接收操作前的检查。需要发送数据前，先判断发送 FIFO 是否为满，如果满则不能发送；当检测到接收 FIFO 满时，则需读取 FIFO 中的数据。

表 7.6　UART 标志寄存器

位	名称	类型	复位	描述
31:8	保留	RO	0	保留位，返回一个不确定的值，并且应该永不改变
7	TXFE	RO	1	UART 发送 FIFO 空。 该位的具体意思取决于 UARTLCRH 寄存器中 FEN 位的状态。 如果 FIFO 被禁止(FEN 为 0)，那么该位在发送保存寄存器为空时置位。 如果 FIFO 使能(FEN 为 1)，那么该位在发送 FIFO 为空时置位
6	RXFF	RO	0	UART 接收 FIFO 满。 该位的具体意思取决于 UARTLCRH 寄存器中 FEN 位的状态。 如果 FIFO 被禁止，那么该位在接收保存寄存器满时置位。 如果 FIFO 使能，那么该位在接收 FIFO 满时置位
5	TXFF	RO	0	UART 发送 FIFO 满。 该位的具体意思取决于 UARTLCRH 寄存器中 FEN 位的状态。 如果 FIFO 被禁止，那么该位在发送保存寄存器满时置位。 如果 FIFO 使能，那么该位在发送 FIFO 满时置位
4	RXFE	RO	1	UART 接收 FIFO 空。 该位的具体意思取决于 UARTLCRH 寄存器中 FEN 位的状态。 如果 FIFO 被禁止，那么该位在接收保存寄存器为空时置位。 如果 FIFO 使能，那么该位在接收 FIFO 为空时置位
3	BUSY	RO	0	UART 忙。 该位为 1 时，UART 忙于发送数据。该位保持置位，直至移位寄存器将包括所有停止位在内的全部字节发送。 一旦发送 FIFO 不为空时(不管 UART 是否使能)该位都会置位
2:0	保留	RO	0	保留位，返回一个不确定的值，并且应该永不改变

在接收器空闲(U0Rx 连续为 1)且数据输入变为"低电平"(已经接收了起始位)时，接收计数器开始运行，并且数据在 Baud16 的第 8 个周期被采样(详见 7.1.3 小节 UART 控制)。

如果 U0Rx 在 Baud16 的第 8 个周期仍然为低电平，那么起始位有效；否则会检测到错误的起始位并将其忽略。可以在 UART 接收状态寄存器(UARTRSR)中观察起始位错误。如果起始位有效，根据数据字符被编程的长度，将在 Baud16 的每第 16 个周期对连续的数据位(即一个位周期之后)进行采样。如果奇偶校验模式使能，那么还会检测奇偶校验位。数据长度和奇偶校验都在 UARTLCRH 寄存器中定义。

3. UART 接收状态/错误清除寄存器(UARTRSR/UARTECR)，偏移量：0x004

UARTRSR/UARTECR 寄存器是接收状态寄存器/错误清除寄存器。

接收状态除了可以从 UART 数据寄存器(UARTDR)中读取,还可以从 UARTRSR 寄存器中读取。如果从 UARTRSR 读取状态,与入口相对应的状态信息将在读取 UARTRSR 前先从 UARTDR 读取。在发生溢出条件时,溢出的状态信息将立即置位。

将任意值写入 UARTECR 寄存器都会将帧、奇偶校验、中止和溢出错误清除。所有位在复位后都被清零。

使用该寄存器主要是为了清除错误标志,读错误状态和写错误清除之前都需要读 UARTDR 寄存器,否则对该寄存器操作无效。由于这些错误标志都可以通过 UARTDR 寄存器和 UARTRIS 原始中断状态寄存器获得,并且在串口接收到下一个字符时这些错误标志自动清除,所以该寄存器在 UART 的使用上没有什么意义。UARTRSR/UARTECR 的描述如表 7.7 所列。

表 7.7 UART 接收状态/错误清除寄存器

位	名称	类型	复位	描述
只读 UART 接收状态寄存器（UARTRSR）				
31:4	保留	RO	0	保留位,返回一个不确定的值,并且应该永不改变。UARTRSR 寄存器不能被写
3	OE	RO	0	UART 溢出错误。 当 FIFO 满且接收到新的数据时该位被设为 1。对 UARTECR 进行写操作会将该位清零。 由于在 FIFO 满时不再有数据写入,所以 FIFO 内容保持有效,只有移位寄存器的内容被覆盖,CPU 必须立即读取数据以便将 FIFO 清空
2	BE	RO	0	UART 中止错误(break error)。 在检测到中止条件时该位被设为 1,表示接收数据输入在大于一个完整字的传输时间(定义为起始位、数据位、奇偶校验位和停止位)内一直保持低电平。 对 UARTECR 进行写操作会将该位清零。 在 FIFO 模式下,该错误与 FIFO 顶部的字符有关。在发生中止时,只有一个 0 字符被加载到 FIFO。下一字符仅在接收数据输入变为 1(marking 状态)且接收到下一个有效的起始位时才使能

续表 7.7

位	名称	类型	复位	描述
只读 UART 接收状态寄存器（UARTRSR）				
1	PE	RO	0	UART 奇偶校验错误。 在接收的数据字符与 UARTLCRH 寄存器中位 2 和位 7 所定义的奇偶不匹配时，该位被设为 1。 对 UARTECR 进行写操作会将该位清零
0	FE	RO	0	UART 帧错误。 在接收的字符未含有效的停止位(有效的停止位为 1)时，该位被设为 1。 对 UARTECR 进行写操作会将该位清零。 在 FIFO 模式下，该错误与 FIFO 顶部的字符有关
只写 UART 错误清除寄存器(UARTECR)				
31:8	保留	WO		保留位，返回一个不确定的值，并且应该永不改变
7:0	DATA	WO	0	将任意数据写入该寄存器会将帧、奇偶校验、中止和溢出标志清零

最后，如果 U0Rx 为高电平，那么有效的停止位被确认；否则发生帧错误。当接收到一个完整的字符时，将数据存放在接收 FIFO 中，与该字相关的错误位也包括在数据内。

7.1.6 IrDA 串行红外编码器/解码器模块

UART 还包含一个 IrDA 串行红外(SIR)编码器/解码器模块。IrDA SIR 模块包含一个 IrDA 串行红外(SIR)协议编码/解码器。使能时，SIR 模块将 UnTx 和 UnRx 引脚用于 SIR 协议，这两个引脚应该与 IR 收发器连接。

IrDA SIR 模块的功能是在异步 UART 数据流和半双工串行 SIR 接口之间进行转换。片上不会执行任何模拟处理操作。SIR 模块的任务就是要给 UART 提供一个数字编码输出和一个解码输入。UART 信号引脚可以与一个红外收发器连接以实现 IrDA SIR 物理层链接。

SIR 模块具有两种工作模式：

① 在正常的 IrDA 模式中，输出引脚上的逻辑 0 电平被当作 3/16（正常）所选波特率位周期的高脉冲发送，而逻辑 1 电平被当作静态低信号发送。这些电平控制红外发送器的驱动器，为每个 0 发送光脉冲。在接收端，接收到的光脉冲给接收器的光敏晶体管基极加电，将其输出拉至低电平，并将 UART 输入引脚变为低电平。

② 在低功耗 IrDA 模式中，通过改变 UART 低功耗寄存器(UARTILPR)中的相应位，可以将发射的红外脉冲的宽度设置为内部产生的 IrLPBaud16 信号周期的 3 倍(1.63 μs，假定额定频率为 1.843 2 MHz)。

UARTILPR 寄存器的描述如表 7.8 所列。UARTILPR 寄存器是一个 8 位读/写寄存器,它存放了低功耗计数器分频值,这个值用来产生 IrLPBaud16 信号,这可以通过分频系统时钟(SysClk)来实现。复位时,所有位都变为 0。

表 7.8 UART 低功耗寄存器

位	名称	类型	复位	描述
31:8	保留	RO	0	保留位,返回一个不确定的值,并且应该永不改变
7	ILPDVSR	RO	1	IrDA 低功耗除数,这是一种 8 位低功耗除数

根据写入 UARTILPR 中的低功耗分频值对 UARTCLK 信号进行分频,从而产生 IrLPBaud16 内部信号。低功耗分频值根据以下等式计算得到:

$$ILPDVSR = SysClk / FIrLPBaud16$$

此处,FIrLPBaud16 额定值为 1.843 2 MHz。

当使用低功耗模式时,IrLPBaud16 是指用来产生 SIR 脉冲的内部信号,必须旋转分频值,因此 $1.42\ MHz < FIrLPBaud16 < 2.12\ MHz$,这样低功耗脉冲的持续时间就可以为 1.41~2.11 μs(IrLPBaud16 周期的 3 倍)。IrLPBaud16 的最小频率可以保证会丢弃小于 IrLPBaud16 一个周期的脉冲,而把大于 1.4 μs 的脉冲当作有效脉冲接收。

注意:0 是非法值。如果编程为 0,将不会产生 IrLPBaud16 脉冲。

含有 IrDA 调制和不含 IrDA 调制时的 UART 发送和接收信号的区别如图 7.3 所示。

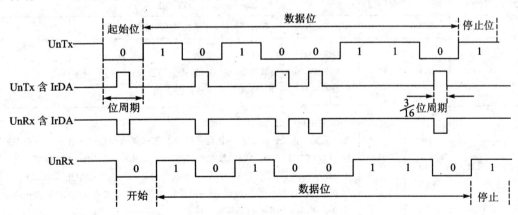

图 7.3 IrDA 数据调制

在正常 IrDA 模式和低功耗 IrDA 模式下:
● 在发送过程中,UART 数据位是编码的基础;
● 在接收过程中,译码位被传输到 UART 接收逻辑电路。

IrDA SIR 物理层指定了一个半双工通信链接,发送和接收之间的延迟最小为 10 ms,称为等待时间或接收器建立时间。这个延迟可以由软件产生,因为 UART 不会自动提供。之所以需要这个延迟,是因为红外接收器电子设备可能会出现偏移,有时从相邻的发送器 LED 耦合而产生的光强甚至会将它变饱和。

7.1.7 FIFO 操作

UART 含 2 个 16 字节入口的 FIFO,一个用于发送,另一个用于接收。两个 FIFO 都通过 UART 数据寄存器(UARTDR)进行访问。在写操作将 8 位数据放入发送 FIFO 时,UART-DR 寄存器的读操作将返回一个 12 位值,该值由 8 个数据位和 4 个错误标志组成。

1. UART 数据寄存器(UARTDR),偏移量:0x000

UARTDR 寄存器描述如表 7.9 所列。该寄存器是数据寄存器(FIFO 的接口)。

当 FIFO 使能时,写入该单元中的数据被移入发送 FIFO。如果 FIFO 被禁止,数据将存放在发送器保存寄存器(发送 FIFO 底部的字)中。对该寄存器进行写操作会开启一个 UART 发送操作。

对于接收到的数据来说,如果 FIFO 被使能,数据字节和 4 个状态位(间隔、帧、奇偶校验和溢出)被移入 12 位宽的接收 FIFO。如果 FIFO 被禁止,那么数据字节和状态位将存放在接收保存寄存器(接收 FIFO 底部的字)中。读取该寄存器可以重新得到接收的数据。

表 7.9 UART 数据(UARTDR)寄存器

位	名称	类型	复位	描述
31:12	保留	RO	0	保留位,返回一个不确定的值,并且应该永不改变
11	OE	RO	0	UART 溢出错误。 1:当 FIFO 满时接收到新的数据,导致数据丢失; 0:没有出现因为 FIFO 溢出而导致数据丢失
10	BE	RO	0	UART 中止错误(break error)。 在检测到中止(break)条件时该位被设为 1,表示接收数据输入在长于一个完整字的传输时间(定义为起始位、数据位、奇偶校验位和停止位)内一直保持低电平。 在 FIFO 模式下,该错误与 FIFO 顶部的字符有关。在发生中止(break)时,只有一个 0 字符被加载到 FIFO。下一字符仅在接收数据输入变为 1(marking 状态)且接收到下一有效的起始位时才使能
9	PE	RO	0	UART 奇偶校验错误。 在接收的数据字符与 UARTLCRH 寄存器中位 2 和位 7 所定义的奇偶不匹配时,该位被设为 1。 在 FIFO 模式下,该错误与 FIFO 顶部的字符有关

续表 7.9

位	名称	类型	复位	描述
8	FE	RO	0	UART 帧错误。 在接收的字符未含有效的停止位(有效的停止位为1)时,该位被设为1
7:0	DATA	R/W	0	被写时,数据由 UART 发送。读取时,数据由 UART 接收

复位完成后,两个 FIFO 都被禁止,并充当1字节深的保存寄存器。通过置位 UARTLCRH 的 FEN 位可以使能 FIFO。

可以通过 UART 标志寄存器(UARTFR)和 UART 接收状态寄存器(UARTRSR)来监控 FIFO 状态。硬件对空、满和溢出条件进行监控。UARTFR 寄存器包含空和满标志(TXFE、TXFF、RXFE 和 RXFF 位),并且 UARTRSR 寄存器通过 OE 位指示溢出状态。

促使 FIFO 产生中断的触发点是通过 UART 中断的 FIFO 深度选择寄存器(UARTIFLS)来控制的。可将两个 FIFO 分别配置为以不同的中断深度触发中断。可供选择的配置包括 1/8、1/4、1/2、3/4 和 7/8。例如,如果接收 FIFO 选择 1/4,那么 UART 将在接收到 4 个数据字节之后产生接收中断;复位后,两个 FIFO 均被配置成以 1/2 触发深度触发中断。

2. UART 中断的 FIFO 深度选择寄存器(UARTIFLS),偏移量:0x034

UARTIFLS 寄存器描述如表 7.10 所列。UARTIFLS 寄存器是中断的 FIFO 深度选择寄存器,可以使用该寄存器来定义 URAT 原始中断寄存器(UARTRIS)中 TXRIS 和 RXRIS 位触发(中断)时的 FIFO 深度。

中断触发的依据是:当触发深度超过某一水平时触发,而不是当 FIFO 深度达到某一水平的时候触发。也就是说,FIFO 所装的数据量超过规定触发深度时才产生中断。例如,如果接收触发的深度被设为 1/2,那么中断将在模块接收第 9 个字符时才触发。

复位后,TXIFLSEL 和 RXIFLSEL 位都会被配置,因此 FIFO 将以 1/2 触发深度触发中断。

表 7.10 UART 中断的 FIFO 深度选择寄存器

位	名称	类型	复位	描述
31:6	保留	RO	0	保留位,返回一个不确定的值,并且应该永不改变
5:3	RXIFLSEL	R/W	0x2	UART 接收中断 FIFO 级别选择。 接收中断的触发点如下: 000:RX FIFO≥1/8 全;001:RX FIFO≥1/4 全; 010:RX FIFO≥1/2 全(默认);011:RX FIFO≥3/4 全; 100:RX FIFO≥7/8 全;101~111:保留

续表 7.10

位	名 称	类型	复 位	描 述
2:0	TXIFLSEL	R/W	0x2	UART 发送中断 FIFO 级别选择 发送中断的触发点如下： 000：TX FIFO≤1/8 全；001：TX FIFO≤1/4 全； 010：TX FIFO≤1/2 全（默认）；011：TX FIFO≤3/4 全； 100：TX FIFO≤7/8 全；101～111：保留

7.1.8 中 断

在出现以下情况时，可使 UART 产生中断：
- FIFO 溢出错误。
- 中止错误(U0Rx 信号一直为 0，包括停止位可校验位)。
- 奇偶校验错误。
- 帧错误(停止位不为 1)。
- 接收超时。
- 发送(在满足 UARTIFLS 寄存器中 TXIFLSEL 位所定义的条件时)。
- 接收(在满足 UARTIFLS 寄存器中 RXIFLSEL 位所定义的条件时)。

由于所有中断事件在发送到中断控制器前会一起进行或(OR)操作，所以任意时刻 UART 只能向中断产生一个中断请求。通过读取 UART 屏蔽中断状态寄存器(UARTMIS)，软件可以在一个中断服务程序中处理多个中断事件。

通过将 UART 中断屏蔽寄存器(UARTIM)中对应的 IM 位设置为 1，可以使控制器产生中断事件。假如不使用中断，原始的中断状态也是始终可见的，通过 UART 原始中断状态寄存器(UARTRIS)便可查询到该状态。

只需把 UART 中断清除寄存器(UARTICR)中相应的位置位，便可以清除中断(UART-MIS 和 UARTRIS 寄存器的中断)。

1. UART 已屏蔽中断状态寄存器(UARTMIS)，偏移量：0x040

UARTMIS 寄存器的描述如表 7.11 所列。UARTMIS 寄存器是已屏蔽中断状态寄存器。未被屏蔽的中断产生时，该寄存器对应的中断位被置 1。对该寄存器进行写操作没有什么影响。

表 7.11 UART 已屏蔽中断状态寄存器

位	名 称	类 型	复 位	描 述
31:11,3:0	保留	RO	0	保留位,返回一个不确定的值,并且应该永不改变
10	OEMIS	RO	0	UART 溢出错误的已屏蔽中断状态。显示溢出错误中断的已屏蔽中断状态
9	BEMIS	RO	0	UART 中止(break)错误的已屏蔽中断状态。显示中止(break)错误中断的已屏蔽中断状态
8	PEMIS	RO	0	UART 奇偶校验错误的已屏蔽中断状态。显示奇偶校验错误中断的已屏蔽中断状态
7	FEMIS	RO	0	UART 帧错误的已屏蔽中断状态。显示帧错误中断的已屏蔽中断状态
6	RTMIS	RO	0	UART 接收超时的已屏蔽中断状态。显示接收超时中断的已屏蔽中断状态
5	TXMIS	RO	0	UART 发送的已屏蔽中断状态。显示发送中断的已屏蔽中断状态
4	RXMIS	RO	0	UART 接收的已屏蔽中断状态。显示接收中断的已屏蔽中断状态

2. UART 中断屏蔽寄存器寄存器(UARTIM),偏移量:0x038

UARTTIM 寄存器的描述如表 7.12 所列。UARTIM 寄存器是中断屏蔽设置/清除寄存器。读取时,寄存器提供了相关中断上的屏蔽的当前值。向该位写 1 时,相应的原始中断信号可以发送到中断控制器。向该位写 0 时可以阻止原始的中断信号发送到中断控制器。

表 7.12 UART 中断屏蔽寄存器

位	名 称	类 型	复 位	描 述
31:11,3:0	保留	RO	0	保留位,返回一个不确定的值,并且应该永不改变
10	OEIM	R/W	0	UART 溢出错误中断屏蔽。读取时,返回 OEIM 中断的当前屏蔽值。该位置位时,可以将 OEIM 中断发送到中断控制器
9	BEIM	R/W	0	UART 中止(break)错误中断屏蔽。读取时,返回 BEIM 中断的当前屏蔽值。该位置位时,可以将 BEIM 中断发送到中断控制器
8	PEIM	R/W	0	UART 奇偶校验错误中断屏蔽。读取时,返回 PEIM 中断的当前屏蔽值。该位置位时,可以将 PEIM 中断发送到中断控制器

续表 7.12

位	名称	类型	复位	描述
7	FEIM	R/W	0	UART 帧错误中断屏蔽。读取时,返回 FEIM 中断的当前屏蔽值。该位置位时,可以将 FEIM 中断发送到中断控制器
6	RTIM	R/W	0	UART 接收超时中断屏蔽。读取时,返回 RTIM 中断的当前屏蔽值。该位置位时,可以将 RTIM 中断发送到中断控制器
5	TXIM	R/W	0	UART 发送中断屏蔽。读取时,返回 TXIM 中断的当前屏蔽值。该位置位时,可以将 TXIM 中断发送到中断控制器
4	RXIM	R/W	0	UART 接收中断屏蔽。读取时,返回 RXIM 中断的当前屏蔽值。该位置位时,可以将 RXIM 中断发送到中断控制器

3. UART 原始中断状态寄存器(UARTRIS),偏移量:0x03C

UARTRIS 寄存器的描述如表 7.13 所列。UARTRIS 寄存器是原始中断状态寄存器。读取时,该寄存器显示了相应中断的当前原始状态值。对该寄存器进行写操作没有什么影响。

表 7.13 UART 原始中断状态寄存器

位	名称	类型	复位	描述
31:11, 3:0	保留	RO	0	保留位,返回一个不确定的值,并且应该永不改变
10	OERIS	RO	0	UART 溢出错误的原始中断状态。显示溢出错误中断的原始(屏蔽前)中断状态
9	BERIS	RO	0	UART 中止(break)错误的原始中断状态。显示中止(break)错误中断的原始(屏蔽前)中断状态
8	PERIS	RO	0	UART 奇偶校验错误的原始中断状态。显示奇偶校验错误中断的原始(屏蔽前)中断状态
7	FERIS	RO	0	UART 帧错误的原始中断状态。显示帧错误中断的原始(屏蔽前)中断状态
6	RTRIS	RO	0	UART 接收超时的原始中断状态。显示接收超时中断的原始(屏蔽前)中断状态
5	TXRIS	RO	0	UART 发送的原始中断状态。显示发送中断的原始(屏蔽前)中断状态
4	RXRIS	RO	0	UART 接收的原始中断状态。显示接收中断的原始(屏蔽前)中断状态

4. UART 中断清除寄存器(UARTICR),偏移量:0x044

UARTICR 寄存器描述如表 7.14 所列。UARTICR 寄存器是中断清除寄存器。在写入 1 时,相应的中断(原始中断和已屏蔽中断,如果使能)被清除;写入 0 没什么影响。

表 7.14 UART 中断清除寄存器(UARTICR)

位	名称	类型	复位	描述
31:11,3:0	保留	RO	0	保留位,返回一个不确定的值,并且应该永不改变
10	OEIC	W1C	0	UART 溢出错误中断清除。0:对中断不起作用;1:清除中断
9	BEIC	W1C	0	UART 中止(break)错误中断清除。0:对中断不起作用;1:清除中断
8	PEIC	W1C	0	UART 奇偶校验错误中断清除。0:对中断不起作用;1:清除中断
7	FEIC	W1C	0	UART 帧错误中断清除。0:对中断不起作用;1:清除中断
6	RTIC	W1C	0	UART 接收超时中断清除。0:对中断不起作用;1:清除中断
5	TXIC	W1C	0	UART 发送中断清除。0:对中断不起作用;1:清除中断
4	RXIC	W1C	0	UART 接收中断清除。0:对中断不起作用;1:清除中断

7.1.9 回环操作

UART 可以进入一个内部回环(loopback)模式,用于诊断或调试,这可以通过置位 UARTCTL 寄存器的 LBE 位来实现。UART 控制寄存器(UARTCTL)的描述见表 7.2。

在回环模式下,U0Tx 上发送的数据将被 U0Rx 输入端接收,U1Tx 上发送的数据将被 U1Rx 接收。

7.1.10 初始化和配置

使用 UART 模块时需要进行必要的配置,假定系统时钟为 20 MHz,且所需的 UART 配置的步骤如下:

① 115 200 bps 波特率;
② 8 位数据长度;
③ 1 个停止位;
④ 无奇偶校验;
⑤ FIFO 禁止;
⑥ 无中断。

因为对 UARTIBRD 和 UARTFBRD 寄存器的写操作必须先于 UARTLCRH 寄存器,所以在对 UART 进行编程时,首先需要考虑波特率除数(BRD)。BRD 计算见 7.1.4 小节"波特率的产生"中描述。

BRD 如果已知,将按以下顺序将 UART 配置写入模块:

① 清零 UARTCTL 寄存器的 UARTEN 位,以便将 UART 禁止。

② 将 BRD 的整数部分写入 UARTIBRD 寄存器。

③ 将 BRD 的小数部分写入 UARTFBRD 寄存器。

④ 将所需的串行参数写入 UARTLCRH 寄存器(这种情况下为 0x00000060)。

⑤ 置位 UARTCTL 寄存器的 UARTEN 位,以便将 UART 使能。

7.1.11 UART 示例程序

1. 串口数据发送

该示例程序演示了通过串口发送数据。UART 将被配置为 9 600 波特率,8-N-1 模式持续发送数据。字符将利用中断的方式通过 UART 发送。发送的数据字符串为:

welcome to http://www.zlgmcu.com

同时,在每一次成功发送完一个字符串数据以后将翻转一次 LED3 显示。串口数据发送示例程序如下所示:

```c
#include "hw_ints.h"
#include "hw_memmap.h"
#include "hw_types.h"
#include "gpio.h"
#include "interrupt.h"
#include "sysctl.h"
#include "uart.h"
#define TXD_LED     GPIO_PIN_6
#define UART0_PIN   GPIO_PIN_0 | GPIO_PIN_1
static volatile const unsigned char * g_pucBuffer = 0;      /* 发送数据缓冲区指针 */
static volatile unsigned long g_ulCount = 0;                /* 发送数据个数 */
static const unsigned char g_pucString[] = "welcome to http://www.zlgmcu.com\r\n";
void UART0_ISR   (void)
{
    unsigned long ulStatus;
    ulStatus = UARTIntStatus(UART0_BASE, true);             /* 获得中断状态 */
    UARTIntClear(UART0_BASE, ulStatus);                     /* 清除等待响应的中断 */
    if(ulStatus & UART_INT_TX) {                            /* 检查是否有未响应的传输中断 */
        while(g_ulCount && UARTSpaceAvail(UART0_BASE)){     /* 处理传输中断 */
            UARTCharNonBlockingPut(UART0_BASE, * g_pucBuffer + +);
```

```c
            g_ulCount - - ;                              /* 发送下一个字符 */
        }                                                /* 发送字符数自减 */
    }
}
void UARTSend(const unsigned char * pucBuffer, unsigned long ulCount)
{
    while(g_ulCount);                                    /* 等待直到之前的字符串发送完毕 */
    g_pucBuffer = pucBuffer;                             /* 保存待传输的数据缓冲 */
    g_ulCount = ulCount;                                 /* 保存计数值 */
    while(UARTSpaceAvail(UART0_BASE)){                   /* 处理传输中断 */
        UARTCharNonBlockingPut(UART0_BASE, * g_pucBuffer + + );
                                                         /* 发送下一个字符 */
        g_ulCount - - ;                                  /* 发送字符数自减 */
    }
}
int main(void)
{
    SysCtlClockSet(SYSCTL_SYSDIV_1 | SYSCTL_USE_OSC | SYSCTL_OSC_MAIN |
                   SYSCTL_XTAL_6MHZ);                    /* 设置晶振为时钟源 */
    SysCtlPeripheralEnable(SYSCTL_PERIPH_UART0);         /* 使能 UART 外设 */
    SysCtlPeripheralEnable(SYSCTL_PERIPH_GPIOA);         /* 使能 GPIOA 外设 */
    SysCtlPeripheralEnable(SYSCTL_PERIPH_GPIOB);         /* 使能 GPIOB 外设 */
    IntMasterEnable();
    GPIOPinTypeUART(GPIO_PORTA_BASE,UART0_PIN);          /* 使能 UART 功能脚 */
                             /* 设置 GPIO 的 A0 和 A1 为 UART 引脚(A0 - >RXD,A1 - >TXD) */
    GPIODirModeSet(GPIO_PORTB_BASE, TXD_LED,
                   GPIO_DIR_MODE_OUT);                   /* 设置 GPIO B0 和 B1 为输出口 */
    GPIOPadConfigSet(GPIO_PORTB_BASE,TXD_LED,GPIO_STRENGTH_2MA,
                     GPIO_PIN_TYPE_STD);                 /* 配置 PB6 口为 2 mA 驱动电流 */
                                                         /* 及 PULL - PUSH 类型 */
    GPIOPinWrite(GPIO_PORTB_BASE, TXD_LED, 0);           /* 初始化 I/O 口 */
    UARTConfigSet(UART0_BASE, 9600, (UART_CONFIG_WLEN_8 |
                                     UART_CONFIG_STOP_ONE |
                                     UART_CONFIG_PAR_NONE));
                                                         /* 配置 UART 为 9 600 波特率 */
                                                         /* 8 - N - 1 模式发送数据 */
    UARTIntEnable(UART0_BASE, UART_INT_TX);
    IntEnable(INT_UART0);
```

```
    while(1){
        UARTSend(g_pucString, sizeof(g_pucString) - 1);    /* 向 UART 发送一个字符串 */
        GPIOPinWrite( GPIO_PORTB_BASE, TXD_LED,
                    GPIOPinRead(GPIO_PORTB_BASE, TXD_LED)^TXD_LED);
                                                    /* 翻转 GPIO B4 端口 */
    }
}
```

2. 串口数据接收

该示例程序演示了通过串口接收数据。UART 将被配置为 9 600 波特率,8-N-1 模式持续中断接收数据。在该例程中,上位机使用超级终端发送一个大写的"U"资料,十六进制码为 0x55;单片机主要负责中断接收数据,同时判断接收到的数据是否为"U",如果是则翻转 GPIO PA4 口,循环点亮 LED5 显示,如果不是则翻转 GPIO PA5 口,循环点亮 LED6 显示。串口数据接收示例程序如下所示:

```
#include"hw_memmap.h"
#include"hw_types.h"
#include"hw_ints.h"
#include"gpio.h"
#include"uart.h"
#include"sysctl.h"
#include"interrupt.h"
/* 定义 LED5、LED6,两者用来示意数据接收的状态 */
#define READ_TEST_LED     GPIO_PIN_4
#define READ_TEST_LED1    GPIO_PIN_5
void delay(int d)
{
    for(; d; --d);
}

void UART0_ISR(void)
{
    UARTIntClear(UART0_BASE, UART_INT_RX);
    if(  UARTCharGet(UART0_BASE) == 0x55){              /* 判断接收到的数据是否为"U" */
        GPIOPinWrite(GPIO_PORTA_BASE, READ_TEST_LED,
                GPIOPinRead(GPIO_PORTA_BASE, READ_TEST_LED)^READ_TEST_LED);
    }                                                    /* 如果为"U"则翻转 PA4 */
```

```c
    else{
        GPIOPinWrite(GPIO_PORTA_BASE, READ_TEST_LED1,
                GPIOPinRead(GPIO_PORTA_BASE, READ_TEST_LED1) ^ READ_TEST_LED1);
                                            /* 如果为"U"则翻转 PA5 */
    }
}
int main(void)
{
    SysCtlClockSet(SYSCTL_SYSDIV_1 | SYSCTL_USE_OSC |
            SYSCTL_OSC_MAIN |SYSCTL_XTAL_6MHZ);     /* 设定晶振为时钟源 */
    SysCtlPeripheralEnable(SYSCTL_PERIPH_UART0);    /* 使能 UART0 外设 */
    SysCtlPeripheralEnable(SYSCTL_PERIPH_GPIOA);    /* 使能 GPIOA 外设 */
    IntMasterEnable();                              /* 开总中断 */
    GPIOPinTypeUART(GPIO_PORTA_BASE, GPIO_PIN_0 | GPIO_PIN_1);  /* 配置 UART0 的功能引脚 */
    GPIODirModeSet(GPIO_PORTA_BASE, READ_TEST_LED |
            READ_TEST_LED1,GPIO_DIR_MODE_OUT);      /* 设置 GPIOA4、GPIOA5 为输出口 */
    GPIOPadConfigSet(GPIO_PORTA_BASE,READ_TEST_LED | READ_TEST_LED1,
            GPIO_STRENGTH_2MA,GPIO_PIN_TYPE_STD);   /* 配置端口类型 */
    GPIOPinWrite(GPIO_PORTA_BASE, READ_TEST_LED | READ_TEST_LED1, 0);   /* 初始化 IO 口 */
    UARTConfigSet(UART0_BASE, 9600, (UART_CONFIG_WLEN_8 |
                            UART_CONFIG_STOP_ONE |
                            UART_CONFIG_PAR_NONE));
                                        /* 配置 UART0 的波特率及端口参数 */
    /* 设置 UART0 接收中断及接收超时中断 */
    IntEnable(INT_UART0);
    UARTIntEnable(UART0_BASE, UART_INT_RX | UART_INT_RT);
    UARTEnable(UART0_BASE);                         /* 使能 UART0 */
    while(1);
}
```

7.1.12 RS-232 接口电路

若加入一个合适的电平转换器,UART 还能用于 RS-232 通信。RS-232 接口电路采用 SP3232E 器件,利用 SP3232E 器件,实现 UART 接口的 TTL 信号向 RS-232 电平信号转换,实现 LM3S 微控制器与 PC 机串口通信。SP3232E 的工作电压为 3.3 V,RS-232 接口电路如图 7.4 所示。

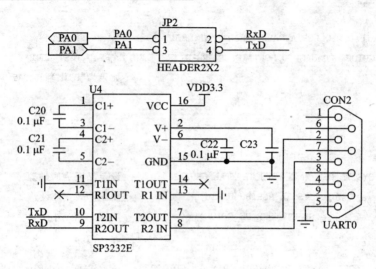

图 7.4　RS-232 接口电路

7.1.13　RS-485 接口电路与编程

1. RS-485 接口电路

RS-485 是一主多从的总线网络,多个 RS-485 设备挂在总线上同一时刻只能有一个设备输出数据,其他设备为接收数据。

若加入一个合适的电平转换器,UART 还能用于 RS-485 通信。

SP3485EN 是基于 UART 接口的 RS-485 收发器,该器通过两个引脚 PIN2 和 PIN3 分别控制接收使能(低电平)和发送使能(高电平),如图 7.5 所示。实际应用中将 PIN2 和 PIN3 并接在一起,然后通过一个 GPIO 控制收发数据。

在 EasyARM 开发板上使用 PF1 控制 SP3485EN 的收发,使用 UART1 传输数据(也可以通过杜邦线使用其他的 GPIO 和 UART1)。需要发送数据时,先将 PF1 置为低电平,然后,可以向 RS-485 总线上发送数据;当数据发送完成后,必须将 PF1 引脚置为高电平,等待接收 RS-485 总线上的数据。采用 SP3485 接收器的 RS-485 接口电路如图 7.6 所示。

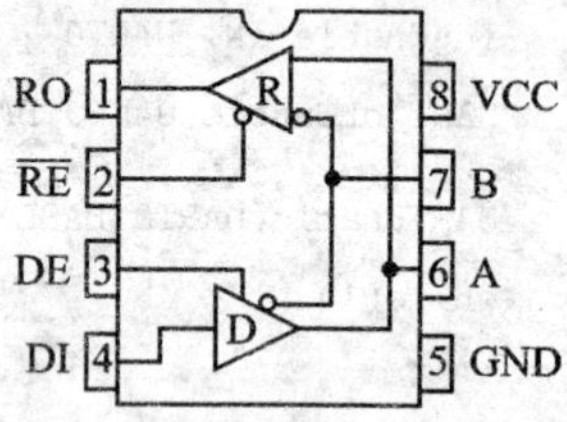

图 7.5　SP3485EN 结构图

RS-485 通信通常是基于一定的协议传输的,如 Modbus RTU 和 Modbus ASCII 协议等。在本实验中需要实现将接收到的数据回传,接收结束标志通过接收超时判断,如当接收到 1 个字符后,在 5 ms 内没有接收到字符,判断为接收超时。

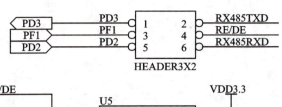
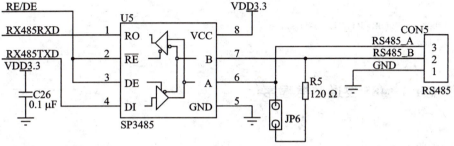

图 7.6 RS-485 接口电路

2. 中断处理程序

中断处理程序如下所示:

```
void UART1_ISR(void)
{
    unsigned long ulStatus;
    ulStatus = UARTIntStatus(UART1_BASE, true);      /* 读取已使能的串口 1 中断状态 */
    UARTIntClear(UART1_BASE, ulStatus);              /* 清除当前的串口 1 中断 */
    if((ulStatus & UART_INT_RX) || (ulStatus & UART_INT_RT)) {
                                                     /* 接收中断及接收超时中断 */
        while( UARTCharsAvail(UART1_BASE)) {
            ucBuffer[ucNum] = UARTCharNonBlockingGet(UART1_BASE);  /* 保存接收到的数据 */
            ucNum + + ;
        }
    }
    ucBit = 1;
}
```

3. UART1 发送程序

数据发送程序将之前保存着上位机数据的数组发送回上位机,发送前应先使能发送,发送完成后禁止发送。UART1 发送程序如下所示:

```
void UART1Send(uint8 * Buffer, uint16 NByte)
{
    RS485SendEnable();
    while(NByte)
    {
```

第 7 章 总线接口

```
    if( UARTSpaceAvail(UART1_BASE))
    {
        UARTCharNonBlockingPut(UART1_BASE, *Buffer++);
        NByte--;
    }
}
while( !UARTTraFifoEmp(UART1_BASE));
RS485SendDisable();
}
```

4. 使能 RS-485 发送数据程序

RS-485 使能发送数据程序如下所示：

```
void RS485SendEnable(void)
{
    GPIOPinWrite(RS485_GPIO_PORT, RS485_RE_DE, RS485_RE_DE);
}
```

5. 禁止 RS-485 发送数据程序

RS-485 禁止发送数据程序如下所示，在禁止之前要保证数据已经完成收发，FIFO 里没有数据了。

```
void RS485SendDisable(void)
{
    while( UARTTraBUSY(UART1_BASE));
    GPIOPinWrite(RS485_GPIO_PORT, RS485_RE_DE, 0);
}
```

6. UART1 初始化程序

UART1 初始化函数如下所示：

```
uint8 UART1Init(uint32 BaudRate, uint8 Prio)
{
    if(BaudRate>115200)                              /* 波特率太高,错误返回 */
        return(FALSE);
    SysCtlPeripheralEnable(SYSCTL_PERIPH_UART1);     /* 使能串口 1 外围设备 */
    SysCtlPeripheralEnable(SYSCTL_PERIPH_GPIOD);     /* 使能 GPIOD */

    GPIOPinTypeUART(GPIO_PORTD_BASE,
        GPIO_PIN_2 | GPIO_PIN_3);                    /* 设置 PD2,PD3 为 RXD1,TXD1 */
    RS485PortIni();
    UARTConfigSet(UART1_BASE, BaudRate, (UART_CONFIG_WLEN_8 | UART_CONFIG_STOP_ONE |
```

```
                    UART_CONFIG_PAR_NONE) & 0xFFFFFFEF);    /* 配置串口1,8位数据,1位起始位,1位
                                                              停止位,波特率 */
UARTFifoLevelSet(UART1_BASE, 4, 4);
IntEnable(INT_UART1);                                       /* 使能串口1系统中断 */
UARTIntEnable(UART1_BASE, UART_INT_RX | UART_INT_RT);       /* 使能串口1接收中断和接收超时中断 */
IntPrioritySet(INT_UART1, Prio<<5);                         /* 设置中断优先级 */
UARTEnable(UART1_BASE);
return(TRUE);
}
```

7. RS-485 初始化程序

RS-485 初始化程序如下所示：

```
void RS485PortIni(void)
{
    SysCtlPeripheralEnable(SYSCTL_PERIPH_GPIOF);            /* 使能 GPIOF */
    GPIODirModeSet(RS485_GPIO_PORT, RS485_RE_DE, GPIO_DIR_MODE_OUT);
    GPIOPadConfigSet(RS485_GPIO_PORT, RS485_RE_DE, GPIO_STRENGTH_2MA, GPIO_PIN_TYPE_STD);
    GPIOPinWrite(RS485_GPIO_PORT, RS485_RE_DE, 0);          /* RS485 接收数据 */
}
```

8. 主程序 main()函数

主程序 main()函数如下所示：

```
int main(void)
{
    unsigned long i;
    ucBit = 0;
    for (i = 0; i < 0x000FFF; i++);                         /* 复位消颤 */
    SysCtlClockSet (SYSCTL_SYSDIV_1 | SYSCTL_USE_OSC | SYSCTL_OSC_MAIN |
                    SYSCTL_XTAL_6MHZ);                      /* 系统时钟 6 MHz 晶振直接引入 */
    UART1Init(38400, 1);                                    /* 初始化串口1,波特率38 400,中断优先级为1 */
    IntMasterEnable();                                      /* 使能全局中断 */
    while (1) {
        while(ucBit) {
            UART1Send(ucBuffer, ucNum);                     /* 回发数据 */
            ucBit = 0;                                      /* 清发送标志 */
            ucNum = 0;                                      /* 清数据个数 */
        }
    }
}
```

7.1.14 IrDA 红外接口电路与编程

1. IrDA 红外接口电路

LM3S 系列微控制器的 UART3 支持 IrDA 通信功能,如图 7.7 所示,EasyARM 开发板上使用的 IrDA 接口芯片为 HSDL-3602,其最高传输速度为 115 200 bps,并允许动态设置。

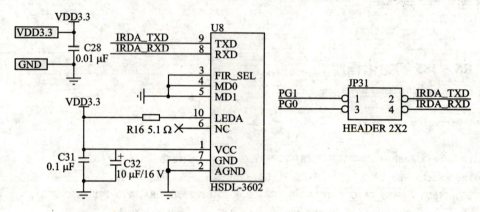

图 7.7 IrDA 红外接口电路

2. IrDA 收发方式

IrDA 收发需要使用两块开发板才能进行红外通信,一个示例如图 7.8 所示,接收方通过红外收发器接收发送方所发来的数据,再通过串口 0 发送到上位机进行显示。

注意:由于红外收发器仅支持半双工的红外通信模式,因而不能仅用一块开发板完成红外通信的自发自收。

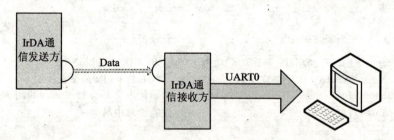

图 7.8 IrDA 收发方式示意图

示例程序分为两部分,一部分用于发送,另一部分则用于接收。两个程序的框架如图 7.9 所示。

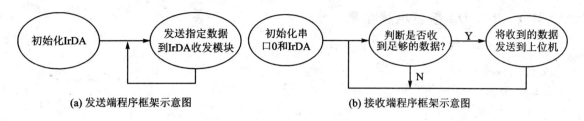

图 7.9 IrDA 收发示例程序框架示意图

3. UART IrDA 发送示例程序

UART IrDA 发送示例程序如下所示：

```c
#include "hw_ints.h"
#include "hw_memmap.h"
#include "hw_types.h"
#include "hw_uart.h"
#include "gpio.h"
#include "sysctl.h"
#include "uart.h"
#define UART1_PIN    GPIO_PIN_2 | GPIO_PIN_3          /* 定义 UART1 的功能引脚 */
int main (void)
{
    unsigned char i = 0;
    unsigned int j = 0;
    SysCtlClockSet(SYSCTL_SYSDIV_1|SYSCTL_USE_OSC| SYSCTL_OSC_MAIN|
                SYSCTL_XTAL_6MHZ);                    /* 设定晶振为时钟源 */
    SysCtlPeripheralEnable(SYSCTL_PERIPH_UART1);      /* 使能 UART1 外设 */
    SysCtlPeripheralEnable(SYSCTL_PERIPH_GPIOD);      /* 使能 GPIOD 外设 */
    GPIOPinTypeUART(GPIO_PORTD_BASE,UART1_PIN);       /* 配置 UART1 的功能引脚 */
    HWREG(UART1_BASE + UART_O_CTL) | = UART_CTL_SIREN; /* 配置 UART1 为 IrDA 模式 */
    UARTConfigSet(UART1_BASE, 9600, (UART_CONFIG_WLEN_8 |
                        UART_CONFIG_STOP_ONE |
                        UART_CONFIG_PAR_NONE));
                                                      /* 配置 UART0 的波特率及端口参数 */
    while(1){
        for(i = 0;i<50;i + +){
            UARTCharPut(UART1_BASE,i);                /* 发送资料 0x00~0x31 */
            for(j = 8000;j>0;j - -);
        }
    }
}
```

4. UARTIrDA 接收示例程序

UARTIrDA 接收示例程序如下所示:

```c
#include "hw_ints.h"
#include "hw_memmap.h"
#include "hw_types.h"
#include "src/gpio.h"
#include "src/interrupt.h"
#include "src/sysctl.h"
#include "src/uart.h"
#include "hw_uart.h"
#define  UART0_PIN    GPIO_PIN_0|GPIO_PIN_1       /* 定义 UART0 的功能引脚 */
#define  UART1_PIN    GPIO_PIN_2|GPIO_PIN_3       /* 定义 UART1 的功能引脚 */
int main()
{
    SysCtlClockSet(SYSCTL_SYSDIV_1 | SYSCTL_USE_OSC |
                   SYSCTL_OSC_MAIN | SYSCTL_XTAL_6MHZ);   /* 设定晶振为时钟源 */
    SysCtlPeripheralEnable(SYSCTL_PERIPH_UART0);          /* 使能 UART0 外设 */
    SysCtlPeripheralEnable(SYSCTL_PERIPH_UART1);          /* 使能 UART1 外设 */
    SysCtlPeripheralEnable(SYSCTL_PERIPH_GPIOA);          /* 使能 GPIOA 外设 */
    SysCtlPeripheralEnable(SYSCTL_PERIPH_GPIOD);          /* 使能 GPIOD 外设 */

    GPIOPinTypeUART(GPIO_PORTA_BASE, UART0_PIN);          /* 配置 UART0 的功能引脚 */
    GPIOPinTypeUART(GPIO_PORTD_BASE, UART1_PIN);          /* 配置 UART1 的功能引脚 */
    UARTDisable(UART1_BASE);                              /* 禁止 UART0 */
    HWREG(UART1_BASE + UART_O_CTL) |= UART_CTL_SIREN;     /* 配置 UART1 为 IrDA 模式 */
    UARTEnable(UART1_BASE);                               /* 使能 UART1 */

    IntMasterEnable();                                    /* 开总中断 */
    UARTConfigSet(UART0_BASE, 9600, (UART_CONFIG_WLEN_8 |
                                    UART_CONFIG_STOP_ONE |
                                    UART_CONFIG_PAR_NONE));
                                                          /* 配置 UART0 的波特率及端口参数 */
    UARTConfigSet(UART1_BASE, 9600, (UART_CONFIG_WLEN_8 |
                                    UART_CONFIG_STOP_ONE |
                                    UART_CONFIG_PAR_NONE));
                                                          /* 配置 UART1 的波特率及端口参数 */
```

```
UARTEnable(UART1_BASE);                              /* 使能 UART1 */
UARTIntDisable(UART1_BASE, UART_INT_TX);
/* 设置 UART0 接收中断及接收超时中断 */
UARTIntRegister(UART1_BASE,UARTRxIntHandler);
UARTIntEnable(UART1_BASE, UART_INT_RX | UART_INT_RT);
HWREG(UART1_BASE + 0x34) = (0x01<<3);                /* IFLS 中断级别选择 */
IntEnable(INT_UART1);                                /* 使能 UART1 中断 */
while (1)
{
    ;
}
}
```

5. UARTIrDA 接收中断服务示例程序

UARTIrDA 接收中断服务示例程序如下所示:

```
void UARTRxIntHandler(void)
{
    unsigned long ulStatus = 0;

    ulStatus = HWREG(UART1_BASE + 0x40);             /* 获得中断状态 */
    UARTIntClear(UART1_BASE, ulStatus);              /* 清除等待响应的中断 */
    if (ulStatus & (UART_INT_RX | UART_INT_RT)){     /* 检查是否有未响应的传输中断 */
        while (UARTCharsAvail(UART1_BASE)) {
            UARTCharPut(UART0_BASE, UARTCharNonBlockingGet(UART1_BASE));
                                                     /* 向上位机发送 IrDA 接收到的数据 */
        }
    }
}
```

7.2 同步串行接口

7.2.1 同步串行接口特性与内部结构

同步串行接口(SSI)是 LM3S 系列微控制器都支持的外设,也是流行的外部串行总线之一。SSI 接口是与具有 Freescale SPI、MICROWIRE 及 Texas Instruments 同步串行接口的外设器件进行同步串行通信的主机或从机接口。

LM3S 系列微控制器的 SSI 具有以下特性：
- 主机或从机操作；
- 时钟位速率和预分频可编程；
- 独立的发送和接收 FIFO，16 位宽，8 个单元深；
- 接口操作可编程，以实现 Freescale SPI、MICROWIRE 及 Texas Instruments 同步串行接口；
- 数据帧大小可编程，范围为 4～16 位；
- 内部回环测试模式，可进行诊断/调试测试；

LM3S 系列微控制器的 SSI 的内部结构方框图如图 7.10 所示。

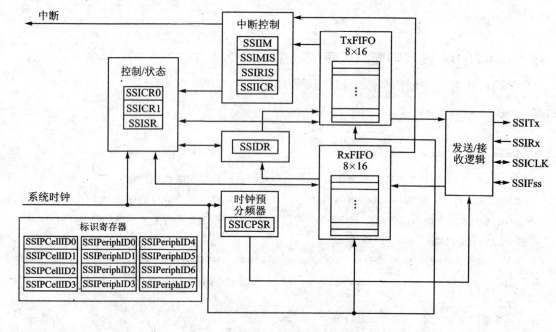

图 7.10 SSI 的内部结构方框图

7.2.2 寄存器映射

表 7.15 列出了 SSI 寄存器，其中，偏移量是相对于 SSI 的基址 0x40008000，并在寄存器地址上采用十六进制递增的方式列出。

注意：在对任何控制寄存器重新编程之前，必须先将 SSI 禁止（见 SSI 控制器 1 寄存器（SSICR1）的 SSE 位）。

表 7.15 SSI 寄存器映射

偏移	名称	复位	类型	描述
0x000	SSICR0	0x00000000	RW	控制 0
0x004	SSICR1	0x00000000	RW	控制 1
0x008	SSIDR	0x00000000	RW	数据
0x00C	SSISR	0x00000003	RO	状态
0x010	SSICPSR	0x00000000	RW	时钟预分频
0x014	SSIIM	0x00000000	RW	中断屏蔽
0x018	SSIRIS	0x00000008	RO	原始中断状态
0x01C	SSIMIS	0x00000000	RO	屏蔽后的中断状态
0x020	SSIICR	0x00000000	WIC	中断清零
0xFD0/4/8/C	SSIPeriphID4/5/6/7[1]	0x00000000	RO	外设标识 4/5/6/7
0xFE0/4/8/C	SSIPeriphID0/1/2/3[1]	0x00000022	RO	外设标识 0/1/2/3
0xFF0/4/8/C	SSIPCellID0/1/2/3[1]	0x0000000D	RO	PrimeCell 标识 0/1/2/3

[1] 这些寄存器在编程中没有什么用，用户可以不理会。

7.2.3 SSI 控制

1. 位速率和帧格式

SSI 对从外设器件接收到的数据执行串行到并行转换。CPU 可以访问 SSI 数据寄存器来发送和获得数据。发送和接收路径利用内部 FIFO 存储单元进行缓冲，以允许最多 8 个 16 位的值在发送和接收模式中独立地存储。

SSI 包含一个可编程的位速率时钟分频器和预分频器来生成串行输出时钟。尽管最大位速率由外设器件决定，但 1.5 MHz 及更高的位速率仍是支持的。

串行位速率是通过对输入的系统时钟进行分频来获得的。首先，根据范围为 2~254 的偶数分频值 CPSDVSR 对输入时钟进行分频，其中的 CPSDVSR 的值可在 SSI 时钟预分频 (SSICPSR) 寄存器中设置。然后利用范围为 1~256 的一个值，即 1+SCR 进一步对时钟进行分频，其中的 SCR 为 SSI 控制 0(SSICR0) 寄存器中设置的值。

输出串行时钟 F_{SSICLK} 的频率由下式来定义：

$$F_{SSICLK} = F_{SysCLK}/(CPSDVR \times (1+SCR))$$

注意：虽然理论上 SSICLK 发送时钟可达到 25 MHz，但模块可能不能在该速率下工作。发送操作时，系统时钟速率至少必须是 SSICLK 的 2 倍。接收操作时，系统时钟速率至少必须是 SSICLK 的 12 倍。

第 7 章 总线接口

SSI 通信的帧格式有 3 种：Texas Instruments 同步串行数据帧、Freescale SPI 数据帧和 MICROWIRE 串行数据帧。

根据已设置的数据大小，每个数据帧长度在 4～16 位之间，并采用 MSB 在前的方式发送。对于通信帧格式的选择和时钟速率的选择可以设置 SSICR0。

2. SSI 控制 0 寄存器，偏移量 0x000

SSICR0 为控制寄存器 0，其位域用来控制 SSI 模块内的各种功能，如表 7.16 所列。诸如协议模式、时钟速率和数据大小等功能都在该寄存器中配置。

表 7.16　SSI 控制 0 寄存器

位	名称	类型	复位	描述
31：16	保留	RO	0	保留位，返回不确定的值，不应该改变
15：8	SCR	R/W	0	SSI 串行时钟速率。 SCR 的值用来产生 SSI 的发送和接收位速率。串行时钟速率为： $F_{SSICLK} = F_{SysCLK}/(CPSDVR \times (1+SCR))$ 此处，CPSDVR 为 2～254 之间的一个偶数值，在 SSICPSR 寄存器中设置，SCR 为 0～255 之间的一个值
7	SPH	R/W	0	SSI 串行时钟相位。该位只适用于 Freescale SPI 格式。 SPH 控制位选择捕获数据及允许数据改变的时钟边沿。通过在第一个数据捕获边沿之前允许或不允许存在一个时钟转换，SPH 在第 1 个发送的位上产生极大的影响。 当 SPH 位为 0 时，数据在第 1 个时钟边沿转换时捕获；如果 SPH 为 1，则数据在第 2 个时钟边沿转换时捕获
6	SPO	R/W	0	SSI 串行时钟极性。该位只适用于 Freescale SPI 格式。 当 SPO 为 0 时，它在 SSICLK 引脚上产生稳定的低电平；如果 SPO 为 1，则在没有传输数据时在 SSICLK 引脚上产生稳定的高电平
5：4	FRF	R/W	0	SSI 帧格式选择。FRF 的值定义如下： FRF　　帧格式 00　　　Freescale SPI 帧格式 01　　　Texas Instruments 同步串行帧格式 10　　　MICROWIRE 帧格式 11　　　保留
3：0	DSS	R/W	0	SSI 数据大小选择。DSS 的值定义如下： 0000～0010：保留；0011～1111：4 位数据～16 位数据

3. SSI 时钟预分频寄存器，偏移量 0x010

SSICPSR 为时钟预分频寄存器，用来指定在进一步使用系统时钟之前必须在内部对系统时钟进行分频时使用的分频因子，如表 7.17 所列。

写入该寄存器的值必须是 2~254 之间的一个偶数。所设的值的最低有效位由硬件强制编码为 0。如果向该寄存器写入奇数，则该寄存器读操作返回的值中，最低有效位为 0。

表 7.17　SSI 时钟预分频寄存器

位	名称	类型	复位	描述
31：8	保留	RO	0	保留位，返回不确定的值，不应该改变
7：0	CPSDVSR	R/W	0	SSI 时钟预分频因子 该值必须为 2~254 之间的一个偶数，具体取值由 SSICLK 的频率决定 读操作时，LSB 始终返回 0

4. SSI 控制 1 寄存器，偏移量 0x004

SSICR1 为控制寄存器 1，其位域用来控制 SSI 模块内的各种功能，如表 7.18 所列。主机和从机模式功能就由该寄存器控制。

表 7.18　SSI 控制 1 寄存器

位	名称	类型	复位	描述
31：4	保留	RO	0	保留位，返回不确定的值，不应该改变
3	SOD	R/W	0	SSI 从机模式输出禁止。 该位只在从机模式（MS=1）中使用。在多从机系统中，为确保只有一个从机将数据驱动到串行输出线上，SSI 主机可以向系统中的所有从机广播一个消息。在这样的系统中，多个从机的 TXD 线可以连在一起。操作时，需对 SOD 位进行配置以使 SSI 模式不驱动 SSITx 引脚。 0：SSI 能够在从机输出模式中驱动 SSITx 输出 1：SSI 不可以在从机模式中驱动 SSITx 输出
2	MS	R/W	0	SSI 主/从选择。 该位选择主机或从机模式并且只有当 SSI 禁止（SSE=0）时才能修改。 0：器件配置为主机；1：器件配置为从机
1	SSE	R/W	0	SSI 同步串行端口使能。将该位置位可使能 SSI 操作： 0：SSI 操作禁止；1：SSI 操作使能。 注：在对任何控制寄存器重新编程之前，该位必须设置为 0

续表 7.18

位	名称	类型	复位	描述
0	LBM	R/W	0	SSI 回环模式。将该位置位可使能回环测试模式： 0：正常的串行端口操作使能； 1：发送串行移位寄存器的输出与接收串行移位寄存器的输入在内部相连

7.2.4　FIFO 操作

1. 对 FIFO 的访问

对 FIFO 的访问是通过向 SSI 数据寄存器（SSIDR）中写入与读出数据来实现的，SSIDR 为 16 位宽的数据寄存器，可以对它进行读写操作，SSIDR 实际对应两个不同的物理地址，以分别完成对发送 FIFO 和接收 FIFO 的操作。

SSIDR 的读操作即是对接收 FIFO 的入口（由当前 FIFO 读指针来指向）进行访问。当 SSI 接收逻辑将数据从输入的数据帧中转移出来后，将它们放入接收 FIFO 的入口（由当前 FIFO 写指针来指向）。

SSIDR 的写操作即是将数据写入发送 FIFO 的入口（由写指针来指向）。每次，发送逻辑将发送 FIFO 中的一个数值转移出来，装入发送串行移位器，然后在设置的位速率下串行移出到 SSITx 引脚。

当所选的数据长度小于 16 位时，用户必须正确调整写入发送 FIFO 的数据。发送逻辑忽略未使用的位。小于 16 位的接收数据在接收缓冲区中自动调整。

当 SSI 设置为 MICROWIRE 帧格式时，发送数据的默认大小为 8 位（最高有效字节忽略），接收数据的大小由程序员控制。即使当 SSICR1 寄存器的 SSE 位设置为 0 时，也可以不将发送 FIFO 和接收 FIFO 清零，这样可在使能 SSI 之前使用软件来填充发送 FIFO。SSI 数据寄存器如表 7.19 所列。

表 7.19　SSI 数据寄存器（SSIDR），偏移量 0x008

位	名称	类型	复位	描述
31：16	保留	RO	0	保留位，返回不确定的值，不应该改变
15：0	DATA	R/W	0	SSI 接收/发送数据。 对该区域的读操作即是读接收 FIFO，写操作即是写发送 FIFO。 当 SSI 设置为数据大小小于 16 位时，软件必须正确地调整数据。发送逻辑将忽略顶部未使用的位，接收逻辑自动调整数据

2. 发送 FIFO

通用发送 FIFO 是 16 位宽、8 单元深、先进先出的存储缓冲区。CPU 通过写 SSI 数据寄存器(SSIDR)来将数据写入发送 FIFO,数据在由发送逻辑读出之前一直保存在发送 FIFO 中。

当 SSI 配置为主机或从机时,并行数据先写入发送 FIFO,再转换成串行数据并通过 SSITx 引脚分别发送到相关的从机或主机。

3. 接收 FIFO

通用接收 FIFO 是一个 16 位宽、8 单元深、先进先出的存储缓冲区。从串行接口接收到的数据在由 CPU 读出之前一直保存在缓冲区中,CPU 通过读 SSIDR 寄存器来访问读 FIFO。

当 SSI 配置为主机或从机时,通过 SSIRx 引脚接收到的串行数据转换成并行数据后装载到相关的从机或主机接收 FIFO。

SSISR 是一个状态寄存器,其位域用来表示 FIFO 的填充状态以及 SSI 忙状态,如表 7.20 所列。

表 7.20　SSI 状态寄存器(SSISR),偏移量 0x00C

位	名称	类型	复位	描述
31:5	保留	RO	0	保留位,返回不确定的值,不应该改变
4	BSY	RO	0	SSI 忙状态位。 0:SSI 空闲;1:SSI 当前正在发送和/或接收一个帧,或者发送 FIFO 不为空
3	RFF	RO	0	SSI 接收 FIFO 满。0:接收 FIFO 未满;1:接收 FIFO 满
2	RNE	RO	0	SSI 接收 FIFO 不为空。0:接收 FIFO 为空;1:接收 FIFO 不为空
1	TNF	RO	1	SSI 发送 FIFO 不为满。0:发送 FIFO 满;1:发送 FIFO 未满
0	TFE	RO	1	SSI 发送 FIFO 为空。0:发送 FIFO 不为空;1:发送 FIFO 为空

7.2.5　SSI 中断

SSI 在满足以下条件时能够产生中断:发送 FIFO 服务;接收 FIFO 服务;接收 FIFO 超时;接收 FIFO 溢出。

所有中断事件在发送到嵌套中断向量控制器之前要执行"或"操作,因此,在任何给定的时刻 SSI 只能向中断控制器产生一个中断请求。通过对 SSI 中断屏蔽寄存器(SSIIM)中的对应位进行设置,可以屏蔽 4 个可单独屏蔽的中断中的任一个,将适当的屏蔽位置 1 可使能中断。

SSI 提供单独的输出和组合的中断输出,这样可允许全局中断服务程序或组合的器件驱动程序来处理中断。发送或接收动态数据流的中断已与状态中断分开,这样,根据 FIFO 触发点(trigger level)可以对数据执行读和写操作。各个中断源的状态可从 SSI 原始中断状态寄存器(SSIRIS)和 SSI 屏蔽后的中断状态寄存器(SSIMIS)中读出。

1. SSI 原始中断状态寄存器,偏移量 0x018

SSIRIS 为原始中断状态寄存器,如表 7.21 所列。读该寄存器可获得屏蔽之前对应中断的原始中断状态。

表 7.21 SSI 原始中断状态寄存器

位	名称	类型	复位	描述
31:4	保留	RO	0	保留位,返回不确定的值,不应该改变
3	TXRIS	RO	1	SSI 发送 FIFO 原始中断状态。 该位置位表示发送 FIFO 的一半或更少为空
2	RXRIS	RO	0	SSI 接收 FIFO 原始中断状态。 该位置位表示接收 FIFO 的一半或更多为空
1	RTRIS	RO	0	SSI 接收超时原始中断状态。该位置位表示发生接收超时
0	RORRIS	RO	0	SSI 接收溢出原始中断状态。该位置位表示接收 FIFO 溢出

2. SSI 中断屏蔽寄存器,偏移量 0x014

SSIIM 为中断屏蔽寄存器,读该寄存器时将获得相关中断屏蔽的当前值,如表 7.22 所列。向寄存器的特定位写 1 将设置屏蔽,使得中断能够读出;写 0 可清除对应的中断屏蔽。

表 7.22 SSI 中断屏蔽寄存器

位	名称	类型	复位	描述
31:4	保留	RO	0	保留位,返回不确定的值,不应该改变
3	TXIM	R/W	0	SSI 发送 FIFO 中断屏蔽。 0:TX FIFO 一半或更少为空中断被屏蔽; 1:TX FIFO 一半或更少为空中断没有被屏蔽
2	RXIM	R/W	0	SSI 接收 FIFO 中断屏蔽。 0:RX FIFO 一半或更少为满中断被屏蔽; 1:RX FIFO 一半或更少为满中断没有被屏蔽
1	RTM	R/W	0	SSI 接收超时中断屏蔽。 0:RX FIFO 超时中断被屏蔽;1:RX FIFO 超时中断没有被屏蔽
0	RORIM	R/W	0	SSI 接收溢出中断屏蔽。 0:RX FIFO 溢出中断被屏蔽;1:RX FIFO 溢出中断没有被屏蔽

3. SSI 屏蔽后的中断状态，偏移量 0x01C

SSIMIS 为屏蔽后的中断状态寄存器，如表 7.23 所列。读该寄存器将获得当前的对应中断屏蔽后的状态，写操作无效。

表 7.23　SSI 屏蔽后的中断状态寄存器

位	名称	类型	复位	描述
31:4	保留	RO	0	保留位，返回不确定的值，不应该改变
3	TXMIS	RO	0	SSI 发送 FIFO 屏蔽后的中断状态。该位置位表示发送 FIFO 的一半或更少为空
2	RXMIS	RO	0	SSI 接收 FIFO 屏蔽后的中断状态。该位置位表示接收 FIFO 的一半或更多为空
1	RTMIS	RO	0	SSI 接收超时屏蔽后的中断状态。该位置位表示发生接收超时
0	RORMIS	RO	0	SSI 接收溢出屏蔽后的中断状态。该位置位表示接收 FIFO 溢出

4. SSI 中断清零寄存器，偏移量 0x020

SSIICR 为中断清零寄存器，如表 7.24 所列。向该寄存器写 1 可将对应中断清零，写 0 无效。

表 7.24　SSI 中断清零寄存器

位	名称	类型	复位	描述
31:2	保留	RO	0	保留位，返回不确定的值，不应该改变
1	RTIC	W1C	0	SSI 接收超时中断清零。0:对中断无影响；1:将中断清零
0	RORIC	W1C	0	SSI 接收溢出中断清零。0:对中断无影响；1:将中断清零

7.2.6　初始化和配置

针对不同的帧格式，SSI 可以使用以下的步骤进行配置：
① 确保在改变任何配置之前先将 SSICR1 寄存器中的 SSE 位禁止。
② 选择 SSI 为主机或从机：
● 作为主机时，将 SSICR1 寄存器设置为 0x00000000；
● 作为从机时(输出使能)，将 SSICR1 寄存器设置为 0x00000004；
● 作为从机时(输出禁止)，将 SSICR1 寄存器设置为 0x0000000C。
③ 通过写 SSICPSR 寄存器来配置时钟预分频除数。

④ 写 SSICR0 寄存器,实现以下配置:
- 串行时钟率(SCR);
- 如果使用 Freescale SPI 模式,则配置所需的时钟相位/极性(SPH 和 SPO);
- 协议模式:Freescale SPI、TI SSF 和 MICROWIRE(FRF);
- 数据大小(DSS)。

⑤ 通过置位 SSICR1 寄存器的 SSE 位来使能 SSI。

7.2.7 SSI 示例程序

Stellaris 同步串行接口是与具有 Freescale SPI、MICROWIRE 及 Texas Instruments 同步串行接口的外设器件进行同步串行通信的主机或从机接口。

本示例程序配置:
- 4 个 SSI 相关的引脚为使用外设功能;
- SSI 帧格式为 Freescale SPI、SPO=0 和 SPH=0;
- 处理器为主模式;
- 波特率为 115.2 kbps(上限可达 3 Mbps);
- 数据宽度为 8 位。

程序正常运行时,处理器通过 SSI 接口循环向外输出 0~F 的字模,74HC595 接收到 SSI 信号以后在 7 段数码管上显示相应的字符。最终在 7 段数码管上循环显示字符"0"、"1"、"2"、"3"、…、"E"、"F"。LED 数码管显示连接电路如图 7.11 所示。

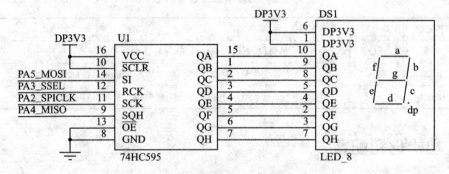

图 7.11 LED 数码管显示连接电路(SPI 连接)

同步串行接口(SSI)发送程序如下所示:

```
#define HWREG(x)                (*((volatile unsigned long *)(x)))
#define SYSCTL_PERIPH_SSI       0x10000010       /* SSI 在系统控制器中的地址 */
#define SYSCTL_PERIPH_GPIOA     0x20000001       /* GPIOA 在系统控制器中地址 */
#define SYSCTL_RCGC1            0x400fe104       /* 运行模式时钟门控寄存器 1 */
#define SYSCTL_RCGC2            0x400fe108       /* 运行模式时钟门控寄存器 2 */
```

```
#define SYSCTL_RCC                0x400fe060      /* 运行-模式时钟配置寄存器 */
#define SYSCTL_PLLCFG             0x400fe064      /* XTAL - PLL 转换寄存器 */
#define SYSCTL_RCC_XTAL_MASK      0x000003C0      /* 晶振附着到主振荡器 */
#define SYSCTL_RCC_OSCSRC_MASK    0x00000030      /* 振荡器相关的位 */
#define SYSCTL_RCC_OSCSRC_MAIN    0x00000000      /* 使用主振荡器 */
#define SYSCTL_RCC_OSCSRC_INT     0x00000010      /* 使用内部振荡器 */
#define SYSCTL_RCC_OSCSRC_INT4    0x00000020      /* 内部振荡器/4 */
#define SYSCTL_RCC_XTAL_SHIFT     6               /* 移位到振荡器的相关位 */
#define SYSCTL_RCC_XTAL_3_57MHZ   0x00000100      /* 使用 3.579 545 MHz 晶振 */
#define SYSCTL_RCC_BYPASS         0x00000800      /* PLL 旁路 */
#define SYSCTL_RCC_USE_SYSDIV     0x00400000      /* 使用系统时钟除数 */
#define SYSCTL_RCC_SYSDIV_MASK    0x07800000      /* 系统时钟除数 */
#define SYSCTL_RCC_SYSDIV_SHIFT   23              /* 移位到系统时钟除数相关位 */
#define SYSCTL_PLLCFG_OD_MASK     0x0000C000      /* 输出除数 */
#define SYSCTL_PLLCFG_OD_1        0x00000000      /* OD 值 1 */
#define SYSCTL_PLLCFG_OD_2        0x00004000      /*      2 */
#define SYSCTL_PLLCFG_OD_4        0x00008000      /*      4 */
#define SYSCTL_PLLCFG_F_MASK      0x00003FE0      /* F 输入值 */
#define SYSCTL_PLLCFG_R_MASK      0x0000001F      /* R 输入值 */
#define SYSCTL_PLLCFG_F_SHIFT     5               /* 移位到 F 的相关位 */
#define SYSCTL_PLLCFG_R_SHIFT     0               /* 移位到 R 的相关位 */

#define SSI_BASE                  0x40008000      /* SSI 基地址 */
#define SSI_O_CR0                 0x00000000      /* SSI 控制寄存器 */
#define SSI_O_CR1                 0x00000004      /* SSI 控制寄存器 1 */
#define SSI_O_DR                  0x00000008      /* SSI 数据寄存器 */
#define SSI_O_SR                  0x0000000C      /* SSI 状态寄存器 */
#define SSI_O_CPSR                0x00000010      /* SSI 时钟分频寄存器 */
#define SSI_MODE_MASTER           0x00000000      /* SSI 主模式 */
#define SSI_FRF_MOTO_MODE_0       0x00000000      /* Moto 帧格式极性 0 相位 0 */
#define SSI_CR0_FRF_MASK          0x00000030      /* 帧格式屏蔽 */
#define SSI_CR1_SSE               0x00000002      /* 同步端口使能 */
#define SSI_SR_TNF                0x00000002      /* TX FIFO 未满 */

#define GPIO_PORTA_BASE           0x40004000      /* GPIO A 端口基地址 */
#define GPIO_PIN_2                0x00000004      /* GPIO 引脚 2 */
#define GPIO_PIN_3                0x00000008      /* GPIO 引脚 3 */
#define GPIO_PIN_4                0x00000010      /* GPIO 引脚 4 */
#define GPIO_PIN_5                0x00000020      /* GPIO 引脚 5 */
#define GPIO_O_AFSEL              0x00000420      /* 模式控制选择寄存器 */
#define GPIO_O_ODR                0x0000050C      /* 开漏选择寄存器 */
#define GPIO_O_DEN                0x0000051C      /* 数字输入使能寄存 */

#define BitRate                   115200          /* 设定波特率 */
#define DataWidth                 8               /* 设定数据宽度 */
```

```c
/* 此表为 7 段数码管显示 0~F 的字模 */
unsigned char DISP_TAB[16] = {
    0xC0, 0xF9, 0xA4, 0xB0, 0x99, 0x92, 0x82, 0xF8,
    0x80, 0x90, 0x88, 0x83, 0xC6, 0xA1, 0x86, 0x8E};
const unsigned long g_pulXtals[] =
{
    3579545,
    3686400,
    4000000,
    4096000,
    4915200,
    5000000,
    5120000,
    6000000,
    6144000,
    7372800,
    8000000,
    8192000
};
/* * * * * * * * * * * * * * * * * * * * * * * * * * * * * * * * * * * * * * * */
void delay (unsigned long uld)
{
    for(; uld; uld--);
}
/* * * * * * * * * * * * * * * * * * * * * * * * * * * * * * * * * * * * * * * */
unsigned long SysCtlClockGet (void)
{
    unsigned long ulRCC, ulPLL, ulClk;
    ulRCC = HWREG(SYSCTL_RCC);                          /* 读 RCC */
    switch (ulRCC & SYSCTL_RCC_OSCSRC_MASK) {           /* 获取基本时钟速率 */
    /* 主时钟模式 */
    case SYSCTL_RCC_OSCSRC_MAIN:
        ulClk = g_pulXtals[((ulRCC & SYSCTL_RCC_XTAL_MASK) >>
                            SYSCTL_RCC_XTAL_SHIFT) -
                           (SYSCTL_RCC_XTAL_3_57MHZ >>
                            SYSCTL_RCC_XTAL_SHIFT)];
        break;
                                                        /* 内部时钟 */
    case SYSCTL_RCC_OSCSRC_INT:
        ulClk = 15000000;
        break;
                                                        /* 内部时钟的/4 */
    case SYSCTL_RCC_OSCSRC_INT4:
```

```c
            ulClk = 15000000 / 4;
            break;
        default:
            return(0);
    }
                                                        /* 使用 PLL 倍频的情况 */
    if (!(ulRCC & SYSCTL_RCC_BYPASS)) {
                                                        /* 获取 PLL 的配置值 */
        ulPLL = HWREG(SYSCTL_PLLCFG);
        ulClk = ((ulClk * (((ulPLL & SYSCTL_PLLCFG_OD_MASK) >>
                            SYSCTL_PLLCFG_F_SHIFT) + 2)) /
                  (((ulPLL & SYSCTL_PLLCFG_R_MASK) >>
                    SYSCTL_PLLCFG_R_SHIFT) + 2));
                                                        /* 2 分频 */
        if (ulPLL & SYSCTL_PLLCFG_OD_2) {
            ulClk /= 2;
        }
                                                        /* 4 分频 */
        if (ulPLL & SYSCTL_PLLCFG_OD_4) {
            ulClk /= 4;
        }
    }
    if (ulRCC & SYSCTL_RCC_USE_SYSDIV) {
                                                        /* 调整时钟 */
        ulClk /= ((ulRCC & SYSCTL_RCC_SYSDIV_MASK) >>
                   SYSCTL_RCC_SYSDIV_SHIFT) + 1;
    }
    return(ulClk);
}
/**************************************************/
int main(void)
{
    unsigned long  ulMaxBitRate;
    unsigned long  ulPreDiv;
    unsigned long  ulSCR;
    unsigned long  ulClock;
    unsigned char  i;
    HWREG(SYSCTL_RCGC1) |= SYSCTL_PERIPH_SSI & 0x0fffffff;    /* 使能 SSI */
    HWREG(SYSCTL_RCGC2) |= SYSCTL_PERIPH_GPIOA & 0x0fffffff;  /* 使能 GPIO A 口 */
    HWREG(SSI_BASE + SSI_O_CR1) = 0;                          /* 配置 SSI 为主模式 */
    ulClock      = SysCtlClockGet();
    ulMaxBitRate = ulClock / BitRate;
    ulPreDiv     = 0;
```

```
do {
    ulPreDiv + = 2;
    ulSCR =  (ulMaxBitRate / ulPreDiv) - 1;
} while  (ulSCR > 255);
HWREG(SSI_BASE + SSI_O_CPSR) = ulPreDiv;
                                                    /* 设置 SSI 传输协议和时钟速率 */
HWREG(SSI_BASE + SSI_O_CR0) = ((ulSCR << 8) | (SSI_FRF_MOTO_MODE_0 << 6) |
                              (SSI_FRF_MOTO_MODE_0 & SSI_CR0_FRF_MASK) | (DataWidth - 1));
HWREG(SSI_BASE + SSI_O_CR1) | = SSI_CR1_SSE;        /* 使能 SSI */
                                                    /* 设定 GPIOA 2～5 引脚为外设功能 */
HWREG(GPIO_PORTA_BASE + GPIO_O_AFSEL) | = (GPIO_PIN_2 | GPIO_PIN_3 | GPIO_PIN_4 | GPIO_PIN_5);
HWREG(GPIO_PORTA_BASE + GPIO_O_ODR) & = ~(GPIO_PIN_2 | GPIO_PIN_3 | GPIO_PIN_4 | GPIO_PIN_5);
HWREG(GPIO_PORTA_BASE + GPIO_O_DEN) | = (GPIO_PIN_2 | GPIO_PIN_3 | GPIO_PIN_4 | GPIO_PIN_5);
while  (1) {                                        /* 循环输出 0～F 的字模 */
    for  (i = 0; i < 16; i+ +) {
                                                    /* 等待直到有空间 */
        while  (! (HWREG(SSI_BASE + SSI_O_SR) & SSI_SR_TNF))  {
            ;
        }
        HWREG(SSI_BASE + SSI_O_DR) = DISP_TAB[i];   /* 向 SSI 写数据 */
        delay(600000);
    }
}
```

7.3 I^2C 接口

7.3.1 I^2C 接口模块内部结构

Stellaris LM3S 系列微控制器的 I^2C 接口模块提供了与 I^2C 总线上的其他 IC 设备进行通信的能力。I^2C 总线支持可发送和接收(写和读)数据的设备。

I^2C 总线与外部的 I^2C 设备相连,例如串行存储器(RAM 和 ROM)、连网设备、LCD、声调发生器等。在产品的开发和生产过程中,I^2C 总线也可用于系统测试和诊断。

I^2C 总线上的设备可指定为主机或从机。I^2C 接口模块支持作为主机或从机来发送和接收数据,并且还支持作为主机和从机同时操作。有 4 种 I^2C 模式:主机发送、主机接收、从机发送和从机接收。

I^2C 总线的 2 根线(串行数据:SDA,串行时钟:SCL)连接到总线上的任何一个器件,每个器件都有一个唯一的地址,而且都可以作为一个发送器或接收器。此外,器件在执行数据传输时也可以被看作是主机或从机。

在 I^2C 总线中:
- 发送器,本次传送中发送数据(不包括地址和命令)到总线的器件;
- 接收器,本次传送中从总线接收数据(不包括地址和命令)的器件;
- 主机,初始化发送、产生时钟信号和终止发送的器件,它可以是发送器或接收器。主机通常是微控制器;
- 从机,被主机寻址的器件,它可以是发送器或接收器。

Stellaris LM3S 系列微控制器的 I^2C 接口模块可在两种速率下操作:标准速率(100 kbps)和高速速率(400 kbps)。

I^2C 主机和从机都可以产生中断。I^2C 主机在发送或接收操作完成(或由于错误中止)时产生中断;I^2C 从机在数据已发送完或主机请求时产生中断。

I^2C 接口模块方框图如图 7.12 所示。

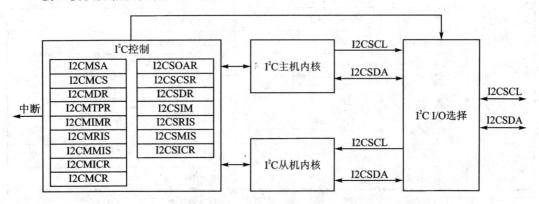

图 7.12　I^2C 接口模块方框图

I^2C 接口模块包括主机和从机功能。主机和从机功能作为独立的外设来执行。I^2C 接口模块必须被连接到双向的开漏引脚(pad)上。典型的 I^2C 总线配置如图 7.13 所示。

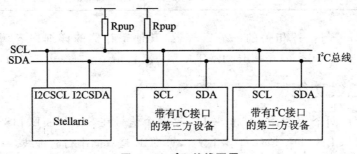

图 7.13　I^2C 总线配置

7.3.2 寄存器映射

表 7.25 所列出的是 I²C 寄存器。其中,给出的偏移量都是相对 I²C 主机和从机的基址而言的。

- I²C 主机 0:0x40020000;I²C 主机 1:0x40021000。
- I²C 从机 0:0x40020800;I²C 从机 1:0x40021800。

表 7.25 I²C 寄存器映射

偏移量	名称	复位	类型	描述
0x000	I2CMSA	0x00000000	R/W	主机从地址
0x004	I2CMCS	0x00000000	R/W	主机控制/状态
0x008	I2CMDR	0x00000000	R/W	主机数据
0x00C	I2CMTPR	0x00000000	R/W	主机定时器周期
0x010	I2CMIMR	0x00000000	R/W	主机中断屏蔽
0x014	I2CMRIS	0x00000000	RO	主机原始中断状态
0x018	I2CMMIS	0x00000000	RO	主机屏蔽后的中断状态
0x01C	I2CMICR	0x00000000	WO	主机中断清除
0x020	I2CMCR	0x00000000	R/W	主机配置
0x000	I2CSOAR	0x00000000	R/W	从机地址
0x004	I2CSCSR	0x00000000	RO	从机控制/状态
0x008	I2CSDR	0x00000000	R/W	从机数据
0x00C	I2CSIMR	0x00000000	R/W	从机中断屏蔽
0x010	I2CSRIS	0x00000000	RO	从机原始中断状态
0x014	I2CSMIS	0x00000000	RO	从机屏蔽后的中断状态
0x018	I2CSICR	0x00000000	WO	从机中断清除

本节中只介绍了与描述相关的部分寄存器,其他寄存器的详细内容请参考"Luminary Micro,Inc. LM3S8962 Microcontroller DATA SHEET. http://www.luminarymicro.com"。

7.3.3 I²C 总线功能

I²C 总线仅使用两个信号:SDA 和 SCL。这两个信号在 Stellaris LM3S 微控制器中被称为 I2CSDA 和 I2CSCL。SDA 是双向串行数据线,SCL 是双向串行时钟线。

1. 数据传输

SDA 和 SCL 线都为双向传输,它们通过上拉电阻连接到正极电源。当 SDA 和 SCL 线为高电平时,总线是空闲或自由(free)。输出设备(引脚驱动器)必须具有开漏配置。I²C 总线上的数据在标准模式下的传输速率高达 100 kbps,在高速模式下的传输速率高达 400 kbps。

2. 数据有效性

在时钟的高电平周期期间,SDA 线上的数据必须保持稳定。数据线仅可在时钟 SCL 为低电平时改变,见图 7.14。

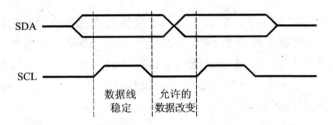

图 7.14 在 I²C 总线上的位传输过程中的数据有效性

3. 起始和停止条件

I²C 总线的协议定义了两种状态:起始和停止。当 SCL 为高电平时,在 SDA 线上的高到低跳变被定义为起始条件;在 SDA 线上的低到高跳变则被定义为停止条件。总线在起始条件之后被看作为忙状态,总线在停止条件之后被看作为空闲,如图 7.15 所示。

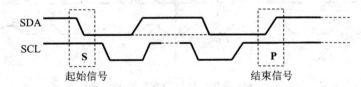

图 7.15 起始和停止条件

4. 字节格式

SDA 线上的每个字节必须为 8 位长,不限制每次传输的字节数,每个字节后面必须带有一个应答位,数据传输时 MSB 在前。当接收器不能接收另一个完整的字节时,它可以将时钟线 SCL 保持为低电平,并强制发送器进入等待状态;当接收器释放时钟 SCL 时继续进行数据传输。

5. 应答

数据传输必须带有应答,与应答相关的时钟脉冲由主机产生,发送器在应答时钟脉冲期间释放 SDA 线。

接收器必须在应答时钟脉冲期间拉低 SDA,使得它在应答时钟脉冲的高电平期间保持稳定(低电平)。

当从机接收器不应答从机地址时,数据线必须由从机保持在高电平状态,然后主机可产生停止条件来中止当前的传输。

如果在传输中涉及主机接收器,则主机接收器通过在最后一个字节(在从机之外计时)上不产生应答的方式来通知从机发送器数据传输结束。从机发送器必须释放 SDA 线来允许主机产生停止或重复的起始条件。

6. 仲 裁

只有在总线空闲时,主机才可以启动传输。在起始条件的最少保持时间内,两个或两个以上的主机都有可能产生起始条件。当 SCL 为高电平时在 SDA 上发生仲裁,在这种情况下发送高电平的主机(而另一个主机正在发送低电平)将关闭(switch off)其数据输出状态。

可以在几个位上发生仲裁。仲裁的第 1 个阶段是比较地址位。如果两个主机都试图寻址相同的器件,则仲裁继续比较数据位。

7. 带 7 位地址的数据格式

数据传输的格式如图 7.16 所示。从机地址在起始条件之后发送。该地址为 7 位,后面跟的第 8 位是数据方向位(在 I²C 主机从地址寄存器(I2CMSA)中为 R/S 位,该寄存器描述如表 7.26 所列),这个数据方向位决定了下一个操作是接收(高电平)还是发送(低电平):0 表示传输(发送);1 表示请求数据(接收)。

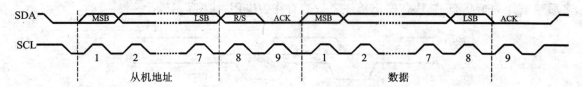

图 7.16 带 7 位地址的完整数据传输

表 7.26 I²C 主机从地址寄存器

位	名称	类型	复位	描述
31:8	保留	RO	0	保留位,返回不确定的值,并且应永不改变
7:1	SA	R/W	0	I²C 从机地址。该字段表示从机地址的 A6~A0
0	R/S	R/W	0	接收/发送。R/S 位表示下一个操作是接收(高电平)还是发送(低电平)。0:发送;1:接收

数据传输始终由主机产生的停止条件来中止;然而,通过产生重复的起始条件和寻址另一

个从机(而无需先产生停止条件),主机仍然可以在总线上通信。因此,在这种传输过程中可能会有接收/发送格式的不同组合。

首字节的前面 7 位组成了从机地址(见图 7.17),第 8 位决定了消息的方向。首字节的 R/S 位为 0 表示主机将向所选择的从机写(发送)信息,该位为 1 表示主机将接收来自从机的信息。

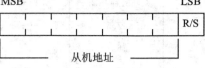

图 7.17 在第 1 个字节的 R/S 位

7.3.4 时钟速率

SCL 时钟速率由下列参数决定:CLK_PRD,TIMER_PRD,SCL_LP 和 SCL_HP。其中:
- CLK_PRD 为系统时钟周期;
- SCL_LP 为 SCL 时钟的低电平阶段(固定为 6);
- SCL_HP 为 SCL 时钟的高电平阶段(固定为 4);
- TIMER_PRD 在 I²C 主机定时器周期寄存器(I2CMTPR)中是已设定的值。I²C 主机定时器周期寄存器如表 7.27 所列。

表 7.27 I²C 主机定时器周期寄存器

位	名称	类型	复位	描述
31:8	保留	RO	0	保留位,返回不确定的值,并且应永不改变
7:0	TPR	R/W	0x1	该字段表示 SCL 时钟的周期。 SCL_PRD = 2×(1 + TPR)×(SCL_LP + SCL_HP)×CLK_PRD 其中: SCL_PRD 是 SCL 线的周期(I²C 时钟); TPR 是定时器周期寄存器的值(范围 1~255); SCL_LP 是 SCL 低电平周期(固定为 6);SCL_HP 是 SCL 高电平周期(固定为 4)

SCL 时钟周期的计算如下:

  SCL_PERIOD = 2×(1 + TIMER_PRD)×(SCL_LP + SCL_HP)×CLK_PRD

例如:CLK_PRD = 50 ns,TIMER_PRD = 2,SCL_LP = 6,SCL_HP = 4。

得出的 SCL 频率为:1/T = 333 kHz

表 7.28 给出了定时器周期、系统时钟和速率模式(标准或高速)的例子。

表 7.28 I²C 主机定时器周期与速率模式的例子

系统时钟/MHz	定时器周期	标准模式/kbps	定时器周期	高速模式/kbps
4	0x01	100	—	—
6	0x02	100	—	—

续表 7.28

系统时钟/MHz	定时器周期	标准模式/kbps	定时器周期	高速模式/kbps
12.5	0x06	89	0x01	312
16.7	0x08	93	0x02	278
20	0x09	100	0x02	333
25	0x0C	96.2	0x03	312
33	0x10	97.1	0x04	330
40	0x13	100	0x04	400
50	0x18	100	0x06	357

7.3.5 中 断

I^2C 可在观察到下列条件时产生中断：主机传输完成；主机传输错误；已接收从机传输；已请求从机传输。

I^2C 主机和 I^2C 模块都有各自的中断信号。当两个模块都可产生多个条件的中断时，只有一个中断信号被发送到中断控制器。

1. I^2C 主机中断

当传输结束（发送或接收）或在传输过程中出现错误时，I^2C 主机模块产生一个中断。要使能 I^2C 主机中断，软件必须写"1"到 I^2C 主机中断屏蔽寄存器(I2CMIMR)，该寄存器如表 7.29 所列。

表 7.29 I^2C 主机中断屏蔽寄存器

位	名称	类型	复位	描述
31:1	保留	RO	0	保留位，返回不确定的值，并且应永不改变
0	IM	R/W	0	该位控制是否将原始中断提交到控制器中断。如果该位置位，则不屏蔽中断并且提交中断；否则，屏蔽中断

当符合中断条件时，软件必须检查 I^2C 主机控制/状态寄存器(I2CMCS)的 ERROR 位来确认错误是否在最后一次传输中产生。如果最后一次传输没有被从机应答或如果主机由于与另一个主机竞争时丢失仲裁而被强制放弃总线的所有权，那么会发出一个错误条件；如果没有检测到错误，则应用可继续执行传输。中断通过写"1"到 I^2C 主机中断清零寄存器(I2CMICR)来清除，该寄存器如表 7.30 所列。

表 7.30 I²C 主机中断清零寄存器

位	名称	类型	复位	描述
31:1	保留	RO	0	保留位,返回不确定的值,并且应永不改变
0	IC	WO	0	中断清除。该位控制原始中断的清除。写 1 清除中断;写 0 对中断状态没有影响。读该寄存器返回没有意义的数据

如果应用不要求使用中断,那么原始中断状态总是可通过 I²C 主机原始中断状态寄存器(I2CMRIS)来看到,该寄存器如表 7.31 所列。

表 7.31 I²C 主机原始中断状态寄存器

位	名称	类型	复位	描述
31:1	保留	RO	0	保留位,返回不确定的值,并且应永不改变
0	RIS	RO	0	该位表示 I²C 主机模块的原始中断状态(在屏蔽之前)。如果该位置位,则中断正在等待处理;否则,中断不等待处理

2. I²C 从机中断

从机模块在接收到来自 I²C 主机的请求时产生中断。为了使能 I²C 从机中断,写"1"到 I²C 从机中断屏蔽寄存器(I2CSIMR),该寄存器如表 7.32 所列。

表 7.32 I²C 从机中断屏蔽寄存器

位	名称	类型	复位	描述
31:1	保留	RO	0	保留位,返回不确定的值,并且应永不改变
0	IM	R/W	0	该位控制是否将原始中断提交到控制器中断。如果该位置位,则不屏蔽中断并且提交中断;否则,屏蔽中断

通过检查 I²C 从机控制/状态寄存器(I2CSCSR)的 RREQ 和 TREQ 位,软件确定模块是否应该写(发送)数据到 I²C 从机数据寄存器(I2CSDR)或从该寄存器中读取(接收)数据。如果从机模块在接收模式中且传输的第 1 个字节被接收,那么 FBR 位与 RREQ 位一起置位。通过写"1"到 I²C 从机中断清除寄存器(I2CSICR)来清除中断,该寄存器如表 7.33 所列。

表 7.33 I²C 从机中断清除寄存器

位	名称	类型	复位	描述
31:1	保留	RO	0	保留位,返回不确定的值,并且应永不改变
0	IC	WO	0	该位控制原始中断的清除。写 1 清除中断;写 0 对中断状态没有影响。读取该寄存器时返回无用的数据

如果应用不要求使用中断,那么原始中断状态总是可以通过 I²C 从机原始中断状态寄存器(I2CSRIS)观察到,该寄存器如表 7.34 所列。

表 7.34 I²C 从机原始中断状态寄存器

位	名称	类型	复位	描述
31:1	保留	RO	0	保留位,返回不确定的值,并且应永不改变
0	RIS	RO	0	该位表示 I²C 从机模块的原始中断状态(在屏蔽之前)。如果该位置位,则中断正在等待处理;否则,中断不等待处理

7.3.6 回环操作

该 I²C 模块可放置到内部回环模式以用于诊断或调试工作,通过置位 I²C 主机配置寄存器(I2CMCR)的 LPBK 位来完成。在回环模式中,主机和从机模块的 SDA 和 SCL 信号结合在一起。

7.3.7 I²C 主机命令序列

本小节将给出 I²C 主机可使用的 6 种命令序列,它们决定了 I²C 的数据的不同传送模式,下面将对这 6 种命令序列作具体的描述。

I²C 主机所有的命令序列都是通过使用 I²C 主机从地址寄存器(I2CMSA)、I²C 主机控制/状态寄存器(I2CMCS)和 I²C 主机数据寄存器(I2CMDR)来执行实现的。

1. I²C 主机控制/状态寄存器(I2CMCS),偏移量 0x004

该寄存器在写操作时访问 4 个控制位,在读操作时访问 7 个状态位。

状态寄存器包括 7 个位,读操作时这 7 个位决定了 I²C 总线控制器的状态。

控制寄存器包括 4 个位:RUN、START、STOP 和 ACK 位。

START 位产生起始或重复的起始条件。

STOP 位决定了执行周期是在数据周期结束时停止,还是继续执行到突发(burst)操作的出现。要产生一个发送周期,就需要向 I²C 主机从地址寄存器(I2CMSA)写入所需的地址,将 R/S 位设为 0,并且向控制寄存器写入 ACK=X(0 或 1)、STOP=1、START=1 且 RUN=1 来执行操作和停止。当操作完成(或由于错误中止)时,中断引脚变为有效且数据可从 I²C 主机数据寄存器(I2CMDR)中读出。当 I²C 模块在主机接收器模式下操作时,ACK 位必须被设为逻辑 1,这使得 I²C 总线控制器在每个字节后自动发送一个应答;当 I²C 总线控制器不再需要从机发送器发送的数据时,该位必须复位。

表 7.35 I²C 主机控制/状态寄存器

位	名 称	类 型	复 位	描 述
只读状态寄存器				
31:7	保留	RO	0	保留位,返回不确定的值,并且应永不改变
6	BUSBSY	R	0	该位指示 I²C 总线的状态。如果该位置位,则总线为忙状态;否则,总线为空闲状态。该位根据起始和停止条件来产生变化
5	IDLE	R	0	该位表示 I²C 控制器的状态。如果该位置位,则控制器为空闲;否则,控制器不为空闲
4	ARBLST	R	0	该位表示总线仲裁的结果。如果该位置位,则控制器丢失仲裁;否则,控制器赢得仲裁
3	DATACK	R	0	该位表示最终数据操作的结果。如果该位置位,则已发送的数据没有被应答;否则,数据被应答
2	ADRACK	R	0	该位表示最终地址操作的结果。如果该位置位,则已发送的地址没有被应答;否则,地址被应答
1	ERROR	R	0	该位表示最终总线操作的结果。如果该位置位,则在最后操作时出现错误;否则,不会检测到错误。错误可能是来自没有被应答的从机地址或没有被应答的发送数据,或者是由于控制器丢失仲裁而产生的
0	BUSY	R	0	该位表示控制器的状态。如果该位置位,则控制器为忙状态;否则,控制器为空闲状态。当 BUSY 位置位时,其他的状态位无效
只写控制寄存器				
31:7	保留	RO	0	保留位,返回不确定的值,并且应永不改变
6:4	保留	W	0	写保留
3	ACK	W	0	当该位置位时,主机自动应答已接收的数据字节。见表 7.36 的"字段说明(field decoding)"
2	STOP	W	0	当该位置位时,产生停止条件。见表 7.36 的"字段说明(field decoding)"
1	START	W	0	当该位置位时,产生起始或重复起始条件。见表 7.36 的"字段说明(field decoding)"
0	RUN	W	0	当该位置位时,允许主机发送或接收数据。见表 7.36 的"字段说明(field decoding)"

表 7.36　写 I2CMCS[3∶0]字段的字段说明

当前状态	I2CMSA[0] R/S	I2CMCS[3∶0] ACK	STOP	START	RUN	描述
空闲	0	X	0	1	1	起始条件之后发送(主机进入主机发送状态)
	0	X	1	1	1	起始条件之后是发送操作和停止条件(主机保持在空闲状态)
	1	0	0	1	1	起始条件之后是带有非应答的接收操作(主机进入主机接收状态)
	1	0	1	1	1	起始条件之后是接收操作和停止条件(主机保持在空闲状态)
	1	1	0	1	1	起始条件之后接收(主机进入主机接收状态)
	1	1	1	1	1	非法
	其他所有没列出的组合都不操作(non-operation)					NOP
主机发送	X	X	0	0	1	发送操作(主机保持在主机发送状态)
	X	X	1	0	0	停止条件(主机进入空闲状态)
	X	X	1	0	1	发送之后是停止条件(主机进入空闲状态)
	0	X	0	1	1	重复起始条件之后发送(主机保持在主机发送状态)
	0	X	1	1	1	重复起始条件之后是发送操作和停止条件(主机进入空闲状态)
	1	0	0	1	1	重复起始条件之后是带有非应答的接收操作(主机进入主机接收状态)
	1	0	1	1	1	重复起始条件之后是发送操作和停止条件(主机进入空闲状态)
	1	1	0	1	1	重复起始条件之后接收(主机进入主机接收状态)
	1	1	1	1	1	非法
	其他所有没列出的组合都为无效					NOP
主机接收	X	0	0	0	1	带有非应答的接收操作(主机保持在主机接收状态)
	X	X	1	0	0	停止条件(主机进入空闲状态)
	X	0	1	0	1	接收之后是停止条件(主机进入空闲状态)
	X	1	0	0	1	接收操作(主机保持在主机接收状态)
	X	1	1	0	1	非法
	1	0	0	1	1	重复起始条件之后是带有非应答的接收操作(主机保持在主机接收状态)
	1	0	1	1	1	重复起始条件之后是接收操作和停止条件(主机进入空闲状态)
	1	1	0	1	1	重复起始条件之后接收(主机保持在主机接收状态)
	0	X	0	1	1	重复起始条件之后发送(主机进入主机发送状态)
	0	X	1	1	1	重复起始条件之后是发送操作和停止条件(主机进入空闲状态)
	其他所有没列出的组合都为无效					NOP

注：① 表格中的 X 说明此时该位可以设置成 0 或 1；
② 在主机接收模式下,停止条件仅在主机执行数据非应答或从机执行地址非应答后产生。

2. I²C 主机数据寄存器(I2CMDR),偏移量 0x008

该寄存器含有在主机发送状态中准备发送的数据,以及在主机接收状态中接收到的数据。各个位描述如表 7.37 所列。

表 7.37 I²C 主机数据寄存器

位	名称	类型	复位	描述
31:8	保留	RO	0	保留位,返回不确定的值,并且应永不改变
7:0	DATA	R/W	0x00	在操作过程中的数据传输

7.3.8 主机收发形式

1. 主机单次发送

主机单次发送只发送一个数据到 I²C 总线上,这种情况一般不常用,如图 7.18 所示。

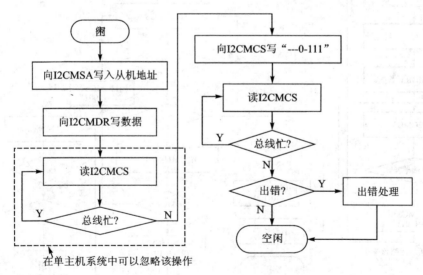

图 7.18 主机单次发送

2. 主机单次接收

主机单次接收只从 I²C 总线上接收一个数据,这种情况一般不常用,如图 7.19 所示。

3. 主机突发发送

主机突发发送为发送多个数据到 I²C 总线上,这种情况比较常用,如图 7.20 所示。

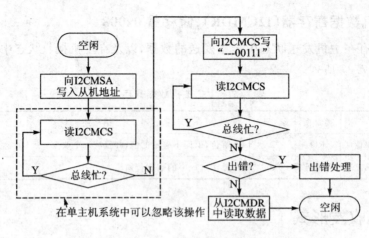

图 7.19 主机单次接收

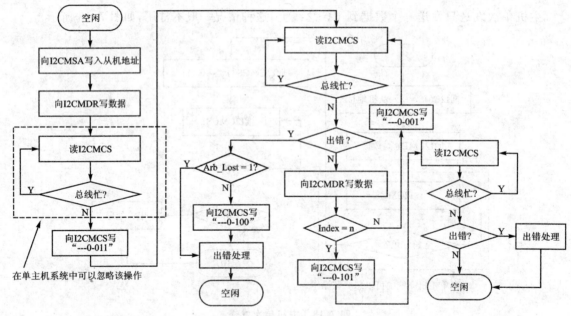

图 7.20 主机突发发送

4. 主机突发接收

主机突发接收从 I^2C 总线上接收多个数据,这种比较常用,如图 7.21 所示。

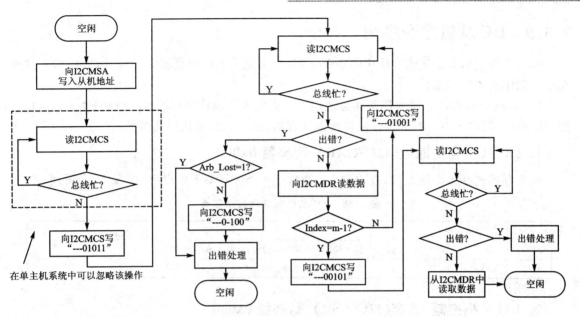

图 7.21 主机突发接收

5. 在突发发送后主机突发接收

主机突发发送后突发接收为向 I^2C 总线发送多个数据后立即接收多个数据，这种比较常用，如图 7.22 所示。

6. 在突发接收后主机突发发送

主机突发接收后突发发送为从 I^2C 总线上接收多个数据后立即发送多个数据，这种比较常用，如图 7.23 所示。

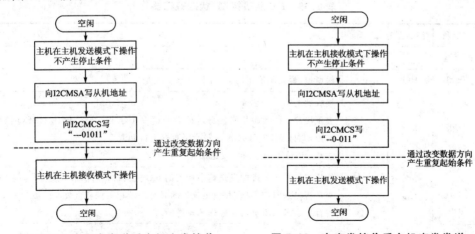

图 7.22 在突发发送后主机突发接收　　图 7.23 在突发接收后主机突发发送

7.3.9 I²C 从机命令序列

本小节将给出 I²C 从机可使用的命令序列,它决定了 I²C 的数据传送模式,下面将对这种命令序列作具体的描述。

I²C 从机所有的命令序列都是通过使用 I²C 从机自身地址寄存器(I2CSOAR)、I²C 从机控制/状态寄存器(I2CSCSR)和 I²C 从机数据寄存器(I2CSDR)来执行实现的。

1. I²C 从机自身地址(I2CSOAR),偏移量 0x000

该寄存器包括 7 个地址位,以识别 I²C 总线上的 Stellaris I²C 设备,如表 7.38 所列。

表 7.38 I²C 从机自身地址寄存器

位	名称	类型	复位	描述
31:7	保留	RO	0	保留位,返回不确定的值,并且应永不改变
6:0	OAR	R/W	0	I²C 从机自身地址。该字段表示从机地址的 A6~A0

2. I²C 从机控制/状态(I2CSCSR),偏移量 0x004

该寄存器在写操作时访问 1 个控制位,在读操作时访问 3 个状态位,如表 7.39 所列。

只读状态寄存器包括 3 个位:FBR、RREQ 和 TREQ 位。接收到的第 1 字节(FBR)位仅在 Stellaris 器件检测到其自身从地址并接收到第 1 个来自 I²C 主机的数据字节之后才会置位。接收请求(RREQ)位表示 Stellaris I²C 设备已接收来自 I²C 主机的数据字节,从 I²C 从机数据寄存器(I2CSDR)中读一个数据字节。发送请求(TREQ)位表示 Stellaris I²C 设备作为从机发送器被寻址,写一个数据字节到 I²C 从机数据寄存器(I2CSDR)。

只写控制寄存器包括一个位:DA 位。DA 位使能和禁止 Stellaris I²C 从机的操作。

表 7.39 I²C 从机控制/状态寄存器

位	名称	类型	复位	描述
只读状态寄存器				
31:3	保留	RO	0	保留位,返回不确定的值,并且应永不改变
2	FBR	RO	0	接收到的第一个字节。 表示接收到的紧跟从机自身地址后的第一个字节。该位仅在 RREQ 位置位时有效,并且从 I2CSDR 寄存器读完数据后自动清零。 注意:该位不用于从机发送操作
1	TREQ	RO	0	该位表示与未处理的发送请求相关的 I²C 从机状态。如果该位置位,则 I²C 已作为从机发送器被寻址,并使用延长的时钟来延时主机直至数据已被写入 I2CSDR 寄存器;否则,不会有未处理的发送请求

续表 7.39

位	名称	类型	复位	描述
只读状态寄存器				
0	RREQ	RO	0	接收请求。 该位表示与未处理的接收请求相关的 I²C 从机状态。如果该位置位,则 I²C 模块含有 I²C 主机未处理的接收数据,并使用延长的时钟来延时主机直至数据已从 I2CSDR 寄存器中读取;否则,不会有未处理的接收数据
只写控制寄存器				
31:1	保留	RO	0	保留位,返回不确定的值,并且应永不改变
0	DA	WO	0	器件有效。1:使能 I²C 从机操作;0:禁止 I²C 从机操作

3. I²C 从机数据(I2CSDR),偏移量 0x008

该寄存器含有在从机发送状态中准备发送的数据,以及在从机接收状态中接收到的数据。各个位描述如表 7.40 所列。

表 7.40 I²C 从机数据寄存器

位	名称	类型	复位	描述
31:8	保留	RO	0	保留位,返回不确定的值,并且应永不改变
7:0	DATA	R/W	0x0	该字段包含了在从机接收或发送操作中传输的数据

I²C 从机可使用的命令序列如图 7.24 所示。

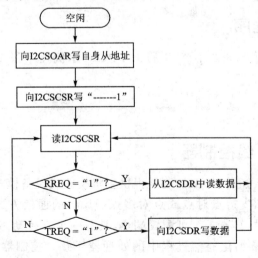

图 7.24 从机命令序列

7.3.10 初始化和配置

下面是将 I²C 模块配置为主机并发送一个字节的配置示例。假定系统时钟为 20 MHz。

① 向系统控制模块中的 RCGC1 寄存器写入 0x00001000 来使能 I²C 时钟。

② 在系统控制模块中通过 RCGC2 寄存器使能相应的 GPIO 模块的时钟。

③ 在 GPIO 模块中,使用 GPIOAFSEL 寄存器来使能对应引脚的备用功能,并确保使能这些引脚的开漏操作。

④ 向 I2CMCR 寄存器写入 0x00000010 来初始化 I²C 主机。

⑤ 向 I2CMTPR 寄存器写入正确的值来将 SCL 时钟速率设置为所需的 100 kbps。写入 I2CMTPR 寄存器中的值表示一个 SCL 时钟周期中含有的系统时钟周期数。TPR 值由下面的等式决定:

$$TPR = (系统时钟 / (2 \times (SCL\_LP + SCL\_HP) \times SCL\_CLK)) - 1;$$
$$= (20 \times 10^6 / (2 \times (6+4) \times 100\ 000)) - 1;$$
$$= 9$$

因此,向 I2CMTPR 寄存器写入 0x00000009。

⑥ 向 I2CMSA 寄存器写入 0x00000076 来指定主机的从机地址以及下一次操作的数据方向(发送)。该例将从机地址设置为 0x3B。

⑦ 向 I2CMDR 寄存器写入所需的数据来将准备发送的数据放入数据寄存器中。

⑧ 向 I2CMCS 寄存器写入 0x00000007 来启动从主机到从机的单字节数据发送操作。

⑨ 等待,直到发送操作完成。该操作的完成是通过查询 I2CMCS 寄存器的 BUSBSY 位来知晓的,如果该位被清零则表示发送操作完成。

7.3.11 I²C 示例程序

I²C 示例程序请参考第 5.3.3 小节"串行 E²PROM 示例程序"。

7.4 USB 接口

7.4.1 通用串行总线控制器

Stellaris 系列通用串行总线(USB)控制器提供主机模式或设备模式的 USB 通信功能,支持全速或低速两种通信速率,支持点对点或点对多点(Hub)的通信方式。控制器遵循 USB2.0 标准,支持挂起及恢复信号,具有 3 个可配置端点,具有一个支持动态大小配置的 FIFO,支持对 FIFO 的 DMA 访问以最小化通信过程中的处理器干预。控制器可通过引脚控制外部电源,并检测电源故障。

Stellaris 系列 USB 模块具有如下特性：
- 基于 USB 标准；
- USB2.0 全速(12 Mbps)和低速(1.5 Mbps)；
- USB 主机模式；
- 集成 PHY；
- 4 种传输类型：控制、中断、批量和同步；
- 1 个专用双向控制端点；
- 3 个可配置发送端点及 3 个可配置接收端点；
- 4 KB 专用端点 FIFO；DMA 访问；端点可定义为双包缓冲的 1 023 字节同步方式。

注意：有些文档中称，控制器具有 8 个端点。这种说法指的是物理端点。一个逻辑端点对应两个物理端点。例如，逻辑端点 1 对应编号为 1 的 IN 端点和编号为 1 的 OUT 端点，各自对应了一个 FIFO 区域。另外，双向控制端点 0 在某些文档中认为是共享 FIFO 的 IN 端点 0 和 OUT 端点 0。

7.4.2　USB 模块内部结构

Stellaris 系列 USB 模块内部结构方框图如图 7.25 所示。Stellaris 系列 USB 控制器具有主机模式与设备模式功能。控制器需要 A 与 B 两种连接器，以提供主机与设备的连接。如果两种连接器都存在，控制器可使用外部控制引脚来使能或关断连接器上当前不使用的 USB0VBUS 电源。控制器不能同时工作于两种模式，但是可以在两种模式之间动态切换。

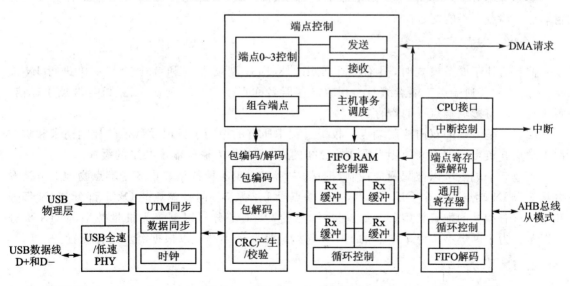

图 7.25　Stellaris 系列 USB 模块内部结构方框图

7.4.3 用作 USB 设备

本节介绍控制器用作 USB 设备时的操作，涉及 IN 端点、OUT 端点、进入和退出挂起模式、帧起始识别等内容。

当控制器处于设备模式时，IN 事务由端点的发送部分控制，使用端点的发送寄存器。OUT 事务由端点的接收部分处理，使用端点的接收寄存器。使用端点前需配置其 FIFO 大小，此时需考虑端点的传输方式及最大包长度。下面进行具体说明。

(1) 批 量

批量端点的 FIFO 大小应该配置为最大包长度的整数倍。例如：如果最大包长度为 64 字节，则 FIFO 应该配置为 64 字节的整数倍（如 64 字节、128 字节、192 字节或 256 字节）。为了提高效率，批量端点允许使用双包缓冲及包分解。

(2) 中 断

中断端点的 FIFO 大小应该配置为最大包长度（最大 64 字节）。如果使用了双包缓冲，可以配置为最大包长度的两倍。

(3) 同 步

同步端点的 FIFO 大小配置比较灵活，最大可配置为 1 023 字节。

(4) 控 制

虽然将端点 1～3 配置为控制端点也是可以的，但大多数情况下只采用端点 0 作为专用控制端点。端点 0 不能配置。

1. 端 点

控制器处于设备模式时，具有一个专用的双向控制端点 0 和 3 个能与主机进行 IN 或 OUT 通信的普通端点。端点编号与相应寄存器名称直接关联。例如，当主机与端点 1 通信，则所有事件将影响端点 1 的寄存器。

端点 0 是专用的双向控制端点。枚举过程中所有的控制事务以及其他的控制请求和响应都由端点 0 负责。端点 0 使用 FIFO 的最初的 64 字节作为输入输出共享的缓冲区。

其他 3 个端点可以被配置为控制、批量、中断或同步 4 种类型。这 3 个端点物理上可被看做是 3 个 IN 端点和 3 个 OUT 端点，使用端点号 1、2 及 3。同一端点的 OUT 部分与 IN 部分并不要求有相同的配置类型。例如：一个端点的 OUT 部分可以配置为批量类型，而 IN 部分可以配置为中断类型。每个端点的 FIFO 起始地址及大小都可以根据需求进行配置。

2. IN 事务

当控制器处于设备模式时，IN 事务数据由发送端点处理。发送端点 1～3 的 FIFO 起始地址由 USBTXFIFOADD 寄存器设定，FIFO 大小由 USBTXFIFOSZ 寄存器设定，写入 FIFO 的最大包长度由端点的 USBTXMAXPn 寄存器设定。端点 FIFO 可配置为双包缓冲或单包缓冲。使用双包缓冲时，FIFO 可以一次缓冲两个数据包，当然这要求 FIFO 至少有两个数据包那么大。禁止双包缓冲时，FIFO 一次只缓冲一个数据包，哪怕包的大小不到 FIFO 大小的一半。对于二批量端点，控制器还支持一种特殊的工作模式，允许一次将多个包写入端点 FIFO，然后被自动分解为适当大小的包并通过 USB 总线发送出去。

注意： 任何端点的最大包长度设置都不能超过其端点 FIFO 的大小。当 FIFO 中仍有数据时，USBTXMAXPn 寄存器不能改变，否则将出现不可预知的结果。

(1) 单包缓冲

如果端点的 FIFO 大小小于最大包长度的两倍，则 FIFO 一次只能缓冲一个包。当数据包被完全写入发送 FIFO 时，USBTXCSRLn 寄存器的 TXRDY 需置位。如果 USBTXCSRHn 寄存器的 AUTOSET 位置位，那么最大长度包写入 FIFO 后，TXRDY 自动置位。对于大小不到最大包长度的短包，TXRDY 需手动置位。不论是自动还是手动，当 TXRDY 置位后，数据包将发出。如果发送成功，TXRDY 位与 FIFONE 位会自动清零，并产生端点发送中断。此时，下一个数据包可写入发送 FIFO。

(2) 双包缓冲

如果端点的 FIFO 大小至少有两倍的最大包长度，则 FIFO 一次可缓冲两个包。每个包被写入发送 FIFO 时，USBTXCSRLn 寄存器的 TXRDY 需置位。如果 USBTXCSRHn 寄存器的 AUTOSET 位置位，那么最大长度包写入 FIFO 后，TXRDY 自动置位。对于大小不到最大包长度的短包，TXRDY 需手动置位。在双包缓冲方式下，第 1 个包写入后，TXRDY 立即自动清零并产生端点中断口，此时第 2 个包可以写入 FIFO 并且 TXRDY 将再次置位。这时两个包都已做好了发送准备。当两个包都成功发送后，TXRDY 清零并产生端点发送中断以允许写入下一个包。FIFONE 位的状态指示了可以被写入 FIFO 的包数量。如果 FIFONE 位置位，表示 FIFO 中存在另一个数据包且只能有一个包写入。如果 FIFONE 位清零则表示 FIFO 中没有数据包，两个数据包可以被写入。

注意： 如果 USBTXDPKTBUFDIS 相应位置位，双包缓冲将被禁止。该位是默认置位的，因此在使能双包缓冲前必须清零该位。

(3) 特殊批量处理

根据 USB 规范，批量包可以配置为 8、16、32 或 64 字节。而对于某些应用，如果可以通过简单操作，向端点 FIFO 写入更大的数据包将更为方便。

为了简化这种操作，控制器提供了一个包分解功能，允许大数据包写入批量发送端点，之后自动分解为大小合适的包并通过 USB 总线发送出去。USBTXMAXPn 寄存器使用低 11 位来设定一次单独发送的最大负载，而高 5 位定义一个系数。应用程序可以向端点 FIFO 写入 MULTIPLIERxPAYLOAD 字节数据，控制器将其自动分成规定大小的包，通过 USB 总线发出。从应用软件的观点来看，除了发送大小以外，操作结果与简单 USB 包没什么不同。

注意： 包分解只能用于批量端点，并且，根据 USB 规范，负载必须足 8、16、32 或 64 字节。USBTXMAXPn

寄存器所指定的最大负载必须匹配端点描述符的 wMaxPacketSize 域，相应的 FIFO 必须足够大以容纳分解前的数据。

3. OUT 事务

当控制器处于设备模式时，OUT 事务数据由接收端点处理。接收端点 1~3 的 FIFO 起始地址由 USBRXFIFOADD 寄存器设定，FIFO 大小由 USBRXFIFOSZ 寄存器设定，写入 FIFO 的最大包长度由端点的 USBRXMAXPn 寄存器设定。端点 FIFO 可配置为双包缓冲或单包缓冲。使用双包缓冲时，FIFO 可以一次缓冲两个数据包，当然这要求 FIFO 至少有两个数据包那么大。禁止双包缓冲时，FIFO 一次只缓冲一个数据包，哪怕包的大小不到 FIFO 大小的一半。对于批量端点，控制器还支持一个特殊的工作模式，允许将多个包接收到端点 FIFO，然后被自动组合为一个大包一次性从 FIFO 中读出。

注意：任何端点的最大包长度设置不能超过其 FIFO 大小。

(1) 单包缓冲

如果端点的 FIFO 大小小于最大包长度的两倍，则 FIFO 一次只能缓冲一个包。当接收 FIFO 收到一个包时，USBRXCSRLn 寄存器的 RXRDY 和 FULL 位会置位，此时产生端点接收中断以指示可从 FIFO 中读出包的内容。当数据读出后，RXRDY 需清零，以允许 FIFO 接收下一个数据包。这个操作会自动向主机发出应答信号。如果 USBRXCSRHn 寄存器的 AUTOCL 位置位，那么当最大长度包从 FIFO 读出时，RXRDY 和 FULL 可自动清零。对于大小不到最大包长度的短包，RXRDY 需手动清零。

(2) 双包缓冲

如果端点的 FIFO 大小至少有两倍的最大包长度，则 FIFO 一次可缓冲两个包。第 1 个包进入接收 FIFO 后，USBRXCSRLn 寄存器的 RXRDY 位置位并产生相应的端点中断。

注意：第 1 个包接收到时 USBRXCSRLn 寄存器的 FULL 位并不置位。该位仅当第 2 个包被装入接收 FIFO 时置位。

当一个包读出接收 FIFO 后，RXRDY 位需清零以允许 FIFO 接收下一个包。如果 USBRXCSRHn 寄存器的 AUTOCL 位置位，则最大长度包从 FIFO 读出时，RXRDY 将自动清零。对于大小不到最大包长度的短包，RXRDY 需手动清零。如果 RXRDY 清零时 FULL 位置位，控制器将首先清除 FULL 位；紧接着控制器将再次置位 RXRDY 以指示 FIFO 中还有另一个包需读出。

注意：如果 USBTXDPKTBUFDIS 相应位置位，双包缓冲将被禁止。该位是默认置位的，因此在使能双包缓冲前必须清零该位。

(3) 特殊批量处理

根据 USB 规范，批量传输可以配置为 8、16、32 或 64 字节。而对于某些应用，如果可以通过简单操作，从端点 FIFO 读出更大的数据包将更为方便。

为了简化这种操作，控制器提供了一个包组合功能，允许大数据包进入接收 FIFO 之后自动组合为更大的包一次性读出。USBRXMAXPn 寄存器使用低 11 位来设定一次单独接收的最大负载,而高 5 位定义一个系数。控制器从总线上接收 MULTIPLIERxPAYLOAD 字节数据并组合成大数据包,然后置位 RXRDY 位供应用程序一次性读出。需读取的总字节数在 USBRXCOUNTn 寄存器中设定。从应用程序的观点来看,除了接收大小以外,操作结果与简单 USB 包没什么不同。

注意:包组合只能用于批量端点,并且,USBRXMAXPn 寄存器所指定的最大负载必须匹配端点描述符的 wMaxPacketSize 域,相应的 FIFO 必须足够大以容纳组合后的数据。

RXRDY 位仅在接收到指定数量的包或接收到大小小于最大包长度的短包时置位。如果接收的组合批量传输没有以短包结束,那么,USBRXMAXPn 不应该超过指定数量;否则,软件将无法获知何时结束传输。

4. 时 序

时序是由 USB 主机控制的,USB 设备不能控制时序。设备控制器等待主机请求并响应主机,传输完成时产生中断,传输出错时发出终止信号。如果主机提出请求而 USB 设备正忙,那么设备控制器将发送 NAK 响应直到 USB 设备空闲。

5. 其他操作

当设备控制器自动终止传输或或收到未预料的零长度 OUT 包时,控制器能自动识别总线状况。

(1) 停止控制传输

在下面的情况发生时,控制器自动发出一个 STALL 握手信号来终止控制传输:
- 主机在 OUT 阶段发出的数据量超过了 SETUP 阶段指定的数据大小。这种情况检测方法如下:主机发出的 OUT 令牌从 FIFO 读出后,OUT 数据已达到 SETUP 阶段指定的数据大小,此时 USBCSRL0 寄存器的 DATAEND 位置位。然而,主机在 DATAEND 置位后再次发出了 OUT 令牌,此时设备将发 STALL 信号终止此次控制传输。
- 主机在 IN 阶段发出 IN 令牌请求的数据量超过了在 SETUP 阶段指定的数据大小。这种情况检测方法如下:主机发出 IN 令牌,设备收到并发出数据后,IN 数据已达到 SETUP 阶段指定的数据大小,则在收到主机此次 ACK 响应后,CPU 将清零 TXRDY 位并置位 DATAEND 位。然而,设备却再次接收到了 IN 令牌,此时设备将发 STALL 信号终止此次控制传输。
- 主机在一个 OUT 数据阶段发出的数据量超过了 USBRXMAXPn 寄存器规定的最大包长度,此时设备将发 STALL 信号终止此次控制传输。
- 主机在 OUT 状态阶段发出不止一个零长度包。

(2) 零长度 OUT 数据包

零长度 OUT 数据包用于指示控制读传输结束。通常情况下，这种数据包只能在设备全部响应主机请求的数据后收到。

然而，如果设备实际发送的数据量还没有达到主机在 SETUP 阶段请求读取的数据大小，主机就提前发出了零长度 OUT 数据包，那么这个包就使得传输过早的结束。这种情况下，控制器将自动清空 FIFO 中所有 IN 数据，且 USBCSRL0 寄存器的 SETUP 位置位。

6. 设备模式挂起

当 USB 总线上空闲时间达到 3 ms 时，控制器自动进入挂起模式。如果挂起中断使能，那么此时将产生挂起中断。在挂起模式下，PHY（物理层）也被挂起。当检测到恢复信号时，控制器结束挂起模式，同时结束物理层挂起模式。如果恢复中断被使能，那么此时又将产生恢复中断。控制器也可以通过置位 USBPOWER 寄存器的 RESUME 位强制退出挂起模式。RESUME 位应该在 10 ms（最大 15 ms）后清除以结束恢复信号。

为了满足功耗要求，控制器能够进入深度睡眠模式，这使得控制器保持在一个静止状态。控制器不能进入冬眠模式，因为这会导致所有的内部状态丢失。

7. 帧起始

当控制器处于设备模式时，每隔 1 ms 能够收到一个 SOF 令牌包。当接收到令牌包时，11 位帧编号将写入 USBFRAME 寄存器并产生 SOF 中断。一旦控制器开始接收 SOF 包，则控制器每隔 1 ms 将等待 SOF 包。如果在 1.003 58 ms 后仍然没有收到 SOF 包，控制器会认为 SOF 包已经丢失，USBFRAME 寄存器不更新。控制器会在下一次收到 SOF 包时重新同步。

8. 复位

当控制器处于设备模式且检测到总线上的复位条件时，控制器将采取以下动作：
- 清除 USBFADDR 寄存器；
- 清除 USBEPIDX 寄存器；
- 清空所有端点 FIFO；
- 清除所有控制或状态寄存器；
- 使能所有端点中断；
- 产生复位中断。

当驱动控制器的应用程序接收到 USB 复位中断时，它将关闭所有管道并等待总线枚举。

9. 连接/断开

设备控制器是否连接到总线是可以通过软件控制的。通过置位或清零 USBPOWER 寄存器的 SOFTCONN 位，控制器物理层 PHY 可以在普通模式及非驱动模式下切换。当 SOFTCONN 位置位时，PHY 被置于普通模式，此时 USB0DP/USB0DM 差分数据线使能。

同时，USB 控制器将被置于一种只能响应总线复位信号的状态。

当 SOFTCONN 位清零，PHY 被置于非驱动模式，USB0DP/USB0DM 差分数据线为高阻态，控制器在总线上的状态相当于断开。默认状态下，控制器是断开状态，直到 SOFTCONN 位置位。对于有较长初始化过程的系统，可以通过此方式，在其他部分初始化完成及 USB 控制器准备好枚举后再连接设备。SOFTCONN 置位后，控制器可通过清零该位来断开设备。

注意：USB 控制器在连接到主机时不产生中断。但是，当主机结束会话时将产生中断。

7.4.4 用作 USB 主机

当控制器处于主机模式时，它既可以与设备进行点对点通信，也可以通过集线器与多个设备进行点对多点通信。不管是点对点还是通过 HUB 进行通信，控制器都支持全速和低速两种速度。当低速或全速的设备通过 USB2.0 高速集线器连接到主机时，控制器能进行相应的转化。控制器支持控制、批量、同步和中断四种传输类型。该部分描述控制器用作 USB 主机时的操作，涉及发送端点、接收端点、事务时序、进入和退出挂起模式、复位等内容。

当控制器处于主机模式时，IN 事务由端点的接收部分处理，使用端点的接收寄存器；OUT 事务由端点的发送部分控制，使用端点的发送寄存器。

与设备模式相似，使用端点前需配置 FIFO 的起始地址及大小，此时需考虑端点的传输方式及最大包长度。下面进行具体说明。

(1) 批　量

批量端点的 FIFO 大小应该配置为最大包长度的整数倍。例如：如果最大包长度为 64 字节，则 FIFO 应该配置为 64 字节的整数倍（如 64 字节、128 字节、192 字节或 256 字节）。为了提高效率，批量端点允许使用双包缓冲及包分解。

(2) 中　断

中断端点的 FIFO 大小应该配置为最大包长度（最大 64 字节）。如果使用了双包缓冲，可以配置为最大包长度的两倍。

(3) 同　步

同步端点的 FIFO 大小配置比较灵活，最大可配置为 1 023 字节。

(4) 控　制

虽然将端点 1~3 配置为控制端点也是可以的，但大多数情况下只采用端点 0 作为专用控制端点。端点 0 不能配置。

1. 端　点

主机端点寄存器用于控制与主机通信的设备端点。有 1 个专用的双向控制端点，3 个可配置的 OUT 端点及 3 个可配置的 IN 端点。

专用控制端点仅用于与设备端点 0 的控制传输。端点 0 使用 FIFO 最初的 64 字节作为输入输出共享的缓冲区。剩下的 IN 或 OUT 端点可配置,与之通信的设备端点可以为控制、批量、中断和同步 4 种类型。

这些 USB 端点可以同时安排最多 3 个独立的 OUT 事务及 3 个独立的 IN 事务。这些事务由 3 组成对的 IN 或 OUT 寄存器控制。然而,同一个主机端点的不同部分可以通过配置,与不同类型的设备端点通信。例如:第 1 组主机端点可以分成 OUT 部分和 IN 部分,其中 OUT 部分与设备的批量端点 1 通信,而 IN 部分与设备的中断端点 2 通信。

在访问设备前,不管是点对点通信还是通过 HUB 通信,都使用相应的寄存器 USBRXFUNCADDRn 或 USBTXFUNCADDRn 来记录目标设备地址。

控制器也支持设备通过 HUB 连接到主机,此时需要指定集线器的地址及端口。每个 IN 或 OUT 主机端点都能指定 FIFO 的起始地址和大小。这里的 FIFO 包括每个事务的独享 FIFO、事务之间的共享 FIFO 以及双缓冲 FIFO。

2. 主机 IN 事务

主机 IN 事务与设备模式下 OUT 事务的处理方式类似,特殊之处在于,必须首先初始化 USBCSRLn 寄存器的 REQPKT 位。这个初始化操作向事务调度器表明端点上存在有效事务;之后事务调度器会发送 IN 令牌到目标设备,当收到数据包并写入接收 FIFO 后,RXRDY 置位并产生相应的端点接收中断,以表明数据包可以从 FIFO 读出。

当包从 FIFO 读出后,RXRDY 需清零。通过置位 USBCSRHn 寄存器的 AUTOCL 位可以在最大长度包被读出 FIFO 后自动清零 RXRDY。USBCSRHn 寄存器还有一个 AUTORQ 位,如果 AUTORQ 置位,那么在 RXRDY 清零时 REQPKT 位会自动置位。DMA 访问时,通过 AUTOCL 位与 AUTORQ 位,可以实现完全的批量传输而不需要处理器干预。当 RXRDY 清零时,控制器将向设备发送应答信号。如果包数量预知,那么与端点关联的 USBRQPKTCOUNTn 寄存器用于设定包的数量。每次请求后,控制器会自动减少 USBRQPKTCOUNTn 的数值。当 USBRQPKTCOUNTn 的值减小到零,AUTORQ 位自动清零,其他事务将不再尝试发送请求。对于大小未知的传输,USBRQPKTCOUNTn 需设置为 0,并使 AUTORQ 保持置位,直到收到小于最大包长度的短包为止。这种情况往往在批量传输的末尾出现。

如果设备以 NAK 响应主机的批量或中断 IN 令牌,控制器将重试直到达到 NAK 时限。如果目标设备响应 STALL 那么主机控制器将不再重试,但会以中断形式通知 CPU 并且 USBCSRLn 寄存器的 STALLED 位会置位。如果设备没有在规定时间内响应 IN 令牌,或者存在一个 CRC 错误或位填充错误,主机将重试该事务。如果 3 次尝试后目标设备仍然没有响应,控制器将清除 REQPKT 位并中断,USBCSRLn 寄存器的 ERROR 位置位。

3. 主机 OUT 事务

主机 OUT 事务的处理与设备模式下 IN 事务的处理方式类似。当包被写入发送 FIFO

后，需置位 USBTXCSRLn 寄存器的 TXRDY 位。同样，如果 USBTXCSRHn 寄存器的 AUTOSET 位置位，那么当最大长度包写入 FIFO 后 TXRDY 位将自动置位。DMA 访问时，通过 AUTOSET 位可以实现完全的批量传输，中间不需要处理器干预。

如果目标设备对主机的 OUT 令牌响应 NAK，主机将保持并重试事务直到达到 NAK 时限。如果目标设备响应 STALL 握手信号，主机将不再重试事务，但会产生中断，USBTXCSRLn 寄存器的 STALLED 位会置位。如果目标设备没有在规定时间内响应 OUT 令牌，或者存在一个 CRC 错误或位填充错误，主机控制器将重试事务。如果 3 次尝试仍然没有得到响应，控制器将清空 FIFO 并中断，USBTXCSRLn 寄存器的 ERROR 位会置位。

4. 事务时序

事务时序是由主机控制器直接处理的。主机控制器允许配置基于端点类型的通信时序。中断事务的轮询时间可以进行配置在每 1~255 帧范围内。批量端点没有时序参数，但允许设置 NAK 响应时限。同步事务的轮询时间可以配置为在每 $1\sim2^{16}$ 帧范围内，以 2 为指数。

主机控制器维护一个帧计数器。如果目标设备是全速设备，则控制器在每帧开始时自动发送 SOF 包并增加帧计数器的值。如果目标设备是低速设备，则会在总线上发送一个 K 状态来作为保持连接信号，以阻止低速设备进入挂起模式。

在 SOF 包发出后，主控制器会循环查找所有端点，寻找有效事务。所谓有效事务，是指 REQPKT 置位的接收端点以及 TXRDY 或 FIFONE 位置位的发送端点。

一个有效的同步或中断事务，当且仅当每帧的第一个事务调度周期发现事务，且间隔计数器已经计到 0 时发生。这保证了每 n 帧中仅有一个中断或同步事务发生，其中 n 是 USBTXINTERVALn 或 USBRXINTERVALn 寄存器设置的值。

对于有效的批量事务，如果下一个 SOF 包发出前有足够的剩余时间，那么批量事务将开始。如果事务需要重试（例如，收到 NAK 或目标设备没有响应），那么事务会在调度器检查完其他所有端点后发生。这保证了发送大量 NAK 的事务不会阻塞总线上的其他事务。控制器同样允许用户设定一个 NAK 超时的时限。

5. USB 集线器

以下的设置仅当主机控制器与一个集线器一起使用时有效。当低速或全速设备通过一个 USB2.0 的集线器连接到主机控制器时，集线器地址及端口的详细信息会记录在 USBRXHUBADDRn、USBRXHUBPORTn、USBTXHUBADDRn 和 USBTXHUBPORTn 寄存器中。此外，设备的速度将记录在 USBTYPEn、USBTXTYPEn 和 USBRXTYPEn 寄存器中。

对于 HUB 通信，这些寄存器记录了当前的端点分配状况。为了使对设备的支持能力最大化，主机控制器允许修改这些寄存器，动态地改变分配状况。当然，任何改变必须在影响到的端点传输完成之后进行。

6. 串扰

在总线空闲时间达到最小包间延迟后,且在帧结束前能够完成传输,主机控制器才会开始一个事务。如果总线在帧结束时仍然活动,主控制器将认为连接的目标设备存在故障,主机将挂起所有事务并产生一个串扰中断。

7. 主机挂起

如果 USBPOWER 寄存器的 SUSPEND 置位,主机控制器将首先完成当前事务,然后停止事务调度及帧计数。这样,将不再有事务开始及 SOF 包。

为了结束挂起模式,RESUME 位需置位且 SUSPEND 位需清零。当 RESUME 位为高,主机控制器将产生恢复信号。20 ms 后 RESUME 位需清零,此时帧计数器和事务调度器重新开始。如果支持远程唤醒,PHY 电源将保持,控制器可以检测到总线上的恢复信号(恢复信号由设备发出)。

8. USB 复位

如果 USBPOWER 寄存器的 RESET 位置位,主机控制器将产生总线复位信号。RESET 信号至少置位 20 ms 来保证口标设备的正确复位。CPU 清零该位后,主机控制器开始帧计数及事务调度。

9. 连接/断开

通过设置 USBDEVCTL 寄存器的 SESSION 位,一个会话将启动,这使得主机控制器等待设备连接。当设备被检测到时,会产生连接中断。连接的设备速度可以通过 USBDEVCTL 寄存器的 FSDEV 位确定,FSDEV 为高时为全速,LSDEV 为高时为低速。主机控制器紧接着会产生复位信号并开始设备枚举。如果会话过程中设备断开,那么将产生断开中断。

7.4.5 USB 初始化和配置

所有的初始化设置要求在写入任何寄存器前,先要使能 USB 控制器;之后是使能 USB 锁相环,以便给物理层接口提供正确的时钟。为了保证没有给总线错误供电,外部电源控制信号 USB0EPEN 应该被设为无效电平。当然,USB0EPEN 引脚和 USB0PFLT 引脚需配置为 USB 功能而不是默认的 GPIO 功能。

USB 控制器提供了设置控制器当前操作模式的方法。相应寄存器应设置为默认的模式,这样控制器才能回应 USB 事件。

1. 引脚配置

当使用 USB 控制器的设备部分并同时提供主机功能时,VBUS 电源功能必须被禁止,以使得外部主机能够供电。通常,USB0EPEN 信号用来控制外部电源,控制器用于 USB 设备模式时,应该禁止该引脚,以免两个设备同时驱动总线电源引脚。

当 USB 控制器作为主机使用时,主机需通过两个外部信号来控制总线供电。主机控制器使用 USB0EPEN 信号来使能或禁止 USB 接口的 USB0VBUS 引脚。另外还有一个输入引脚 USB0PFLT,这个引脚能够在总线电源错误时提供反馈信号。USB0PFLT 信号可以配置为自动禁止 USB0EPEN,以保证故障时自动禁止电源;或者配置为出错时产生中断,由处理器来处理错误。与故障相关的引脚极性及动作都可以配置。控制器在设备插入或拔出时产生中断,从而主控制器代码可以处理这些事件。

2. 端点配置

为了在主机或设备模式下开始通信,首先必须配置端点。主机模式下,控制器在主机端点和设备端点之间提供了一个连接。设备模式下,控制器提供了枚举前给定端点的设置功能。

在两种情况下,端点 0 都是一个固定功能、固定大小的专用双向控制端点,端点 0 不需要设置但需要一个基于软件的状态机,来识别所处的设置、数据和状态阶段。在设备模式,剩余的端点仅在枚举前配置一次,并且仅当主控制器选择替代配置时改变。在主机模式,端点必须配置为控制、批量、中断和同步 4 种类型之一。一旦端点类型配置完成,FIFO 区域必须分配给端点。在批量、控制及中断情况下,端点每个事务最多传输 64 字节。同步端点中每个事务最大可传输 1 023 字节。在任何模式下,端点的最大包长度必须在发送和接收数据前设置完成。

配置端点 FIFO 即预留整个 FIFO 的一部分给端点。总的 FIFO 是 4 KB,前 64 字节分配给了端点 0。端点 FIFO 的大小并不是在任何情况下都要求与最大包长度一致,因为对于批量端点,如果 FIFO 大于最大包长度,控制器可以自动分解后传输。FIFO 还可以配置成双缓冲,此时每个包结束时将产生中断,以允许填充 FIFO 的另一半。

如果用作设备,当它准备好开始通信时,USB 控制器的软连接需使能。此时主机控制器可以开始枚举过程。如果用作主机,软连接应该禁止且 VBUS 电源应该通过 USB0EPEN 信号提供。

7.4.6 USB 寄存器映射

USB 寄存器映射如表 7.41 所列。

表 7.41 USB 寄存器映射

偏移量	名称	类型	复位	描述
0x000	USBFADDR	R/W	0x00	USB 功能设备地址
0x001	USBPOWER	R/W	0x20	USB 电源
0x002	USBTXIS	RO	0x0000	USB 发送中断状态

续表 7.41

偏移量	名称	类型	复位	描述
0x004	USBRXIS	RO	0x0000	USB 接收中断状态
0x006	USBTXIE	R/W	0x000F	USB 发送中断使能
0x008	USBRXIE	R/W	0x000E	USB 接收中断使能
0x00A	USBIS	RO	0x00	USB 通用中断状态
0x00B	USBIE	R/W	0x06	USB 中断使能
0x00C	USBFRAME	RO	0x0000	USB 帧编号
0x00F	USBTEST	R/W	0x00	USB 测试模式
0x020	USBFIFO0	R/W	0x00000000	USB 端点 0FIFO
0x024	USBFIFO1	R/W	0x00000000	USB 端点 1FIFO
0x028	USBFIFO2	R/W	0x00000000	USB 端点 2FIFO
0x02C	USBFIFO3	R/W	0x00000000	USB 端点 3FIFO
0x060	USBDEVCTL	R/W	0x80	USB 设备控制
0x062	USBTXFIFOSZ	R/W	0x00	USB 发送 FIFO 动态大小
0x063	USBRXFIFOSZ	R/W	0x00	USB 接收 FIFO 动态大小
0x064	USBTXFIFOADD	R/W	0x0000	USB 发送 FIFO 起始地址
0x066	USBTXFIFOADD	R/W	0x0000	USB 接收 FIFO 起始地址
0x07A	USBCONTIM	R/W	0x5C	USB 连接定时
0x07D	USBFSEOF	R/W	0x77	USB 全速 EOF 间隔
0x07E	USBLSEOF	R/W	0x72	USB 低速 EOF 间隔
0x080	USBTXFUNCADDR0	R/W	0x00	USB 端点 0 发送地址
0x082	USBTXHUBADDR0	R/W	0x00	USB 端点 0 发送集线器地址
0x083	USBTXHUBPORT0	R/W	0x00	USB 端点 0 发送集线器端口
0x088	USBTXFUNCADDR1	R/W	0x00	USB 端点 1 发送地址
0x08A	USBTXHUBADDR1	R/W	0x00	USB 端点 1 发送集线器地址
0x08B	USBTXHUBPORT1	R/W	0x00	USB 端点 1 发送集线器端口
0x08C	USBRXFUNCADDR1	R/W	0x00	USB 端点 1 接收地址
0x08E	USBRXHUBADDR1	R/W	0x00	USB 端点 1 接收集线器地址
0x08F	USBRXHUBPORT1	R/W	0x00	USB 端点 1 接收集线器端口
0x090	USBTXFUNCADDR2	R/W	0x00	USB 端点 2 发送地址

续表 7.41

偏移量	名称	类型	复位	描述
0x092	USBTXHUBADDR2	R/W	0x00	USB 端点 2 发送集线器地址
0x093	USBTXHUBPORT2	R/W	0x00	USB 端点 2 发送集线器端口
0x094	USBRXFUNCADDR2	R/W	0x00	USB 端点 2 接收地址
0x096	USBRXHUBADDR2	R/W	0x00	USB 端点 2 接收集线器地址
0x097	USBRXHUBPORT2	R/W	0x00	USB 端点 2 接收集线器端口
0x098	USBTXFUNCADDR3	R/W	0x00	USB 端点 3 发送地址
0x09A	USBTXHUBADDR3	R/W	0x00	USB 端点 3 发送集线器地址
0x09B	USBTXHUBPORT3	R/W	0x00	USB 端点 3 发送集线器端口
0x09C	USBRXFUNCADDR3	R/W	0x00	USB 端点 3 接收地址
0x09E	USBRXHUBADDR3	R/W	0x00	USB 端点 3 接收集线器地址
0x09F	USBRXHUBPORT3	R/W	0x00	USB 端点 3 接收集线器端口
0x0E	USBEPIDX	R/W	0x0000	USB 端点索引
0x102	USBCSRL0	W1C	0x00	USB 端点 0 控制与状态低字节
0x103	USBCSRH0	W1C	0x00	USB 端点 0 控制与状态高字节
0x108	USBCOUNT0	RO	0x00	USB 端点 0 接收字节数
0x10A	USBTYPE0	R/W	0x00	USB 端点 0 类型
0x10B	USBNAKLMT	R/W	0x00	USB NAK 超时限制
0x110	USBTXMAXP1	R/W	0x0000	USB 端点 1 最大发送负载
0x112	USBTXCSRL1	R/W	0x00	USB 端点 1 发送控制和状态低字节
0x113	USBTXCSRH1	R/W	0x00	USB 端点 1 发送控制和状态高字节
0x114	USBRXMAXP1	R/W	0x0000	USB 端点 1 最大接收负载
0x116	USBRXCSRL1	R/W	0x00	USB 端点 1 接收控制和状态低字节
0x117	USBRXCSRH1	R/W	0x00	USB 端点 1 接收控制和状态高字节
0x118	USBRXCOUNT1	RO	0x0000	USB 端点 1 接收字节数
0x11A	USBTXTYPE1	R/W	0x00	USB 主机端点 1 发送类型配置
0x11B	USBTXINTERVAL1	R/W	0x00	USB 主机端点 1 发送间隔
0x11C	USBRXTYPE1	R/W	0x00	USB 主机端点 1 接收类型配置
0x11D	USBRXINTERVAL1	R/W	0x00	USB 主机端点 1 接收间隔
0x120	USBTXMAXP2	R/W	0x0000	USB 端点 2 最大发送负载

续表 7.41

偏移量	名称	类型	复位	描述
0x122	USBTXCSRL2	R/W	0x00	USB 端点 2 发送控制和状态低字节
0x123	USBTXCSRH2	R/W	0x00	USB 端点 2 发送控制和状态高字节
0x124	USBRXMAXP2	R/W	0x0000	USB 端点 2 最大接收负载
0x126	USBRXCSRL2	R/W	0x00	USB 端点 2 接收控制和状态低字节
0x127	USBRXCSRH2	R/W	0x00	USB 端点 2 接收控制和状态高字节
0x128	USBRXCOUNT2	RO	0x0000	USB 端点 2 接收字节数
0x12A	USBTXTYPE2	R/W	0x00	USB 主机端点 2 发送类型配置
0x12B	USBTXINTERVAL2	R/W	0x00	USB 主机端点 2 发送间隔
0x12C	USBRXTYPE2	R/W	0x00	USB 主机端点 2 接收类型配置
0x12D	USBRXINTERVAL2	R/W	0x00	USB 主机端点 2 接收间隔
0x130	USBTXMAXP3	R/W	0x0000	USB 端点 3 最大发送负载
0x132	USBTXCSRL3	R/W	0x00	USB 端点 3 发送控制和状态低字节
0x133	USBTXCSRH3	R/W	0x00	USB 端点 3 发送控制和状态高字节
0x134	USBRXMAXP3	R/W	0x0000	USB 端点 3 最大接收负载
0x136	USBRXCSRL3	R/W	0x00	USB 端点 3 接收控制和状态低字节
0x137	USBRXCSRH3	R/W	0x00	USB 端点 3 接收控制和状态高字节
0x138	USBRXCOUNT3	RO	0x0000	USB 端点 3 接收字节数
0x13A	USBTXTYPE3	R/W	0x00	USB 主机端点 3 发送类型配置
0x13B	USBTXINTERVAL3	R/W	0x00	USB 主机端点 3 发送间隔
0x13C	USBRXTYPE3	R/W	0x00	USB 主机端点 3 接收类型配置
0x13D	USBRXINTERVAL3	R/W	0x00	USB 主机端点 3 接收间隔
0x304	USBRQPKTCOUNT1	R/W	0x0000	USB 端点 1 请求包数量
0x308	USBRQPKTCOUNT2	R/W	0x0000	USB 端点 2 请求包数量
0x30C	USBRQPKTCOUNT3	R/W	0x0000	USB 端点 3 请求包数量
0x340	USBRXDPKTBUFDIS	R/W	0x0000	USB 接收双包缓冲禁止
0x342	USBTXDPKTBUFDIS	R/W	0x0000	USB 发送双包缓冲禁止
0x400	USBEPC	R/W	0x00000000	USB 外部电源控制
0x404	USBEPCRIS	RO	0x00000000	USB 外部电源控制原始中断状态
0x408	USBEPCIM	R/W	0x00000000	USB 外部电源控制中断屏蔽

续表 7.41

偏移量	名 称	类 型	复 位	描 述
0x40C	USBEPCISC	R/W	0x00000000	USB 外部电源控制中断状态与清除
0x410	USBDRRIS	RO	0x00000000	USB 设备恢复原始中断状态
0x414	USBDRIM	R/W	0x00000000	USB 设备恢复中断屏蔽
0x418	USBDRISC	W1C	0x00000000	USB 设备恢复中断状态与清除
0x41C	USBGPCS	R/W	0x00000000	USB 通用控制与状态

有关 USB 寄存器的详细内容请参考"Luminary Micro，Inc. LM3S5749 Microcontroller DATA SHEET. http://www.luminarymicro.com"。

7.4.7　USB 控制器的 API 函数

1. USB 控制器的 API 函数的功能说明

USB API 为访问 Stellaris LM3S USB 设备(Device)或主机(Host)控制器提供了一组函数，这些函数根据出现在微控制器上的 USB 控制器所提供的功能分成几组。由于这个原因，驱动器处理的微控制器包含有一个 USB 设备接口的微控制器、有主机和/或设备接口的微控制器或有 OTG 接口的微控制器。函数分组如下：USBDev、USBHost、USBOTG、USBEndpoint 及 USBFIFO。USBDev 组的 API 仅用在有一个 USB 设备控制器的微控制器。USBHost 组的 API 仅用在有一个 USB 主机控制器的微控制器。USBOTG API 仅用在带有 OTG 接口的微控制器。一旦配置 USB 控制器的模式，设备 API 或主机 API 应被 USB OTG 控制器使用，其他 API 都可被 USB 主机和 USB 设备控制器使用。USBEndpoint API 用来配置和访问端点，而 USBFIFO API 用来配置 FIFO 的大小和位置。

2. API 函数

(1) USB 设备处理模式函数

- unsigned long USBDevAddrGet　(unsigned long ulBase)
　　　　　　　　　　　　　//获得在设备模式的当前设备地址
- void USBDevAddrSet　(unsigned long ulBase, unsigned long ulAddress)
　　　　　　　　　　　　　//设置在设备模式的地址
- void USBDevConnect　(unsigned long ulBase)
　　　　　　　　　　　　　//在设备模式连接 USB 控制器到总线
- void USBDevDisconnect　(unsigned long ulBase)
　　　　　　　　　　　　　//在设备模式从总线解除 USB 控制器连接

- void USBDevEndpointDataAck （unsigned long ulBase，unsigned long ulEndpoint，tBoolean bIsLastPacket） //在设备模式从特定的端点 FIFO 已读数据后应答
- void USBDevEndpointStall （unsigned long ulBase，unsigned long ulEndpoint，unsigned long ulFlags） //在设备模式停转特定的端点
- void USBDevEndpointStallClear （unsigned long ulBase，unsigned long ulEndpoint，unsigned long ulFlags） //清除在设备模式特定端点的停转条件
- void USBDevEndpointStatusClear （unsigned long ulBase，unsigned long ulEndpoint，unsigned long ulFlags） //清除在设备模式这个端点的状态位

(2) USB 端点模式函数

- void USBDevEndpointConfig （unsigned long ulBase，unsigned long ulEndpoint，unsigned long ulMaxPacketSize，unsigned long ulFlags） //设置端点模式的配置
- void USBDevEndpointConfigGet （unsigned long ulBase，unsigned long ulEndpoint，unsigned long _pulMaxPacketSize，unsigned long _pulFlags） //获得当前端点模式的配置
- unsigned long USBEndpointDataAvail （unsigned long ulBase，unsigned long ulEndpoint） //确定在特定端点的 FIFO 中有效数据字节的数量
- long USBEndpointDataGet （unsigned long ulBase，unsigned long ulEndpoint，unsigned char _pucData，unsigned long _pulSize） //从特定端点的 FIFO 获得数据
- long USBEndpointDataPut （unsigned long ulBase，unsigned long ulEndpoint，unsigned char _pucData，unsigned long ulSize） //将数据放入特定端点的 FIFO
- long USBEndpointDataSend （unsigned long ulBase，unsigned long ulEndpoint，unsigned long ulTransType） //启动来自端点 FIFO 的数据传输
- void USBEndpointDataToggleClear （unsigned long ulBase，unsigned long ulEndpoint，unsigned long ulFlags） //设置端点的数据为 0
- unsigned long USBEndpointStatus （unsigned long ulBase，unsigned long ulEndpoint） //获得端点的当前状态
- unsigned long USBFIFOAddrGet （unsigned long ulBase，unsigned long ulEndpoint） //从特定端点获得 FIFO 绝对地址
- void USBFIFOConfigGet （unsigned long ulBase，unsigned long ulEndpoint，unsigned long _pulFIFOAddress，unsigned long _pulFIFOSize，unsigned long ulFlags） //获得一个端点的 FIFO 配置
- void USBFIFOConfigSet （unsigned long ulBase，unsigned long ulEndpoint，unsigned long ul-FIFOAddress，unsigned long ulFIFOSize，unsigned long ulFlags） //设置一个端点的 FIFO 配置

- void USBFIFOFlush （unsigned long ulBase, unsigned long ulEndpoint, unsigned long ulFlags）　　　　// 强制端点 FIFO 数据输出
- unsigned long USBFrameNumberGet （unsigned long ulBase）　//获得当前帧数
- unsigned long USBHostAddrGet （unsigned long ulBase, unsigned long ulEndpoint, unsigned long ulFlags）　　//为端点获得当前操作的设备地址

(3) USB 主机模式函数
- void USBHostAddrSet （unsigned long ulBase, unsigned long ulEndpoint, unsigned long ulAddr, unsigned long ulFlags）　　//设置在主机模式连接到端点的设备的操作地址
- void USBHostEndpointConfig （unsigned long ulBase, unsigned long ulEndpoint, unsigned long ulMaxPayload, unsigned long ulNAKPollInterval, unsigned long ulTargetEndpoint, unsigned long ulFlags）　　//为主机端点设置基本配置
- void USBHostEndpointDataAck （unsigned long ulBase, unsigned long ulEndpoint）
　　　　　　　　　　// 在主机模式来自特定端点的 FIFO 数据已读应答
- void USBHostEndpointDataToggle （unsigned long ulBase, unsigned long ulEndpoint, tBoolean bDataToggle, unsigned long ulFlags）
　　　　　　　　　　//在主机模式设置一个端点上的数据
- void USBHostEndpointStatusClear （unsigned long ulBase, unsigned long ulEndpoint, unsigned long ulFlags）　　//在主机模式清除在这个端点的状态位
- unsigned long USBHostHubAddrGet （unsigned long ulBase, unsigned long ulEndpoint, unsigned long ulFlags）　　//为这个端点获得当前设备 Hub 地址
- void USBHostHubAddrSet （unsigned long ulBase, unsigned long ulEndpoint, unsigned long ulAddr, unsigned long ulFlags） //为连接到端点的设备设置 Hub 地址
- void USBHostPwrDisable （unsigned long ulBase）　//禁止外部电源引脚端
- void USBHostPwrEnable （unsigned long ulBase）　//使能外部电源引脚端
- void USBHostPwrFaultConfig （unsigned long ulBase, unsigned long ulFlags）
　　　　　　　　　　//设置 USB 电源故障配置
- void USBHostPwrFaultDisable （unsigned long ulBase）　//不使能 USB 电源故障检测
- void USBHostPwrFaultEnable （unsigned long ulBase）　//使能 USB 电源故障检测
- void USBHostRequestIN （unsigned long ulBase, unsigned long ulEndpoint）
　　　　　　　　//在主机模式的一个端点上为 IN transaction 确定请求时间
- void USBHostRequestStatus （unsigned long ulBase）
　　　　　　　　　　//在一个端点 0 上为 IN transaction 状态发出请求
- void USBHostReset(unsigned long ulBase, tBoolean bStart)
　　　　　　　　　　//处理 USB 总线复位条件

- void USBHostResume （unsigned long ulBase, tBoolean bStart）
//处理 USB 总线重新占用条件
- unsigned long USBHostSpeedGet （unsigned long ulBase）
//获得所连接的 USB 设备当前速度
- void USBHostSuspend （unsigned long ulBase） //设置 USB 总线在悬浮状态

(4) USB 中断处理函数
- void USBIntDisable （unsigned long ulBase, unsigned long ulFlags）
//不使能 USB 中断源
- void USBIntEnable （unsigned long ulBase, unsigned long ulFlags）
//使能 USB 中断
- void USBIntRegister （unsigned long ulBase, void （*pfnHandler）(void)）
//注册一个 USB 控制器中断处理程序
- unsigned long USBIntStatus （unsigned long ulBase） //获得 USB 中断状态
- void USBIntUnregister （unsigned long ulBase）
//注销一个 USB 控制器中断处理程序

(5) USB OTG 模式处理函数
- void USBOTGSessionRequest （unsigned long ulBase, tBoolean bStart）
//在 OTG 模式启动或者结束一个会议

各函数的更详细描述请参考"Stellaris Peripheral Driver Library USER'S GUIDE. http://www.luminarymicro.com"。

7.4.8 USB 与 uDMA 控制器

USB 控制器能够与 uDMA 控制器一起,用于主机和设备控制器的数据发送或接收。uDMA 控制器不能用来访问端点 0,而其他所有端点能使用 uDMA 控制器。对于 USB 来说,uDMA 通道数被以下的值所定义:
- DMA_CHANNEL_USBEP1RX
- DMA_CHANNEL_USBEP1TX
- DMA_CHANNEL_USBEP2RX
- DMA_CHANNEL_USBEP2TX
- DMA_CHANNEL_USBEP3RX
- DMA_CHANNEL_USBEP3TX

由于 uDMA 控制器把传输作为发送或者接收,而 USB 控制器控制输入/输出操作,所以一定注意在正确的端点上使用正确的 uDMA 通道。USB 主机输入端点和 USB 设备输出端点都能够被用来作为 uDMA 接收通道,而 USB 主机输出和 USB 设备输入端点将被用来作为

uDMA 发送通道。

在配置端点时,需要一些额外的 DMA 设置。在使用 uDMA 时,当调用 USBDevEndpointConfig()用于一个端点时,需要添加额外的标志到 ulFlags 参数中去。这个参数为 USB_EP_DMA_MODE_0 及 USB_EP_DMA_MODE_1 中的一个,用来控制 DMA 处理模式,就如 USB_EP_AUTO_SET,一旦准备好数据包,可允许数据自动发送。只要在 FIFO 中有较多可用空间,USB_EP_DMA_MODE_0 将产生中断,这就允许应用程序代码完成每一个数据包之间的操作。USB_EP_DMA_MODE_1 只在 DMA 传输完成或一些错误条件的类型出现时才产生中断,这可用来请求数据包的大量发送。当 uDMA 阻止应用程序代码启动数据传输的要求时,通常应指定 USB_EP_AUTO_SET。

示例:一个设备输入端点的端点配置,程序如下所示。

```
//端点 1 是设备模式,使用 DMA 作为批量输入端点
USBDevEndpointConfig(
    USB0_BASE,
    USB_EP_1,
    64,
    USB_EP_MODE_BULK | USB_EP_DEV_IN |
    USB_EP_DMA_MODE_0 | USB_EP_AUTO_SET);
```

应用程序必须提供明确的 uDMA 控制器的配置。首先,清除任何之前配置,应用程序调用 DMAChannelAttributeClear();然后应用程序为 uMDA 通道对应的端点调用函数 DMAChannelAttributeSet(),并指定 DMA_CONFIG_USEBURST 标志。

注意:所有被 USB 控制器使用的 uDMA 传输必须使能为突发模式。

应用程序需要结合 uMDA 控制器的源与目标地址的增加以及仲裁级别,指明每一个 DMA 处理的大小。

示例:配置端点 1 作为发送通道,程序如下所示。

```
//设置 DMA 为 USB 发送
DMAChannelAttributeClear(DMA_CHANNEL_USBEP1TX,DMA_CONFIG_ALL);
//使能 uDMA 为突发模式
DMAChannelAttributeSet(DMA_CHANNEL_USBEP1TX,DMA_CONFIG_USEBURST);
//数据大小为 8 位,源有 1 个字节增量
//目的地址不增加
DMAChannelControlSet(
DMA_CHANNEL_USBEP1TX,DMA_DATA_SIZE_8,DMA_ADDR_INC_8,DMA_ADDR_INC_NONE,DMA_ARB_64,0);
```

下一步,一旦数据发送准备好,则启动 uDMA 传输。应用程序仅需要两次调用便可开始新的传输。通常所有之前的 uDMA 配置可保持一致。首先调用 DMAChannelTransferSet() 重新设置 DMA 传输源与目标地址以及指定多少数据将要发送;接下来调用 DMAChannelEnable(),允许 uDMA 控制器开始请求数据。

示例:启动在端点 1 的数据传输,程序如下所示。

```
// 配置传输数据的地址和大小
DMAChannelTransferSet(
    DMA_CHANNEL_USBEP1TX,
    DMA_MODE_BASIC,
    pData,
    USBFIFOAddr(USB0_BASE, USB_EP_1),
    64);
// 启动传输
DMAChannelEnable(DMA_CHANNEL_USBEP1TX);
```

因为 uDMA 中断和其他 USB 中断发生在同一个中断向量中,应用程序必须完成额外的检测以确定中断的真正来源。这非常重要,注意 DMA 中断并不意味着 USB 传输完成,但是数据已经传输到了 USB 控制器的 FIFO;同时也有一个 USB 传输完成的中断标志。不管怎样,两个事件需要在同一个中断程序中处理。这是因为如果系统中其他代码拖延 USB 中断服务,uDMA 完成和传输完成都会在 USB 中断处理调用之前发生,那么 USB 就没有状态位表明中断是由于 DMA 完成而引起的,这就意味着应用程序必须记住是否有一个 DMA 事务在进行。下面的例子显示了全局变量 g_ulFlags 被用来记住一个 DMA 传输挂起。

示例:uDMA 中断处理,程序如下所示。

```
if((g_ulFlags & EP1_DMA_IN_PEND) &&
    (DMAChannelModeGet(DMA_CHANNEL_USBEP1TX) = = DMA_MODE_STOP))
{
    //处理 DMA 完成事件
    ...
}
//获取中断状态
ulStatus = USBIntStatus(USB0_BASE);
if(ulStatus & USB_INT_DEV_IN_EP1)
{
    // 处理传输完成事件
    ...
}
```

为了使用带输出端点的 USB 设备控制器,应用程序必须使用一个 uDMA 接收通道。当调用 USBDevEndpointConfig() 配置一个使用的 uDMA 端点时,应用程序必须在 ulFlags 参数上设置额外标志。USB_EP_DMA_MODE_0 和 USB_EP_DMA_MODE_1 控制处理模式;USB_EP_AUTO_CLEAR 允许自动获取数据,在数据被阅读后而无需人工应答。每个数据包发送给 USB 时，USB_EP_DMA_MODE_0 不会产生中断，只有 DMA 传输完成时才产生中断。当 DMA 传输完成或接收到一个短的数据包时，USB_EP_DMA_MODE_1 会产生中断。这对于批量端点来说，在事先不知道有多少数据要读取时是有用的。当使用 uDMA 阻止应用程序代码，需要确认数据已经从 FIFO 中读取时，USB_EP_AUTO_SET 通常被指定。下面的例子配置端点 1 为一个设备模式批量输出端点，使用 DMA 模式 1，数据包最大长度为 64 字节。

示例：配置端点 1 接收通道，程序如下所示。

```
//端点 1 是设备模式，使用 DMA 作为批量输出端点
USBDevEndpointConfig(
    USB0_BASE,
    USB_EP_1,
    64,
    USB_EP_DEV_OUT | USB_EP_MODE_BULK |
    USB_EP_DMA_MODE_1 | USB_EP_AUTO_CLEAR);
```

接下来需要配置的是实际 uDMA 控制器。如发送事件，首先调用 DMAChannelAttributeClear() 以清除任何之前的配置；接下来调用 DMAChannelAttributeSet()，设置函数参数与 DMA_CONFIG_USEBURST 值；最后调用 DMAChannelControSet()，设置读访问大小为 8 位宽度，源地址增量为 0，目标地址增加为 8 位，uDMA 仲裁大小为 64 字节。

注意：所有被 USB 控制器使用的 uDMA 传输必须使用突发模式。

示例：配置端点 1 为发送通道，程序如下所示。

```
//清除任何 uDMA 设置
DMAChannelAttributeClear(
    DMA_CHANNEL_USBEP1RX,
    DMA_CONFIG_ALL);
DMAChannelAttributeSet(
    DMA_CHANNEL_USBEP1RX,
    DMA_CONFIG_USEBURST);
DMAChannelControlSet(
    DMA_CHANNEL_USBEP1RX,
    DMA_DATA_SIZE_8,
    DMA_ADDR_INC_NONE,
    DMA_ADDR_INC_8,
    DMA_ARB_64,
    0);
```

下一步，启动 uDMA 传输。与传输方不同，如果应用程序已准备好，可立刻建立等待数据

输入。与发送处理一样,仅需要启动一个新的传输,通常可保留所有之前的 uDMA 配置。

示例:在端点 1 启动数据请求,程序如下所示。

```
// 传输数据的配置地址和大小,传输从作为端点 0 的 USB FIFO 到 g_DataBufferIn
DMAChannelTransferSet(
    DMA_CHANNEL_USBEP1RX,
    DMA_MODE_BASIC,
    USBFIFOAddr(USB0_BASE, USB_EP_1),
    g_DataBufferIn,
    64);
// 使能 uDMA 通道,等待数据。
DMAChannelEnable(DMA_CHANNEL_USBEP1RX);
```

因为 uDMA 中断和其他 USB 中断发生在同一个中断向量中,应用程序必须完成额外的检测以确定中断的真正来源。这非常重要,注意 USB 中断并不意味着 USB 传输完成。中断也有可能是由短的数据包、错误甚至发送完成引起的。这就要求应用程序检测两次接收事件以确定是否是端点上相关接收数据。因为 USB 没有状态位表明中断是由于 DMA 完成引起的,应用程序必须记住是否有一个 DMA 处理在进行。

示例:uDMA 中断处理,程序如下所示。

```
//获取当前中断状态
ulStatus = USBIntStatus(USB0_BASE);
if(ulStatus & USB_INT_DEV_OUT_EP1)
{
    // 处理一个短的数据包。
    ...
}
else if((g_ulFlags & EP1_DMA_OUT_PEND) &&
    (DMAChannelModeGet(DMA_CHANNEL_USBEP1RX) == DMA_MODE_STOP)
{
    //处理 DMA 完成事件
    ...

    // 如果需要,再次启动接收 DMA
    ...
}
```

思考题与习题

1. 根据图 7.1 所示的 UART 模块的结构方框图,简述 UART 模块功能。

2. 简述 UART 寄存器功能。
3. 怎样实现 UART 的控制？
4. 怎样设置 UART 的波特率？
5. 简述与 UART 数据收发有关的寄存器功能。
6. 简述 IrDA 串行红外(SIR)编码器/解码器模块功能。
7. 简述与 UART FIFO 操作有关的寄存器功能。
8. UART 在哪些情况下可能产生中断？简述与 UART 中断有关的寄存器功能。
9. 分析 UART 示例程序，简述 UART 的编程方法。
10. 试编写 LM3S 微控制器与 PC 机串口通信程序。
11. 分析 RS-485 接口电路示例程序，简述 RS-485 接口电路的编程方法。
12. 分析 IrDA 收发示例程序，简述 IrDA 收发电路的编程方法。
13. 根据图 7.10 所示的 SSI 的内部结构方框图，简述 SSI 的功能。
14. 简述 SSI 寄存器的功能。
15. 怎样配置 SSI 的位速率和帧格式？
16. 怎样控制 SSI 的 FIFO 的操作？
17. SSI 在哪些条件下能够产生中断？简述与 SSI 中断有关的寄存器功能。
18. 分析 SSI 示例程序，简述 SSI 的编程方法。
19. 根据图 7.12 所示的 I^2C 接口模块方框图，简述 I^2C 接口模块功能。
20. 简述 I^2C 寄存器的功能。
21. 简述 I^2C 的数据传输格式。
22. 怎样设置 SCL 的时钟速率？
23. I^2C 在哪些条件下产生中断？
24. I^2C 主机有几种可使用的命令序列？这几种命令序列与 I^2C 的数据传送有什么关系？
25. 分析图 7.18 所示的主机单次发送流程图，试编写相关程序。
26. 分析图 7.19 所示的主机单次接收流程图，试编写相关程序。
27. 分析图 7.20 所示的主机突发发送流程图，试编写相关程序。
28. 分析图 7.21 所示的主机突发接收流程图，试编写相关程序。
29. 分析图 7.22 所示的在突发发送后主机突发接收流程图，试编写相关程序。
30. 分析图 7.23 所示的在突发接收后主机突发发送流程图，试编写相关程序。
31. 简述与 I^2C 从机命令序列有关的寄存器功能。
32. 简述 I^2C 接口模块初始化和配置。
33. 分析 I^2C 示例程序，简述 I^2C 接口模块的编程方法。
34. 简述 Stellaris 系列 USB 模块主要特性。
35. 根据图 7.25 所示的 USB 模块内部结构方框图，简述 USB 模块功能。

第7章 总线接口

36. 简述 Stellaris 系列 USB 模块用作 USB 设备时的基本操作。
37. 简述 Stellaris 系列 USB 模块用作 USB 主机时的基本操作。
38. 登录 http://www.luminarymicro.com，查找"Luminary Micro, Inc. LM3S5749 Microcontroller DATA SHEET"，了解有关 USB 寄存器的详细内容。
39. USB 控制器的 API 函数的组成部分有哪些？
40. 登录 http://www.luminarymicro.com，查找"Stellaris Peripheral Driver Library USER'S GUIDE."，了解 USB 控制器的各 API 函数的详细描述。
41. 简述 uDMA 控制器用于 USB 主机和设备数据发送或接收的方法。

第8章 网络接口

8.1 控制器局域网

CAN,全称为"Controller Area Network",即控制器局域网,是一种用于连接电子控制单元(ECU)的多主站共用型串行总线标准,是国际上应用最广泛的现场总线之一。CAN 特别适用于电磁干扰和其他电子噪声强的环境,它可以使用像 RS-485 这样的平衡差分线或者更稳定可靠的双绞线。最初,CAN 被设计作为汽车环境中的微控制器进行通信,在车载电子控制装置 ECU 之间交换信息,形成汽车电子控制网络;后来也使用在许多嵌入式控制应用中(如:工业和医疗)。当总线长度小于 40 m 时位速率可高达 1 Mbps。位速率会随着节点之间距离的增加而降低(如:总线长度为 500 m 时位速率为 125 kbps)。

8.1.1 CAN 模块的特性与内部结构

Stellaris LM3S 微控制器的 CAN 模块具有以下特性:
- 支持 CAN2.0 A/B 协议;
- 位速率可编程(高达 1 Mbps);
- 具有 32 个报文对象;
- 每个报文对象都具有自己的标识符屏蔽码;
- 包含可屏蔽中断;
- 在时间触发的 CAN(TTCAN)应用中禁止自动重发送模式;
- 自测试操作具有可编程的回环模式;
- 具有可编程的 FIFO 模式;
- 数据长度从 0~8 字节;
- 通过 CAN0Tx 和 CAN0Rx 引脚与外部 CAN PHY 无缝连接。

控制器局域网模块的内部结构方框图如图 8.1 所示。

第8章 网络接口

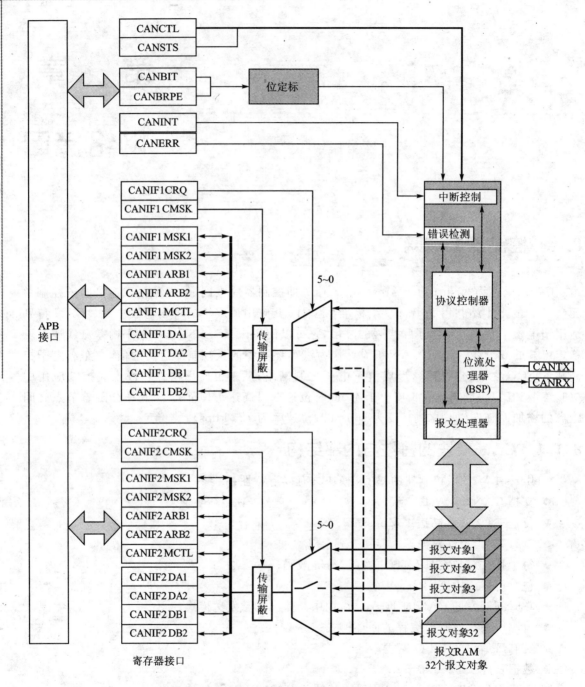

图 8.1 CAN 模块内部结构方框图

CAN 模块支持 CAN 2.0 A/B 协议，支持包括具有 11 位标识符（标准帧）或 29 位标识符（扩展帧）的数据帧、远程帧、错误帧以及超载帧的报文传输。传输速率可以编程为 1 Mbps。

CAN 模块主要由 3 个部件组成：
- CAN 协议控制器和报文处理器；
- 报文处理器；
- CAN 寄存器接口。

协议控制器从 CAN 总线传输和接收串行数据，并将数据传递到报文处理器。接着，报文处理器根据当前的滤波和报文对象存储器中的标识符，将该信息载入合适的报文对象。报文处理器还负责根据 CAN 总线上的事件来产生中断。

报文对象存储器由 32 个相同的存储块组成，这些存储块保存了每个报文对象当前的配置信息、状态和实际数据。我们可以通过 CAN 报文对象寄存器接口来访问它们。由于不能通过 Stellaris 存储器映射直接访问报文存储器，Stellaris CAN 控制器会提供一个接口来与报文存储器通信。

CAN 报文对象寄存器接口提供了两个寄存器组来与报文对象通信。由于不能直接访问报文对象存储器，所以必须使用这两个接口来读写各个报文对象。当多个对象包含需要处理的新信息时，这两个报文对象接口允许并行访问 CAN 控制器报文对象。

8.1.2 CAN 初始化

软件初始化在发送器的错误计数超过 255 时发生，可以通过置位 CAN 控制寄存器（CANCTL）中的 INIT 位、软件或硬件复位或通过脱离总线来启动它。当 INIT 置位时，所有的 CAN 总线报文传输都会被中止，而且 CAN 发送输出的状态为隐性电平（逻辑 1）。进入初始化状态并不会改变 CAN 控制器、报文对象或错误计数器的配置。但是，某些配置寄存器我们只能在初始化状态时才可访问。

为了初始化 CAN 控制器，应该设置 CAN 位定时寄存器（CANBIT）并对每个报文对象进行配置。如果不需要某个报文对象，那么可以通过清零 CANIFnARB2 寄存器中的 MsgVal 位将它设置成无效；否则，整个报文对象必须被初始化，因为报文对象的场（fields）可能包含引起意外结果的无效信息。当 CANCTL 寄存器中的 INIT 和 CCE 位置位时，通过访问 CANBIT 寄存器和 CAN 波特率预分频扩展寄存器（CANBRPE）来使能位定时。如果想退出初始化状态，必须清零 INIT 位。然后，内部位流处理器（BSP）在参与总线动作和启动报文传输前会等待 11 个连续隐性位（总线空闲）序列的出现，以便与 CAN 总线上的数据传输同步。报文对象的初始化独立于初始化状态，并且可以在不工作时完成，但是在 BSP 启动报文传输前，报文对象应该全部配置成特定的标志符或设置成无效。要想在正常工作期间改变报文对象的配置，可以将 CANIFnARB2 寄存器中的 MsgVal 位设为 0（无效）。当配置完成时，MsgVal 再次被设为 1（有效）。

8.1.3 CAN 操作

一旦 CAN 模块被初始化,并且 CANCTL 寄存器中的 INIT 位重新设为 0,CAN 模块自身将同步于 CAN 总线,并启动报文传输。在接收报文时,如果报文通过了报文处理器的滤波,就会存储在它们相应的报文对象中。整个报文(包括所有仲裁位、数据长度码和 8 个数据字节)都存储在报文对象中。如果使用了标识符屏蔽位(CANIFnMSKn 寄存器中的 Msk 位),那么在报文对象中可能会覆盖被屏蔽为"无关"的仲裁位。

CPU 通过 CAN 接口寄存器(CANIFnCRQ、CANIFnCMSK、CANIFnMSKn、CANIFnARBn、CANIFnMCTL、CANIFnDAn 和 CANIFnDBn)可以在任意时刻读写每个报文。当两组 CAN 接口寄存器同时访问报文对象 RAM 时,报文处理器可以保证在这种情况下数据的一致性。

报文对象的发送受管理 CAN 硬件的软件控制。它们可以是用来一次数据传输的报文对象,也可以是以多周期方式响应的永久性报文对象。永久性报文对象设置了所有仲裁和控制,并且只更新数据字节。为启动发送,CANTXRQn 寄存器中的 TxRqst 位和 CANNWDAn 寄存器中的 NewDat 位必须置位。如果多个发送报文被分配给了同一个报文对象(在报文对象不够时),整个报文对象必须在请求发送前被配置。

同一时刻可以请求发送任意数量的报文对象;它们根据内部的优先级进行发送,其优先级基于报文对象的报文标识符。即使是在它们请求的发送仍然被挂起时,报文也可以在任意时刻被更新或设置成无效。当报文在其挂起发送启动前被更新时,旧的数据会被丢弃。根据报文对象的配置情况,接收含匹配标识符的远程帧会自动请求发送报文。

有两组 CAN 接口寄存器(CANIF1x 和 CANIF2x)被用来访问报文 RAM 中的报文对象。CAN 控制器把基于报文 RAM 的数据传输转换成基于寄存器的数据传输。这两组寄存器的功能是独立且相同的,并且可以用来排队等待处理。

8.1.4 CAN 发送

1. 发送报文对象

如果 CAN 模块的内部发送移位寄存器准备装载,并且 CAN 接口寄存器和报文 RAM 之间无数据传输,那么优先级最高并且含有挂起发送请求的有效报文对象将被报文处理器载入发送移位寄存器,然后开始发送。报文对象的 NewDat 位被复位,并且可以在 CANNWDAn 寄存器中查看其状态。在成功发送后,如果自开始发送起就没有新数据写入报文对象,那么 CANIFnMCTL 寄存器中的 TxRqst 位将被复位;如果 CANIFnMCTL 寄存器中的 TxIE 位置位,那么 CANIFnMCTL 寄存器中的 IntPnd 位会在成功发送后置位。如果 CAN 模块丢失了仲裁或者在发送期间发生错误,那么一旦 CAN 总线再次空闲就会重新发送报文。与此同时,如果优先级最高的报文发送发出了请求，那么报文将按照它们的优先级顺序进行发送。

2. 配置发送报文对象

表 8.1 规定了发送报文对象的位的设置。

表 8.1 发送信息对象的位设置

寄存器	CANFnARB2	CANIFnCMSK			CANIFnMCTL	CANIFn ARB2
位符号	MsgVal	Arb	Data	Mask	EoB	Dir
位	1	appl	appl	appl	1	1
寄存器	CANIFnMCTL					
位符号	NewDat	MsgLst	RxIE	TxIE	IntPnd	RmtEn	TxRqst
位	0	0	0	appl	0	appl	0

注：appl 表示报文、数据等。

CANIFnARBn 寄存器中的 Xtd 和 ID 位域都被应用程序置位。它们定义标识符和待发报文的类型。如果使用了 11 位标识符（标准帧），该标识符将会被编程为 CANIFnARB1 的位[28:18]，而 CANIFnARBn 的位[17:0]则不会被使用。

如果 TxIE 位置位，IntPnd 位在成功发送报文对象后会置位。

如果 RmtEn 位置位，匹配的接收远程帧将会使得 TxRqst 位置位，并且含有报文对象数据的数据帧会自动应答远程帧。

CANIFnMCTL 寄存器中的 DLC 位被应用程序置位。TxRqst 和 RmtEn 在数据有效之前可能不会置位。

CAN 屏蔽寄存器（CANIFnMSKn 中的 Msk 位，CANIFnMCTL 寄存器中的 UMask 位，以及 CANIFnMSK2 寄存器中的 MXtd 位和 MDir 位）可用来（如 UMask=1）允许带相似标识符的远程帧组将 TxRqst 位置位，因为被屏蔽的标识位不参与滤波，Dir 位不应该被屏蔽。

3. 更新发送报文对象

CPU 在任意时刻都可以通过 CAN 接口寄存器来更新发送报文对象的数据字节，并且 MsgVal 位和 TxRqst 位在更新前都不必复位。

即使只是将一部分数据字节更新，相应的 CANIFnDAn 或 CANIFnDBn 寄存器的 4 个字节都必须在寄存器内容被传输到报文对象之前有效。在 CPU 写入新数据字节之前，不是 CPU 将 4 个字节全部写入 CANIFnDAn 或 CANIFnDBn 寄存器，就是将报文对象传输到 CANIFnDAn 或 CANIFnDBn 寄存器。

若只是想更新报文对象中的数据，就将 WR、NewDat、DataA 和 DataB 位都写入 CANIFn 命令屏蔽寄存器（CANIFnCMSKn），然后写 CANIFn 数据寄存器，接着将报文对象的数目写入CANIFn命令请求寄存器(CANIFnCRQ)，这样就同时更新了数据字节和TxRqst位。

在数据更新时，为了防止TxRqst在已进行的发送的末尾复位，NewDat必须和TxRqst一起置位。当NewDat和TxRqst一起置位时，一旦开始新的发送NewDat就会复位。

8.1.5 CAN接收

1. 接受接收的报文对象

当到来的报文其仲裁场和控制场(ID + Xtd + RmtEn + DLC)完全移入CAN模块时，模块的报文处理开始扫描报文RAM，以找到匹配的有效报文对象。在通过扫描报文RAM来获取匹配的报文对象时，接收过滤单元从内核装载仲裁位。接着报文对象1的仲裁场和屏蔽场(包括MsgVal、UMask、NewDat和EoB)被装载到接收过滤单元，并与移位寄存器的仲裁场进行比较。后面的报文对象也依此进行，直到发现匹配的报文对象或到达报文RAM的末端。如果匹配出现，则停止扫描，报文处理器将根据接收帧的类型进行处理。

2. 接收数据帧

报文处理器将来自CAN模块接收移位寄存器的报文存储到报文RAM中相应的报文对象中，包括数据字节、所有仲裁位和数据长度码。即使使用了仲裁屏蔽寄存器，也可以通过执行这些动作来让数据字节和标识符保持连接。CANIFnMCTL寄存器NewDat位置位，表明接收到了新数据。在读取报文对象时，CPU应该将CANIFnMCTL寄存器NewDat复位，以向控制器表明已经接收了报文，并且缓冲器可以接收更多报文。如果CAN控制器接收了报文并且CANIFnMCTL寄存器NewDat位已经置位，那么MsgLst位将会置位，以表明之前的数据已丢失。如果CANIFnMCTL寄存器RxIE位置位，CANIFnMCTL寄存器IntPnd位也会置位，CANINT中断寄存器因而会指向正在接收报文的报文对象。在刚刚接收请求数据帧时，该报文对象的CANIFnMCTL寄存器TxRqst位复位，以便阻止发送远程帧。

3. 接收远程帧

在接收远程帧时，必须考虑匹配报文对象的3种不同配置：

- Dir=1(方向=发送)，RmtEn=1，UMask=1或0。在接收到匹配的远程帧时，该报文对象的TxRqst位会置位。剩余的报文对象保持不变。
- Dir=1(方向=发送)，RmtEn=0，UMask=0。在接收到匹配的远程帧时，该报文对象的TxRqst位保持不变；远程帧被忽略。这个远程帧被禁止并且不能自动应答或表明这个远程帧曾经出现过。
- Dir=1(方向=发送)，RmtEn=0，UMask=1。在接收到匹配的远程帧时，该报文对象的TxRqst位复位。移位寄存器的仲裁场和控制场(ID+Xtd+RmtEn+DLC)被存储到报文RAM中的报文对象中，并且该报文对象的NewDat位将置位。报文对象的数据场保持不变;远程帧像接收的数据帧那样被处理。这对于来自另一 CAN 器件的远程数据请求来说非常有用,因为 Stellaris 控制器没有包含可用的数据,软件必须填充数据并人工响应帧。

4. 接收/发送优先级

报文对象的接收/发送优先级由报文编号决定。报文对象 1 的优先级最高,报文对象 32 的优先级最低。如果有超过 1 个发送请求被挂起,那么将按顺序发送报文对象,报文编号最低的报文对象最先发送。这不能和报文标识符相混淆,因为优先级是由 CAN 总线强加的。这就意味着,如果报文对象 1 和报文对象 2 都含有需要发送的有效报文,那么将首先发送报文对象 1,而不用考虑信息报文本身的报文标识符。

5. 配置接收报文对象

表 8.2 规定了接收报文对象的位的设置。

表 8.2 接收报文对象配置

寄存器	CANFnARB2	CANIFnCMSK			CANIFnMCTL	CANIFn ARB2
位符号	MsgVal	Arb	Data	Mask	EoB	Dir
位	1	app1	app1	app1	1	1
寄存器	CANIFnMCTL					
位符号	NewDat	MsgLst	RxIE	TxIE	IntPnd	RmtEn	TxRqst
位	0	0	app1	0	0	0	0

注:app1 表示报文、数据等。

CAN 仲裁寄存器 CANI 后 ARBn(ID[28∶0]和 Xtd 位)都被应用程序置位。它们定义了标识符和所接受接收报文的类型。如果使用了 11 位标识符(标准帧),它将被编程为 ID[28∶18],并且 ID[17∶0]将被 CAN 控制器忽略。当接收到一个含 11 位标识符的数据帧时,ID[17∶0]将被设为 0。

如果 RxIE 位置位,那么 IntPnd 位将在接收数据帧被接收并被存储到报文对象中时置位。

当报文处理器将数据帧存储在报文对象中时,它存储了接收数据长度码和 8 个数据字节。如果数据长度码小于 8,那么报文对象剩余的字节将被非特定值覆盖。

CAN 屏蔽寄存器(CANIFnMSKn 中的 Msk 位,CANIFnMCTL 寄存器中的 UMask 位,以及 CANIFnMSK2 寄存器中的 MXtd 位和 MDir 位)可用来(如 UMask=1)允许接收带有相似标识符的数据帧组。典型应用中不应该将 Dir 位屏蔽。

6. 处理接收报文对象

因为报文处理器状态机保证了数据的一致性,所以 CPU 在任意时刻都可以通过 CAN 接口寄存器读取接收报文。

通常，CPU 首先会向 CANIFn 命令屏蔽寄存器（CANIFnCMSK）写入 0x007F，然后向 CANIFn 命令请求寄存器（CANIFnCRQ）写入报文对象的编号，并将整个接收报文从报文 RAM 传输到报文缓冲寄存器（CANIFnMSKn、CANIFnARBn 和 CANIFnMCTL）。另外，NewDat 和 IntPnd 位在报文 RAM 中清零，确定已读取报文，并清除了该报文对象产生的挂起中断。

如果报文对象在接收过滤中使用屏蔽，那么仲裁位会指示接收的是哪个匹配报文。

NewDat 的实际值指示自上次读取该报文对象起是否接收了新报文。MsgLst 的实际值指示自上次读取该报文对象起是否接收了多于 1 个报文。MsgLst 不会自动复位。

通过使用远程帧，CPU 可以从 CAN 总线上的另一 CAN 节点处请求新数据。置位接收对象的 TxRqst 位会启动发送带接收对象标识符的远程帧。远程帧触发其他 CAN 节点启动发送匹配数据帧。如果在可以发送远程帧之前接收到匹配数据帧，那么 TxRqst 位会自动复位。这样，当 CAN 总线上的其他器件发送数据早于预期时就不会丢失数据了。

8.1.6 中断处理

如果多个中断被挂起，CAN 中断寄存器（CANINT）将指向优先级最高的挂起中断，而不用考虑它们的时间顺序。中断会一直挂起，直至 CPU 将它清除。

状态中断的优先级最高。在报文中断之间，报文对象的中断优先级随报文编号的升高而降低。报文中断可以通过清零报文对象的 IntPnd 位被清除。状态中断可以通过读取 CAN 状态寄存器（CANSTS）被清除。

CANINT 寄存器中的中断标识符 IntId 指明了中断的原因。在没有挂起中断时，寄存器将该值保持为 0。如果 CANINT 的值不为 0，那么就有中断被挂起。如果 IE 位在 CANCTL 寄存器中置位，那么 CPU 的中断线是激活的。中断线一直保持激活，直到 CANINT 为 0、所有中断源都被清除或直到 IE 复位（禁止来自 CAN 控制器的中断）。

因为 CAN 模块已更新，所以在 CANINT 寄存器的值为 0x8000 时表示有中断被挂起，但是不必改变 CANSTS 寄存器（错误中断或状态中断），这表明出现一个新错误中断或一个新状态中断。写访问可以清零 CANSTS 寄存器中的 RxOK、TxOK 和 LEC 标志，但只有通过读取 CANSTS 寄存器才能清除状态中断源。

IntId 指向优先级最高的挂起报文中断。CANCTL 寄存器中的 SIE 位决定状态寄存器的改变是否会引发中断。CANCTL 寄存器中的 EIE 位决定 CAN 控制器的任一中断是否真的会向微控制器中断控制器产生中断。即使当 IE 位被置为 0，CANINT 中断寄存器也会被更新。在处理报文中断源时有两种可能：第 1 种可能是通过读取 CANINT 中断寄存器中的 IntId 位来决定挂起优先级最高的中断；第 2 种可能是通过读取 CAN 报文中断挂起寄存器（CANMSGnINT）来查看所有含挂起中断的报文对象。通过读取属于中断源的报文，中断服务程序可以读取报文,同时还可以通过置位 CANIFn 命令屏蔽寄存器(CANIFnCMSK)中的 ClrIntPnd 位来复位报文对象的 IntPnd。当 IntPnd 位被清零时,CANINT 寄存器将包含下一个带挂起中断的报文对象的报文编号。

8.1.7　CAN 位处理

1. 位定时配置错误的注意事项

即使 CAN 的位定时配置中的细微错误不会立即造成故障,但也会大大地降低 CAN 网络的性能。在许多情况下,CAN 位同步会修改 CAN 位定时的错误配置,使之控制在只会偶然产生错误帧。但是,在仲裁时,当两个或两个以上 CAN 节点同时试图发送帧时,采样点位置不当可能会使得其中一个发送器变成错误认可状态。对于这种偶发错误的分析,必须要详细了解 CAN 节点内的 CAN 位同步以及 CAN 节点对 CAN 总线的相互作用。

2. 位定时和位速率

CAN 系统支持的位速率范围:1~1 000 kbps。CAN 网络的每个成员都有自己的时钟发生器。即使 CAN 节点振荡器的周期可能不同,但对于每个 CAN 节点来说,位时间的定时参数都可以单独配置来产生一个共同的位速率。

由于温度或电压的变化以及元件的损耗会引起频率发生小变动,所以这些振荡器不会绝对的稳定。只要这些变动保持在振荡器特定的容忍范围,CAN 节点就可以通过周期性与位流同步来补偿不同的位速率。

根据 CAN 规范,如图 8.2 所示,位时间被分成 4 个时间段:同步段、传播时间段、相位缓冲段 1 和相位缓冲段 2。每个段由具体可编程数量的时间份额(time quanta)组成,如表 8.3 所列。时间份额是位时间的基本时间单元,它的长度(t_q)由 CAN 控制器的系统时钟(f_{sys})和波特率预分频器(BRP)定义:

$$t_q = BRP / f_{sys}$$

CAN 模块的系统时钟 f_{sys} 是其 CAN 模块时钟(CAN_CLK)输入的频率。

同步段 Sync_Seg 是位时间的一部分,在此段内期望有一个 CAN 总线电平边沿出现。如果边沿出现在 Sync_Seg 之外,那么它与 Sync_Seg 之间的长度叫做沿相位误差。

传播时间段 Prop_Seg 用于补偿 CAN 网络内部的物理延迟时间。

相位缓冲段 Phase_Seg1 和 Phase_Seg2 包围了采样点。

(重)同步跳转宽度(SJW)决定重同步会将采样点移动多远,移动距离的上限由用于补偿沿相位误差的相位缓冲段给定。

通过不同的位时间配置可以得到指定的位速率,但是为了 CAN 网络可以正常的工作,必须考虑物理延迟时间和振荡器的容限。

第8章 网络接口

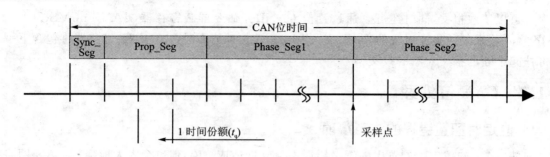

图 8.2 位时间各域分布图

表 8.3 CAN 协议范围

参 数	范 围	说 明	参 数	范 围	说 明
BRP	1～32	定义时间份额的长度 t_q	Phase_Seg1	1～8 t_q	可通过同步暂时延长
Sync_Seg	1 t_q	固定长度,总线输入与系统时钟同步	Phase_Seg2	1～8 t_q	可通过同步暂时缩短
Prog_Seg	1～8 t_q	补偿物理延时时间	SJW	1～4 t_q	不能比任一相位缓冲段长

注：该表描述了 CAN 协议要求的最小可编程范围。

位定时配置的编程是由 CANBIT 寄存器中的 2 个寄存器字节来完成的。Prop_Seg 与 Phase_Seg1 的和（作为 TSEG1）与 Phase_Seg2（作为 TSEG2）组合成一个字节，而 SJW 和 BRP 组合成另一个字节。

在这些位定时寄存器中，TSEG1、TSEG2、SJW 和 BRP 四个位域必须编程为一个小于其函数值的数字值；因此其值不属于 1～n 的范围，而属于 0～n-1 的范围。那样的话，例如：SJW（1～4 的函数范围）只用两个位来表示。因此，位时间的长度是（编程值）：

$$(TSEG1 + TSEG2 + 3)t_q$$

或（函数值）：

$$(Sync\_Seg + Prop\_Seg + Phase\_Seg1 + Phase\_Seg2)t_q$$

位定时寄存器中的数据是 CAN 协议控制器的配置输入。波特率预分频器（由 BRP 配置）决定时间份额（位时间的基本时间单元）的长度；位定时逻辑（由 TSEG1、TSEG2 和 SJW 配置）决定位时间内时间份额的数目。

位时间的处理、采样点位置的计算以及偶然同步都由 CAN 控制器控制，并且每个时间份额估算一次。

CAN 控制器可以将报文翻译成帧，也可以将帧翻译成报文。它产生并丢弃附着的固定格式位，插入和提取填充位，计算和检查 CRC 代码，执行错误管理，并决定使用哪种类型的同步。它在采样点处估算，并处理采样的总线输入位。由采样点开始，用于计算下一个将要发送位（即数据位、CRC 位、填充位、错误标志或空闲位）的时间叫做信息处理时间（IPT）。

IPT 根据应用程序的不同而不同,但不会长于 $2\,t_q$。CAN 的 IPT 是 $0\,t_q$,长度是 Phase_Seg2 编程长度的下限。在同步情况下,Phase_Seg2 可能会缩短成小于 IPT,但这并不会影响总线定时。

3. 计算位定时参数

通常,位时序配置的计算从目标位速率或位时间开始。作为结果的位时间(1/位速率)必须是系统时钟周期的整数倍。

位时间可由 4~25 个时间份额组成。通过不同的组合可得到目标位时间,允许重复以下步骤:

① 要定义的第 1 部分位时间是 Prop_Seg。其长度视系统测量的延迟时间而定,必须为可扩展的 CAN 总线系统定义最大的总线长度和最大的节点延迟。Prop_Seg 的结果时间被转换成时间份额(四舍五入成最接近 t_q 的整数倍)。

② Sync_Seg 是 $1\,t_q$(固定的),两个相位缓冲段为(位时间 − Prop_Seg − 1)t_q。如果剩余的 t_q 是偶数,那么相位缓冲段的长度相同,即 Phase_Seg2 = Phase_Seg1,否则 Phase_Seg2 = Phase_Seg1 + 1。

③ 还必须考虑 Phase_Seg2 的最小额定长度。Phase_Seg2 不能比 CAN 控制器的信息处理时间短,在 $0\sim 2\,t_q$ 范围内,视实际的执行情况而定。

④ 同步跳转宽度的长度被设置为最大值,是 4 和 Phase_Seg1 之中的最小值。

⑤ 结果配置所需的振荡器容限范围通过下式计算得到:

$$(1-d_f)\times f_{nom} \leqslant f_{osc} \leqslant (1+d_f)\times f_{nom}$$

此处,d_f = 振荡器频率的最大极限值;f_{osc} = 实际的振荡器频率;f_{nom} = 额定的振荡器频率。

⑥ 最大频率范围必须考虑以下等式:

$$d_f \leqslant \min(Phase\_Seg1, Phase\_Seg2)/2\times(13\times t_{bit}-Phase\_Seg2)$$

$$d_{fmax} = 2\times d_f \times f_{nom}$$

此处,Phase_Seg1 和 Phase_Seg2,如图 8.2 所示;t_{bit} = 位时间;d_{fmax} = 两个振荡器之间的最大差值。

如果可以包含一个以上的配置,那么该配置允许选择最高的振荡器容限范围。

含不同系统时钟的 CAN 节点要求不同配置的位速率相同。在 CAN 网络中会对整个网络计算一次传播时间,这个时间与最长延迟时间的节点有关。

CAN 系统的振荡器容错范围受最低容错范围的节点限制。

这个计算表明了这样一种事实:为了找到一种协议兼容的 CAN 位定时配置,必须缩短总线宽度或降低位速率,或者增加振荡器频率的稳定性。

将结果配置写入 CAN 位定时寄存器(CANBIT):

(Phase_Seg2−1)&(Phase_Seg1+Prop_Seg−1)&(同步跳转宽度−1)&(预分频−1)

4. 示例1:高波特率的位定时

在这个实例中,CAN_CLK 的频率为 10 MHz,BRP 为 0,而位速率为 1 Mbps。$t_q = 100$ ns $= t_{CAN\_CLK}$。

- 总线驱动器的延迟为 50 ns;
- 接收电路的延迟为 30 ns;
- 总线线路(40 m)的延迟为 220 ns;
- $t_{Prop} = 600$ ns $= 6 \times t_q$;
- $t_{SJW} = 100$ ns $= 1 \times t_q$;
- $t_{TSeg1} = 700$ ns $= t_{Prop} + t_{SJW}$;
- $t_{TSeg2} = 200$ ns $=$ 信息处理时间 $+ 1 \times t_q$;
- $t_{Sync-Seg} = 100$ ns $= 1 \times t_q$;
- 位时间 $= 1\,000$ ns $= t_{Sync-Seg} + t_{TSeg1} + t_{TSeg2}$。

在上述实例中,串联的位时间参数是上述参数的组合,CANBIT 被编程为 0x1600。

5. 示例2:低波特率的位定时

在该实例中,CAN_CLK 的频率为 2 MHz,BRP 为 1,位速率为 100 kbps。$t_q = 1\ \mu s = 2 \times t_{CAN\_CLK}$。

- 总线驱动器的延迟为 200 ns;
- 接收电路的延迟为 80 ns;
- 总线线路(40 m)的延迟为 200 ns;
- $t_{Prop} = 1\ \mu s = 1 \times t_q$;
- $t_{SJW} = 4\ \mu s = 4 \times t_q$;
- $t_{TSeg1} = 5\ \mu s = t_{Prop} + t_{SJW}$;
- $t_{TSeg2} = 4\ \mu s =$ 信息处理时间 $+ 3 \times t_q$;
- $t_{Sync-Seg} = 1\ \mu s = 1 \times t_q$;
- 位时间 $= 10\ \mu s = t_{Sync-Seg} + t_{TSeg1} + t_{TSeg2}$。

在该实例中,串联的位时间参数是上述参数的组合,CANBIT 被编程为 0x34C1。

8.1.8 CAN 的寄存器映射

表 8.4 列出了 CAN 的寄存器映射,所有的偏移量都是相对于 CAN 基地址 CAN0 (0x40040000)的。所有寄存器都是以字(32 位)为边界。

表 8.4 CAN 寄存器映射

偏移量	名 称	类 型	复 位	描 述
0x000	CANCTL	R/W	0x0000_0001	CAN 控制
0x004	CANSTS	R/W	0x0000_0000	CAN 状态
0x008	CANERR	RO	0x0000_0000	CAN 错误计数器
0x00C	CANBIT	R/W	0x0000_2301	CAN 位定时
0x010	CANINT	RO	0x0000_0000	CAN 中断
0x014	CANTST	R/W	0x0000_0000	CAN 测试
0x018	CANBRPE	R/W	0x0000_0000	CAN 波特率预分频扩展
0x020	CANIF1CRQ	R/W	0x0000_0000	CANIF1 命令请求
0x024	CANIF1CMSK	R/W	0x0000_0000	CANIF1 命令屏蔽
0x028/C	CANIF1MSK1/2	R/W	0x0000_FFFF	CANIF1 屏蔽 1/2
0x030/4	CANIF1ARB1/2	R/W	0x0000_0000	CANIF1 仲裁 1/2
0x038	CANIF1MCTL	R/W	0x0000_0000	CANIF1 报文控制
0x03C/40	CANIF1DA1/2	R/W	0x0000_0000	CANIF1 数据 A1/A2
0x044/8	CANIF1DB1/2	R/W	0x0000_0000	CANIF1 数据 B1/B2
0x080	CANIF1CRQ	R/W	0x0000_0000	CANIF2 命令请求
0x084	CANIF1CMSK	R/W	0x0000_0000	CANIF2 命令屏蔽
0x088/C	CANIF1MSK1/2	R/W	0x0000_FFFF	CANIF2 屏蔽 1/2
0x090/4	CANIF1ARB1/2	R/W	0x0000_0000	CANIF2 仲裁 1/2
0x098	CANIF1MCTL	R/W	0x0000_0000	CANIF2 报文控制
0x09C/A0	CANIF1DA1/2	R/W	0x0000_0000	CANIF2 数据 A1/A2
0x0A4/8	CANIF1DB1/2	R/W	0x0000_0000	CANIF2 数据 B1/B2
0x100/4	CANTXRQ1/2	RO	0x0000_0000	CAN 发送请求 1/2
0x120/4	CANNWDA1/2	RO	0x0000_0000	CAN 新数据 1/2
0x140/4	CANMSG1/2INT	RO	0x0000_0000	CAN 报文 1/2 中断挂起
0x160/4	CANMSG1/2VAL	RO	0x0000_0000	CAN 报文 1/2 有效

有关 CAN 寄存器的详细内容请参考"Luminary Micro,Inc. LM3S8962 Microcontroller DATA SHEET. http://www.luminarymicro.com"。

8.1.9 CAN-bus 接口电路与编程

1. CAN-bus 接口电路

LM3S2000、LM3S8000 系列 CPU 内部有 1~2 路 CAN 控制器。CAN 通信需要将 CPU 的 TTL 电平转换成 CAN 总线的差分电平,开发板上采用 CTM8251T 收发器作为电平转换装置,如图 8.3 所示。

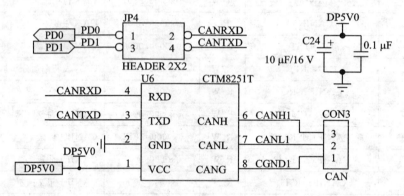

图 8.3 CAN-bus 接口电路

CTM 系列模块是集成电源隔离、电气隔离、CAN 收发器及 CAN 总线保护于一体的隔离 CAN 收发器模块。该模块 TXD、RXD 引脚兼容+3.3 V 与+5 V 的 CAN 控制器,不需要外接其他元器件,可以直接将+3.3 V 或+5 V 的 CAN 控制器发送、接收引脚与 CTM 模块的发送、接收引脚相连接。如图 8.3 所示为 CTM1050 与 LM3S2016 连接原理图,该电路采用了隔离 CAN 收发器模块,这样可以很好地实现 CAN-bus 总线上各节点电气、电源之间完全隔离和独立,提高了节点的稳定性和安全性。

如表 8.5 所列,CTM 系列隔离 CAN 收发器共有 8 个型号,带"T"后缀表示内部集成双 TVS 总线保护元件,可以较多地避免由于浪涌、干扰引起的总线错误或元件故障。

表 8.5 隔离 CAN 收发器列表

型号	说明	型号	说明
CTM1050	高速隔离 CAN 收发器	CTM8250	通用隔离 CAN 收发器
CTM1050T	带 TVS 保护的高速隔离 CAN 收发器	CTM8250T	带 TVS 保护的通用隔离 CAN 收发器
CTM1040	高速隔离 CAN 收发器	CTM8251	通用隔离 CAN 收发器
CTM1040T	带 TVS 保护的高速隔离 CAN 收发器	CTM8251T	带 TVS 保护的通用隔离 CAN 收发器

2. CAN 控制器通信示例程序

CAN 控制器只需要进行少量的配置就可以进行通信，例如为了驱动基于 LM3S2000 系列的 CAN 控制器，需要完成如下步骤：

① 设置处理器时钟，使用 PLL 倍频设置系统时钟为 25 MHz。
② 封装 CAN 节点相关信息，创建一个软件 CAN 节点结构体指针 pCAN_Node_Info。
③ 根据指针 pCAN_Node_Info 初始化 CAN 控制器。
④ 根据指针 pCAN_Node_Info 使能 CAN 控制器中断。
⑤ 根据指针 pCAN_Node_Info 设置 CAN 节点接收过滤。
⑥ 在完成上述设置后，控制器就能从总线上中断接收数据，调用函数 SendCANFrame()实现数据发送。

CAN 控制器通信示例程序如下：

```c
#include "includes.h"
#include "my_can.h"
// 这里省略操作系统初始化及创建任务部分程序
CANCIRBUF * GptReFrameBuf;                      /* 定义帧接收缓冲区指针 */
CANCIRBUF * GptTxFrameBuf;                      /* 定义帧发送缓冲区指针 */
tCANNodeInfo * GptCanNodeInfo;                  /* 定义 CAN 节点数据信息指针 */
static void taskCanBus (void * parg)
{
    (void)parg;
    CANFRAME tCanFrame;
    tCANNodeInfo CAN_Node_Info;
    CANCIRBUF GtCanReCirBuf;                    /* 定义帧接收缓冲区 */
    CANCIRBUF GtCanTxCirBuf;                    /* 定义帧发送缓冲区 */
    GptCanNodeInfo = &CAN_Node_Info;
    GptReFrameBuf = &GtCanReCirBuf;
    GptTxFrameBuf = &GtCanTxCirBuf;
    CreateCAN(GptCanNodeInfo, CAN0_BASE, CANBAUD_500K, RxMsgObj_ONE,
    TxMsgObj_ONE, GptReFrameBuf, GptTxFrameBuf);  /* 创建软件 CAN 节点 */
    InitCANController(GptCanNodeInfo);          /* 初始化 CAN 节点 */
    EnableCANInt(GptCanNodeInfo);               /* 使能 CAN 中断 */
    CANAcceptFilterSet(GptCanNodeInfo, 0x00, MASK, EXT_ID_FILTER);
                                                /* 设置节点接收数据过滤 */
    tCanFrame.ucXID = 1;                        /* 0 标准帧;1 扩展帧 */
    tCanFrame.ucDLC = 8;                        /* 数据长度 */
    tCanFrame.ulID = 0;                         /* 帧 ID */
    canFrameSend(GptCanNodeInfo, &tCanFrame);   /* 发送数据 */
```

```
    while (1){
        while (GptReFrameBuf->ucBufFull ! = FULL){        /* 缓冲区不满,继续等待接收 */
            OSTimeDly(OS_TICKS_PER_SEC/200);              /* 系统延时 */
        }
        if (canCirBufRead(GptReFrameBuf, &tCanFrame)! = EMPTY){
            canFrameSend(GptCanNodeInfo, &tCanFrame);
        }
        OSTimeDly(OS_TICKS_PER_SEC);                       /* 系统延时 */
    }
}
```

8.2 以太网控制器

8.2.1 以太网控制器特性与内部结构

LM3S 系列微控制器的以太网控制器由一个完全集成的介质访问控制器(MAC)和网络物理(PHY)接口器件组成。以太网控制器遵循 IEEE 802.3 规范,完全支持 10BASE-T 和 100BASE-TX 标准。

以太网控制器模块具有以下特性:

① 遵循 IEEE 802.3-2002 规范。
- 遵循 10BASE-T/100BASE-TX IEEE-802.3。只需要一个双路 1:1 隔离变压器就能与线路相连;
- 10BASE-T/100BASE-TX 编解码器,100BASE-TX 扰码器/解扰器;
- 全功能的自协商。

② 多种工作模式。
- 全双工和半双工 100 Mbps;
- 全双工和半双工 10 Mbps;
- 节电和掉电模式。

③ 高度可配置。
- 可编程 MAC 地址;
- LED 活动选择;
- 支持混杂模式;
- CRC 错误拒绝控制;
- 用户可配置的中断。

④ 物理媒体操作。

- 自动 MDI/MDI-X 交叉校验；
- 寄存器可编程的发送幅度；
- 自动极性校正和 10BASE-T 信号接收。

以太网控制器模块内部结构方框图如图 8.4 所示。

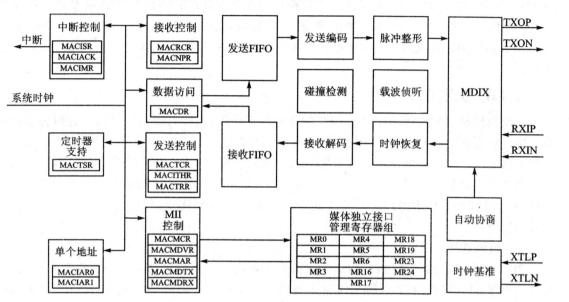

图 8.4 以太网控制器模块内部结构方框图

8.2.2 功能描述

如图 8.5 所示，以太网控制器在功能上被划分为两层或两个模块：介质访问控制器（MAC）层和网络物理（PHY）层。它们分别与 ISO 模型的第 2 层和第 1 层相对应。以太网控制器的基本接口是到 MAC 层的一个简单总线接口。MAC 层提供了以太网帧的发送和接收处理。MAC 层还通过一个内部的介质独立接口（MII）给 PHY 模块提供接口。

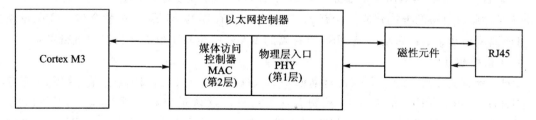

图 8.5 以太网控制器

1. 内部 MII 操作

为了 MII 管理接口的正确工作,MDIO 信号必须通过一个 10 kΩ 的上拉电阻连接到 +3.3 V 的电源。不连接这个上拉电阻将阻止这个内部 MII 上的管理传输起作用。注意:通过 MII 的数据传输可能仍然起作用,因为默认情况下 PHY 层将自协商链路参数。为了使 MII 管理接口正确工作,内部时钟必须被向下分频,使频率从系统时钟变为一个不大于 2.5 MHz 的频率。以太网 MAC 管理分频器寄存器(MACMDV)包含用来下调系统时钟的分频器。

2. PHY 配置/操作

以太网控制器中的物理层(PHY)包括集成的编解码器、扰码器/解扰器、双速时钟恢复和全功能自协商功能。发送器包含一个片内脉冲整形器和一个线路驱动器。接收器有一个自适应均衡器和一个校准时钟及恢复数据所需的基线恢复电路。在 100BASE-TX 应用中,收发器采用 5 类非屏蔽双绞线(Cat-5 UTP);在 10BASE-T 应用中,收发器采用 3 类非屏蔽双绞线(Cat-3 UTP)。以太网控制器通过双路 1:1 隔离变压器连接到线路介质(line media),无需外部滤波器。

(1) 时钟选择

PHY 有一个片内晶体振荡器,这个振荡器也可由一个外部振荡器驱动。在这种模式中,XTLPPHY 和 XTLNPHY 引脚之间应该连接一个 25 MHz 的晶体。或者,XTLP 引脚也可以连接一个外部 25 MHz 的时钟输入。在这种模式的工作中,不需要连接任何晶体,但 XTLN 引脚必须连接到地。

(2) 自协商

PHY 支持 IEEE 802.3 标准中第 28 条的自协商功能,可以在铜线电缆上执行 10/100 Mbps 的操作,这个功能可以通过寄存器设置来使能。复位后,自协商功能默认开启,MR0 寄存器的 ANEGEN 位为高。软件可以通过写 ANEGEN 位禁止自协商功能。在自协商过程中 MR4 寄存器的内容通过快速链路脉冲编码发送给 PHY 的连接方。

一旦自协商结束,MR18 寄存器的 DPLX 和 RATE 位就反映了实际速度和选择的双工。如果由于某种原因自协商未能建立一个链路,则 MR18 寄存器的 ANEGF 位就会将该情况反映出来,自协商从头开始重新启动。向 MR0 寄存器的 RANEG 位写 1 也能使自协商重新启动。

(3) 极性校正

PHY 能够为 10BASE-T 执行自动或手动极性翻转,也具有自协商功能。MR16 寄存器的位 4 和位 5(RVSPOL 和 APOL)控制着这个特性。默认是自动模式,该模式下 APOL 为低,RVSPOL 指明检测电路是否已经将输入信号翻转了。要进入手动模式,APOL 应当被设置成高,RVSPOL 控制着信号的极性。

(4) MDI/MDI-X 配置

PHY 支持 IEEE 802.3 2002 中定义的自动 MDI/MDI-X 配置,这就使得在连接到另一个器件(例如集线器)时无需使用交叉电缆。通过 MR24 寄存器中的设置来控制算法。

(5) LED 指示器

PHY 支持两个 LED 信号,它们可以用来指示以太网控制器操作的各种状态。这两个信号对应 LED0 和 LED1 引脚。默认情况下,这些引脚配置用作 GPIO 信号(PF3 和 PF2)。为了使 PHY 层驱动这两个信号,信号必须被重新配置成硬件功能。这些引脚的功能通过 PHY 层的 MR23 寄存器来编程。

3. MAC 配置/操作

(1) 以太网帧格式

以太网数据由以太网帧来传送。基本的帧格式如图 8.6 所示。

图 8.6 以太网帧

帧的 7 个字段从左到右被发送。帧的位按照最低有效位到最高有效位的方向被发送。

① 前导码:物理层信号电路使用前导码字段来实现与接收到的帧的时序同步。前导码的长度为 7 个字节,每个字节的值都为 10101010。

② 起始帧分界符(SFD):SFD 字段在前导码模式之后,指示帧的开始,其值为 10101011。

③ 目标地址(DA):这个字段指定数据帧的目标地址。DA 的 LSB 决定地址是一个单个地址(0)还是组/多播地址(1)。

④ 源地址(SA):源地址字段识别帧启动的站。

⑤ 长度/类型字段:这个字段的意义由它的数值来决定。2 个字节中的第 1 个字节是最高有效字节。这个字段可以解释成长度或类型码。数据字段的最大长度为 1 500 字节。如果长度/类型字段的值小于或等于 1 500(十进制),则该字段的值就是 MAC 客户数据的字节数;如果该字段的值大于或等于 1 536(十进制),则字段代表的就是类型。协议标准未定义长度/类型字段的值在 1 500 和 1 536 之间时代表的含义。如果长度/类型字段的值大于 1 500(十进制),MAC 模块就认定该字段代表的是类型。

⑥ 数据:数据字段是一个 0～1 500 字节的序列。由于提供了高度的数据透明度,所以任何值都可以出现在该字段中。最小的帧尺寸必须满足 IEEE 标准的要求。如果有必要,可以通过添加一些额外的位来延长数据字段(一次填充)。填充字段的长度可以为 0～46 字节。数据字段和填充字段长度之和的最小值必须为 46 字节。虽然 MAC 模块自动插入填充的操作可以通过一个寄存器写来禁能,但是,如果需要,操作仍可执行。对于 MAC 模块内核来说,发

送/接收的数据可以多于 1 500 字节,不会报告"帧太长"错误。取而代之的是,在接收到的帧太大而不适合以太网控制器的 RAM 时报告 FIFO 溢出错误。

⑦ 帧校验序列(FCS):帧校验序列传送循环冗余校验(CRC)值。这个字段的值使用 CRC-32 算法通过目标地址、源地址、长度/类型、数据和填充字段计算得到。MAC 模块每次计算半个字节的 FCS 值。对于发送的帧,这个字段由 MAC 层自动插入,除非通过 MACTCTL 寄存器的 CRC 位将其禁能。对于接收到的帧,这个字段被自动校验。如果 FCS 校验未通过,帧就不能放置到 RX FIFO 中,除非 FCS 校验通过,以太网 MAC 接收控制寄存器(MACRCTL)的 BADCRC 位被禁能。

(2) MAC 层 FIFO

一个 2 KB 的 TX FIFO 提供给以太网帧的发送,可以用来存放单个帧。虽然 IEEE 802.3 规范限制一个以太网帧的净负荷区的大小为 1 500 字节,但以太网控制器并没有给出这样的限制。整个缓冲区都可以使用,净负荷区高达 2 032 字节。

一个 2 KB 的 RX FIFO 提供给以太网帧接收,可以用来保存多个帧(最多可高达 31 个帧)。如果接收到一个帧而 RX FIFO 没有足够的空间来存放,则会指示溢出错误。

有关 TX FIFO 和 RX FIFO 分布的详细信息,请参考"Luminary Micro, Inc. LM3S8962 Microcontroller DATA SHEET. http://www.luminarymicro.com"。

(3) 以太网发送选择

以太网控制器可以在发送帧结束时自动产生和插入帧校验序列(FCS),这由以太网 MAC 发送控制寄存器(MACTCTL)的 CRC 位来控制。出于测试的目的,为了产生一个带有无效 CRC 的帧,这个特性可以被禁止。

IEEE 802.3 规范要求以太网帧的净负荷区的大小最小为 46 字节。如果装入 FIFO 的净负荷数据区小于 46 字节,则以太网控制器可以配置成自动填充数据区。这个特性由 MACTCTL 寄存器的 PADEN 位来控制。

在 MAC 层,发送器可以通过使用 MACTCTL 寄存器的 DUPLEX 位配置成既执行全双工又执行半双工操作。

(4) 以太网接收选择

利用 MACRCTL 寄存器的 BADCRC 位,以太网控制器可以配置成拒绝接收带有无效帧校验序列字段的以太网帧。

以太网接收器也可以用 MACRCTL 寄存器的 PRMS 和 AMUL 域配置成混杂模式和多播模式。如果这些模式都被禁止,那么只有带有广播地址的以太网帧,或与编程到 MACIA0 和 MACIA1 寄存器的 MAC 地址相匹配的帧被放置到 RX FIFO 中。

(5) 数据帧时间戳

使用 MACTS 寄存器的 TSEN 位,MAC 的发送和接收中断就能用于电平触发通用定时器 3 的捕获事件。发送中断将连接到通用定时器 3 的输入 CCP(EVEN)引脚上,而接收中断将连接到通用定时器 3 的输入 CCP(ODD)引脚上。这个定时器能被配置成一个 16 位边沿捕获模式,然后使用另一个未被使用的 16 位定时器去捕获更高精度的数据帧接收和发送时间戳。这个特性能够用于像 IEEE-1588 这样的协议,为同步帧提供更精确的时间戳,从而全部提高协议的精确度。

(6) 中　断

在下面的一个或多个条件出现时以太网控制器产生中断:

① 一个空 RX FIFO 接收到一个帧。

② 出现了帧发送错误。

③ 成功发送完一个帧。

④ RX FIFO 中没有空间时接收到了一个帧(FIFO 溢出)。

⑤ 接收到一个伴随一个或多个错误条件的帧(例如,FCS 失败)。

⑥ MAC 和 PHY 层之间的 MII 管理传输已经结束。

⑦ 一个或多个下面的 PHY 层条件出现:自协商结束;远程故障;连接状态改变;连接方应答;并行检测故障;接收到页;接收错误;检测到 Jabber 事件。

8.2.3　初始化和配置

要使用以太网控制器,外设必须通过置位 RCGC2 寄存器的 ETH 位来使能。然后,使用以下步骤来配置以太网控制器执行基本的操作。

① 编程 MACDIV 寄存器在内部 MII 上获得一个 2.5 MHz 的时钟(或更小的时钟)。假设系统时钟为 20 MHz,则 MACDIV 的值就是 4。

② 编程 MACIA0 和 MACIA1 寄存器进行地址过滤。

③ 使用值 0x16 编程 MACTCTL 寄存器,实现自动 CRC 产生、填充和全双工操作。

④ 使用值 0x08 编程 MACRCTL 寄存器来拒绝带有坏 FCS 的帧。

⑤ 通过置位 MACTCTL 和 MACRCTL 寄存器的 LSB 来使能发送器和接收器。

⑥ 要发送一个帧,就使用以太网 MAC 数据寄存器(MACDATA)将该帧写入 TX FIFO;然后置位以太网 MAC 发送请求寄存器(MACTR)的 NEWTX 位启动发送过程。当 NEWTX 位被清零后,TX FIFO 就可用于下个帧的发送。

⑦ 要接收一个帧,就必须等到以太网 MAC 的包数目寄存器(MACNP)的 NPR 域为非零值;然后,使用 MACDATA 寄存器开始将帧从 RX FIFO 中读出。当帧(包括 FCS 字段在内)被读取后,NPR 域的值应当减 1;当 RXFIFO 中没有帧时,NPR 域将读出为零。

8.2.4　以太网寄存器映射

表 8.6 列出了以太网 MAC 寄存器。所有给出的地址都是相对于 0x40048000 的以太网 MAC 基址而言的。IEEE 802.3 标准指定了一个寄存器集合,用来控制和集中 PHY 的状态。

第8章 网络接口

这些寄存器被共同称为 MII 管理寄存器,在 IEEE 802.3 规范的 22.2.4 节中对它们进行了详细描述。表 8.6 以太网寄存器映射列出了 MII 管理寄存器,给出的所有地址都是绝对地址,可以直接写入 MACMCTL 寄存器的 REGADR 域。寄存器 0~15 的格式由 IEEE 规范定义,为所有 PHY 实现(PHY implementation)所共用。存在的唯一不同是某些特性,特定的 PHY 可能支持、也可能不支持。寄存器 16~31 是厂商特有的寄存器,用来支持厂商 PHY 实现特有的特性。未列出的厂商特有的寄存器被保留。

表 8.6 以太网寄存器映射

偏移量	名称	类型	复位	描述
以太网 MAC				
0x000	MACRIS	RO	0x0000 0000	以太网 MAC 原始中断状态
0x000	MACIACK	W1C	0x0000 0000	以太网 MAC 中断应答
0x004	MACIM	R/W	0x0000 007F	以太网 MAC 中断屏蔽
0x008	MACRCTL	R/W	0x0000 0008	以太网 MAC 接收控制
0x00C	MACTCTL	R/W	0x0000 0000	以太网 MAC 发送控制
0x010	MACDATA	R/W	0x0000 0000	以太网 MAC 数据
0x014	MACIA0	R/W	0x0000 0000	以太网 MAC 单个地址 0
0x018	MACIA1	R/W	0x0000 0000	以太网 MAC 单个地址 1
0x01C	MACTHR	R/W	0x0000 003F	以太网 MAC 阈值
0x020	MACMCTL	R/W	0x0000 0000	以太网 MAC 管理控制
0x024	MACMDV	R/W	0x0000 0080	以太网 MAC 管理分频器
0x028	MACMADD	RO	0x0000 0000	以太网 MAC 管理地址
0x02C	MACMTXD	R/W	0x0000 0000	以太网 MAC 管理发送数据
0x030	MACMRXD	R/W	0x0000 0000	以太网 MAC 管理接收数据
0x034	MACNP	RO	0x0000 0000	以太网 MAC 的包数目
0x038	MACTR	R/W	0x0000 0000	以太网 MAC 发送请求
MMI 管理				
0x00	MR0	R/W	0x3100	以太网 PHY 管理寄存器 0—控制
0x01	MR1	RO	0x7849	以太网 PHY 管理寄存器 1—状态
0x02	MR2	RO	0x000E	以太网 PHY 管理寄存器 2—PHY 标识符 1
0x03	MR3	RO	0x7237	以太网 PHY 管理寄存器 3—PHY 标识符 2
0x04	MR4	R/W	0x01E1	以太网 PHY 管理寄存器 4—自协商通告
0x05	MR5	RO	0x0000	以太网 PHY 管理寄存器 5—自协商连接方基面能力
0x06	MR6	RO	0x0000	以太网 PHY 管理寄存器 6—自协商扩展

续表8.6

偏移量	名称	类型	复位	描述
MMI 管理				
0x10	MR16	R/W	0x0140	以太网 PHY 管理寄存器 16—厂商特定
0x11	MR17	R/W	0x0000	以太网 PHY 管理寄存器 17—中断控制/状态
0x12	MR18	RO	0x0000	以太网 PHY 管理寄存器 18—诊断
0x13	MR19	R/W	0x4000	以太网 PHY 管理寄存器 19—收发器控制
0x17	MR23	R/W	0x0010	以太网 PHY 管理寄存器 23—LED 配置
0x18	MR24	R/W	0x00C0	以太网 PHY 管理寄存器 24—MDI/MDIX 控制

有关以太网 MAC 寄存器和 MII 管理寄存器的详细内容请参考"Luminary Micro，Inc. LM3S8962 Microcontroller DATA SHEET．http：//www．luminarymicro．com"。

8.2.5 以太网接口电路与编程

1．以太网接口电路

LM3S8962 及 LM3S6000 系列微控制器支持以太网接口，以太网通信需要通过一个网络变压器。EasyARM8962 开发板采用 HR601680 网络变压器，如图 8.7 所示。

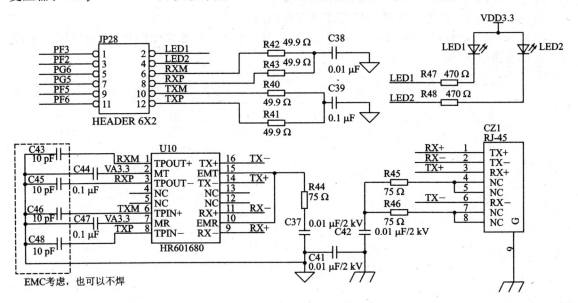

图 8.7 以太网接口电路

以太网接口支持 2 个 LED 信号，它们可以用来指示以太网控制器操作的各种状态。这两个信号对应 LED1 和 LED2 引脚。默认情况下，这些引脚配置用作 GPIO 信号（PF3 和 PF2）。

2. 以太网接口电路编程

利用周立功公司提供的 TCP&UDP 测试工具和 ZLG/IP 软件包可以完成以太网接口电路的编程。更多的内容请参考 EasyARM8962 开发套件随机提供的实验教程。

思考题与习题

1. 根据图 8.1 所示的 CAN 模块内部结构方框图，简述 CAN 模块功能。
2. 简述 CAN 发送操作。
3. 简述 CAN 接收操作。
4. 简述 CAN 中断寄存器（CANINT）的功能。
5. 怎样设置 CAN 的位定时和位速率？
6. 简述 CAN 寄存器的功能。
7. 分析 8.1.9 小节中 CAN 控制器通信示例程序，简述 CAN 控制器通信编程方法。
8. 根据图 8.4 所示的以太网控制器模块内部结构方框图，简述以太网控制器模块功能。
9. 在哪些条件下以太网控制器会产生中断？
10. 简述以太网控制器执行基本的操作的配置步骤。
11. 简述以太网 MAC 寄存器和 MII 管理寄存器功能。
12. 登录 www.zlgmcu.com，查找 ZLGCANTest 软件和 CAN 通信中间件，学习掌握以太网接口电路的编程。

第 9 章 EasyARM 开发板与常用外围模块的连接与编程

9.1 EasyARM 开发板与液晶显示器模块的连接与编程

9.1.1 RT12864M 汉字图形点阵液晶显示模块简介

RT12864M 汉字图形点阵液晶显示器模块可显示汉字及图形,内置 8 192 个中文汉字(16×16点阵)、128 个字符(8×16 点阵)及 64×256 点阵显示 RAM(GDRAM)。LCD 类型为 STN,显示内容为 128 列×64 行,显示颜色为黄绿,电源电压范围为 3.3~5 V(内置升压电路,无需负压),与 MCU 接口为 8 位或 4 位并行/3 位串行,配置 LED 背光,外观尺寸为 93 mm×70 mm×12.5 mm,视域尺寸为 73 mm×39 mm。

RT12864M 液晶显示器模块的引脚端功能如表 9.1 所列。

表 9.1 RT12864M 液晶显示器模块的引脚端功能

引 脚	符 号	功 能
1	VSS	模块的电源地
2	VDD	模块的电源正端
3	V0	LCD 驱动电压输入端
4	RS(CS)	并行的指令/数据选择信号;串行的片选信号
5	R/W(SID)	并行的读写选择信号;串行的数据口
6	E(CLK)	并行的使能信号;串行的同步时钟
7~14	DB0~DB7	数据 0~数据 7
15	PSB	并/串行接口选择:H,并行;L,串行
16	NC	空脚
17	$\overline{\text{RET}}$	复位,低电平有效

第 9 章 EasyARM 开发板与常用外围模块的连接与编程

续表 9.1

引脚	符号	功能
18	NC	空脚
19	LED_A	背光源正极(LED+5 V)
20	LED_K	背光源负极(LED-0 V)

　　RT12864M 液晶显示器模块有并行和串行两种连接方法,具有基本指令集和扩充指令集。更多的内容请参考"RT12864M 液晶显示器模块数据手册"。

9.1.2　EasyARM 开发板与 RT12864M 的连接

　　EasyARM615 ARM 开发板与 RT12864M 的接口电路如图 9.1 所示,使用杜邦线将 EasyARM615 ARM 开发板和 RT12864M 液晶显示器的串行接口连接,其连接方式如表 9.2 所列。

表 9.2　EasyARM615 ARM 开发板与 RT12864M 的连接方式

RT12864M 液晶显示器的串行接口	EasyARM615 ARM 开发板	RT12864M 液晶显示器的串行接口	EasyARM615 ARM 开发板
VCC	+5 V	E(CLK)	PD2
GND	GND	RW(SID)	PD3
$\overline{\text{RET}}$	PD1	RS(CS)	PD4

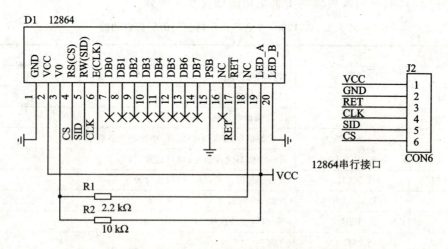

图 9.1　EasyARM615 ARM 开发板与 RT12864M 的接口电路

9.1.3 RT12864M 汉字图形点阵液晶显示模块编程示例

本示例程序在 IAR EWARM5.20 环境下进行编程,IAR Embedded Workbench for ARM(下面简称 IAR EWARM)是一个针对 ARM 处理器的集成开发环境,它包含项目管理器、编辑器、C/C++编译器和 ARM 汇编器、链接器 XLINK 和支持 RTOS 的调试工具 C-SPY。通过 C 语言编程并调用 Stellaris 驱动程序库控制 EasyARM615 ARM 开发板驱动液晶模块,程序流程图如图 9.2 所示。

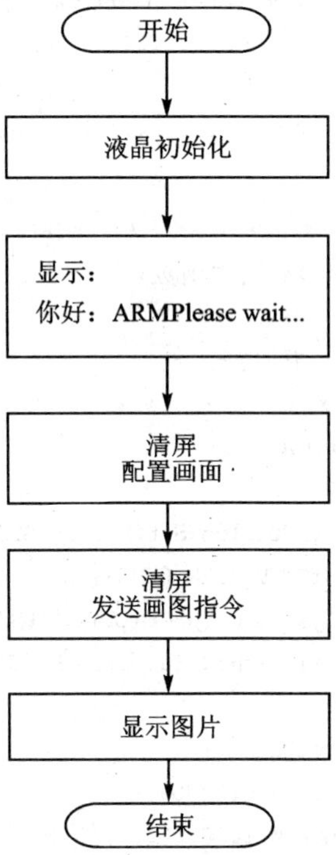

本示例程序利用 EasyARM615 ARM 开发板的输出控制 RT12864M 显示。程序正常运行时,先显示字符,然后显示两幅图片,图形点阵编码保存在 tab32[]中。

本示例相关代码和注释如下所示:

```
#include "hw_ints.h"
#include "hw_memmap.h"
#include "hw_types.h"
#include "gpio.h"
#include "sysctl.h"
#include "flash.h"
#ifndef uchar
#define uchar unsigned char
#endif
```

图 9.2 EasyARM615 ARM 开发板驱动液晶模块程序流程图

```
/****************************************
 ** 函数声明
 ****************************************/
void delays(long nom);
void delay(uchar n);
void LCDsend(unsigned char dat,unsigned char comdat);
void LCD_setxy(unsigned char x,unsigned char y);
void LCD_WriteStr(unsigned char dis_addr_x,unsigned char dis_addr_y,char * str);
void sendbyte(unsigned char a);
void img_disp1 (uchar * img);
void lcdInit(void);

#define SDA      GPIO_PIN_3      // PD3 为数据传输端口
#define SCL      GPIO_PIN_2      // PD2 为时钟端口
#define CS       GPIO_PIN_4      // PD4 为片选端口
```

第9章 EasyARM 开发板与常用外围模块的连接与编程

```c
/** 图片编码数组 **/
uchar tab32[] = {
  0x00,0x00,0x00,0x00,0x00,0x00,0x00,0x00,0x00,0x00,0x00,0x00,0x00,0x00,0x00,
                        ......
            (注:图片编码数据省略)
    0x00,0x00,0x00,0x00,0x00,0x00,0x00,0x00,0x00,0x00,0x00,0x00,0x00,0x00,0x00
};
/*****************************************************
** 功能:主函数
** 参数:无
** 返回:无
******************************************************/
int main(void)
{
    SysCtlClockSet(SYSCTL_SYSDIV_1 | SYSCTL_USE_OSC | SYSCTL_OSC_MAIN |
    SYSCTL_XTAL_6MHZ);                      // 设置晶振为系统时钟
    SysCtlPeripheralEnable(SYSCTL_PERIPH_GPIOD|SYSCTL_PERIPH_GPIOA);
    GPIODirModeSet(GPIO_PORTD_BASE, SDA | SCL | CS , GPIO_DIR_MODE_OUT);

    lcdInit();                              // 初始化液晶
    delays(10000);
    LCD_WriteStr(1,1,"你好:");              // 向液晶第1行第1个地址写数据
    LCD_WriteStr(2,2,"ARM");                // 向液晶第2行第2个地址写数据
    LCD_WriteStr(2,3,"please wait...");     // 向液晶第3行第2个地址写数据
    delays(10000);
    LCDsend(0x01,1);                        // 清屏
    LCDsend(0x36,1);                        // 扩展指令,绘图显示
    delays(100000);
    img_disp1(tab32);                       // 显示图片

    while(1);
}
/*****************************************************
** 功能:初始化液晶
** 参数:无
** 返回:无
******************************************************/
void lcdInit(void)
{
    delays(1);
```

```
        LCDsend(0x30,1);              // 工作模式:8位基本指令集
        LCDsend(0x0C,1);              // 整体显示
        LCDsend(0x01,1);              // 清屏
        LCDsend(0x02,1);              // 将AC设置为0x00,游标移到原点位置
        LCDsend(0x80,1);              // 设定DDRAM地址到地址计数器到AC
}
/*******************************************
** 功能:延时数量为d个指令周期
** 参数:img,指向数据储存的数组
** 返回:无
*******************************************/
void img_disp1 (uchar * img)
{
    uchar i,j;
    for(j = 0;j<32;j + +)              // 对前32×8的地址写数据
    {
        LCDsend(0x80 + j,1);           // 设定行地址
        LCDsend(0x80,1);               // 设定列地址
        for(i = 0;i<8;i + +)
        {
            LCDsend(img[j*8 + i],0);   // 发送数据
        }
    }
    /** 写上一拍图片数据 **/
    for(j = 0;j<32;j + +)              // 对前32行的后8列写数据
    {
        LCDsend(0x80 + j,1);
        LCDsend(0x84,1);
        for(i = 0;i<8;i + +)
        {
            LCDsend(img[j*8 + i],0);   // 发送数据
        }
    }
    for(j = 0;j<32;j + +)              // 对后32行的前8列写数据
    {
        LCDsend(0x80 + j,1);
        LCDsend(0x88,1);
        for(i = 0;i<8;i + +)
        {
```

```c
            LCDsend(img[j*8+i+256],0);
        }
    }
    /** 写下面一排的图片数据 **/
    for(j=0;j<32;j++)                    // 对后 32 行的后 8 列写数据
    {
        LCDsend(0x80+j,1);
        LCDsend(0x8c,1);
        for(i=0;i<8;i++)
        {
            LCDsend(img[j*8+i+256],0);   // 发送数据
        }
    }
}
/**************************************************
**  功能:设置 x,y 轴的坐标,并发送数据
**  参数:dis_addr_x,x 轴坐标,dis_addr_y,y 轴坐标,str,传递的数组指针
**  返回:无
**************************************************/
void LCD_WriteStr(unsigned char dis_addr_x,unsigned char dis_addr_y,char * str)
{
    unsigned char LCD_temp;
    LCD_setxy(dis_addr_x,dis_addr_y);    // 设定显示数据的坐标
    LCD_temp = *str;                     // 传递指针
    while(LCD_temp != 0x00)              // 发送数组的全部数据
    {
        LCDsend(LCD_temp,0);
        LCD_temp = *(++str);
    }
}
/**************************************************
**  功能:发送一个字节数据
**  参数:a,所要发送的数据
**  返回:无
**************************************************/
void SendByte(unsigned char a)
{
    unsigned char i;
    for(i=8;i>0;i--)
```

```c
    {
        if(a&(0x01<<(i-1)))                              // 依次取数据的每一位,如果为真则拉高数据端口
            GPIOPinWrite(GPIO_PORTD_BASE, SDA , SDA);    // 拉高数据端口
        else
            GPIOPinWrite(GPIO_PORTD_BASE, SDA , ~SDA);   // 拉低数据端口
        delay(1);
        GPIOPinWrite(GPIO_PORTD_BASE, SCL , SCL);        // 拉高时钟线
        delay(1);
        GPIOPinWrite(GPIO_PORTD_BASE, SCL , ~SCL);       // 拉低时钟线
        delay(1);
    }
}
/************************************************
**  功能:发送数据
**  参数:dat,所要发送的数据,comdat,发送命令,为1时送命令,否则送数据
**  返回:无
************************************************/
void LCDsend(unsigned char dat,unsigned char comdat)
{
    unsigned char temp,com;
    GPIOPinWrite(GPIO_PORTD_BASE, CS, CS);          // 拉高片选端口
    delays(1);
    if(comdat == 1)
    com = 0XF8;                                     // 假如是写命令,则赋值为 0xF8
    else
    com = 0XFA;                                     // 如果是数据,则赋值为 0xFa
    SendByte(com);                                  // 发送每一位数据
    temp = dat&0XF0;                                // 发送数据的高 8 位
    SendByte(temp);
    temp = ((dat&0X0F)<<4)&0XF0;                    // 发送数据的低 8 位
    SendByte(temp);
    delays(100);
    GPIOPinWrite(GPIO_PORTD_BASE, CS, ~CS);         // 拉低片选端口
}
/************************************************
**  功能:设定 x,y 轴的位置
**  参数:x,设置 x 轴坐标;y,设置 y 轴坐标;y 为行(1~4),x 为列(1~8)
**  返回:无
************************************************/
```

```c
void LCD_setxy(unsigned char x,unsigned char y)
{
    switch(y)
    {
    case 1:
        LCDsend(0X7F + x,1); break;        // 设置第 1 行第 x 列
    case 2:
        LCDsend(0X8F + x,1); break;        // 设置第 2 行第 x 列
    case 3:
        LCDsend(0X87 + x,1); break;        // 设置第 3 行第 x 列
    case 4:
        LCDsend(0X97 + x,1); break;        // 设置第 4 行第 x 列
    default:     break;
    }
}
/******************************************************
**   功能:延时数量为 n 个指令周期
**   参数:n,将要延时的时间数
**   返回:无
******************************************************/
void delay(uchar n)
{
    int i;
    for(i = 0; i<n; i++);
}
/******************************************************
**   功能:延时数量为 nom 个指令周期
**   参数:nom,将要延时的时间数
**   返回:无
******************************************************/
void delays(long nom)
{
    int i;
    for(; nom>0; nom--)
    {
        for(i = 0; i<150; i++);
    }
}
```

9.2 EsayARM 开发板与触摸屏模块的连接与编程

9.2.1 触摸屏模块简介

触摸屏模块选择北京迪文科技有限公司生产的 DMT32240S035_01WT,其分辨率为 320×240,工作温度范围为 −20～70 ℃,工作电压 5 V。该模块支持多语言、多字体、任意大小的文本显示,支持用户自行设计字库;128 MB 存储器,支持 USB 高速图片下载更新,图形功能完善;支持触摸屏和键盘,并具有触摸屏漂移处理技术;内嵌拼音输入法、数据排序等简单算法处理。有关 DMT32240S035_01WT 的更多内容请登录 www.dwin.com.cn,查询北京迪文科技有限公司"智能显示终端开发指南"以及相关资料。

9.2.2 EasyARM 开发板与触摸屏模块的连接

EasyARM 开发板与触摸屏模块通过 UART 接口进行连接,按图 9.3 所示电路连接 EasyARM 开发板与触摸屏模块。

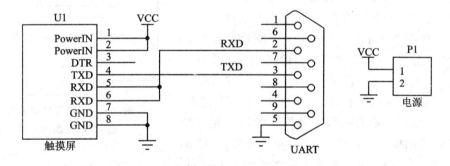

图 9.3 EasyARM 开发板与触摸屏模块连接电路

9.2.3 触摸屏模块的编程示例

该示例程序演示了如何使用 EasyARM8962 开发板控制 DMT32240S035_01WT 触摸屏模块。DMT32240S035_01WT 触摸屏模块接上电源,连上串口即可工作。该模块使用一组指令集与 MCU 通信来实现各种功能,操作简单。程序设计的主要工作是设计出一个容易扩展的框架,以及在程序的数据结构上下功夫,详细分析见程序代码部分。

1. 实验步骤及结果

① 将程序下载到 EasyARM8962 开发板上。
② 按图 9.3 所示连接 EasyARM8962 和触摸屏模块。

③ 点击触摸屏上的相关区域，观察触摸屏的变化。

说明：示例采用事先设计的 3 幅图片并下载到 DMT32240S035_01WT 显示中断内核中，第 1 幅图中设计了两个按键，触摸第 1 个按键，显示界面切换到第 2 幅图，触摸第 2 个按键，显示界面切换到第 3 幅图，触摸第 2 或第 3 幅图则显示界面切换到第 1 幅图。第 1 幅图除了两个按键的其他区域则是无效区域，触摸无效区域显示界面不切换。

2. 程序流程图

触摸屏模块的编程示例程序的流程图如图 9.4 所示。

3. 示例程序

注意：必须在向量表相应位置添加 UART0 中断服务函数指针，修改系统堆栈大小为 400 字节，即把文件 startup_ewarm.c 中的语句"static unsigned long pulStack[64] @ ".noinit";"改为"static unsigned long pulStack[400] @ ".noinit";"。

本程序数据结构的基础是一幅图片的数据。一幅图片的主要数据为图片页码、按键数目和位置以及文本框数目和位置。由于在一个项目中图片的总数是确定的，所以在程序文件 main.c 中定义一个图片数据结构数组来存储所有图片数据，图片数据的初始化工作在函数 init_TSCR(tscr_t * ptscr, sheet_t asheet[], struct button abutton[], struct textbox atextbox[])中完成。

本程序中另一个重要的数据结构为触摸屏控制核心数据结构，该结构主要记录了 Luminary8962 与 HMI 通信的相关信息。相关细节可参考程序文件 touchscr.h。

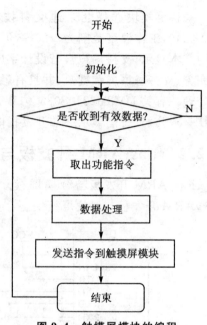

图 9.4 触摸屏模块的编程示例程序的流程图

(1) 主控文件 main.c 相关代码和注释

```
#include "LM3S8962.h"
#include "uart0.h"
#include "touchscr.h"
#include "main.h"
/************************************************
** 变量定义
*************************************************/
tscr_t mytscr;                          // 触摸屏控制核心数据
sheet_t mysheet[PAGESUM];               // 图片数组
struct button mybutton[BUTTONSUM];      // 按键数组
```

```c
struct textbox mytextbox[TEXTBOXSUM];                   // 文本框数组
/* * * * * * * * * * * * * * * * * * * * * * * * * * * * * * * * * * * * * * *
** 函数声明
* * * * * * * * * * * * * * * * * * * * * * * * * * * * * * * * * * * * * * */
static void init_LM3S8962(void);
/* * * * * * * * * * * * * * * * * * * * * * * * * * * * * * * * * * * * * * *
** 功能:主函数
** 参数:无
** 返回:无
* * * * * * * * * * * * * * * * * * * * * * * * * * * * * * * * * * * * * * */
void main(void)
{
    init_LM3S8962();                                    // 初始化 Luminary8962
    init_UART0(115200, 2);                              // 初始化串口 0
    init_TSCR(&mytscr, mysheet, mybutton, mytextbox);   // 初始化 HMI
    IntMasterEnable();                                  // 开总中断
    for (;;) {
        process_rxdata_TSCR(&mytscr, mysheet);          // 处理 8962 与 HMI 的通信
    }
}
/* * * * * * * * * * * * * * * * * * * * * * * * * * * * * * * * * * * * * * *
** 功能:8962 系统初始化
** 参数:无
** 返回:无
* * * * * * * * * * * * * * * * * * * * * * * * * * * * * * * * * * * * * * */
static void init_LM3S8962(void)
{
    SysCtlClockSet(SYSCTL_SYSDIV_1 | SYSCTL_USE_OSC |
              SYSCTL_OSC_MAIN | SYSCTL_XTAL_6MHZ);      // 系统时钟从 6 MHz 晶振直接引入
}
/* * * * * * * * * * * * * * * * * * * * * * * * * * * * * * * * * * * * * * *
** 功能:串口 0ISR
** 参数:无
** 返回:无
* * * * * * * * * * * * * * * * * * * * * * * * * * * * * * * * * * * * * * */
void uart0_isr(void)
{
    uint64 ulStatus;
    ulStatus = UARTIntStatus(UART0_BASE, true);         // 读取已使能的串口 0 中断状态
```

第 9 章 EasyARM 开发板与常用外围模块的连接与编程

```
    UARTIntClear(UART0_BASE, ulStatus);              // 清除当前的串口 0 中断
    if((ulStatus & UART_INT_RT)||(ulStatus & UART_INT_RX)) {    // 接收中断
        mytscr.renew = TRUE;                         // 数据更新标志
        mytscr.rxcmd[mytscr.rxcmdlen] = UARTCharGet(UART0_BASE);
        mytscr.rxcmdlen++;                           // 指示命令长度
    }
}
```

(2) 系统声明文件 LM3S8962.h 相关代码和注释

```
#ifndef _LM3S8962_H_                    // 防止重复声明
#define _LM3S8962_H_
/***************************************************************
**              常量定义
***************************************************************/
#ifndef TRUE
#define TRUE 1
#endif
#ifndef FALSE
#define FALSE 0
#endif
#ifndef NULL
#define NULL 0
#endif
/***************************************************************
**              与移植相关类型定义
***************************************************************/
typedef unsigned   char    bool;        // 布尔变量
typedef unsigned   char    uint8;       // 无符号 8 位整型变量
typedef signed     char    int8;        // 有符号 8 位整型变量
typedef unsigned   short   uint16;      // 无符号 16 位整型变量
typedef signed     short   int16;       // 有符号 16 位整型变量
typedef unsigned   int     uint32;      // 无符号 32 位整型变量
typedef signed     int     int32;       // 有符号 32 位整型变量
typedef unsigned   long    uint64;      // 无符号 64 位整型变量
typedef signed     long    int64;       // 有符号 64 位整型变量
typedef float              fp32;        // 单精度浮点数(32 位长度)
typedef double             fp64;        // 双精度浮点数(64 位长度)
/***************************************************************
**              系统头文件
```

```c
#include "hw_ints.h"
#include "hw_memmap.h"
#include "hw_types.h"
#include "gpio.h"
#include "interrupt.h"
#include "sysctl.h"
#include "uart.h"
/* * * * * * * * * * * * * * * * * * * * * * * * * * * * * * * * * * * * *
* *                   用户头文件
* * * * * * * * * * * * * * * * * * * * * * * * * * * * * * * * * * * * */
#endif
```

(3) UART0 头文件 uart0.h 相关代码和注释

```c
#ifndef    _UART0_H_                                // 防止重复声明
#define    _UART0_H_
/* * * * * * * * * * * * * * * * * * * * * * * * * * * * * * * * * * * * *
* * 串口 0 操作函数声明
* * * * * * * * * * * * * * * * * * * * * * * * * * * * * * * * * * * * */
extern uint8 init_UART0(uint32 baudrate, uint8 prio);   // UART0 初始化函数
extern void send_UART0(uint8 * pbuffer, uint16 size);   // 发送数据到 UART0
extern void recv_UART0(void);                           // 接收 UART0 的数据
extern void send_str_UART0(uint8 * pstr);               // 发送字符串到 UART0
#endif
```

(4) UART0 源文件 uart0.c 相关代码和注释

```c
#include "LM3S8962.h"
/* * * * * * * * * * * * * * * * * * * * * * * * * * * * * * * * * * * *
* * 功能:初始化串口 0
* * 参数:波特率,ISR 优先级
* * 返回:FALSE 代表失败;TRUE 代表成功
* * * * * * * * * * * * * * * * * * * * * * * * * * * * * * * * * * * */
uint8 init_UART0(uint32 baudrate, uint8 prio)
{
    if (baudrate > 115200) {                        // 波特率太高,错误返回
        return FALSE;
    }
```

第9章 EasyARM 开发板与常用外围模块的连接与编程

```c
    SysCtlPeripheralEnable(SYSCTL_PERIPH_UART0);           // 使能串口 0 外围设备
    SysCtlPeripheralEnable(SYSCTL_PERIPH_GPIOA);           // 使能 GPIOA
    // 设置 PA0,PA1 为 RXD0,TXD0
    GPIOPinTypeUART(GPIO_PORTA_BASE, GPIO_PIN_0 | GPIO_PIN_1);
    // 配置串口 0,8 位数据,1 位停止位,无奇偶校验位,波特率 baudrate
    UARTConfigSetExpClk(UART0_BASE, SysCtlClockGet(), baudrate,
                        (UART_CONFIG_WLEN_8 |
                        UART_CONFIG_STOP_ONE |
                        UART_CONFIG_PAR_NONE));
    UARTFIFOLevelSet(UART0_BASE, UART_FIFO_TX1_8, UART_FIFO_RX4_8);
    // 使能串口 0 接收中断和接收超时中断
    UARTIntEnable(UART0_BASE, UART_INT_RX | UART_INT_RT);
    IntEnable(INT_UART0);                                  // 使能串口 0 系统中断
    IntPrioritySet(INT_UART0, prio);                       // 设置中断优先级
    UARTEnable(UART0_BASE);                                // 使能 UART0
    return TRUE;
}
/ * * * * * * * * * * * * * * * * * * * * * * * * * * * * * * * * * * * * * * *
* * 功能:串口 0 发送数据
* * 参数:发送数据缓冲区,数据大小
* * 返回:无
* * * * * * * * * * * * * * * * * * * * * * * * * * * * * * * * * * * * * * * /
void send_UART0(uint8 * pbuffer, uint16 size)
{
    uint16 i;
    for (i = 0; i<size; i++) {
        UARTCharPut(UART0_BASE, pbuffer[i]);
    }
    while (UARTBusy(UART0_BASE));                          // 等待发送结束
}
/ * * * * * * * * * * * * * * * * * * * * * * * * * * * * * * * * * * * * * * *
* * 功能:串口 0 发送字符串
* * 参数:字符串指针
* * 返回:无
* * * * * * * * * * * * * * * * * * * * * * * * * * * * * * * * * * * * * * * /
void send_str_UART0(uint8 * pstr)
{
    while ( * pstr ! = '\0')
        UARTCharPut(UART0_BASE, * pstr++);
```

```c
    while (UARTBusy(UART0_BASE));              // 等待发送结束
}
```

(5) HMI 头文件 touchscr.h 相关代码和注释

```c
#ifndef _TOUCHSCR_H_                           // 防止重复声明
#define _TOUCHSCR_H_
// 常量定义
#define CMDLENMAX    100                       // 命令最大长度
#define PAGESUM      3                         // 总页数
#define BUTTONSUM    2                         // 按键总数
#define TEXTBOXSUM   1                         // 文本框总数
// 按键
struct button
{
    uint16 x0;                                 // 按键左上角 x 坐标
    uint16 y0;                                 // 按键左上角 y 坐标
    uint16 x1;                                 // 按键右下角 x 坐标
    uint16 y1;                                 // 按键右下角 y 坐标
};
// 文本框
struct textbox
{
    uint8  lattice;                            // 字体类型
    uint16 x0;                                 // 文本框左上角 x 坐标
    uint16 y0;                                 // 文本框左上角 y 坐标
    uint16 x1;                                 // 文本框右下角 x 坐标
    uint16 y1;                                 // 文本框右下角 y 坐标
};
// 一屏显示数据
typedef struct tscrsheet
{
    uint8 page;                                // 图片页码
    uint8 buttonsum;                           // 按键数目
    uint8 textboxsum;                          // 文本框数目
    struct button  * pbutton;                  // 指向按键数据
    struct textbox * ptextbox;                 // 指向文本框数据
} sheet_t;
// 触摸屏控制核心数据结构
```

```c
typedef struct TouchScr
{
    bool    renew;                      // 命令是否有更新
    uint8 currentpage;                  // 当前显示图片索引
    uint8 pagesum;                      // 图片总数
    uint8 rxcmdlen;                     // 接收命令长度
    uint8 txcmdlen;                     // 发送命令长度
    uint8 rxcmd[CMDLENMAX];             // 接收命令缓冲区
    uint8 txcmd[CMDLENMAX];             // 发送命令缓冲区
} tscr_t;
/*****************************************************
** 外部函数声明
*****************************************************/
extern void init_TSCR(tscr_t * ptscr, sheet_t asheet[], struct button abutton[],
    struct textbox atextbox[]);
extern bool rxdata_valid_TSCR(tscr_t * ptscr);
extern void send_cmd_TSCR(tscr_t * ptscr);
extern void send_eof_TSCR(void);
extern void show_image_TSCR(tscr_t * ptscr, uint8 n);
extern void process_rxdata_TSCR(tscr_t * ptscr, sheet_t asheet[]);
#endif
```

(6) HMI 源文件 touchscr.c 相关代码和注释

```c
#include "LM3S8962.h"
#include "touchscr.h"
#include "uart0.h"
/*****************************************************
** 功能:初始化触摸屏数据缓冲区
** 参数:缓冲区指针,显示图片数组
** 返回:无
*****************************************************/
void init_TSCR(tscr_t * ptscr, sheet_t asheet[], struct button abutton[], struct textbox atextbox[])
{
    uint8 ibutton = 0, itextbox = 0;
    (void)itextbox;
    ptscr->renew = FALSE;
    ptscr->currentpage = 0x00;
    ptscr->pagesum = PAGESUM;
```

```c
    ptscr->rxcmdlen = 0x00;
    ptscr->txcmdlen = 0x00;

    asheet[0].page = 0;
    asheet[0].buttonsum = 2;                    // 该幅图共 2 个按钮
    asheet[0].textboxsum = 0;
    asheet[0].pbutton = abutton;
    asheet[0].ptextbox = NULL;
    asheet[0].pbutton[0].x0 = 80;               // 该幅图上第一个按键数据
    asheet[0].pbutton[0].y0 = 140;
    asheet[0].pbutton[0].x1 = 140;
    asheet[0].pbutton[0].y1 = 160;
    asheet[0].pbutton[1].x0 = 80;
    asheet[0].pbutton[1].y0 = 170;
    asheet[0].pbutton[1].x1 = 230;
    asheet[0].pbutton[1].y1 = 190;
    ibutton = ibutton + 2;

    asheet[1].page = 1;
    asheet[1].buttonsum = 0;                    // 该幅图共 0 个按钮
    asheet[1].textboxsum = 0;
    asheet[1].pbutton = NULL;
    asheet[1].ptextbox = NULL;

    asheet[2].page = 2;
    asheet[2].buttonsum = 0;                    // 该幅图共 0 个按钮
    asheet[2].textboxsum = 0;
    asheet[2].pbutton = NULL;
    asheet[2].ptextbox = NULL;
}
/*******************************************************
** 功能:判断接收数据是否有效
** 参数:触摸屏数据缓冲区指针
** 返回:TRUE,数据有效;FALSE,数据无效
*******************************************************/
bool rxdata_valid_TSCR(tscr_t * ptscr)
{
    if ((ptscr->rxcmd[ptscr->rxcmdlen-1] == 0x3C)       \
        && (ptscr->rxcmd[ptscr->rxcmdlen-2] == 0xC3)    \
        && (ptscr->rxcmd[ptscr->rxcmdlen-3] == 0x33)    \
        && (ptscr->rxcmd[ptscr->rxcmdlen-4] == 0xCC))
```

```c
        {
            return TRUE;
        } else {
            return FALSE;
        }
}
/******************************************
** 功能:发送触摸屏控制命令
** 参数:触摸屏数据缓冲区指针
** 返回:无
******************************************/
void send_cmd_TSCR(tscr_t *ptscr)
{
    send_UART0(ptscr->txcmd, ptscr->txcmdlen);
}
/******************************************
** 功能:发送命令结束标志
** 参数:无
** 返回:无
******************************************/
void send_eof_TSCR(void)
{
    uint8 eof[4] = {0xCC,0x33,0xC3,0x3C};
    send_UART0(eof, 4);
}
/******************************************
** 功能:显示触摸屏内存储的图片
** 参数:缓冲区指针,图片索引
** 返回:无
******************************************/
void show_image_TSCR(tscr_t *ptscr, uint8 n)
{
    uint8 cmd[3] = {0xAA,0x70};
    cmd[2] = n;
    ptscr->currentpage = n;            // 存储当前显示图片索引值
    send_UART0(cmd, 3);
    send_eof_TSCR();
}
/******************************************
```

```c
**  功能:定位矩形
**  参数:点的坐标,矩形的左上角和右下角坐标
**  返回:按键编号(从1开始,顺序为左右上下)
*********************************************************/
bool locate_rect(uint16 x, uint16 y, uint16 x0, uint16 y0, uint16 x1, uint16 y1)
{
    if ((x>x0) && (x<x1) && (y>y0) && (y<y1))
        return TRUE;
    else
        return FALSE;
}
/*********************************************************
**  功能:处理来自触摸屏的数据
**  参数:触摸屏数据缓冲区指针,一屏显示数据指针
**  返回:按键编号(从1开始,顺序为左右上下),返回0无效
*********************************************************/
uint8 get_button_num(tscr_t * ptscr, sheet_t * psheet)
{
    uint8   i;
    uint16 x, y;
    x = ptscr->rxcmd[2];
    x = (x << 8) | ptscr->rxcmd[3];
    y = ptscr->rxcmd[4];
    y = (y << 8) | ptscr->rxcmd[5];
    for (i = 0; i<psheet->buttonsum; i++) {
        if (locate_rect(x, y, psheet->pbutton[i].x0,
                              psheet->pbutton[i].y0,
                              psheet->pbutton[i].x1,
                              psheet->pbutton[i].y1))
            return (i + 1);
    }
    return 0;
}
/*********************************************************
**  功能:处理来自触摸屏的数据
**  参数:触摸屏数据缓冲区指针
**  返回:无
*********************************************************/
void process_rxdata_TSCR(tscr_t * ptscr, sheet_t asheet[])
```

```c
{
    uint8 cmd, buttonnum;
    if (ptscr->renew == TRUE) {
        if (rxdata_valid_TSCR(ptscr) == FALSE)           // 是否接收到有效数据
            return;
        if (ptscr->rxcmd[0] != 0xAA) {
            ptscr->rxcmdlen = 0x00;
            ptscr->renew = FALSE;
            return;
        }
        cmd = ptscr->rxcmd[1];
        switch (cmd) {
    // 其他功能实现可在此处添加相关处理指令
            case 0x72:                                    // 触摸屏松开后上传坐标数据处理
                buttonnum = get_button_num(ptscr, &asheet[ptscr->currentpage]);
                if (buttonnum == 0) {
                    show_image_TSCR(ptscr, 0);            // 显示第 0 幅图片
                    ptscr->currentpage = 0;
                    break;
                }
                if (buttonnum == 1) {
                    show_image_TSCR(ptscr, 1);
                    ptscr->currentpage = 1;
                    break;
                }
                if (buttonnum == 2) {
                    show_image_TSCR(ptscr, 2);
                    ptscr->currentpage = 2;
                }
                break;
            case 0x73:
                break;
            default:
                break;
        }
        ptscr->renew = FALSE;                             // 更新触摸屏控制核心数据
        ptscr->rxcmdlen = 0;
    }
}
```

9.3 EsayARM 开发板与数/模转换器的连接与编程

9.3.1 数/模转换器 MAX502 简介

MAX502 是 Maxim 公司生产的一款 12 位、4 象限、电压输出且带输出放大的数/模转换器,电源电压为 -12~+12 V,输出具有 -10~+10 V 和 5 mA 的驱动能力,工作的温度范围为 0~70 ℃。关于 MAX502 应用更多的资料,请登录 http://www.maxim-ic.com.cn 查询。

采用 MAX502 构成的数模转换器电路如图 9.5 所示。

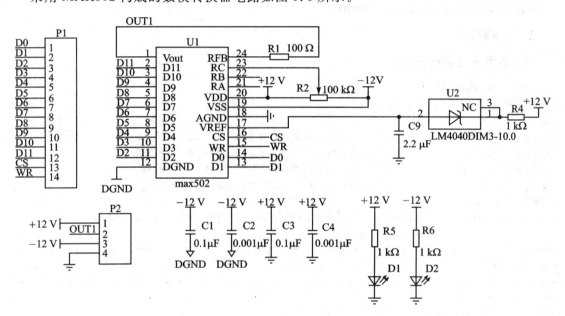

图 9.5 MAX502 构成的数模转换器电路

9.3.2 数/模转换器的编程

该示例程序演示了如何使用 EsayARM8962 开发板控制数/模转换芯片 MAX502 产生特定频率的正弦波。

本程序使用查表法产生正弦波,使用 Matlab 产生正弦表的代码可参考实验例程部分。生成的正弦波的频率计算公式为频率 $f = f_s \times$ 周期数/总点数 $= f_s$/每周期的点数,式中 f_s 为系统工作的频率,即 Luminary8962 给 MAX502 发送数据的频率。

第9章 EasyARM开发板与常用外围模块的连接与编程

1. 电路连接

① 将程序下载到EasyARM8962开发板中。

② 将MAX502的D7~D0引脚按顺序分别接Luminary8962的PA7~PA0引脚，D11~D8引脚按顺序分别接Luminary8962的PB7~PB4引脚，WR和CS引脚分别接PB1和PB0，然后MAX502系统板和EasyARM8962开发板要共地。由于MAX502的最大输入电流为10 μA，而Luminary8962的输出电流配置为2 mA，所以需要在两者之间接限流电阻，可使用330 Ω、1/4 W的电阻进行限流。

③ 给MAX502系统板和EasyARM8962开发板上电，用示波器观察MAX502的引脚端1的输出，即可看到有正弦波波形输出。

2. 示例程序

(1) 本程序主要代码程序

```c
#include "LM3S8962.h"
#define PIN_CS          GPIO_PIN_0
#define PIN_WR          GPIO_PIN_1
#define CSPin_High()    GPIOPinWrite(GPIO_PORTB_BASE, PIN_CS, PIN_CS)
#define CSPin_Low()     GPIOPinWrite(GPIO_PORTB_BASE, PIN_CS, ~PIN_CS)
#define WRPin_High()    GPIOPinWrite(GPIO_PORTB_BASE, PIN_WR, PIN_WR)
#define WRPin_Low()     GPIOPinWrite(GPIO_PORTB_BASE, PIN_WR, ~PIN_WR)
// 16点正弦波数据
uint16 sine16[16] = {2047, 2830, 3494, 3938, 4094, 3938, 3494, 2830, 2047, 1264, 600, 156, 0,
                    156, 600, 1264};
/************************************************************
** 函数声明
************************************************************/
void delay(void);
void init_LM3S8962(void);
void init_DA502(void);
void output_sample(uint16 data);
/************************************************************
** 功能：主函数
** 参数：无
** 返回：无
************************************************************/
void main(void)
{
    uint8 i;
    init_LM3S8962();        // 初始化Luminary8962
    init_DA502();           // 初始化MAX502
    for (;;) {
```

```c
        for (i = 0; i<16; i++) {       //循环输出
            output_sample(sine16[i]);
        }
    }
}
/******************************************************
** 功能:初始化 Luminary8962
** 参数:无
** 返回:无
******************************************************/
void init_LM3S8962(void)
{
    SysCtlClockSet(SYSCTL_SYSDIV_1 | SYSCTL_USE_OSC |
                   SYSCTL_OSC_MAIN | SYSCTL_XTAL_6MHZ);    // 系统时钟从 6 MHz 晶振直接引入
    SysCtlPeripheralEnable(SYSCTL_PERIPH_GPIOA);
    GPIOPadConfigSet(GPIO_PORTA_BASE, 0xFF, GPIO_STRENGTH_2MA,
                     GPIO_PIN_TYPE_STD);
    GPIODirModeSet(GPIO_PORTA_BASE, 0xFF, GPIO_DIR_MODE_OUT);
    SysCtlPeripheralEnable(SYSCTL_PERIPH_GPIOB);
    GPIOPadConfigSet(GPIO_PORTB_BASE, 0xF3, GPIO_STRENGTH_2MA,
                     GPIO_PIN_TYPE_STD);
    GPIODirModeSet(GPIO_PORTB_BASE, 0xF3, GPIO_DIR_MODE_OUT);
}
/******************************************************
** 功能:初始化 MAX502
** 参数:无
** 返回:无
******************************************************/
void init_DA502(void)
{
    CSPin_High();
    WRPin_High();
}
/******************************************************
** 功能:输出数据到 MAX502
** 参数:正弦表数据
** 返回:无
******************************************************/
void output_sample(uint16 data)
{
    uint8 tmp;
    tmp = data >> 4;
    CSPin_Low();
    WRPin_Low();
```

```
    GPIOPinWrite(GPIO_PORTB_BASE, 0xF0, tmp);      // 输出高 4 位
    GPIOPinWrite(GPIO_PORTA_BASE, 0xFF, data);     // 输出低 8 位
    delay();
    WRPin_High();
    delay();
    CSPin_High();
}
/********************************************************************
** 功能:延时
** 参数:无
** 返回:无
********************************************************************/
void delay(void)
{
    uint16 i;
    for (i = 0; i<5; i++)
        asm("nop");
}
```

(2) 使用 Matlab 产生 16 点的正弦波表代码程序

```
for i = 1:16            %16 个点
    sine(i) = round(2047 * (sin(2 * pi * (i - 1)/16) + 1));    %计算特定点的值
end
fid = fopen('sine16.h', 'w');                                  %结果保存在文件 sine16.h 中
fprintf(fid, 'int8 sine16[16] = {');
fprintf(fid, '%d,', sine(1:15));
fprintf(fid, '%d', sine(16));
fprintf(fid, '};\n');
fclose(fid);
```

9.4 EasyARM 开发板与 DDS AD9850 模块的连接与编程

9.4.1 DDS AD9850 模块简介

AD9850 是一个集成有高速数字频率合成器 DDS、高性能高速度数/模转换器和比较器的器件,可以构成一个直接可编程的频率合成器和时钟发生器。当采用一个精确的时钟脉冲信号源时,AD9850 可以产生一个稳定的频率和相位可编程的数字化的模拟正弦波输出。这个正弦波可以直接作为频率源,或在芯片内部被改变为方波在时钟发生器中应用。AD9850 的高速 DDS 核心采用一个 32 位的频率调谐字,在采用一个 125 MHz 系统时钟情况下,具有

第 9 章 EasyARM 开发板与常用外围模块的连接与编程

大约 0.029 1 Hz 的输出调谐分辨率。AD9850 提供有关 5 位的相位调制分辨率,能够移相 180°、90°、45°、22.5°和 11.25°。

AD9850 的频率调谐字、控制器字和相位调制字通过并行或串行的装载格式异步装入 AD9850。并联装载格式由 5 个重复装入的 8 位控制字组成。第 1 个 8 位字节控制相位调制,激活低功耗和装载格式;剩余的 2~5 字节组成 32 位频率调谐字。串行装载采用 40 位的串行数据流通过并行输入总线中的一个来完成。

AD9850 采用了先进的 CMOS 技术,电源电压为 3.3 V 或 5 V,功耗为 380 mW @ 125 MHz(5 V)以及 155 mW @ 110 MHz(3.3 V);低功耗模式的功耗为 30 mW @ 5 V 以及 10 mW @ 3.3 V。

有关 AD9850 更多的资料请登录"http://www.analog.com"查询。

采用 AD9850 构成的信号发生电路如图 9.6 所示,此电路的输出端没有加滤波器;P2 为波形输出口。

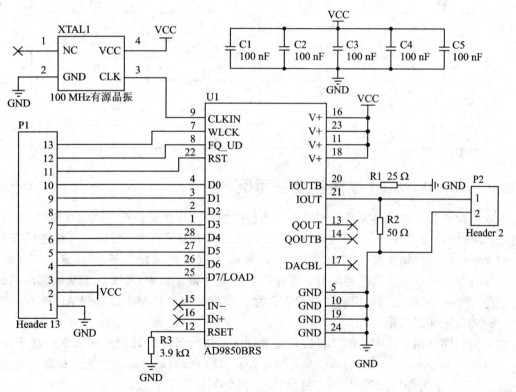

图 9.6 AD9850 模块电原理图

9.4.2　EasyARM 开发板与 DDS AD9850 模块的连接

采用 EasyARM 615 开发板为控制器件,通过对 AD9850 输送频率控制字,使 AD9850 输出相应频率的正弦波信号。EasyARM 615 开发板与 AD9850 的接口既可采用并行方式,也可采用串行方式。本设计选择并行方式将 LM3S615 的 I/O 口接至 AD9850 的并行输入控制端(D0~D7)。AD9850 外接 100 MHz 的有源晶振,产生的正弦信号经低通滤波器(LPF)去掉高频谐波后即可得到波形良好的正弦波信号。这样,将 D/A 转换器的输出信号经低通滤波后,接到 AD9850 内部的高速比较器上,即可直接输出一个抖动很小的方波。另外,也可通过键盘编辑任意波形的输出信号。EasyARM 615 开发板与 AD9850 的连接如表 9.3 所列。

表 9.3　EasyARM 615 开发板与 AD9850 的连接

AD9850 模块	EasyARM 615 开发板	AD9850 模块	EasyARM 615 开发板
D0	PC4	D7	PD4
D1	PC6	WLCK	PA5
D2	PC5	FQ_UD	PB2
D3	PD7	RST	PB3
D4	PA4	VCC	+5 V
D5	PB5	GND	GND
D6	PD5		

9.4.3　DDS AD9850 模块的编程示例

本示例程序的功能就是要将外部输入的数据按照一定算法变换成 AD9850 芯片所能接收的格式,并送出相应的频率、相位控制字,从而使 AD9850 能产生相位、频率可程控的正弦信号。程序设计中要特别注重 AD9850 的时序要求,正确送出逻辑控制字,并注意其刷新时钟。通过写端口写入 AD9850 的控制字暂时寄存在 I/O 缓冲寄存器中,需要一个从低到高的时钟信号从外部输入,或者由内部刷新时钟把 I/O 缓冲寄存器中的控制字传送到 AD9850 的 DDS 内核。详细程序如下所示。

本示例程序使用 AD9850 的并行接口对 AD9850 进行设置。通过改变频率控制字,可以设置 AD9850 的频率。本示例的功能是使用硬件接口输出,控制 AD9850 输出频率为 $0 \sim f/2$ 的正弦波,其中 f 为晶振的频率。相关代码和注释如下程序所示。

```
# include "hw_ints.h"
# include "hw_types.h"
# include "gpio.h"
```

```c
#include "sysctl.h"
#include "debug.h"
#include "hw_memmap.h"
#include "sysctl.h"

#define   uchar unsigned char
#define   uint  unsigned int

long   uint Frequency_Out_9850 = 2000000;        // 设置频率
double Con_Word_1_9850 = 0x00;
double Con_Word_2_9850 = 0x00;
long   uint ConTrol_Word_9850 = 0x00;

#define   fqud_9850      GPIO_PIN_2             // 设置端口引脚
#define   reset_9850     GPIO_PIN_3
#define   w_clk_9850     GPIO_PIN_5
/*******************************************************
** 功能:延时数量为 n 个指令周期
** 参数:n,将要延时的时间数
** 返回:无
*******************************************************/
void delay_9850(long int n)
{
    while(n! = 0)
    {
        n--;
    }
}
/*******************************************************
** 功能:发送数据
** 参数:ConTrol_Word,频率控制字
** 返回:无
*******************************************************/
void Send_Control_Word_9850(long uint ConTrol_Word)
{
    long uint ConTrol_Word_Temporary;
    uchar data_word;
```

第 9 章 EasyARM 开发板与常用外围模块的连接与编程

```c
GPIOPinWrite(GPIO_PORTA_BASE, w_clk_9850,~w_clk_9850);      // 置低时钟线
GPIOPinWrite(GPIO_PORTB_BASE, fqud_9850,~fqud_9850);         // 频率控制更新信号置零
data_word = 0x00;
// 向端口写数据
GPIOPinWrite(GPIO_PORTD_BASE,GPIO_PIN_7|GPIO_PIN_5|GPIO_PIN_4,data_word);
GPIOPinWrite(GPIO_PORTC_BASE,GPIO_PIN_4|GPIO_PIN_5|GPIO_PIN_6,data_word);
GPIOPinWrite(GPIO_PORTB_BASE,GPIO_PIN_5,data_word);
GPIOPinWrite(GPIO_PORTA_BASE,GPIO_PIN_4,data_word);
delay_9850(100);
GPIOPinWrite(GPIO_PORTA_BASE, w_clk_9850,w_clk_9850);        // 置高时钟线
delay_9850(100);
GPIOPinWrite(GPIO_PORTA_BASE, w_clk_9850,~w_clk_9850);       // 置低时钟线
ConTrol_Word_Temporary = ConTrol_Word;
ConTrol_Word = ConTrol_Word >> 24;                            // 取高 8 位
data_word = ConTrol_Word % 256;
delay_9850(100);
GPIOPinWrite(GPIO_PORTD_BASE, GPIO_PIN_4|GPIO_PIN_5|GPIO_PIN_7, \
        ((0x08&data_word)<<4)|((0x40&data_word)>>1)|((0x80&data_word)>>3));
GPIOPinWrite(GPIO_PORTC_BASE, GPIO_PIN_6|GPIO_PIN_5|GPIO_PIN_4, \
        ((0x01&data_word)<<4)|((0x02&data_word)<<5)|((0x04&data_word)<<3));
GPIOPinWrite(GPIO_PORTB_BASE, GPIO_PIN_5,(0x20&data_word));
GPIOPinWrite(GPIO_PORTA_BASE, GPIO_PIN_4,(0x10&data_word));
delay_9850(100);
GPIOPinWrite(GPIO_PORTA_BASE, w_clk_9850,w_clk_9850);         // 置高时钟线
delay_9850(100);
GPIOPinWrite(GPIO_PORTA_BASE, w_clk_9850, ~w_clk_9850);       // 置低时钟线
ConTrol_Word = ConTrol_Word_Temporary;
ConTrol_Word = ConTrol_Word >> 16;                             // 取次 8 位
data_word = ConTrol_Word % 256;
delay_9850(100);
GPIOPinWrite(GPIO_PORTD_BASE, GPIO_PIN_4|GPIO_PIN_5|GPIO_PIN_7, \
        ((0x08&data_word)<<4)|((0x40&data_word)>>1)|((0x80&data_word)>>3));
GPIOPinWrite(GPIO_PORTC_BASE, GPIO_PIN_6|GPIO_PIN_5|GPIO_PIN_4, \
        ((0x01&data_word)<<4)|((0x02&data_word)<<5)|((0x04&data_word)<<3));
GPIOPinWrite(GPIO_PORTB_BASE, GPIO_PIN_5,(0x20&data_word));
GPIOPinWrite(GPIO_PORTA_BASE, GPIO_PIN_4,(0x10&data_word));
```

```c
delay_9850(100);
GPIOPinWrite(GPIO_PORTA_BASE, w_clk_9850,w_clk_9850);       // 置高时钟线
delay_9850(100);
GPIOPinWrite(GPIO_PORTA_BASE, w_clk_9850, ~w_clk_9850);     // 置低时钟线
ConTrol_Word = ConTrol_Word_Temporary;
ConTrol_Word = ConTrol_Word >> 8;
data_word = ConTrol_Word % 256;
delay_9850(100);
GPIOPinWrite(GPIO_PORTD_BASE, GPIO_PIN_4|GPIO_PIN_5|GPIO_PIN_7, \
        ((0x08&data_word)<<4)|((0x40&data_word)>>1)|((0x80&data_word)>>3));
GPIOPinWrite(GPIO_PORTC_BASE, GPIO_PIN_6|GPIO_PIN_5|GPIO_PIN_4, \
        ((0x01&data_word)<<4)|((0x02&data_word)<<5)|((0x04&data_word)<<3));
GPIOPinWrite(GPIO_PORTB_BASE, GPIO_PIN_5,(0x20&data_word));
GPIOPinWrite(GPIO_PORTA_BASE, GPIO_PIN_4,(0x10&data_word));
delay_9850(100);
GPIOPinWrite(GPIO_PORTA_BASE, w_clk_9850,w_clk_9850);       // 置高时钟线
delay_9850(100);
GPIOPinWrite(GPIO_PORTA_BASE, w_clk_9850, ~w_clk_9850);     // 置低时钟线
ConTrol_Word = ConTrol_Word_Temporary;
data_word = ConTrol_Word % 256;
delay_9850(100);
GPIOPinWrite(GPIO_PORTD_BASE, GPIO_PIN_4|GPIO_PIN_5|GPIO_PIN_7, \
        ((0x08&data_word)<<4)|((0x40&data_word)>>1)|((0x80&data_word)>>3));
GPIOPinWrite(GPIO_PORTC_BASE, GPIO_PIN_6|GPIO_PIN_5|GPIO_PIN_4, \
        ((0x01&data_word)<<4)|((0x02&data_word)<<5)|((0x04&data_word)<<3));
GPIOPinWrite(GPIO_PORTB_BASE, GPIO_PIN_5,(0x20&data_word));
GPIOPinWrite(GPIO_PORTA_BASE, GPIO_PIN_4,(0x10&data_word));
delay_9850(100);
GPIOPinWrite(GPIO_PORTA_BASE, w_clk_9850,w_clk_9850);       // 置高时钟线
delay_9850(100);
GPIOPinWrite(GPIO_PORTA_BASE, w_clk_9850, ~w_clk_9850);     // 置低时钟线
delay_9850(100);
// 置高更新信号,更新 AD9850 的数据
GPIOPinWrite(GPIO_PORTB_BASE, fqud_9850,fqud_9850);
}
/***********************************************************
```

```
** 功能:根据频率,计算频率控制字
** 参数:Frequency_Out_9850,频率值
** 返回:无
******************************************************/
void Calculate_Control_Word_9850(long uint Frequency_Out_9850)
{
    /** 根据 fout=(f/2 的 32 次平方)* 频率控制字 **/
    Con_Word_1_9850 = Frequency_Out_9850 * 42;
    Con_Word_2_9850 = Frequency_Out_9850 * 0.9496;
    Con_Word_2_9850 = Con_Word_2_9850 + 0.5;
    Con_Word_1_9850 = Con_Word_1_9850 + Con_Word_2_9850;
    ConTrol_Word_9850 = Con_Word_1_9850 / 1;
}
/******************************************************
** 功能:初始化 AD9850
** 参数:无
** 返回:无
******************************************************/
void init_9850()
{
    GPIOPinWrite(GPIO_PORTB_BASE, reset_9850, reset_9850);    // 复位 AD9850
    delay_9850(100000);
    GPIOPinWrite(GPIO_PORTB_BASE, reset_9850, ~reset_9850);
}
/******************************************************
** 功能:写 AD9850
** 参数:无
** 返回:无
******************************************************/
void Write_9850()
{
    init_9850();
    Calculate_Control_Word_9850(Frequency_Out_9850);          // 计算频率控制字
    delay_9850(100000);
    Send_Control_Word_9850(ConTrol_Word_9850);                // 向 AD9850 写数据
}
```

```c
/* * * * * * * * * * * * * * * * * * * * * * * * * * * * * * * * * * * *
 * * 功能:主函数
 * * 参数:无
 * * 返回:无
 * * * * * * * * * * * * * * * * * * * * * * * * * * * * * * * * * * * */
void main(void)
{
    SysCtlClockSet(SYSCTL_SYSDIV_1 | SYSCTL_USE_OSC | SYSCTL_OSC_MAIN |
                SYSCTL_XTAL_6MHZ);                    // 设置系统时钟
    SysCtlPeripheralEnable(SYSCTL_PERIPH_GPIOD|SYSCTL_PERIPH_GPIOA|
                SYSCTL_PERIPH_GPIOC|SYSCTL_PERIPH_GPIOB);
    GPIODirModeSet(GPIO_PORTD_BASE,GPIO_PIN_4|GPIO_PIN_5|GPIO_PIN_7,
                GPIO_DIR_MODE_OUT);                   // 使能 D 端口相应引脚为输出
    GPIODirModeSet(GPIO_PORTA_BASE,GPIO_PIN_4|GPIO_PIN_5,
                GPIO_DIR_MODE_OUT);                   // 使能 A 端口相应引脚为输出
    GPIODirModeSet(GPIO_PORTB_BASE,GPIO_PIN_5|GPIO_PIN_2|GPIO_PIN_3,
                GPIO_DIR_MODE_OUT);                   // 使能 B 端口相应引脚为输出
    GPIODirModeSet(GPIO_PORTC_BASE,GPIO_PIN_4|GPIO_PIN_5|GPIO_PIN_6,
                GPIO_DIR_MODE_OUT);                   // 使能 C 端口相应引脚为输出
    delay_9850(100000);
    Write_9850();                                     // 启动 AD9850
    while(1);
}
```

9.5　EasyARM 开发板与超声波测距模块的连接与编程

9.5.1　URM37V3.2 超声波测距模块简介

URM37V3.2 超声波测距模块的工作电源电压为+5 V,工作电流小于 20 mA;超声波距离测量范围为 4～500 cm,分辨率为 1 cm,误差为 1%;内置一个测温部件,可以测量环境温度,分辨率为 0.1 ℃;模块提供一个舵机控制功能,扫描范围为 0～270°;工作温度范围 0～70 ℃。

URM37V3.2 超声波测距模块的原理图如图 9.7 所示。有关 URM37V3.2 超声波测距模块详细使用方法,请登录 http://www.61mcu.com 查询 URM37V3.2 超声波测距模块的数据手册。

第 9 章 EasyARM 开发板与常用外围模块的连接与编程

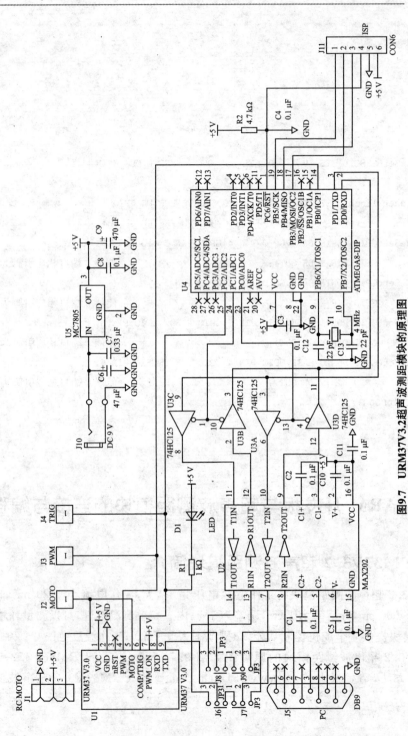

图9.7 URM37V3.2超声波测距模块的原理图

9.5.2　EasyARM 开发板与 URM37V3.2 的连接

将如图 9.7 所示 EasyARM 开发板的 UART1 端口连接到 PC 机串口上，UART0 端口连接到超声波模组上，接线如图 9.8 所示。注意要将 EasyARM8962 开发板上 JP4 跳线帽组中的 RXD 和 TXD 两个跳线帽去掉，然后将芯片 SP3232E 的 4 个通信端口按图 9.8(a)所示的网络标号连接好。

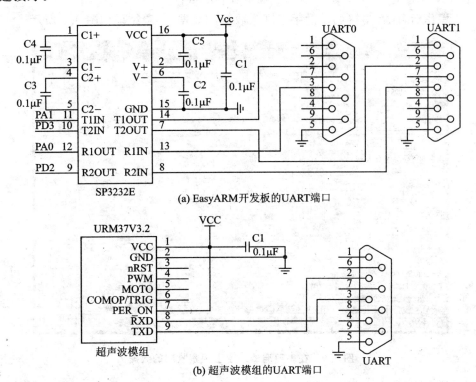

图 9.8　EasyARM 开发板与超声波模组的连接

9.5.3　超声波测距模块的编程示例

该示例程序演示了如何使用 Lumianry8962 操作 URM37V3.2 超声波模组。本程序使用 Luminary8962 的 UART0 与超声波模组通信，获得距离和环境温度等相关数据，然后把收集到的数据以一定格式通过 UART1 传递到 PC 端，在 PC 端使用串口调试助手接收数据并显示。

第9章 EasyARM 开发板与常用外围模块的连接与编程

1. 操作步骤

① 将程序下载到 EasyARM8962 开发板中。

② 按图 9.8 连接好 EasyARM8962 开发板和超声波模组。

③ 在 PC 端设置串口调试助手的参数为波特率 9 600,8 位数据位,1 位停止位,无奇偶校验位。

④ 给开发板通电,在串口调试助手上观察收到的数据。

按上述操作后,能在串口调试助手上观察收到的数据,实验结果如图 9.9 所示。

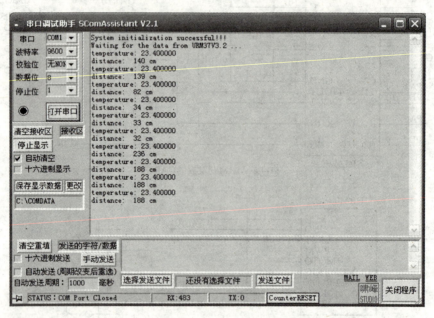

图 9.9 在串口调试助手上观察收到的数据

2. 程序流程图

示例程序的流程图如图 9.10 所示。

3. 示例程序

注意:必须在向量表相应位置添加 UART0 中断服务函数指针,修改系统堆栈大小为 400 字节,即把文件 startup_ewarm.c 中的语句"static unsigned long pulStack[64] @ ".noinit";"改为"static unsigned long pulStack[400] @ ".noinit";"。

本范例采用模块化编程,主控程序文件为 main.c。UART0 相关变量和函数声明在 uart0.h 中,定义在 uart0.c 中;UART1 相关变量和函数声明在 uart1.h 中,定义在 uart1.c 中。文件 LM3S8962.h 中为系统相关声明,在这个文件中定义了新的数据类型,以便于将本程序移植到其他平台上。

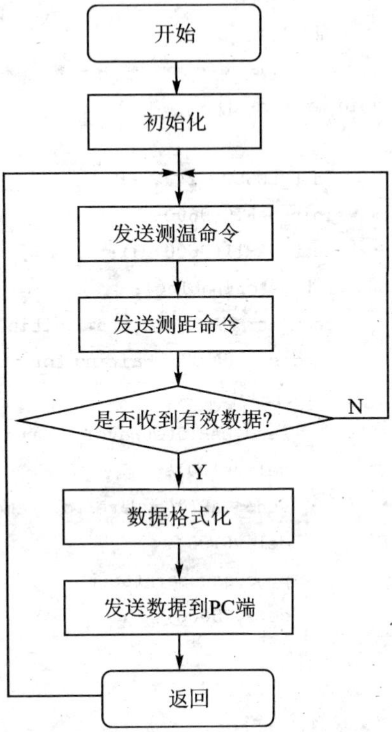

(1) 主控文件 main.c 相关代码和注释

```
#include "LM3S8962.h"        // 系统相关头文件
#include "uart1.h"           // UART1 头文件
#include "uart0.h"           // UART0 头文件
#include <stdio.h>           // 标准输入输出头文件
typedef struct suWaveData    // 超声波模组数据结构声明
{
    uint8 flag;      // 数据接收标志,第 0 位为 1 代表温度数据有效
                     // 第 1 位为 1 代表距离数据有效
    uint8 tempcmd[4];        // 读温度命令
    uint8 tempdata[2];       // 温度数据
    uint8 distcmd[4];        // 读距离命令
    uint8 distdata[2];       // 距离数据
} suWave_t;
// 定义一个超声波模组数据变量并初始化
suWave_t suWave1 = {0x00,0x11,0x00,0x00,0x11,0x00,0x00,
                    0x22,0x55,0x00,0x77,0x00,0x00};
/*************************************************
** 函数声明
*************************************************/
static void init_LM3S8962(void);            // LM3S8962 初始化
static void delay(uint16 dly);              // 延时函数
void process_udata(suWave_t * pfile);       // 数据处理函数
/*************************************************
** 功能:主控代码
```

图 9.10 示例程序的流程图

```
 * * 参数:无
 * * 返回:无
 * * * * * * * * * * * * * * * * * * * * * * * * * * * * * * * * * * * * * * * * * * * * /
void main(void)
{
    init_LM3S8962();                                    // 初始化 LM3S8962
    init_UART0(9600, 2);                                // 初始化 UART0
    init_UART1(9600, 3);                                // 初始化 UART1
    IntMasterEnable();                                  // 开总中断
    send_str_UART1("System initialization successful!!! \n");
    send_str_UART1("Waiting for the data from URM37V3.2 ...\n");
    for (;;) {
        send_UART0(suWave1.tempcmd, 4);                 // 发送测温命令
        delay(100);                                     // 延时
        send_UART0(suWave1.distcmd, 4);                 // 发送测距命令
        delay(100);                                     // 延时
        process_udata(&suWave1);                        // 处理接收到的数据
        delay(5000);                                    // 延时
    }
}
/* * * * * * * * * * * * * * * * * * * * * * * * * * * * * * * * * * * * * * * * * * * *
 * * 功能:初始化 LM3S8962
 * * 参数:无
 * * 返回:无
 * * * * * * * * * * * * * * * * * * * * * * * * * * * * * * * * * * * * * * * * * * * * /
static void init_LM3S8962(void)
{
    SysCtlClockSet(SYSCTL_SYSDIV_1 | SYSCTL_USE_OSC | SYSCTL_OSC_MAIN |
                   SYSCTL_XTAL_6MHZ);                   // 系统时钟从 6 MHz 晶振直接引入
}
/* * * * * * * * * * * * * * * * * * * * * * * * * * * * * * * * * * * * * * * * * * * *
 * * 功能:延时
 * * 参数:延时值
 * * 返回:无
 * * * * * * * * * * * * * * * * * * * * * * * * * * * * * * * * * * * * * * * * * * * * /
static void delay(uint16 dly)
{
    uint16 i;
    for (; dly>0; dly--)
```

```c
        for (i = 0; i<100; i++);
}
/* * * * * * * * * * * * * * * * * * * * * * * * * * * * * * * * * * * * * * *
** 功能:处理超声波模组数据
** 参数:超声波模组数据指针
** 返回:无
* * * * * * * * * * * * * * * * * * * * * * * * * * * * * * * * * * * * * * */
void process_udata(suWave_t * pfile)
{
    uint8  buffer[30];                              // 缓冲区
    uint16 tmp;                                      // 中间变量
    fp32   ftmp;                                     // 存储实际温度值
    if (pfile->flag && 0x01) {                       // 收到温度数据返回
        if ((pfile->tempdata[0] == 0xFF) && (pfile->tempdata[1] == 0xFF)) {  // 收到无效数据
            send_str_UART1("temperature: invalid data! \n");
            return;
        }

        if ((pfile->tempdata[0]&0xF0) == 0xF0) {     // 温度为负值
            tmp = (uint16)(pfile->tempdata[0] & 0x0F);  // 将数据转化为实际值
            tmp <<= 8;
            tmp |= (uint16)pfile->tempdata[1];
            ftmp = (fp32)tmp * 0.1;
            // 数据格式化并发送到 PC 端
            send_UART1(buffer, sprintf((char *)buffer, "temperature: -%f\n", ftmp));
        }

        if ((pfile->tempdata[0]&0xF0) == 0x00) {     // 温度为正值
            tmp = (uint16)pfile->tempdata[0];         // 将数据转化为实际值
            tmp <<= 8;
            tmp |= (uint16)pfile->tempdata[1];
            ftmp = (fp32)tmp * 0.1;
            // 数据格式化并发送到 PC 端
            send_UART1(buffer, sprintf((char *)buffer, "temperature: %f\n", ftmp));
        }
        pfile->flag &= 0xFE;                          // 温度数据处理完成
    }
    if (pfile->flag && 0x02) {                        // 收到距离数据返回
        tmp = pfile->distdata[0];
        tmp <<= 8;
```

第9章　EasyARM 开发板与常用外围模块的连接与编程

```c
        tmp |= pfile->distdata[1];
        if (tmp == 0xFFFF) {
            send_str_UART1("distance: invalid data! \n");
            return;
        }
    // 数据格式化并发送到 PC 端
        send_UART1(buffer, sprintf((char *)buffer, "distance: %d cm\n", tmp));
        pfile->flag &= 0xFD;                      // 距离数据处理完成
    }
}
/* * * * * * * * * * * * * * * * * * * * * * * * * * * * * * * * * * * * * * *
** 功能:UART0 中断服务子程序
** 参数:无
** 返回:无
* * * * * * * * * * * * * * * * * * * * * * * * * * * * * * * * * * * * * * */
void uart0_isr(void)
{
    uint8 ch;
    unsigned long ulStatus;

    ulStatus = UARTIntStatus(UART0_BASE, true);       // 读取串口 0 中断状态
    UARTIntClear(UART0_BASE, ulStatus);               // 清除当前的串口 0 中断标志
    if((ulStatus & UART_INT_RT)||(ulStatus & UART_INT_RX)) {  // 接收中断
        ch = UARTCharGet(UART0_BASE);                 // 取得 1 字节数据
        if (ch == 0x11) {                             // 是温度数据吗
            suWave1.tempdata[0] = UARTCharGet(UART0_BASE);
            suWave1.tempdata[1] = UARTCharGet(UART0_BASE);
            suWave1.flag |= 0x01;
        }
        if (ch == 0x22) {                             // 是距离数据吗
            suWave1.distdata[0] = UARTCharGet(UART0_BASE);
            suWave1.distdata[1] = UARTCharGet(UART0_BASE);
            suWave1.flag |= 0x02;
        }
    }
}
```

(2) 系统声明文件 LM3S8962.h 相关代码和注释

```c
#ifndef _LM3S8962_H_                      // 防止重复声明
```

```c
#define _LM3S8962_H_
/*****************************************************************
**                    常量定义
*****************************************************************/
#ifndef TRUE
#define TRUE 1
#endif
#ifndef FALSE
#define FALSE 0
#endif
#ifndef NULL
#define NULL 0
#endif
/*****************************************************************
**                    与移植相关类型定义
*****************************************************************/
typedef unsigned    char    uint8;          // 无符号 8 位整型变量
typedef signed      char    int8;           // 有符号 8 位整型变量
typedef unsigned    short   uint16;         // 无符号 16 位整型变量
typedef signed      short   int16;          // 有符号 16 位整型变量
typedef unsigned    int     uint32;         // 无符号 32 位整型变量
typedef signed      int     int32;          // 有符号 32 位整型变量
typedef unsigned    long    uint64;         // 无符号 64 位整型变量
typedef signed      long    int64;          // 有符号 64 位整型变量
typedef float               fp32;           // 单精度浮点数(32 位长度)
typedef double              fp64;           // 双精度浮点数(64 位长度)
/*****************************************************************
**                    系统头文件
*****************************************************************/
#include "hw_ints.h"
#include "hw_memmap.h"
#include "hw_types.h"
#include "gpio.h"
#include "interrupt.h"
#include "sysctl.h"
#include "uart.h"
/*****************************************************************
**                    用户头文件
*****************************************************************/
```

第 9 章 EasyARM 开发板与常用外围模块的连接与编程

```
#endif
```

(3) UART0 头文件 uart0.h 相关代码和注释

```c
#ifndef   _UART0_H_                                      // 防止重复声明
#define   _UART0_H_
/* * * * * * * * * * * * * * * * * * * * * * * * * * * * * * * * * * * * * *
** 串口 0 操作函数声明
* * * * * * * * * * * * * * * * * * * * * * * * * * * * * * * * * * * * * *
* */
extern uint8 init_UART0(uint32 baudrate, uint8 prio);    // UART0 初始化函数
extern void send_UART0(uint8 * pbuffer, uint16 size);    // 发送数据到 UART0
extern void recv_UART0(void);                            // 接收 UART0 的数据
extern void send_str_UART0(uint8 * pstr);                // 发送字符串到 UART0
#endif
```

(4) UART0 源文件 uart0.c 相关代码和注释

```c
#include "LM3S8962.h"
/* * * * * * * * * * * * * * * * * * * * * * * * * * * * * * * * * * * * * *
** 功能:初始化串口 0
** 参数:波特率,ISR 优先级
** 返回:FALSE 代表失败;TRUE 代表成功
* * * * * * * * * * * * * * * * * * * * * * * * * * * * * * * * * * * * * */
uint8 init_UART0(uint32 baudrate, uint8 prio)
{
    if (baudrate > 115200) {                             // 波特率太高,错误返回
        return FALSE;
    }
    SysCtlPeripheralEnable(SYSCTL_PERIPH_UART0);         // 使能串口 0 外围设备
    SysCtlPeripheralEnable(SYSCTL_PERIPH_GPIOA);         // 使能 GPIOA
    // 设置 PA0,PA1 为 RXD0,TXD0
    GPIOPinTypeUART(GPIO_PORTA_BASE, GPIO_PIN_0 | GPIO_PIN_1);
    // 配置串口 0,8 位数据,1 位停止位,无奇偶校验位,波特率 baudrate
    UARTConfigSetExpClk(UART0_BASE, SysCtlClockGet(), baudrate,
                        (UART_CONFIG_WLEN_8 |
                         UART_CONFIG_STOP_ONE |
                         UART_CONFIG_PAR_NONE));
    UARTFIFOLevelSet(UART0_BASE, UART_FIFO_TX1_8, UART_FIFO_RX4_8);
```

```c
// 使能串口 0 接收中断和接收超时中断
UARTIntEnable(UART0_BASE, UART_INT_RX | UART_INT_RT);
IntEnable(INT_UART0);                                    // 使能串口 0 系统中断
IntPrioritySet(INT_UART0, prio);                         // 设置中断优先级
UARTEnable(UART0_BASE);                                  // 使能 UART0
return TRUE;
}
/* * * * * * * * * * * * * * * * * * * * * * * * * * * * * * * * * * * * * * *
* * 功能:串口 0 发送数据
* * 参数:发送数据缓冲区,数据大小
* * 返回:无
* * * * * * * * * * * * * * * * * * * * * * * * * * * * * * * * * * * * * * */
void send_UART0(uint8 * pbuffer, uint16 size)
{
    uint16 i;
    for (i = 0; i<size; i++) {
        UARTCharPut(UART0_BASE, pbuffer[i]);
    }
    while (UARTBusy(UART0_BASE));                        // 等待发送结束
}
/* * * * * * * * * * * * * * * * * * * * * * * * * * * * * * * * * * * * * * *
* * 功能:串口 0 发送字符串
* * 参数:字符串指针
* * 返回:无
* * * * * * * * * * * * * * * * * * * * * * * * * * * * * * * * * * * * * * */
void send_str_UART0(uint8 * pstr)
{
    while ( * pstr != '\0')
        UARTCharPut(UART0_BASE, * pstr++);
    while (UARTBusy(UART0_BASE));                        // 等待发送结束
}
```

(5) UART1 头文件 uart1.h 相关代码和注释

```c
#ifndef    _UART1_H_                                     // 防止重复声明
#define    _UART1_H_
/* * * * * * * * * * * * * * * * * * * * * * * * * * * * * * * * * * * * * * *
* * 串口 0 操作函数声明
* * * * * * * * * * * * * * * * * * * * * * * * * * * * * * * * * * * * * * */
```

```c
extern uint8 init_UART1(uint32 baudrate, uint8 prio);      // UART1 初始化函数
extern void send_UART1(uint8 * pbuffer, uint16 size);       // 发送数据到 UART1
extern void recv_UART1(void);                                // 接收 UART1 的数据
extern void send_str_UART1uint8 * pstr);                     // 发送字符串到 UART1
#endif
```

(6) UART1 源文件 uart1.c 相关代码和注释

```c
#include "LM3S8962.h"
/* * * * * * * * * * * * * * * * * * * * * * * * * * * * * * * * * * * * * * *
** 功能:初始化串口 1
** 参数:波特率,ISR 优先级
** 返回:FALSE 代表失败;TRUE 代表成功
* * * * * * * * * * * * * * * * * * * * * * * * * * * * * * * * * * * * * * */
uint8 init_UART1(uint32 baudrate, uint8 prio)
{
    if (baudrate > 115200) {                                 // 波特率太高,错误返回
        return FALSE;
    }
    (void)prio;
    SysCtlPeripheralEnable(SYSCTL_PERIPH_UART1);              // 使能串口 1 外围设备
    SysCtlPeripheralEnable(SYSCTL_PERIPH_GPIOD);              // 使能 GPIOA
    // 设置 PA0,PA1 为 RXD0,TXD0
    GPIOPinTypeUART(GPIO_PORTD_BASE, GPIO_PIN_2 | GPIO_PIN_3);
    // 配置串口 0,8 位数据,1 位停止位,无奇偶校验位,波特率 baudrate
    UARTConfigSetExpClk(UART1_BASE, SysCtlClockGet(), baudrate,
                        (UART_CONFIG_WLEN_8 |
                        UART_CONFIG_STOP_ONE |
                        UART_CONFIG_PAR_NONE));
    UARTFIFOLevelSet(UART1_BASE, UART_FIFO_TX1_8, UART_FIFO_RX4_8);
    UARTEnable(UART1_BASE);                                   // 使能 UART1
    return TRUE;
}
/* * * * * * * * * * * * * * * * * * * * * * * * * * * * * * * * * * * * * * *
** 功能:串口 1 发送数据
** 参数:发送数据缓冲区,数据大小
```

```
**  返回:无
*************************************************/
void send_UART1(uint8 *pbuffer, uint16 size)
{
    uint16 i;
    for (i = 0; i<size; i++){
        UARTCharPut(UART1_BASE, pbuffer[i]);
    }
    while (UARTBusy(UART1_BASE)) ;                          // 等待发送结束
}
/*************************************************
**  功能:串口 1 发送字符串
**  参数:字符串指针
**  返回:无
*************************************************/
void send_str_UART1(uint8 *pstr)
{
    while (*pstr ! = '\0')
        UARTCharPut(UART1_BASE, *pstr++);
    while (UARTBusy(UART1_BASE)) ;                          // 等待发送结束
}
```

9.6 EasyARM 开发板与无线收发模块的连接与编程

9.6.1 nRF905 无线收发模块简介

nRF905 是挪威 Nordic VLSI ASA 公司推出的单片射频收发器,工作电压为 1.9～3.6 V,32 引脚 QFN 封装(5 mm×5 mm),工作于 433/868/915 MHz 三个 ISM(工业、科学和医学)频道,频道之间的转换时间小于 650 μs。nRF905 由频率合成器、接收解调器、功率放大器、晶体振荡器和调制器组成,不需外加声表滤波器,具有 ShockBurstTM 工作模式,自动处理字头和 CRC(循环冗余码校验),使用 SPI 接口与微控制器通信,配置非常方便。此外,其功耗非常低,以 −10 dBm 的输出功率发射时,工作电流只有 11 mA;工作于接收模式时,工作电流为 12.5 mA;并内建空闲模式与关机模式。nRF905 适用于无线数据通信、无线报警及安全系统、无线开锁、无线监测、家庭自动化和玩具等诸多领域。

nRF905 无线模块的原理图如图 9.11 所示,有关 nRF905 的更多内容,请登录 http://www.nvlsi.no 查询。

第 9 章 EasyARM 开发板与常用外围模块的连接与编程

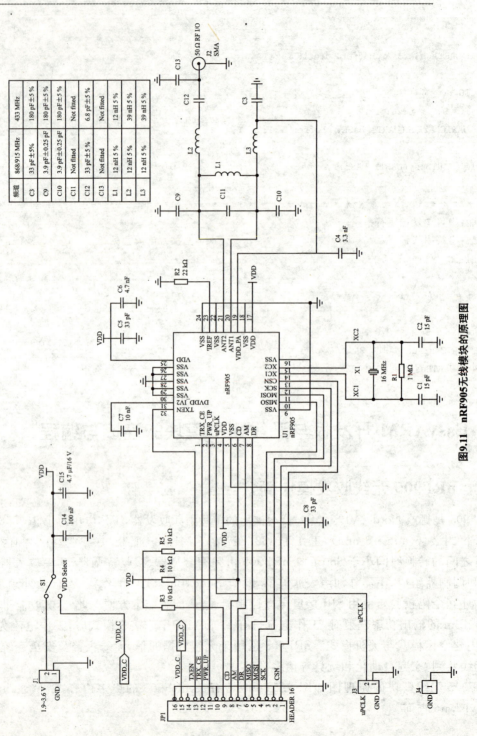

图9.11 nRF905无线模块的原理图

9.6.2　EasyARM 开发板与 nRF905 无线收发模块的连接

nRF905 无线模块的接口形式如图 9.12 所示,引脚端功能如表 9.4 所列。EasyARM8962 开发板与 nRF905 无线模块的连接示意图如图 9.13 所示。

表 9.4　nRF905 无线模块接口的引脚端功能

引　脚	名　称	引脚功能	说　明
1	VCC	电源	电源+3.3～+3.6V DC
2	TX_EN	数字输入	TX_EN=1,TX 模式;TX_EN=0,RX 模式
3	TRX_CE	数字输入	使能芯片发射或接收
4	PWR_UP	数字输入	芯片上电
5	uCLK	时钟输出	本模块该脚废弃不用,向后兼容
6	CD	数字输出	载波检测
7	AM	数字输出	地址匹配
8	DR	数字输出	接收或发射数据完成
9	MISO	SPI 接口	SPI 输出
10	MOSI	SPI 接口	SPI 输入
11	SCK	SPI 时钟	SPI 时钟
12	CSN	SPI 使能	SPI 使能
13	GND	地	接地
14	GND	地	接地

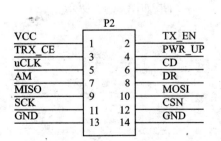
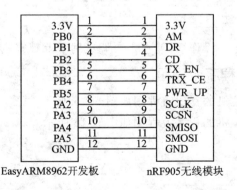

图 9.12　nRF905 无线模块的接口形式　　图 9.13　EasyARM8962 开发板与 nRF905 无线模块的连接示意图

9.6.3 无线收发模块的编程示例

该示例程序演示了如何使用EasyARM8962开发板操作基于nRF905芯片的无线模块。

本系统由上位机和下位机两部分组成，上位机使用EasyARM8962开发板的UART0与PC机的通信，使用EasyARM8962开发板的模拟SPI接口与无线模块连接。下位机使用EasyARM8962开发板的模拟SPI接口与无线模块连接。系统可以将来自上位机的数据通过nRF905无线模块发送到下位机，下位机也可以通过nRF905无线模块将数据送到上位机上。上位机接收来自下位机的数据并显示。

本系统实现的功能是：上位机部分的EasyARM8962开发板接收来自PC机的数据，并将数据发送给nRF905无线模块，nRF905无线模块将数据发送给下位机，下位机接收到数据后直接将数据发送给上位机，上位机部分的EasyARM8962开发板将接收到的数据通过UART0发送给PC机在串口调试助手上显示。

1. 实验步骤

① 将程序下载到EasyARM8962开发板中。

② 按图9.13所示将EasyARM8962开发板与无线模块连接，上位机和下位机需要两块EasyARM8962开发板，可以使用其他信号的EasyARM开发板，或者使用其他型号的微控制器代替EasyARM开发板，此时只需修改少量代码即可实现相同功能。

③ 将UART0接口连接到PC机串口上，注意要将EasyARM8962开发板上JP4跳线帽组中的RXD和TXD两个引脚与PA0和PA1两个引脚连接上。在PC端设置串口调试助手的参数为波特率9 600，8位数据位，1位停止位，无奇偶校验位。

④ 给EasyARM开发板通电，在串口调试助手上给EasyARM8962发送一字节数据，观察接收到的下位机的返回数据。

2. 实验结果

按上述操作后，能在串口调试助手上观察收到的数据，实验结果如图9.14所示。

3. 程序流程图

上位机的程序流程图如图9.15所示。

下位机的程序流程图如图9.16所示。

第 9 章　EasyARM 开发板与常用外围模块的连接与编程

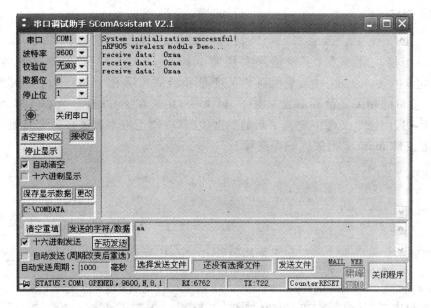

图 9.14　在串口调试助手上观察收到的数据

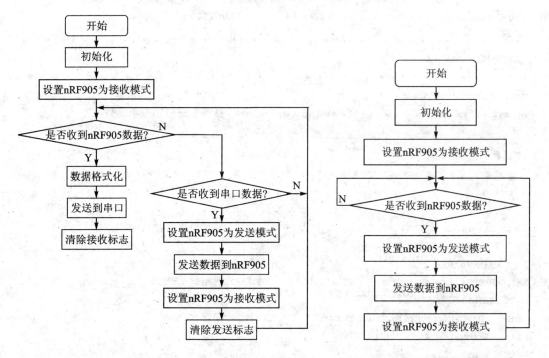

图 9.15　上位机的程序流程图　　　图 9.16　下位机的程序流程图

第9章 EasyARM 开发板与常用外围模块的连接与编程

4. 实验例程

注意：必须在中断向量表相应位置添加 UART0 中断服务函数指针。

本范例采用模块化编程，主控程序文件为 main.c。UART0 相关变量和函数声明在 uart0.h 中，定义在 uart0.c 中；无线模块相关变量和函数声明在 rf905.h 中，定义在 rf905.c 中；模拟 SPI 接口的相关变量和函数声明在 spi.h 中；定义在 spi.c 中。文件 LM3S8962.h 中为系统相关声明，在这个文件中定义了新的数据类型，以便于将本程序移植到其他平台上。

(1) 主控文件 main.c 相关代码和注释

```c
#include "LM3S8962.h"
#include "rf905.h"
#include "uart0.h"
#include <string.h>

uint8 txaddress[4] = {TX_ADDR_Byte0,TX_ADDR_Byte1,    // 目标地址
                     TX_ADDR_Byte2,TX_ADDR_Byte3};
rfdata_t rfbuf;                                       // 无线收发数据缓冲区
rfconf_t rfconfile = {10, RFConfig_Byte0, RFConfig_Byte1, RFConfig_Byte2, RFConfig_Byte3,
                     RFConfig_Byte4, RFConfig_Byte5, RFConfig_Byte6, RFConfig_Byte7,
RFConfig_Byte8, RFConfig_Byte9};                      // nRF905 配置数据
/******************************************************
** 函数声明
******************************************************/
void init_LM3S8962(void);                             // LM3S8962 初始化函数
uint8 * myitoa(int32 val, uint8 *buf, uint8 radix);   // 整型数据转字符串函数
/******************************************************
** 主函数
******************************************************/
void main(void)
{
    uint8 tmp[6];                                     // 转换数据缓冲区

    init_LM3S8962();                                  // 初始化 LM3S8962
    init_nRF905();                                    // 初始化 nRF905
    init_UART0(9600, 2);                              // 初始化 UART0
    config_nRF905(&rfconfile, txaddress);              // 配置 nRF905
    memset(&rfbuf, 0, sizeof(rfbuf));                 // 清空 rfbuf 缓冲区

    send_str_UART0("System initialization successful! \n");
    send_str_UART0("nRF905 wireless module Demo...\n");
```

```c
    set_rxmode_nRF905();                        // 设置 nRF905 为接收模式
    for (;;) {
        if (rx_packet_nRF905(&rfbuf, &rfconfile)) {    // nRF905 中有数据吗
            send_str_UART0("receive data: 0x");
            myitoa(rfbuf.rxdata[0], tmp, 16);   // 将整型数据转化成字符型
            send_UART0(tmp, 2);                 // 输出到 UART0
            send_str_UART0("\n");
            rfbuf.flag &= 0xFE;                 // 清除接收标志
        }
        if (rfbuf.flag & 0x02) {                // 有来自 UART0 的数据要发送
            set_txmode_nRF905();                // 设置 nRF905 为发送模式
            tx_packet_nRF905(&rfbuf, &rfconfile); // 使用 nRF905 发送数据
            set_rxmode_nRF905();                // 设置 nRF905 为接收模式
            rfbuf.flag &= 0xFD;                 // 清除发送标志
        }
    }
}

/***************************************************
** 功能：长整型转字符型函数
** 参数：待转化值，暂存缓冲区指针，基准值，负数标志
** 返回：无
***************************************************/
static void xtoa(int32 val, uint8 * buf, uint8 radix, int8 is_neg)
{
    uint8 * p;
    uint32 digval;

    p = buf;
    if (is_neg) {                               // 是负数吗
        *p++ = '-';                             // 缓冲区里放入"负号"
        val = (uint32)(-(int32)val);
    }
    do {                                        // 按基准值转化成 ASCII 码
        digval = (uint32)(val % radix);
        val /= radix;
        if (val > 9)
            *p++ = (uint8)(val - 10 + 'a');
        else
            *p++ = (uint8)(val + '0');
```

```c
    } while (digval > radix);
    if (digval > 9)
        *p++ = (uint8) (digval - 10 + 'a');
    else
        *p++ = (uint8) (digval + '0');
    *p = '\0';                                          // 字符串以空字符结尾
}
/***************************************************************
** 功能:整型转字符型函数
** 参数:待转化值,暂存缓冲区指针,基准值
** 返回:转换结果字符串缓冲区
***************************************************************/
uint8 * myitoa(int32 val, uint8 * buf, uint8 radix)
{
        if (radix == 10 && val < 0)
            xtoa((uint32)val, buf, radix, 1);
        else
            xtoa((uint32)val, buf, radix, 0);
        return buf;
}
/***************************************************************
** 功能:初始化 LM3S8962
** 参数:无
** 返回:无
***************************************************************/
void init_LM3S8962(void)
{
    SysCtlClockSet(SYSCTL_SYSDIV_1 | SYSCTL_USE_OSC |   SYSCTL_OSC_MAIN |
                   SYSCTL_XTAL_6MHZ);                   // 系统时钟从 6 MHz 晶振直接引入
}
/***************************************************************
** 功能:串口 0 ISR
** 参数:无
** 返回:无
***************************************************************/
void uart0_isr(void)
{
    uint8 ulStatus;
```

```c
    ulStatus = UARTIntStatus(UART0_BASE, true);        // 读取已使能的串口 0 中断状态
    UARTIntClear(UART0_BASE, ulStatus);                // 清除当前的串口 0 中断
    if((ulStatus & UART_INT_RT)||(ulStatus & UART_INT_RX)){   // 接收中断
        rfbuf.txdata[0] = UARTCharGet(UART0_BASE);
        rfbuf.flag |= 0x02;                            // 接收标志位
    }
}
```

(2) 系统声明文件 LM3S8962.h 相关代码和注释

```c
#ifndef _LM3S8962_H_                                   // 防止重复声明
#define _LM3S8962_H_
/*******************************************
**                常量定义
*******************************************/
#ifndef TRUE
#define TRUE 1
#endif
#ifndef FALSE
#define FALSE 0
#endif
#ifndef NULL
#define NULL 0
#endif
/*******************************************
**            与移植相关类型定义
*******************************************/
typedef unsigned    char    bool;      // 布尔型变量
typedef unsigned    char    uint8;     // 无符号 8 位整型变量
typedef signed      char    int8;      // 有符号 8 位整型变量
typedef unsigned    short   uint16;    // 无符号 16 位整型变量
typedef signed      short   int16;     // 有符号 16 位整型变量
typedef unsigned    int     uint32;    // 无符号 32 位整型变量
typedef signed      int     int32;     // 有符号 32 位整型变量
typedef unsigned    long    uint64;    // 无符号 64 位整型变量
typedef signed      long    int64;     // 有符号 64 位整型变量
typedef float               fp32;      // 单精度浮点数(32 位长度)
typedef double              fp64;      // 双精度浮点数(64 位长度)
/*******************************************
```

```c
**                系统头文件
*************************************************************/
#include "hw_ints.h"
#include "hw_memmap.h"
#include "hw_types.h"
#include "gpio.h"
#include "interrupt.h"
#include "sysctl.h"
#include "uart.h"
/*************************************************************
**                用户头文件
*************************************************************/
#endif
```

(3) UART0 头文件 uart0.h 相关代码和注释

```c
#ifndef      _UART0_H_                              // 防止重复声明
#define      _UART0_H_
/*************************************************************
**         串口 0 操作函数声明
*************************************************************/
extern uint8 init_UART0(uint32 baudrate, uint8 prio);   // UART0 初始化函数
extern void send_UART0(uint8 * pbuffer, uint16 size);   // 发送数据到 UART0
extern void recv_UART0(void);                           // 接收 UART0 的数据
extern void send_str_UART0(uint8 * pstr);               // 发送字符串到 UART0
#endif
```

(4) UART0 源文件 uart0.c 相关代码和注释

```c
#include "LM3S8962.h"
/*************************************************************
**  功能:初始化串口 0
**  参数:波特率,ISR 优先级
**  返回:FALSE 代表失败;TRUE 代表成功
*************************************************************/
uint8 init_UART0(uint32 baudrate, uint8 prio)
{
    if (baudrate > 115200)                          // 波特率太高,错误返回
        return FALSE;
```

```c
    SysCtlPeripheralEnable(SYSCTL_PERIPH_UART0);    // 使能串口 0 外围设备
    SysCtlPeripheralEnable(SYSCTL_PERIPH_GPIOA);    // 使能 GPIOA
    // 设置 PA0,PA1 为 RXD0,TXD0
    GPIOPinTypeUART(GPIO_PORTA_BASE, GPIO_PIN_0 | GPIO_PIN_1);
    // 配置串口 0,8 位数据,1 位停止位,无奇偶校验位,波特率 baudrate
    UARTConfigSetExpClk(UART0_BASE, SysCtlClockGet(), baudrate,
                        (UART_CONFIG_WLEN_8 |
                         UART_CONFIG_STOP_ONE |
                         UART_CONFIG_PAR_NONE));
    UARTFIFOLevelSet(UART0_BASE, UART_FIFO_TX1_8, UART_FIFO_RX4_8);
    // 使能串口 0 接收中断和接收超时中断
    UARTIntEnable(UART0_BASE, UART_INT_RX | UART_INT_RT);
    IntEnable(INT_UART0);                           // 使能串口 0 系统中断
    IntPrioritySet(INT_UART0, prio);                // 设置中断优先级
    UARTEnable(UART0_BASE);                         // 使能 UART0
    return TRUE;
}
/******************************************************
** 功能:串口 0 发送数据
** 参数:发送数据缓冲区,数据大小
** 返回:无
******************************************************/
void send_UART0(uint8 * pbuffer, uint16 size)
{
    uint16 i;

    for (i = 0; i < size; i++) {
        UARTCharPut(UART0_BASE, pbuffer[i]);
    }
    while (UARTBusy(UART0_BASE));                   // 等待发送结束
}
/******************************************************
** 功能:串口 0 发送字符串
** 参数:字符串指针
** 返回:无
******************************************************/
void send_str_UART0(uint8 * pstr)
{
    while (*pstr != '\0')
```

```c
        UARTCharPut(UART0_BASE, * pstr + + );
    while (UARTBusy(UART0_BASE));                       // 等待发送结束
```

(5) 模拟 SPI 接口头文件 spi.h 相关代码和注释

```c
#ifndef         _SPI_H_                                 // 防止重复声明
#define         _SPI_H_
#define SCSNPin_High()    GPIOPinWrite(GPIO_PORTA_BASE, SCSN, SCSN)
#define SCSNPin_Low()     GPIOPinWrite(GPIO_PORTA_BASE, SCSN, ~SCSN)
#define SMOSIPin_High()   GPIOPinWrite(GPIO_PORTA_BASE, SMOSI, SMOSI)
#define SMOSIPin_Low()    GPIOPinWrite(GPIO_PORTA_BASE, SMOSI, ~SMOSI)
#define SCLKPin_High()    GPIOPinWrite(GPIO_PORTA_BASE, SCLK, SCLK)
#define SCLKPin_Low()     GPIOPinWrite(GPIO_PORTA_BASE, SCLK, ~SCLK)
#define SMISOPin_State()  GPIOPinRead(GPIO_PORTA_BASE, SMISO)
/* * * * * * * * * * * * * * * * * * * * * * * * * * * * * * * * * * *
 * * 函数声明
 * * * * * * * * * * * * * * * * * * * * * * * * * * * * * * * * * * */
extern void init_SPI(void);
extern uint8 read_SPI(void);
extern void write_SPI(uint8 data);
#endif
```

(6) 模拟 SPI 接口源文件 spi.c 相关代码和注释

```c
#include "LM3S8962.h"
#include "rf905.h"
#include "spi.h"
/* * * * * * * * * * * * * * * * * * * * * * * * * * * * * * * * * * *
 * * 功能:SPI 初始化
 * * 参数:无
 * * 返回:无
 * * * * * * * * * * * * * * * * * * * * * * * * * * * * * * * * * * */
void init_SPI(void)
{
    SysCtlPeripheralEnable(SYSCTL_PERIPH_GPIOA);
    GPIODirModeSet(GPIO_PORTA_BASE, SMISO, GPIO_DIR_MODE_IN);
    GPIODirModeSet(GPIO_PORTA_BASE, SCSN | SMOSI | SCLK,
                    GPIO_DIR_MODE_OUT);
```

```c
    GPIOPadConfigSet(GPIO_PORTA_BASE, SCSN | SMOSI | SCLK,
                GPIO_STRENGTH_8MA, GPIO_PIN_TYPE_STD);
    GPIOPadConfigSet(GPIO_PORTA_BASE, SMISO, GPIO_STRENGTH_8MA,
                GPIO_PIN_TYPE_STD);
    SCSNPin_High();
}
/* * * * * * * * * * * * * * * * * * * * * * * * * * * * * * * * * * * * * * *
* * 功能:读 SPI 数据
* * 参数:无
* * 返回:无
* * * * * * * * * * * * * * * * * * * * * * * * * * * * * * * * * * * * * * */
uint8 read_SPI(void)
{
    uint8 i, tmp = 0;
    for (i = 0; i<8; i + +) {
        SCLKPin_High();
        tmp <<= 1;
        if (SMISOPin_State())
            tmp |= 0x01;
        SCLKPin_Low();
    }
    return tmp;
}
/* * * * * * * * * * * * * * * * * * * * * * * * * * * * * * * * * * * * * * *
* * 功能:写数据到 SPI
* * 参数:无
* * 返回:无
* * * * * * * * * * * * * * * * * * * * * * * * * * * * * * * * * * * * * * */
void write_SPI(uint8 data)
{
    uint8 i;
    SCLKPin_Low();
    for (i = 0; i<8; i + +) {
        if (data & 0x80)
            SMOSIPin_High();
        else
            SMOSIPin_Low();
        SCLKPin_High();
        data <<= 1;
```

```c
        SCLKPin_Low();
    }
}
```

(7) 无线模块头文件 rf905.h 相关代码和注释

```c
#ifndef    _RF905_H_                // 防止重复声明
#define    _RF905_H_
#include "LM3S8962.h"
#include "spi.h"

// SPI 命令
#define WC            0x00
#define RC            0x10
#define WTP           0x20
#define RTP           0x21
#define WTA           0x22
#define RTA           0x23
#define RRP           0x24

// 配置信息
#define CH_NO         76             // freq = 422.4 + 76 / 10 = 430
#define HFREQ_PLL     0x0
#define PA_PWR        0x3            // 最大输出功率
#define RX_RED_PWR    0x0            // 接收功率
#define AUTO_RETRAN   0x0            // 自动重新发送

// 地址宽度与数据宽度
#define RX_AWF        0x4            // Rx 本地接收地址宽度
#define TX_AWF        0x4            // Tx 本地发送地址宽度
#define RX_PW         0x1            // Rx 本地接收有效数据宽度
#define TX_PW         0x1            // Tx 本地发送有效数据宽度

#define UP_CLK_FREQ   0x0            // 输出时钟频率
#define UP_CLK_EN     0x0            // 输出时钟使能
#define XOF           0x3            // 12 MHz 晶振
#define CRC_EN        0x1            // CRC 校验允许
#define CRC_MODE      0x1            // CRC 模式

// 本机地址
#define RX_ADDR_Byte3 0xcc           // 本机地址最高字节
```

```c
#define RX_ADDR_Byte2      0xcc
#define RX_ADDR_Byte1      0xcc
#define RX_ADDR_Byte0      0xcc                // 本机地址最低字节

#define TX_ADDR_Byte3      0xcc
#define TX_ADDR_Byte2      0xcc
#define TX_ADDR_Byte1      0xcc
#define TX_ADDR_Byte0      0xcc
// 将设置信息组合成每个字节的数据信息
#define RFConfig_Byte0     (CH_NO & 0xff)
#define RFConfig_Byte1     (AUTO_RETRAN<<5 | RX_RED_PWR<<4 | PA_PWR<<2 | \
                            HFREQ_PLL<<1 | CH_NO>>8)
#define RFConfig_Byte2     (TX_AWF<<4 | RX_AWF)
#define RFConfig_Byte3     RX_PW
#define RFConfig_Byte4     TX_PW
#define RFConfig_Byte5     RX_ADDR_Byte0
#define RFConfig_Byte6     RX_ADDR_Byte1
#define RFConfig_Byte7     RX_ADDR_Byte2
#define RFConfig_Byte8     RX_ADDR_Byte3
#define RFConfig_Byte9     (CRC_MODE<<7 | CRC_EN<<6 | XOF<<3 | UP_CLK_EN<<2 | \
                            UP_CLK_FREQ)

// nRF905 状态位(GPIOB)
#define AMPin              GPIO_PIN_0
#define DRPin              GPIO_PIN_1
#define CDPin              GPIO_PIN_2
// nRF905 模式位(GPIOB)
#define TX_ENPin           GPIO_PIN_3
#define TRX_CEPin          GPIO_PIN_4
#define PWR_UPPin          GPIO_PIN_5
// nRF905 数据位(GPIOA)
#define SCSN               GPIO_PIN_3
#define SMISO              GPIO_PIN_4
#define SMOSI              GPIO_PIN_5
#define SCLK               GPIO_PIN_2
// nRF905 配置数据结构
typedef struct RFConfig
{
    uint8 cmdlen;                              // 命令数据长度
    uint8 cmdbuf[10];                          // 命令数据缓冲区
```

```c
} rfconf_t;                                    // nRF905 配置数据类型
// nRF905 收发数据结构
typedef struct RFData
{
    uint8 flag;                                // 标志位
    uint8 txdata[4];                           // 接收缓冲区
    uint8 rxdata[4];                           // 发送缓冲区
} rfdata_t;
extern void init_nRF905(void);
extern void config_nRF905(rfconf_t * pconf, uint8 * paddr);
extern void set_txmode_nRF905(void);
extern void set_rxmode_nRF905(void);
extern void tx_packet_nRF905(rfdata_t * pdata, rfconf_t * pconf);
extern bool rx_packet_nRF905(rfdata_t * pdata, rfconf_t * pconf);
#endif
```

(8) 无线模块源文件 rf905.c 相关代码和注释

```c
#include "LM3S8962.h"
#include "rf905.h"
#include "main.h"
#include "spi.h"

#define TX_ENPin_High()      GPIOPinWrite(GPIO_PORTB_BASE, TX_ENPin, TX_ENPin)
#define TX_ENPin_Low()       GPIOPinWrite(GPIO_PORTB_BASE, TX_ENPin, ~TX_ENPin)
#define TRX_CEPin_High()     GPIOPinWrite(GPIO_PORTB_BASE, TRX_CEPin, TRX_CEPin)
#define TRX_CEPin_Low()      GPIOPinWrite(GPIO_PORTB_BASE, TRX_CEPin, ~TRX_CEPin)
#define PWR_UPPin_High()     GPIOPinWrite(GPIO_PORTB_BASE, PWR_UPPin, PWR_UPPin)
#define PWR_UPPin_Low()      GPIOPinWrite(GPIO_PORTB_BASE, PWR_UPPin, ~PWR_UPPin)

#define AMPin_State()        GPIOPinRead(GPIO_PORTB_BASE, AMPin)
#define DRPin_State()        GPIOPinRead(GPIO_PORTB_BASE, DRPin)
#define CDPin_State()        GPIOPinRead(GPIO_PORTB_BASE, CDPin)
/*******************************************************************
** 功能:延时
** 参数:延时长短
** 返回:无
*******************************************************************/
static void delay_100us(uint16 dly)
{
```

```c
    uint16 i;
    while (dly--)
        for (i = 0; i<700; i++);
}
/*********************************************************
**  功能:nRF905 初始化
**  参数:无
**  返回:无
*********************************************************/
void init_nRF905(void)
{
    init_SPI();                                             // 初始化 SPI 接口

    SysCtlPeripheralEnable(SYSCTL_PERIPH_GPIOB);
    // 状态位配置成输入
    GPIODirModeSet(GPIO_PORTB_BASE, AMPin | DRPin | CDPin,
                   GPIO_DIR_MODE_IN);
    GPIOPadConfigSet(GPIO_PORTB_BASE, AMPin | DRPin | CDPin,
                     GPIO_STRENGTH_8MA, GPIO_PIN_TYPE_STD);
    // 模式位配置成输出
    GPIODirModeSet(GPIO_PORTB_BASE, PWR_UPPin | TRX_CEPin | TX_ENPin,
                   GPIO_DIR_MODE_OUT);
    GPIOPadConfigSet(GPIO_PORTB_BASE, PWR_UPPin | TRX_CEPin | TX_ENPin,
                     GPIO_STRENGTH_8MA, GPIO_PIN_TYPE_STD);

    PWR_UPPin_High();                                       // 启动 nRF905
    delay_100us(500);
    TRX_CEPin_Low();                                        // 设置成 standby 模式
    TX_ENPin_Low();
}

/*********************************************************
**  功能:设置传输地址
**  参数:地址指针
**  返回:无
*********************************************************/
void set_txaddr_nRF905(uint8 * paddr, rfconf_t * pconf)
{
    uint8 i, addrlen;

    addrlen = ((pconf->cmdbuf[2]>>4) & 0x07);               // 获得传输目标地址长度
    SCSNPin_Low();                                          // 启动 SPI 传输
    delay_100us(1);
```

```c
    write_SPI(WTA);                                 // 写 tx 地址指令
    for (i = 0; i<addrlen; i++)
        write_SPI(paddr[i]);
    delay_100us(1);
    SCSNPin_High();                                 // SPI 数据传输完成
}
/**********************************************************************
**  功能:设置 nRF905 配置寄存器
**  参数:配置数据指针
**  返回:无
***********************************************************************/
void config_nRF905(rfconf_t * pconf, uint8 * paddr)
{
    uint8 i;
    SCSNPin_Low();
    delay_100us(1);
    write_SPI(WC);                                  // 写配置命令
    for (i = 0; i<pconf->cmdlen; i++)
        write_SPI(pconf->cmdbuf[i]);
    delay_100us(1);
    SCSNPin_High();
    set_txaddr_nRF905(paddr, pconf);                // 设置 tx 地址
}
/**********************************************************************
**  功能:设置 nRF905 为发送模式
**  参数:无
**  返回:无
***********************************************************************/
void set_txmode_nRF905(void)
{
    TRX_CEPin_Low();                                // 进入 STANDBY 模式
    TX_ENPin_High();
    delay_100us(8);
}
/**********************************************************************
**  功能:设置 nRF905 为接收模式
**  参数:无
**  返回:无
***********************************************************************/
```

```c
void set_rxmode_nRF905(void)
{
    TRX_CEPin_High();
    TX_ENPin_Low();
    delay_100us(8);
}
/* * * * * * * * * * * * * * * * * * * * * * * * * * * * * * * * * * * * * * * *
** 功能:发送数据
** 参数:数据缓冲区指针,配置数据指针
** 返回:无
* * * * * * * * * * * * * * * * * * * * * * * * * * * * * * * * * * * * * * * */
void tx_packet_nRF905(rfdata_t * pdata, rfconf_t * pconf)
{
    uint8 i, txdatlen;

    txdatlen = (pconf->cmdbuf[4] & 0x3F);          // 获得发送数据长度
    SCSNPin_Low();
    delay_100us(1);
    write_SPI(WTP);                                 // 写有效传输数据指令
    for (i = 0; i<txdatlen; i++)
        write_SPI(pdata->txdata[i]);
    delay_100us(1);
    SCSNPin_High();
    asm("nop");

    TRX_CEPin_High();
    delay_100us(1);
    TX_ENPin_Low();
}

/* * * * * * * * * * * * * * * * * * * * * * * * * * * * * * * * * * * * * * * *
** 功能:接收数据
** 参数:无
** 返回:TRUE,接收到数据;FALSE,没有收到数据
* * * * * * * * * * * * * * * * * * * * * * * * * * * * * * * * * * * * * * * */
bool rx_packet_nRF905(rfdata_t * pdata, rfconf_t * pconf)
{
    uint8 i, rxdatlen;

    if (DRPin_State()) {                            // nRF905 接收到有效数据
        TRX_CEPin_Low();                            // 进入 SPI 传输模式
        SCSNPin_Low();
        delay_100us(1);
```

```
            write_SPI(RRP);                              // 读 rx 有效数据指令
            rxdatlen = (pconf->cmdbuf[3] & 0x3F);
            for (i = 0; i<rxdatlen; i++)
                pdata->rxdata[i] = read_SPI();
            pdata->flag = 1;                             // 收到数据
            delay_100us(1);
            SCSNPin_High();
            while (DRPin_State() || AMPin_State());      // 等待接收结束
            TRX_CEPin_High();
            return TRUE;
        }
    }
    return FALSE;
}
```

9.7 EasyARM 开发板与步进电机驱动模块的连接与编程

9.7.1 步进电机驱动模块简介

步进电机可分为反应式步进电机(VR)、永磁式步进电机(PM)和混合式步进电机(HB)。步进电机广泛应用于对精度要求比较高的运动控制系统中，如机器人、打印机、软盘驱动器、绘图仪、机械阀门控制器等。步进电机是数字控制电机，它将脉冲信号转变成角位移，即给一个脉冲信号，步进电机就转动一个角度。电机的总转动角度由输入脉冲数决定，而电机的转速由脉冲信号频率决定。步进电机的驱动电路根据控制信号工作，控制信号由微控制器产生。其基本原理作用如下：

(1) 控制换相顺序

通电换相这一过程称为脉冲分配。例如：混合式步进电机的工作方式，其各相通电顺序为 A→B→C→D，通电控制脉冲必须严格按照这一顺序分别控制 A、B、C、D 相的通断，这就是所谓的脉冲环形分配器。

(2) 控制步进电机的转向

如果给定工作方式正序换相通电，步进电机正转；如果按反序通电换相，则电机就反转。

(3) 控制步进电机的速度

如果给步进电机发一个控制脉冲，它就转一步，再发一个脉冲，它会再转一步。两个脉冲的间隔越短，步进电机就转得越快。

由 ST 公司的 L297 和 L298 组成的步进电机驱动电路如图 9.17 所示。该电路为固定斩波频率的 PWM 恒流斩波驱动方式，适用两相双极性步进电机，最高电压 46 V，每相电流可达 2 A。

第 9 章　EasyARM 开发板与常用外围模块的连接与编程

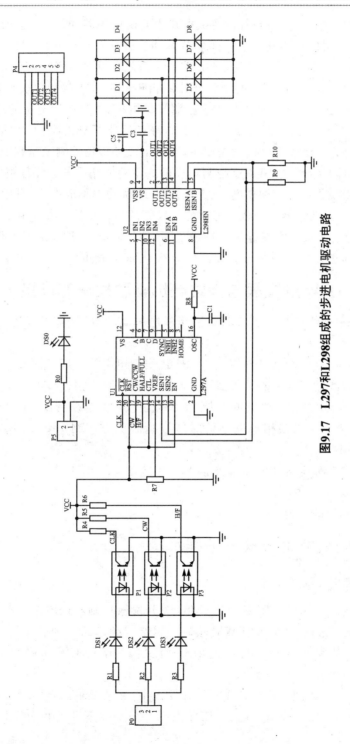

图9.17　L297和L298组成的步进电机驱动电路

ST公司的L297单片步进电机控制集成电路主要由译码器、两个固定斩波频率的PWM恒流斩波器以及输出逻辑控制组成,适用于双极性两相步进电机或四相单极性步进电机的控制,与两片H桥式驱动芯片L298组合,组成完整的步进电机固定斩波频率的PWM恒流斩波驱动器。

L297产生四相驱动信号,用以控制双极性两相步进电机或四相单极性步进电机,可以采用半步、两相励磁和单相励磁三种工作方式控制步进电机,并且控制电机的片内PWM斩波电路允许三种工作方式的切换。使用L297突出的特点是外部只需时钟、方向和工作方式三个输入信号,同时L297自动产生电机励磁相序,减轻了微处理器控制及编程的负担。L297具有DIP20和SO20两种封装形式,可用于控制集成桥式驱动电路或分立元件组成的驱动电路。

ST公司的L298芯片是一种高电压、大电流双H桥功率集成电路,可用来驱动继电器、线圈、直流电机和步进电机等感性负载。每桥的三极管的射级是连接在一起的,相应的外接线端可用来连接外设传感电阻。可安置另一输入电源,使逻辑能在低电压下工作。有关ST公司的L297和L298的更多内容请登录http://www.st.com查询。

9.7.2 EasyARM开发板与步进电机驱动模块的连接

本示例采用EasyARM8962开发板控制步进电机驱动电路,实现步进电机的控制。电路连接如下:

① 首先将EasyARM8962开发板上的JP2跳线帽组中的KEY1、KEY2、KEY3、KEY4跳线帽连接上,JP3跳线帽组的LED3、LED4、LED5、LED6跳线帽连接上。

② 将图9.17所示的P0端口的1脚、2脚、3脚分别连接到EasyARM8962开发板的PA1、PA0、PB0引脚上。将四相步进电机的信号线依次连接到图9.17所示的P4端口的3脚、4脚、5脚、6脚上。

③ 给如图9.17所示的P5端口连接+5 V电源,P4端口的1脚接+12 V电源,给EasyARM8962开发板上电。

④ 要注意各模块的共地连接。

9.7.3 步进电机驱动模块的编程示例

1. 程序流程图

该示例程序演示了如何使用EasyARM8962开发板控制步进电机驱动电路,实现步进电机的控制。使用Luminary8962的PWM模块产生特定频率的时钟脉冲提供给L297,以控制步进电机的速率。使用Luminary8962的GPIO控制L297的CW引脚和H/F引脚,以控制步进电机的正反转和整步/半步运行。

实验时,将程序下载到EasyARM8962开发板中,并按要求连接好开发板、步进电机驱动模块和步进电机,给开发板通电,此时LED4点亮。分别按下开发板上KEY1键、KEY2键、

KEY3 键、KEY4 键，开发板上的 LED3、LED4、LED5、LED6 分别被点亮，同时实现了步进电机的启动、制动、全速运行、反向运行的控制。

步进电机启动、制动、全速运行、反向运行的控制程序流程图如图 9.18 所示。

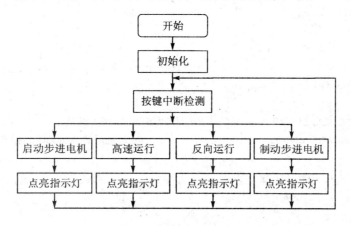

图 9.18 步进电机控制程序流程图

2. 示例程序

注意：必须在向量表相应位置添加响应按键中断的 GPIO 端口 B 和 GPIO 端口 E 的中断服务函数指针。

主控程序文件为 main.c。步进电机驱动控制相关变量和函数声明在 motor.h 中，定义在 motor.c 中。文件 LM3S8962.h 中为系统相关声明，在这个文件中定义了新的数据类型，以便于将本程序移植其他平台上。

(1) 主控程序文件 main.c 相关代码和注释

```
#include "LM3S8962.h"
#include "motor.h"

motor_t motor1;

/**************************************************
** 函数声明
**************************************************/
void init_LM3S8962(void);                    // Luminary8962 初始化函数
/**************************************************
** 主函数
**************************************************/
void main(void)
{
    init_LM3S8962();                         // 初始化 Luminary8962
    init_Motor(&motor1);                     // 初始化步进电机驱动模块
```

```c
    for (;;);
}
/***************************************************************
** 功能:初始化 LM3S8962
** 参数:无
** 返回:无
***************************************************************/
void init_LM3S8962(void)
{
    SysCtlClockSet(SYSCTL_SYSDIV_1 | SYSCTL_USE_OSC | SYSCTL_OSC_MAIN |
            SYSCTL_XTAL_6MHZ);              // 系统时钟从 6 MHz 晶振直接引入
}
/***************************************************************
** 功能:按键中断服务处理子程序
** 参数:无
** 返回:无
***************************************************************/
void gpio_portb_isr(void)
{
    uint64 status;                                  // 暂存中断标志
    status = GPIOPinIntStatus(GPIO_PORTB_BASE, true); // 获得中断标志
    if (status & KEY3)                              // KEY3 被按下
        run_hspeed_Motor(&motor1);                  // 全速运行
    if (status & KEY4) {                            // KEY4 被按下
        on_LED6();
        while ((GPIOPinRead(GPIO_PORTB_BASE, KEY4)) == 0);
        off_LED6();
        reverse_dir_Motor(&motor1);                 // 步进电机反向运行
    }
    GPIOPinIntClear(GPIO_PORTB_BASE, status);       // 清除中断标志,以响应下个中断
}

void gpio_porte_isr(void)
{
    uint64 status;
    status = GPIOPinIntStatus(GPIO_PORTE_BASE, true);
    if (status & KEY1)                              // KEY1 被按下
        boot_Motor(&motor1);                        // 启动步进电机
```

```
    if (status & KEY2)                              // KEY2 被按下
        stop_Motor(&motor1);                        // 制动步进电机
    GPIOPinIntClear(GPIO_PORTE_BASE, status);
}
```

(2) 系统声明文件 LM3S8962.h 相关代码和注释

```
#ifndef _LM3S8962_H_                                // 防止重复声明
#define _LM3S8962_H_
/***************************************************************
**              常量定义
***************************************************************/
#ifndef TRUE
#define TRUE 1
#endif
#ifndef FALSE
#define FALSE 0
#endif
#ifndef NULL
#define NULL 0
#endif
/***************************************************************
**              与移植相关类型定义
***************************************************************/
typedef unsigned    char        bool;               // 布尔型变量
typedef unsigned    char        uint8;              // 无符号 8 位整型变量
typedef signed      char        int8;               // 有符号 8 位整型变量
typedef unsigned    short       uint16;             // 无符号 16 位整型变量
typedef signed      short       int16;              // 有符号 16 位整型变量
typedef unsigned    int         uint32;             // 无符号 32 位整型变量
typedef signed      int         int32;              // 有符号 32 位整型变量
typedef unsigned    long        uint64;             // 无符号 64 位整型变量
typedef signed      long        int64;              // 有符号 64 位整型变量
typedef float                   fp32;               // 单精度浮点数(32 位长度)
typedef double                  fp64;               // 双精度浮点数(64 位长度)
/***************************************************************
**              系统头文件
***************************************************************/
#include "hw_ints.h"
```

```c
#include "hw_memmap.h"
#include "hw_types.h"
#include "gpio.h"
#include "interrupt.h"
#include "sysctl.h"
#include "uart.h"
/******************************************
**          用户头文件
******************************************/
#endif
```

(3) 步进电机驱动板控制头文件 motor.h 相关代码和注释

```c
#ifndef      _MOTOR_H_
#define      _MOTOR_H_

#include "LM3S8962.h"

#define PWM0            GPIO_PIN_0
#define CWPin           GPIO_PIN_0
#define HFPin           GPIO_PIN_1

#define up_CWPin()      GPIOPinWrite(GPIO_PORTA_BASE, CWPin, CWPin)
#define down_CWPin()    GPIOPinWrite(GPIO_PORTA_BASE, CWPin, ~CWPin)
#define reverse_CWPin() GPIOPinWrite(GPIO_PORTA_BASE, CWPin,    \
                        ~GPIOPinRead(GPIO_PORTA_BASE, CWPin))
#define up_HFPin()      GPIOPinWrite(GPIO_PORTA_BASE, HFPin, HFPin)
#define down_HFPin()    GPIOPinWrite(GPIO_PORTA_BASE, HFPin, ~HFPin)

#define LED3            GPIO_PIN_6
#define LED4            GPIO_PIN_5
#define LED5            GPIO_PIN_4
#define LED6            GPIO_PIN_5

#define KEY1            GPIO_PIN_2
#define KEY2            GPIO_PIN_3
#define KEY3            GPIO_PIN_4
#define KEY4            GPIO_PIN_5

#define on_LED3()       GPIOPinWrite(GPIO_PORTB_BASE, LED3, ~LED3)
#define off_LED3()      GPIOPinWrite(GPIO_PORTB_BASE, LED3, LED3)
#define on_LED4()       GPIOPinWrite(GPIO_PORTC_BASE, LED4, ~LED4)
#define off_LED4()      GPIOPinWrite(GPIO_PORTC_BASE, LED4, LED4)
```

```c
#define on_LED5()      GPIOPinWrite(GPIO_PORTA_BASE, LED5, ~LED5)
#define off_LED5()     GPIOPinWrite(GPIO_PORTA_BASE, LED5, LED5)
#define on_LED6()      GPIOPinWrite(GPIO_PORTA_BASE, LED6, ~LED6)
#define off_LED6()     GPIOPinWrite(GPIO_PORTA_BASE, LED6, LED6)
#define is_pressed_KEY1()    GPIOPinRead(GPIO_PORTE_BASE, KEY1)
#define is_pressed_KEY2()    GPIOPinRead(GPIO_PORTE_BASE, KEY2)
#define is_pressed_KEY3()    GPIOPinRead(GPIO_PORTB_BASE, KEY3)
#define is_pressed_KEY4()    GPIOPinRead(GPIO_PORTB_BASE, KEY4)
// 步进电机运行状态枚举变量
typedef enum {STOP, BOOT, LSPEED, MSPEED, HSPEED} rnstt_t;
typedef enum {CW, CCW} dir_t;
// 步进电机运行数据
typedef struct StepMotor
{
    rnstt_t   runstat;            // 运行状态
    dir_t     dir;                // 运行方向
    uint16    freq;               // 运行频率,单位 Hz
} motor_t;

extern void init_Motor(motor_t *pmoto);
extern void boot_Motor(motor_t *pmoto);
extern void stop_Motor(motor_t *pmoto);
extern void run_hspeed_Motor(motor_t *pmoto);
extern void reverse_dir_Motor(motor_t *pmoto);

#endif
```

(4) 步进电机驱动板控制源文件 motor.c 相关代码和注释

```c
#include "LM3S8962.h"
#include "motor.h"
/*******************************************
 *** 功能:初始化 PWM1(PB0)
 *** 参数:无
 *** 返回:无
 *******************************************/
void init_PWM(void)
{
    SysCtlPeripheralEnable(SYSCTL_PERIPH_GPIOB);
```

```c
    SysCtlPeripheralEnable(SYSCTL_PERIPH_PWM);
    SysCtlPWMClockSet(SYSCTL_PWMDIV_1);

    GPIOPadConfigSet(GPIO_PORTB_BASE, GPIO_PIN_0 | GPIO_PIN_1,   \
                    GPIO_STRENGTH_8MA, GPIO_PIN_TYPE_STD);
    GPIOPinTypePWM(GPIO_PORTB_BASE, GPIO_PIN_0 | GPIO_PIN_1);
    PWMGenConfigure(PWM_BASE, PWM_GEN_1, PWM_GEN_MODE_UP_DOWN |   \
                    PWM_GEN_MODE_NO_SYNC);
    PWMGenPeriodSet(PWM_BASE, PWM_GEN_1, 60000);
    PWMPulseWidthSet(PWM_BASE, PWM_OUT_2, 30000);
    PWMPulseWidthSet(PWM_BASE, PWM_OUT_3, 20000);
    PWMOutputState(PWM_BASE, PWM_OUT_2_BIT | PWM_OUT_3_BIT, false);
    PWMGenEnable(PWM_BASE, PWM_GEN_1);
}
/************************************************
 *** 功能:初始化正/反转控制引脚(PA0)
 *** 参数:无
 *** 返回:无
 ************************************************/
void init_CWPin(void)
{
    SysCtlPeripheralEnable(SYSCTL_PERIPH_GPIOA);
    GPIODirModeSet(GPIO_PORTA_BASE, CWPin, GPIO_DIR_MODE_OUT);
    GPIOPadConfigSet(GPIO_PORTA_BASE, CWPin, GPIO_STRENGTH_4MA,   \
                    GPIO_PIN_TYPE_STD);
    GPIOPinWrite(GPIO_PORTA_BASE, CWPin, CWPin);
}

/************************************************
 *** 功能:初始化全/半步控制引脚(PA1)
 *** 参数:无
 *** 返回:无
 ************************************************/
void init_HFPin(void)
{
    GPIODirModeSet(GPIO_PORTA_BASE, HFPin, GPIO_DIR_MODE_OUT);
    GPIOPadConfigSet(GPIO_PORTA_BASE, HFPin, GPIO_STRENGTH_4MA,   \
                    GPIO_PIN_TYPE_STD);
    GPIOPinWrite(GPIO_PORTA_BASE, HFPin, ~HFPin);
}
```

```c
/****************************************************
 * * * 功能:初始化 LED
 * * * 参数:无
 * * * 返回:无
 ****************************************************/
void init_LED(void)
{
    // 使能连接 LED 和 KEY 的 GPIO 口
    SysCtlPeripheralEnable(SYSCTL_PERIPH_GPIOB | SYSCTL_PERIPH_GPIOC);

    GPIODirModeSet(GPIO_PORTA_BASE, LED5 | LED6, GPIO_DIR_MODE_OUT);
    GPIODirModeSet(GPIO_PORTB_BASE, LED3, GPIO_DIR_MODE_OUT);
    GPIODirModeSet(GPIO_PORTC_BASE, LED4, GPIO_DIR_MODE_OUT);
    GPIOPadConfigSet(GPIO_PORTA_BASE, LED5 | LED6, GPIO_STRENGTH_4MA, \
                    GPIO_PIN_TYPE_STD);
    GPIOPadConfigSet(GPIO_PORTB_BASE, LED3, GPIO_STRENGTH_4MA, \
                    GPIO_PIN_TYPE_STD);
    GPIOPadConfigSet(GPIO_PORTC_BASE, LED4, GPIO_STRENGTH_4MA, \
                    GPIO_PIN_TYPE_STD);
    // 关闭 4 个 LED
    off_LED3();
    off_LED4();
    off_LED5();
    off_LED6();
}

/****************************************************
 * * * 功能:初始化按键
 * * * 参数:无
 * * * 返回:无
 ****************************************************/
void init_KEY(void)
{
    SysCtlPeripheralEnable(SYSCTL_PERIPH_GPIOE);

    GPIODirModeSet(GPIO_PORTE_BASE, KEY1 | KEY2, GPIO_DIR_MODE_IN);
    GPIODirModeSet(GPIO_PORTB_BASE, KEY3 | KEY4, GPIO_DIR_MODE_IN);
    GPIOPadConfigSet(GPIO_PORTE_BASE, KEY1 | KEY2, GPIO_STRENGTH_4MA, \
                    GPIO_PIN_TYPE_STD);
    GPIOPadConfigSet(GPIO_PORTB_BASE, KEY3 | KEY4, GPIO_STRENGTH_4MA, \
                    GPIO_PIN_TYPE_STD);
```

```c
    GPIOIntTypeSet(GPIO_PORTE_BASE, KEY1 | KEY2, GPIO_FALLING_EDGE);
    GPIOIntTypeSet(GPIO_PORTB_BASE, KEY3 | KEY4, GPIO_FALLING_EDGE);
    GPIOPinIntEnable(GPIO_PORTE_BASE, KEY1 | KEY2);
    GPIOPinIntEnable(GPIO_PORTB_BASE, KEY3 | KEY4);

    IntEnable(INT_GPIOB);
    IntEnable(INT_GPIOE);
    IntMasterEnable();
}
/******************************************************
 *** 功能:初始化步进电机相关模块
 *** 参数:步进电机数据指针
 *** 返回:无
 ******************************************************/
void init_Motor(motor_t * pmoto)
{
    init_PWM();
    init_CWPin();
    init_HFPin();
    init_LED();
    init_KEY();

    up_CWPin();                     // 步进电机顺时针运行
    down_HFPin();                   // 步进电机整步运行

    pmoto->runstat = STOP;          // 保存步进电机运行状态数据
    pmoto->dir     = CW;
    pmoto->freq    = 0;

    on_LED4();                      // 点亮"制动"状态指示灯
}

/******************************************************
 *** 功能:以 100 Hz 的频率启动步进电机
 *** 参数:步进电机数据指针
 *** 返回:无
 ******************************************************/
void boot_Motor(motor_t * pmoto)
{
    uint16 i;

    PWMOutputState(PWM_BASE, PWM_OUT_2_BIT, false);
    up_CWPin();
```

```c
    PWMGenPeriodSet(PWM_BASE, PWM_GEN_1, 60000);
    PWMPulseWidthSet(PWM_BASE, PWM_OUT_1, 30000);
    PWMOutputState(PWM_BASE, PWM_OUT_2_BIT, true);

    pmoto->runstat = BOOT;
    pmoto->dir     = CW;
    pmoto->freq    = 100;

    on_LED3();
    off_LED4();
    off_LED5();

    for (i = 0; i<65535; i++);          // 等待步进电机正常运行
}
/***********************************************************
*** 功能:制动动步进电机
*** 参数:步进电机数据指针
*** 返回:无
***********************************************************/
void stop_Motor(motor_t * pmoto)
{
    PWMOutputState(PWM_BASE, PWM_OUT_2_BIT, false);

    pmoto->runstat = STOP;
    pmoto->freq    = 0;

    off_LED3();
    on_LED4();
    off_LED5();
}
/***********************************************************
*** 功能:制动步进电机
*** 参数:步进电机数据指针
*** 返回:无
***********************************************************/
void run_hspeed_Motor(motor_t * pmoto)
{
    PWMOutputState(PWM_BASE, PWM_OUT_2_BIT, false);
    PWMGenPeriodSet(PWM_BASE, PWM_GEN_1, 33000);
    PWMPulseWidthSet(PWM_BASE, PWM_OUT_1, 16500);
    PWMOutputState(PWM_BASE, PWM_OUT_2_BIT, true);

    pmoto->runstat = HSPEED;
```

```
    pmoto->freq    = 182;
    off_LED3();
    off_LED4();
    on_LED5();
}
/******************************************
*** 功能:步进电机反向运行
*** 参数:步进电机数据指针
*** 返回:无
******************************************/
void reverse_dir_Motor(motor_t * pmoto)
{
    reverse_CWPin();
}
```

9.8 EasyARM 开发板之间的数据传输

9.8.1 EasyARM 开发板之间的接口电路

下面介绍利用 EasyARM615 ARM 开发板和 EasyARM8962 ARM 开发板的 UART 接口,实现开发板之间的数据传输。EasyARM615 ARM 开发板和 EasyARM8962 ARM 开发板都具有第 7 章图 7.7 所示的 RS-232 接口电路。

通信接口电路连接如下所示:

① 用导线连接 EasyARM615 开发板 UART 接口的引脚 2 与 EasyARM8962 开发板 UART 接口引脚 3。

② 用导线连接 EasyARM615 开发板 UART 接口的引脚 3 与 EasyARM8962 开发板 UART 接口引脚 2。

9.8.2 EasyARM 开发板之间的数据传输编程示例

本示例程序演示了如何通过 UART 接口实现在 EasyARM615 开发板与 EasyARM8962 开发板之间的数据传输。本示例利用开发板上的按键和 LED 来验证通信的正确性:在一块开发板上按下按键,MCU 捕获到后把相应的数据通过 UART 接口发送到另一块开发板上;另一块开发板上的 MCU 接收到数据后,根据预先设定的规则点亮相应的 LED。

操作步骤如下:

① 首先将相应的程序分别下载到对应的开发板中。

② 按前面所述用导线连接好两开发板之间的接口电路。

③ 给开发板通电。按下一块开发板上的按键 KEY1、KEY2、KEY3、KEY4,观察另一块开发板上 LED(发光)的变化。

④ 注意:给开发板上电之后,两个开发板上的 LED1、LED2、LED3、LED4 全亮。分别按下开发板 KEY1,KEY2,KEY3,KEY4 键,另一块开发板相应地分别执行以下操作:点亮 LED4;点亮 LED3 和 LED4;点亮 LED2、LED3 和 LED4;熄灭所有 LED。

1. 程序流程图

EasyARM 开发板之间数据传输的程序流程图如图 9.19 所示。要注意的是,程序中使用中断来管理串口和按键,因此对串口和按键的检测可以同时进行。

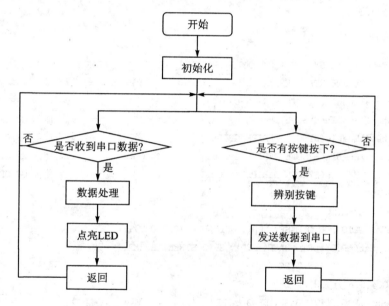

图 9.19　EasyARM 开发板之间数据传输的程序流程图

2. EasyARM615 开发板示例程序

EasyARM615 开发板示例程序如下所示。注意:必须在向量表相应位置添加中断服务函数指针。

```
#include "hw_memmap.h"
#include "hw_types.h"
#include "hw_ints.h"
#include "gpio.h"
#include "uart.h"
#include "sysctl.h"
```

```c
#include "interrupt.h"
#define LED1    GPIO_PIN_7          // 定义 LED1:PD7
#define LED2    GPIO_PIN_5          // 定义 LED2:PC5
#define LED3    GPIO_PIN_6          // 定义 LED3:PC6
#define LED4    GPIO_PIN_4          // 定义 LED4:PC4
#define KEY1    GPIO_PIN_4          // 定义 KEY1:PD4
#define KEY2    GPIO_PIN_5          // 定义 KEY2:PD5
#define KEY3    GPIO_PIN_6          // 定义 KEY3:PB5
#define KEY4    GPIO_PIN_7          // 定义 KEY4:PA4
/******************************************************
** 主函数
******************************************************/
int main (void)
{
    SysCtlClockSet(SYSCTL_SYSDIV_1 | SYSCTL_USE_OSC | SYSCTL_OSC_MAIN |
                   SYSCTL_XTAL_6MHZ);                               // 设定晶振为时钟源
    SysCtlPeripheralEnable(SYSCTL_PERIPH_UART0);                    // 使能 UART0 外设
    SysCtlPeripheralEnable(SYSCTL_PERIPH_GPIOA);                    // 使能 GPIOA 外设
    SysCtlPeripheralEnable(SYSCTL_PERIPH_GPIOB);                    // 使能 GPIOB 外设
    SysCtlPeripheralEnable(SYSCTL_PERIPH_GPIOC);                    // 使能 GPIOC 外设
    SysCtlPeripheralEnable(SYSCTL_PERIPH_GPIOD);                    // 使能 GPIOD 外设
    // 配置 LED 参数
    // 设置 GPIOD7 为输出口
    GPIODirModeSet(GPIO_PORTD_BASE, LED1, GPIO_DIR_MODE_OUT);
    GPIOPadConfigSet(GPIO_PORTD_BASE, LED1, GPIO_STRENGTH_2MA, \
                     GPIO_PIN_TYPE_STD);                            // 配置端口类型
    // 设置 GPIOC4、5、6 为输出口
    GPIODirModeSet(GPIO_PORTC_BASE, LED2 | LED3 | LED4, \
                   GPIO_DIR_MODE_OUT);
    GPIOPadConfigSet(GPIO_PORTC_BASE, LED2 | LED3 | LED4, \
                     GPIO_STRENGTH_2MA, GPIO_PIN_TYPE_STD);
    // 点亮 4 个 LED 灯
    GPIOPinWrite(GPIO_PORTC_BASE, LED2 | LED3 | LED4, 0);
    GPIOPinWrite(GPIO_PORTD_BASE, LED1, 0);
    // 配置 KEY 参数
    // 设置 GPIOD4、5 为输出口
    GPIODirModeSet(GPIO_PORTD_BASE, KEY1 | KEY2, GPIO_DIR_MODE_IN);
    GPIOPadConfigSet(GPIO_PORTD_BASE, KEY1 | KEY2, GPIO_STRENGTH_2MA,
                     GPIO_PIN_TYPE_STD_WPU);
```

```c
    GPIOIntTypeSet(GPIO_PORTD_BASE, KEY1 | KEY2, GPIO_FALLING_EDGE);
    GPIOPinIntEnable(GPIO_PORTD_BASE, KEY1 | KEY2);
    // 设置 GPIOB5 为输出口
    GPIODirModeSet(GPIO_PORTB_BASE, KEY3, GPIO_DIR_MODE_IN);
    GPIOPadConfigSet(GPIO_PORTB_BASE, KEY3, GPIO_STRENGTH_2MA,
                    GPIO_PIN_TYPE_STD_WPU);
    GPIOIntTypeSet(GPIO_PORTB_BASE, KEY3, GPIO_FALLING_EDGE);
    GPIOPinIntEnable(GPIO_PORTB_BASE, KEY3);
    // 设置 GPIOA4 为输出口
    GPIODirModeSet(GPIO_PORTA_BASE, KEY4, GPIO_DIR_MODE_IN);
    GPIOPadConfigSet(GPIO_PORTA_BASE, KEY4, GPIO_STRENGTH_2MA,
                    GPIO_PIN_TYPE_STD_WPU);
    GPIOIntTypeSet(GPIO_PORTA_BASE, KEY4, GPIO_FALLING_EDGE);
    GPIOPinIntEnable(GPIO_PORTA_BASE, KEY4);
    // 配置 UART0 功能引脚
    GPIOPinTypeUART(GPIO_PORTA_BASE, GPIO_PIN_0 | GPIO_PIN_1);
    // 配置 UART0 的波特率及端口参数
    UARTConfigSet(UART0_BASE, 9600, (UART_CONFIG_WLEN_8 |
                                    UART_CONFIG_STOP_ONE |
                                    UART_CONFIG_PAR_NONE));
    UARTIntEnable(UART0_BASE, UART_INT_RX | UART_INT_RT);
    UARTEnable(UART0_BASE);                     // 使能 UART0
    IntEnable(INT_UART0);                       // 使能 UART0 中断
    IntEnable(INT_GPIOA);                       // 使能 GPIOA 中断
    IntEnable(INT_GPIOB);                       // 使能 GPIOB 中断
    IntEnable(INT_GPIOD);                       // 使能 GPIOD 中断
    IntMasterEnable();                          // 开总中断
    for (;;) ;
}
/* * * * * * * * * * * * * * * * * * * * * * * * * * * * * * * * * * * * * * *
* * 串口 0 中断函数
* * * * * * * * * * * * * * * * * * * * * * * * * * * * * * * * * * * * * * */
void UART0_ISR(void)
{
    unsigned char ch;
    ch = UARTCharGet(UART0_BASE);               // 从串口 0 取一个字节数据
    if (ch & 0x10)
        GPIOPinWrite(GPIO_PORTC_BASE, LED4, ~LED4);  // 点亮 LED4
    else
```

```c
        GPIOPinWrite(GPIO_PORTC_BASE, LED4, LED4);         // 熄灭 LED4
    if (ch & 0x20)
        GPIOPinWrite(GPIO_PORTC_BASE, LED3, ~LED3);        // 点亮 LED3
    else
        GPIOPinWrite(GPIO_PORTC_BASE, LED3, LED3);         // 熄灭 LED3
    if (ch & 0x40)
        GPIOPinWrite(GPIO_PORTC_BASE, LED2, ~LED2);        // 点亮 LED2
    else
        GPIOPinWrite(GPIO_PORTC_BASE, LED2, LED2);         // 熄灭 LED2
    if (ch & 0x80)
        GPIOPinWrite(GPIO_PORTD_BASE, LED1, ~LED1);        // 点亮 LED1
    else
        GPIOPinWrite(GPIO_PORTD_BASE, LED1, LED1);         // 熄灭 LED1
    UARTIntClear(UART0_BASE, UART_INT_RX | UART_INT_RT);
}
/* * * * * * * * * * * * * * * * * * * * * * * * * * * * * * * * * * * * * * *
* * GPIOA 端口中断函数
* * * * * * * * * * * * * * * * * * * * * * * * * * * * * * * * * * * * * * */
void GPIO_Port_A_ISR(void)
{
    long intstatus;
    intstatus = GPIOPinIntStatus(GPIO_PORTA_BASE, true);   // 获取 GPIOA 中断标志
    if (intstatus & KEY4) {                                // 若按下 KEY4 键
        UARTCharPut(UART0_BASE, 0x00);                     // 发送编码 0x00 到 UART0,MCU 间通信
    }
    GPIOPinIntClear(GPIO_PORTA_BASE, intstatus);           // 清除 GPIOA 中断标志
}
/* * * * * * * * * * * * * * * * * * * * * * * * * * * * * * * * * * * * * * *
* * GPIOB 端口中断函数
* * * * * * * * * * * * * * * * * * * * * * * * * * * * * * * * * * * * * * */
void GPIO_Port_B_ISR(void)
{
    long intstatus;
    intstatus = GPIOPinIntStatus(GPIO_PORTB_BASE, true);
    if (intstatus & KEY3) {
        UARTCharPut(UART0_BASE, 0x70);
    }
    GPIOPinIntClear(GPIO_PORTB_BASE, intstatus);
}
```

```c
/****************************************
** GPIOD 端口中断函数
****************************************/
void GPIO_Port_D_ISR(void)
{
    long intstatus;
    intstatus = GPIOPinIntStatus(GPIO_PORTD_BASE, true);
    if (intstatus & KEY2) {
        UARTCharPut(UART0_BASE, 0x30);
    }
    if (intstatus & KEY1) {
        UARTCharPut(UART0_BASE, 0x10);
    }
    GPIOPinIntClear(GPIO_PORTD_BASE, intstatus);
}
```

3. EasyARM8962 开发板示例程序

EasyARM8962 开发板示例程序如下所示。注意：必须在向量表相应位置添加中断服务函数指针。

```c
#include "hw_memmap.h"
#include "hw_types.h"
#include "hw_ints.h"
#include "gpio.h"
#include "uart.h"
#include "sysctl.h"
#include "interrupt.h"
#define LED3   GPIO_PIN_6
#define LED4   GPIO_PIN_5
#define LED5   GPIO_PIN_4
#define LED6   GPIO_PIN_5
#define KEY1   GPIO_PIN_2
#define KEY2   GPIO_PIN_3
#define KEY3   GPIO_PIN_4
#define KEY4   GPIO_PIN_5
/****************************************
** 主函数
****************************************/
int main (void)
```

```c
{
    SysCtlClockSet(SYSCTL_SYSDIV_1 | SYSCTL_USE_OSC | SYSCTL_OSC_MAIN
                   | SYSCTL_XTAL_6MHZ);                    // 设定晶振为时钟源
    SysCtlPeripheralEnable(SYSCTL_PERIPH_UART0);           // 使能 UART0 外设
    SysCtlPeripheralEnable(SYSCTL_PERIPH_GPIOA);           // 使能 GPIOA 外设
    SysCtlPeripheralEnable(SYSCTL_PERIPH_GPIOB);           // 使能 GPIOA 外设
    SysCtlPeripheralEnable(SYSCTL_PERIPH_GPIOC);           // 使能 GPIOA 外设
    SysCtlPeripheralEnable(SYSCTL_PERIPH_GPIOE);           // 使能 GPIOA 外设
    // 配置 LED 参数
    // 设置 GPIOA4、5 为输出口
    GPIODirModeSet(GPIO_PORTA_BASE, LED5 | LED6, GPIO_DIR_MODE_OUT);
    GPIOPadConfigSet(GPIO_PORTA_BASE, LED5 | LED6, GPIO_STRENGTH_2MA,
                    GPIO_PIN_TYPE_STD);                    // 配置端口类型
    // 设置 GPIOB6 为输出口
    GPIODirModeSet(GPIO_PORTB_BASE, LED3, GPIO_DIR_MODE_OUT);
    GPIOPadConfigSet(GPIO_PORTB_BASE, LED3, GPIO_STRENGTH_2MA,
                    GPIO_PIN_TYPE_STD);
    // 设置 GPIOC5 为输出口
    GPIODirModeSet(GPIO_PORTC_BASE, LED4, GPIO_DIR_MODE_OUT);
    GPIOPadConfigSet(GPIO_PORTC_BASE, LED4, GPIO_STRENGTH_2MA,
                    GPIO_PIN_TYPE_STD);
    // 点亮所有的 LED 灯
    GPIOPinWrite(GPIO_PORTA_BASE, LED6 | LED5, 0);
    GPIOPinWrite(GPIO_PORTC_BASE, LED4, 0);
    GPIOPinWrite(GPIO_PORTB_BASE, LED3, 0);
    // 配置 KEY 参数
    // 设置 GPIOE2、3 为输出口
    GPIODirModeSet(GPIO_PORTE_BASE, KEY1 | KEY2, GPIO_DIR_MODE_IN);
    GPIOPadConfigSet(GPIO_PORTE_BASE, KEY1 | KEY2, GPIO_STRENGTH_2MA,
                    GPIO_PIN_TYPE_STD_WPU);
    GPIOIntTypeSet(GPIO_PORTE_BASE, KEY1 | KEY2, GPIO_FALLING_EDGE);
    GPIOPinIntEnable(GPIO_PORTE_BASE, KEY1 | KEY2);
    // 设置 GPIOB4、5 为输出口
    GPIODirModeSet(GPIO_PORTB_BASE, KEY3 | KEY4, GPIO_DIR_MODE_IN);
    GPIOPadConfigSet(GPIO_PORTB_BASE, KEY3 | KEY4,
                    GPIO_STRENGTH_2MA, GPIO_PIN_TYPE_STD_WPU);
    GPIOIntTypeSet(GPIO_PORTB_BASE, KEY3 | KEY4, GPIO_FALLING_EDGE);
    GPIOPinIntEnable(GPIO_PORTB_BASE, KEY3 | KEY4);
    // 配置 UART0 的功能引脚
```

```c
    GPIOPinTypeUART(GPIO_PORTA_BASE, GPIO_PIN_0 | GPIO_PIN_1);
    // 配置 UART0 的波特率及端口参数
    UARTConfigSet(UART0_BASE, 9600, (UART_CONFIG_WLEN_8 | UART_CONFIG_STOP_ONE | UART_CONFIG_PAR_NONE));
    // 使能 UART0 中断
    UARTIntEnable(UART0_BASE, UART_INT_RX | UART_INT_RT);
    UARTEnable(UART0_BASE);                              // 使能 UART0
    IntEnable(INT_UART0);
    IntEnable(INT_GPIOB);
    IntEnable(INT_GPIOE);
    IntMasterEnable();                                   // 开总中断
    for (;;) ;
}
/* * * * * * * * * * * * * * * * * * * * * * * * * * * * * * * * * * * * * * *
 * * 串口 0 中断服务函数
 * * * * * * * * * * * * * * * * * * * * * * * * * * * * * * * * * * * * * */
void UART0_ISR (void)
{
    unsigned char ch;
    ch = UARTCharGet(UART0_BASE);
    if (ch & 0x10)
        GPIOPinWrite(GPIO_PORTA_BASE, LED6, ~LED6);
    else
        GPIOPinWrite(GPIO_PORTA_BASE, LED6, LED6);
    if (ch & 0x20)
        GPIOPinWrite(GPIO_PORTA_BASE, LED5, ~LED5);
    else
        GPIOPinWrite(GPIO_PORTA_BASE, LED5, LED5);
    if (ch & 0x40)
        GPIOPinWrite(GPIO_PORTC_BASE, LED4, ~LED4);
    else
        GPIOPinWrite(GPIO_PORTC_BASE, LED4, LED4);
    if (ch & 0x80)
        GPIOPinWrite(GPIO_PORTB_BASE, LED3, ~LED3);
    else
        GPIOPinWrite(GPIO_PORTB_BASE, LED3, LED3);
    UARTIntClear(UART0_BASE, UART_INT_RX | UART_INT_RT);
}
/* * * * * * * * * * * * * * * * * * * * * * * * * * * * * * * * * * * * * * *
```

```
** GPIOB 端口中断服务函数
************************************************/
void GPIO_Port_B_ISR(void)
{
    long intstatus;
    intstatus = GPIOPinIntStatus(GPIO_PORTB_BASE, true);
    if (intstatus & KEY4) {
        UARTCharPut(UART0_BASE, 0x00);
    }
    if (intstatus & KEY3) {
        UARTCharPut(UART0_BASE, 0x70);
    }
    GPIOPinIntClear(GPIO_PORTB_BASE, intstatus);
}
/************************************************
** GPIOE 端口中断服务函数
************************************************/
void GPIO_Port_E_ISR(void)
{
    long intstatus;
    intstatus = GPIOPinIntStatus(GPIO_PORTE_BASE, true);
    if (intstatus & KEY2) {
        UARTCharPut(UART0_BASE, 0x30);
    }
    if (intstatus & KEY1) {
        UARTCharPut(UART0_BASE, 0x10);
    }
    GPIOPinIntClear(GPIO_PORTE_BASE, intstatus);
}
```

思考题与习题

1. 试采用 LM3S 系列微控制器与红外测温模组设计一个人体耳温枪。
   设计要求：采用红外测温模组进行温度的测量，LED 键盘模组进行温度显示，LM3S 系列微控制器作为控制器，利用键盘控制温度的测量、显示和播报，完成一个温度的测量。在使用人体耳温枪时，使用者能够在数码管上看到被测人体的温度值，也可以听到被测的温度值。
2. 试采用 EasyARM615 ARM 开发板设计一个数字电子钟。
   数字电子钟具有以下功能：

① 可以在液晶显示器上面显示时间、日期、农历、星期和闹钟；日期显示范围为2001～2100年；时间采用24小时制；
② 可以语音播报日期和时间；
③ 具备整点报时功能；
④ 具备闹钟功能；
⑤ 闹钟的铃声可以选择；
⑥ 具备秒表功能；
⑦ 数字电子钟采用电池供电。

3. 试采用EasyARM系列开发板设计一个房间分布式管理计热表。
要求计热表具有如下功能：
① 7路温度检测，其中2路用于计量，5路用于室温检测；
② 一个计热表控制5个房间，每个房间的温度、控热时间可分别设置；
③ LCD可显示热量值、流量值、供水温度、回水温度、剩余费用、累计工作时间等相关数据资料；
④ 语音播报各个房间的温度、设置时间。

4. 试采用EasyARM系列开发板、电阻应变式传感器和超声波传感器制作一个家用电子秤。
要求有如下特点和功能：
① 能测量体重，误差不大于50 g；
② 能测身高，误差不大于2%；
③ 语音播报测量结果；
④ 低电压报警。

5. 试采用EasyARM系列开发板、4×4键盘、LED显示屏等部件组成一个智能客房控制器，可对客房内全部强电系统、空调系统、广播电视系统和服务系统进行编程控制。
要求该系统具有如下特点和功能：
① 灯光控制功能：系统具有多路200 V/3 A强电控制开关，其中两路为无级(10%～100%)调光开关(可作左右床灯)。廊灯在插入节电钥匙牌时自动开启。
② LED显示功能：LED显示屏以24小时的数字方式显示北京时间，并具有调校、定闹铃功能；当开启音乐键后，再按选台的▲键或▼键选择音乐节目时，显示屏显示出所选的频道，如"CH-01"、"CH-02"等，并在2 s后返回到北京时间显示。
③ 服务功能：具有"请勿打扰"、"立即清理"标牌灯的"开"、"关"功能。
④ 空调控制功能：采用风量调节方式，风机高、中、低三档切换；拔掉节电钥匙牌后自动转为最低档，既节约了能源，又能使客人回房时保持"舒适"的温度。
⑤ 电视、音乐、紧急广播系统控制功能：按下"电视"键时，可控制电视机的电源的"通、断"；按下"音乐"键时，可选择音乐节目的频道和音量。

第 9 章　EasyARM 开发板与常用外围模块的连接与编程

6. 试采用 EasyARM 系列开发板与外围电路,设计并制作一台数字显示的电阻、电容和电感参数测试仪。

   要求该测试仪具有如下特点和功能:
   ① 测量范围:电阻 100 Ω~1 MΩ;电容 100~10 000 pF;电感 100 μH~10 mH;
   ② 测量精度:±5%;
   ③ 制作 4 位数码管显示器,显示测量数值,并用发光二极管分别指示所测元件的类型和单位;
   ④ 测量量程自动转换。

7. 试采用 EasyARM 系列开发板与外围电路,设计并制作一个 8 路数字信号发生器与简易逻辑分析仪。

   要求该分析仪具有如下特点和功能:
   ① 数字信号发生器能产生 8 路可预置的循环移位逻辑信号序列,输出信号为 TTL 电平,序列时钟频率为 100 Hz,并能够重复输出(例如:重复输出循环移位逻辑序列 00000101)。
   ② 简易逻辑分析仪。
   - 具有采集 8 路逻辑信号的功能,并可设置单级触发字。信号采集的触发条件为各路被测信号电平与触发字所设定的逻辑状态相同。在满足触发条件时,能对被测信号进行一次采集和存储。
   - 能利用模拟示波器清晰稳定地显示所采集到的 8 路信号波形,并显示触发点位置。
   - 8 位输入电路的输入阻抗大于 50 kΩ,其逻辑信号门限电压可在 0.25~4 V 范围内按 16 级变化,以适应各种输入信号的逻辑电平。
   - 每通道的存储深度为 20 位。
   - 能在示波器上显示可移动的时间标志线,并采用 LED 或其他方式显示时间标志线所对应时刻的 8 路输入信号逻辑状态。
   - 应具备 3 级逻辑状态分析触发功能,即当连续依次捕捉到设定的 3 个触发字时,开始对被测信号进行一次采集、存储与显示,并显示触发点位置。3 级触发字可任意设定(例如:在 8 路信号中指定连续依次捕捉到两路信号 11、01、00 作为三级触发状态字)。
   - 触发位置可调(即可选择显示触发前、后所保存的逻辑状态字数)。

8. 试采用 EasyARM 系列开发板与外围电路,采用外差原理设计并实现频谱分析仪,其参考原理方框图如习题图 1 所示。

   频谱分析仪具有如下特点和功能要求:
   ① 频率测量范围为 1~30 MHz;
   ② 频率分辨力为 10 kHz,输入信号电压有效值为 20 mV±5 mV,输入阻抗为 50 Ω;
   ③ 可设置中心频率和扫频宽度;
   ④ 借助示波器显示被测信号的频谱图,并在示波器上标出间隔为 1 MHz 的频标;

第 9 章　EasyARM 开发板与常用外围模块的连接与编程

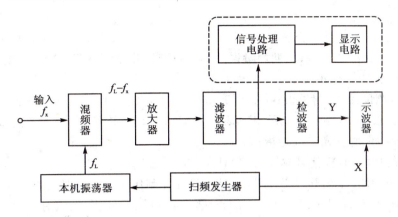

习题图 1　简易频谱分析仪原理方框图

⑤ 具有识别调幅、调频和等幅波信号及测定其中心频率的功能,采用信号发生器输出的调幅、调频和等幅波信号作为外差式频谱分析仪的输入信号,载波可选择在频率测量范围内的任意频率值。调幅波调制度 $m_a=30\%$,调制信号频率为 20 kHz;调频波频偏为 20 kHz,调制信号频率为 1 kHz。

9. 试采用 EasyARM 系列开发板与外围电路,设计并制作一台用普通示波器显示被测波形的简易数字存储示波器。

该仪器具有如下特点和功能:

① 具有单次触发存储显示方式,即每按动一次"单次触发"键,仪器在满足触发条件时,能对被测周期信号或单次非周期信号进行一次采集与存储,然后连续显示;

② 输入阻抗大于 100 kΩ;垂直分辨率为 32 级/div,水平分辨率为 20 点/div;设示波器显示屏水平刻度为 10 div,垂直刻度为 8 div;

③ 设置 0.2 s/div、0.2 ms/div、20 μs/div 三档扫描速度,仪器频率范围 0(DC)~50 kHz,误差 ≤5%。具有水平移动扩展显示功能,要求存储深度增加一倍,并且能通过操作"移动"键显示被存储信号波形的任一部分;

④ 设置 0.01 V/div 档、0.1 V/div、1 V/div 三档垂直灵敏度,误差≤5%;

⑤ 仪器的触发电路采用内触发方式,要求上升沿触发、触发电平可调。连续触发存储显示方式,仪器能连续对信号进行采集、存储并实时显示,且具有锁存(按"锁存"键即可存储当前波形)功能;

⑥ 观测波形无明显失真;

⑦ 测试过程中,不能对普通示波器进行操作和调整。

10. 试采用 EasyARM 系列开发板与外围电路,设计并制作一台数字显示的简易频率计。

要求该仪器具有如下特点和功能:

① 频率测量:信号:方波、正弦波;幅度:0.5~5 V;频率:0.1 Hz~30 MHz;频率测量误差≤

0.1%。
② 周期测量：信号：方波、正弦波；幅度：0.5～5 V；频率：1 Hz～1 MHz，周期测量误差≤0.1%；频率 1 Hz～1 kHz；周期测量误差≤1%；测量并显示周期脉冲信号的占空比，占空比变化范围为 10%～90%。
③ 脉冲宽度测量：信号：脉冲波；幅度：0.5～5 V；脉冲宽度≥100 μs；脉冲宽度测量误差≤1%。
④ 显示器要求：十进制数字显示，显示刷新时间 1～10 s 连续可调，对上述 3 种测量功能分别用不同颜色的发光二极管指示。
⑤ 具有自校功能，时标信号频率为 1 MHz。

11. 试采用 EasyARM 系列开发板与外围电路，设计并制作一个能同时对一路工频交流电（频率波动范围为 50 Hz±1 Hz、有失真的正弦波）的电压有效值、电流有效值、有功功率、无功功率和功率因数进行测量的数字式多用表。
要求该仪器具有如下特点和功能：
① 测量功能及量程范围：交流电压为 0～500 V；有功功率为 0～25 kW；无功功率为 0～25 V·A；功率因数（有功功率/视在功率）为 0～1。
② 设定待测 0～500 V 的交流电压和 0～50 A 的交流电流均已被转换为 0～5 V 的交流电压。
③ 准确度：数字显示为 0.000～4.999，有过量程指示；交流电压和交流电流为±(0.8%读数+5 个字)，例：当被测电压为 300 V 时，读数误差应小于±(0.8%×300 V+0.5 V)=±2.9 V；有功功率和无功功率为±(1.5%读数+8 个字)；功率因数为±0.01。
④ 功能选择：用按键选择交流电压、交流电流、有功功率、无功功率和功率因数的测量与显示。
⑤ 用按键选择电压基波及总谐波的有效值测量与显示。
⑥ 具有量程自动转换功能，当变换器输出的电压值小于 0.5 V 时，能自动提高分辨力达 0.01 V。
⑦ 用按键控制实现交流电压、交流电流、有功功率、无功功率在测试过程中的最大值和最小值测量。
⑧ 说明：
● 调试时可用函数发生器输出的正弦信号电压作为一路交流电压信号，再经移相输出代表同一路的电流信号。
● 检查交流电压和交流电流有效值测量功能时，可采用函数发生器输出的对称方波信号。电压基波和谐波的测试可用函数发生器输出的对称方波作为标准信号，测试结果应与理论值进行比较分析。

12. 试采用 EasyARM 系列开发板与外围电路，设计并制作一个频率特性测试系统，包含测试信号源、被测网络、检波及显示三部分。

要求该测试仪具有如下特点和功能：
① 幅频特性测试仪：频率范围为 100 Hz～100 kHz；频率步进为 10 Hz；频率稳定度为 10^{-4}；测量精度为 5％；能在全频范围和特定频率范围内自动步进测量，可手动预置测量范围及步进频率值；LED 显示，频率显示为 5 位，电压显示为 3 位，并能打印输出。
② 被测网络：电路型式为阻容双 T 网络；中心频率为 5 kHz；带宽为 100 Hz；计算出网络的幅频和相频特性，并绘制相位曲线；用所制作的幅频特性测试仪测试自制的被测网络的幅频特性。
③ 相频特性测试仪：频率范围为 500 Hz～10 kHz；相位值显示为 3 位，另以 1 位作符号显示；测量精度为 3°。
④ 用示波器显示幅频特性。
⑤ 在示波器上同时显示幅频和相频特性。

13. 利用超声波传感器，以 EasyARM 系列开发板为核心，设计一个超声波测距仪。
    要求该系统具有如下特点和功能：
    ① 量程为 50～500 cm；
    ② 在静止空气中测距精度为 2％，分辨率 1 cm；
    ③ 可记忆三组长度数据；
    ④ 有自动断电功能；
    ⑤ 语音播报测量值；
    ⑥ LCD 数字显示。

14. 利用酒精浓度传感器，以 EasyARM 系列开发板为核心，设计一款酒精浓度检测仪。
    要求有如下特点和功能要求：
    ① 测试被测人呼气中酒精含量；
    ② 用语音播报测试结果，并给出是否适合驾驶的建议；
    ③ 可测试环境温度；
    ④ 用户可以自己设定告警浓度；
    ⑤ 开机自检；
    ⑥ 电池检测，电源不足时给出显示；
    ⑦ 节电设计，4 min 内检测不到信号时，自动关机；
    ⑧ 酒精浓度单位可互换，PPM 与 mg/L 互换；
    ⑨ 可存储 10 次测量结果；
    ⑩ 结果可重复显示或恢复显示。

15. 试采用 EasyARM 系列开发板与外围电路，设计并制作一个 8 路数据采集系统，包括现场模拟信号产生器、8 路数据采集器系统和主控器，其原理框图如习题图 2 所示。
    要求该系统具有如下特点和功能：

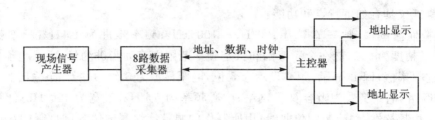

习题图2 8路数据采集系统原理框图

① 现场模拟信号产生器:自制正弦波信号发生器,利用可变电阻改变振荡频率,使频率在 200 Hz~2 kHz 范围变化,再经频率/电压变换,输出相应 1~5 V 直流电压(200 Hz 对应 1 V,2 kHz 对应 5 V)。

② 路数据采集器:数据采集器第1路输入自制1~5 V 直流电压,第2~7路分别输入来自直流源的 5、4、3、2、1、0 V 直流电压(各路输入可由分压器产生,不要求精度),第8路备用。将各路模拟信号分别转换成 8 位二进制数字信号,再经并/串变换电路,用串行码送入传输线路。

③ 主控器:主控器通过串行传输线路对各路数据进行采集和显示。采集方式包括循环采集(即 1 路、2 路、……、8 路、7 路、……、1 路)和选择采集(任选一路)两种方式。显示部分能同时显示地址和相应的数据。

16. 试采用 EasyARM 系列开发板与外围电路,设计并制作一个水温自动控制系统。水温可以在一定范围内由人工设定,并能在环境温度降低时实现自动控制,以保持设定的温度基本不变。

设计基本要求:

① 温度设定范围为 40~90 ℃,分辨率为 1 ℃,标定温度≤1 ℃;

② 环境温度降低时(例如用电风扇降温)温度控制的静态误差≤1 ℃;

③ 用十进制数码管显示水的实际温度;

④ 采用适当的控制方法,当设定温度突变(由 40 ℃提高到 60 ℃)时,减小系统的调节时间和超调量;

⑤ 温度控制的静态误差≤0.2 ℃;

⑥ 在设定温度发生突变(由 40 ℃提高到 60 ℃)时,自动打印水温随时间变化的曲线。

17. 试采用 EasyARM 系列开发板、语音电路和 SD 卡,实现录放音和存储功能。

系统要求:

① 对 SD 卡的读写操作:SD 卡的操作方式为 SPI 模式;提供 SD 卡插入检测功能,并进行语音提示;提供 SD 卡写保护检测功能,并进行语音提示;可以对 SD 卡进行初始化、扇区写、扇区读、扇区擦除、得到 SD 卡的容量信息等操作。

② 录放音功能:录音数据存储在 SD 卡中;支持多段录音;放音支持"上一曲"、"下一曲";

可以删除所有的录音片断,重新开始录音。

18. 试采用 EasyARM 系列开发板,设计并制作一个数字化语音存储与回放系统。
    设计基本要求:
    ① 放大器 1 的增益为 46 dB,放大器 2 的增益为 40 dB,增益均可调;
    ② 带通滤波器:通带为 300 Hz～3.4 kHz;
    ③ ADC:采样频率 $f_s=8$ kHz,字长 = 8 位;
    ④ 语音存储时间≥10 s;
    ⑤ DAC:变换频率 $f_c=8$ kHz,字长 = 8 位;
    ⑥ 回放语音质量良好。
    在完成基本要求任务、保证语音质量的基础上,可以增加如下功能:
    ① 减少系统噪声电平,增加自动音量控制功能;
    ② 语音存储时间增加至 20 s 以上;
    ③ 提高存储器的利用率(在原有存储容量不变的前提下,提高语音存储时间);
    ④ 其他(例如:$\dfrac{\pi f/f_s}{\sin(\pi f/f_s)}$ 校正等)。

19. 试采用 EasyARM 系列开发板,设计并制作一个超声波倒车雷达。
    倒车雷达又称泊车辅助系统,一般由超声波传感器、控制器和显示器等部分组成。倒车雷达采用超声波测距原理,驾驶者在倒车时,启动倒车雷达;在控制器的控制下,由装置于车尾保险杠上的探头发送超声波;遇到障碍物,产生回波信号;传感器接收到回波信号后经控制器进行数据处理,判断出障碍物的位置;由显示器显示距离并发出警示信号,得到及时警示,从而使驾驶者倒车时做到心中有数,使倒车变得更轻松。
    所设计超声波倒车雷达利用 LM3S 微控制器、3 个超声波测距模组和语音模块实现超声波倒车雷达,具有如下功能:
    ① 可以语音提示模组探测范围内(0.35～1.5 m)的障碍物;
    ② 语音提示可指明哪一个方向(或区域)有障碍物在探测范围内;
    ③ 利用 3 个 LED 发光二极管表示 3 个传感器探测范围内是否有障碍物。当在探测范围内有障碍物时,发光二极管以一定频率闪烁,闪烁的频率以距离定,距离越近频率越高。
    ④ 倒车雷达的提示方式采用语音提示方式。当语音播报时,如检测到左后方有障碍物,则用语音播放:"左后方";如右后方有障碍物,则语音播放:"右后方";当检查到中间的传感器探测范围内有障碍时,语音播放:"后方"。而连续播放提示的间隔,要大于或等于 3 s,以免过于频繁的播报语音。

20. 试采用 EasyARM 系列开发板,设计并制作一个正弦信号发生器。
    基本要求:
    ① 正弦波输出频率范围:1 kHz～10 MHz;

② 具有频率设置功能,频率步进 100 Hz;
③ 输出信号频率稳定度:优于 10^{-4};
④ 输出电压幅度:在 50 Ω 负载电阻上的电压峰-峰值 $V_{opp} \geqslant 1$ V;
⑤ 失真度:用示波器观察时无明显失真。
在完成基本要求任务的基础上,可以增加如下功能:
① 增加输出电压幅度:在频率范围内 50 Ω 负载电阻上正弦信号输出电压的峰-峰值 $V_{opp} = 6$ V±1 V;
② 产生模拟幅度调制(AM)信号:在 1~10 MHz 范围内调制度 m_a 可在 10%~100%之间程控调节,步进量 10%,正弦调制信号频率为 1 kHz,调制信号自行产生;
③ 产生模拟频率调制(FM)信号:在 100 kHz~10 MHz 范围内产生 10 kHz 最大频偏,且最大频偏可分为 5/10 kHz 二级程控调节,正弦调制信号频率为 1 kHz,调制信号自行产生;
④ 产生二进制 PSK 和 ASK 信号:在 100 kHz 固定频率载波进行二进制键控,二进制基带序列码速率固定为 10 kbps,二进制基带序列信号自行产生。

21. 试采用 EasyARM 系列开发板,设计并制作一个波形发生器,该波形发生器能产生正弦波、方波、三角波和由用户编辑的特定形状波形。
波形发生器基本要求如下:
① 具有产生正弦波、方波和三角波 3 种周期性波形的功能;
② 用键盘输入编辑生成上述 3 种波形(同周期)的线性组合波形,以及由基波及其谐波(5 次以下)线性组合的波形;
③ 具有波形存储功能;
④ 输出波形的频率范围为 100 Hz~20 kHz(非正弦波频率按 10 次谐波计算);重复频率可调,频率步进间隔≤100 Hz;
⑤ 输出波形幅度范围 0~5 V(峰-峰值),可按步进 0.1 V(峰-峰值)调整;
⑥ 具有显示输出波形的类型、重复频率(周期)和幅度的功能。
在完成基本要求任务的基础上,可以增加如下功能:
① 输出波形频率范围扩展至 100 Hz~200 kHz;
② 用键盘或其他输入装置产生任意波形;
③ 增加稳幅输出功能,当负载变化时,输出电压幅度变化不大于±3%(负载电阻变化范围:100 Ω~∞);
④ 具有掉电存储功能,可存储掉电前用户编辑的波形和设置;
⑤ 可产生单次或多次(1 000 次以下)特定波形(如产生 1 个半周期三角波输出);
⑥ 其他(如增加频谱分析、失真度分析、频率扩展>200 kHz、扫频输出等)功能。

22. 试采用 EasyARM 系列开发板,设计并制作一个简易数控直流电源。

基本要求：
① 输出电压：范围 0～+9.9 V，步进 0.1 V，纹波不大于 10 mV；
② 输出电流：500 mA；
③ 输出电压值由数码管显示；
④ 由"＋"、"－"两键分别控制输出电压步进增减；
⑤ 为实现上述几部件工作，自制一稳压直流电源，输出±15 V 和＋5 V。

在完成基本要求任务的基础上，可以增加如下功能：
① 输出电压可预置在 0～9.9 V 之间的任意一个值；
② 用自动扫描代替人工按键，实现输出电压变化(步进 0.1 V 不变)；
③ 扩展输出电压种类(如三角波等)。

23. 试采用 EasyARM 系列开发板，设计并制作一个单相正弦波逆变电源。该电源由直流电输入，然后通过桥式逆变电路逆变成 SPWM 波形，经低通滤波器得到正弦波输出。系统为全数字控制，可以设置输出所需电压和频率的正弦波，并有相应的保护功能。

单相正弦波逆变电源基本要求：
① 选用 Luminary ARM 作为系统的控制器，实现 SPWM 波形的生成和整个系统的检测、保护、智能控制、显示、通信等功能；
② 输出频率范围为 20～100 Hz；
③ 输出电压范围为 12～24 V；
④ 输出电压波形应尽量接近正弦波，用示波器观察无明显失真；
⑤ 通过键盘或者上位机设置电源输出频率和电压；
⑥ 通过上位机或者 LCD 显示电源的各种参数；
⑦ 具有过流保护功能。

参 考 文 献

[1] ARM. Cortex-M3 Technical Referonce Manual，ARM Limited Corp.
[2] ARM. ARM Cortex-M3 开发指南. 周立功，等译. 中国：广州致远电子有限公司，2007.
[3] 周立功，等. EasyARM615 实验教程. 中国：广州致远电子有限公司，2007.
[4] 周立功，等. EasyARM8692 实验教程. 中国：广州致远电子有限公司，2008.
[5] 周立功，等. EasyARM5749 实验教程. 中国：广州致远电子有限公司，2008.
[6] Luminary Micro, Inc. LM3S101 Microcontroller DATA SHEET，2008. http://www.luminarymicro.com.
[7] Luminary Micro, Inc. LM3S615 Microcontroller DATA SHEET，2008. http://www.luminarymicro.com.
[8] Luminary Micro, Inc. LM3S8962 Microcontroller DATA SHEET，2008. http://www.luminarymicro.com.
[9] Luminary Micro, Inc. LM3S5749 Microcontroller DATA SHEET，2008. http://www.luminarymicro.com.
[10] Luminary Micro, Inc. Stellaris Peripheral Driver Library USER'S GUIDE，2008. http://www.luminarymicro.com.
[11] 周立功，等. μC/OS-II 微小内核分析与程序设计——基于 LPC2300. 中国：广州致远电子有限公司，2005.
[12] Jean J. Labrosse. 嵌入式实时操作系统 μC/OS-II[M]. 2 版. 邵贝贝，等译. 北京：北京航空航天大学出版社，2003.
[13] 任哲. 嵌入式实时操作系统 μC/OS-II 原理及应用[M]. 北京：北京航空航天大学出版社. 2005.
[14] 周航慈，吴光文. 基于嵌入式实时操作系统的程序设计技术[M]. 北京：北京航空航天大学出版社. 2006.
[15] 陈是知. μC/OS-II 内核分析、移植与驱动程序开发[M]. 北京：北京人民邮电出版社. 2007.
[16] 黄智伟. ARM9 嵌入式系统设计基础教程[M]. 北京：北京航空航天大学出版社，2008.
[17] 黄智伟. 全国大学生电子设计竞赛系统设计[M]. 北京：北京航空航天大学出版社，2006.
[18] 黄智伟. 全国大学生电子设计竞赛技能训练[M]. 北京：北京航空航天大学出版社，2007.
[19] 黄智伟. 全国大学生电子设计竞赛制作实训[M]. 北京：北京航空航天大学出版社，2007.
[20] 周立功公司. ZLG7290B 数据手册，2008. http://www.zlgmcu.com.
[21] 周立功公司. ZLG7290B I^{2}C 接口键盘及 LED 驱动器应用指南，2008. http://www.zlgmcu.com.
[22] 北京迪文科技有限公司. 智能显示终端开发指南 DMT32240S035_01WT，2008. www.dwin.com.cn.
[23] 北京亿学通电子公司. URM37V3.2 超声波测距模块的数据手册，2008. http://www.61mcu.com.
[24] Analog Devices, Inc. AD9850 CMOS, 125 MHz Complete DDS Synthesizer，2008. http://www.analog.com.